Serge Lang

Álgebra para Graduação

Segunda edição

Do Original Undergraduate Algebra

Editor: Paulo André P. Marques
Produção Editorial: Camila Cabete Machado
Tradução: Luiz Pedro Jutuca
Revisão Técnica: Lázaro Coutinho
Copidesque: Luiz Carlos Josephson
Capa: Patricia Seabra
Diagramação: Sonia Nina
Assistente Editorial: Vivian Horta

FICHA CATALOGRÁFICA

Lang, Serge
Álgebra para Graduação
Rio de Janeiro: Editora Ciência Moderna Ltda., 2008.

1.Álgebra.
I — Título

ISBN: 978-85-7393-746-6 CDD 512

Editora Ciência Moderna Ltda.
R. Alice Figueiredo, 46 – Riachuelo
Rio de Janeiro, RJ – Brasil CEP: 20.950-150
Tel: (21) 2201-6662/ Fax: (21) 2201-6896
E-MAIL: LCM@LCM.COM.BR
WWW.LCM.COM.BR **09/08**

Prefácio

Este livro, juntamente com o meu outro texto sobre *Álgebra Linear*, constitui um currículo para um programa de álgebra destinado a estudantes em nível de graduação.

A separação que estabeleço entre a álgebra linear e as demais estruturas algébricas básicas está de acordo com todas as tendências que afetam o ensino de graduação, tendências estas com as quais concordo. Escrevi este livro de modo que ele se apresente auto - suficiente do ponto de vista lógico, mas será melhor para o estudante que ele tenha *primeiramente* contato com a álgebra linear, e somente depois lhe sejam apresentadas as noções mais abs-tratas relativas a grupos, anéis e corpos, assim como ao desenvolvimento sistemático de suas propriedades básicas. O leitor notará certas repetições de assuntos abordados no livro *Álgebra Linear*[1],

[1] Traduzido para o português pela Editora Ciência Moderna como parte da Coleção "Clássicos da Matemática". (N.T.)

pois ao escrever este livro tive a intenção de apresentar um texto independente. Dessa forma, defino espaços vetoriais, matrizes, aplicações lineares e demonstro suas propriedades básicas.

Este livro poderia ser usado em um curso de um semestre letivo, ou em um outro de um ano, com a possibilidade de uma combinação com o meu texto *Álgebra Linear*. Eu considero importante apresentar a teoria sobre corpos e a teoria de Galois. Em verdade, penso que é muito mais importante do que, digamos, apresentar a teoria de grupos como fizemos aqui. Há um capítulo sobre corpos finitos que exibe, a partir da teoria sobre corpos em geral, as principais propriedades desse tipo de corpo e as propriedades especiais dos corpos de característica p. Tais corpos têm importância na teoria da codificação.

Há também um capítulo sobre algumas das propriedades da teoria de grupos aplicáveis aos grupos das matrizes. Cursos sobre álgebra linear normalmente se concentram nos teoremas relacionados com a estrutura, nas formas quadráticas, na forma de Jordan, etc. e não reservam um tempo para enfatizar em separado os aspectos teóricos de grupos relacionados com os das matrizes. Acho que o curso básico de álgebra é um bom lugar para apresentar aos estudantes os tais exemplos que misturam a teoria de grupo abstrata com a teoria de matriz. Os grupos de matrizes fornecem exemplos concretos para as propriedades mais abstratas de grupos, listadas no Capítulo II.

A construção dos números reais por meio de sucessões de Cauchy e sucessões nulas não é padronizada no currículo; ela depende de como a partir da álgebra e da análise as idéias se misturam. Novamente, penso que essa construção pertence a um texto básico de álgebra, pois ilustra considerações que têm a ver com anéis e também com a ordem entre valores absolutos. A noção de completamento é parcialmente algébrica e parcialmente analítica. As seqüências de Cauchy ocorrem em cursos que envolvem análise matemática (por exemplo, teoria da integração), e também em teoria dos números como, por exemplo, na teoria dos números $p-$ádicos ou grupos de Galois. Para o curso de um ano, eu consideraria também apropriado introduzir os estudantes na linguagem que é usada correntemente na matemática dos conjuntos e das transformações, e incluir o Lema de Zorn. Com esse espírito, incluí um capítulo sobre conjuntos e números cardinais, no qual esses assuntos são tratados de maneira mais extensa que de costume. Uma razão para isso é que algumas das demonstrações apresentadas aqui não são fáceis de serem encontradas na literatura, exceto em livros altamente técnicos sobre a teoria dos conjuntos. Dessa forma, o Capítulo X fornecerá um atraente material, se houver tempo disponível. Essa parte do livro, juntamente com o Apêndice e a construção dos números reais e complexos, pode também ser vista num curso breve sobre os fundamentos ingênuos dos objetos matemáticos básicos.

Se todos estes tópicos são apresentados, então há bastante material para o curso de um ano. Para cada professor que ministre o curso acontecerá uma combinação de tópicos de acordo com a sua preferência. Para o curso de um único semestre letivo, considero apropriado trabalhar o livro até o capítulo sobre teoria dos corpos, ou até grupos de matrizes. Corpos finitos podem ser tratados opcionalmente.

Textos introdutórios em matemática elementar, como este, devem ser simples e oferecer sempre exemplos concretos, acompanhados do desenvolvimento das abstrações (o que explica, como exemplo, o uso dos números reais e complexos antes mesmo destes serem abordados de forma lógica). O desejo de evitar proporções enciclopédicas e ênfases específicas, assim como a idéia de manter o livro pequeno, justificam a omissão de alguns teoremas dos quais alguns professores sentirão falta, e poderão querer incluí-los em seus cursos. Estudantes, excepcionalmente talentosos, podem sempre seguir programas mais avançados; para esses, pode-se adotar os textos mais avançados, que estão facilmente disponíveis.

New Haven, Connecticut, 1987 Serge Lang

Agradecimento

Agradeço a Ron Infante e a James Propp pelas sugestões, correçõese revisão do texto.

S. L.

Prefácio à segunda edição

Por diversas razões, alguns tópicos foram adicionados. Por exemplo, adicionei os teoremas Sylow, porque estão na moda, e por haver uma demanda considerável por eles. Também acrescentei algum conteúdo sobre os polinômios simétricos, os anéis principais e a forma normal de Jordan, e a teoria dos corpos, entre outras coisas. No entanto, um texto no nível de graduação como este deve se abster de ter proporções enciclopédicas. Deve ser calcado em exemplos e casos especiais, que acompanham resultados mais gerais. Deve cobrir muitos aspectos da álgebra. Individualmente, cada professor terá que fazer a sua escolha.

Acrescentei uma boa quantidade de exercícios. Todos os exercícios foram cuidadosamente escolhidos, alguns por oferecerem práticas convencionais, outros por darem informação básica sobre estruturas algébricas usadas constantemente em matemática. Para o estudante a maneira de aprendê-las é exercitá-las bem, como se fizessem parte do curso e os exercícios, considerados parte essencial da matéria, devem ser todos resolvidos. Em alguns casos incluí exercícios que são utilizados posteriormente como resultados formais no texto. Esta política tem um propósito: fazer os estudantes pensarem num resultado e tentarem demonstrá-lo por si mesmos antes que este seja abordado formalmente em sala de aula. Também tentei indicar, em muitas ocasiões, direções e resultados mais avançados, fazendo referência a livros mais avançados. Tais resultados opcionais vão além do presente curso, mas podem estimular alguns leitores a buscarem ir mais adiante nesta matéria. Por fim, busquei, em muitas ocasiões, colocar os estudantes em contato com pesquisa matemática genuína, ao selecionar exemplos de conjecturas, que podem ser formuladas em uma linguagem no nível deste curso. Coloquei mais de meia dúzia de conjecturas como essas, dentre as quais a conjectura *abc*, que oferece um exemplo espetacular. Normalmente, os alunos levam anos até compreender que a matemática é uma atividade viva, apoiada pelos seus problemas que ainda não apresentam solução. Descobri ser muito útil superar este obstáculo sempre que possível.

New Haven, Connecticut, 1990 Serge Lang

Agradecimento

Agradeço a Keith Conrad por suas sugestões e auxílio com a revisão, assim como pelas numerosas correçõesque foram incorporadas na reediçãode 1994

S. L.

Sumário

CAPÍTULO I

Os inteiros

I, §1. Terminologia dos conjuntos

Uma coleção de objetos é chamada de **conjunto**. Um membro dessa coleção recebe também o nome de **elemento** do conjunto. É útil, na prática, empregar símbolos concisos para denotar certos conjuntos. Por exemplo, denotamos por $\mathbb{Z}$ o conjunto de todos os inteiros, isto é, todos os números do tipo $0, \pm 1, \pm 2, \ldots$. Em vez de dizer que x é um elemento de um conjunto S, diremos, freqüentemente, que x **pertence a** S, e escreveremos $x \in S$. Assim temos, por exemplo, $1 \in \mathbb{Z}$, e também $-4 \in \mathbb{Z}$.

Se S e S' são conjuntos, e se todo elemento de S' é também um elemento de S, diremos que S' é um **subconjunto** de S. Dessa forma, o conjunto dos inteiros positivos $\{1, 2, 3, \ldots\}$ é um subconjunto do conjunto de todos os inteiros. Dizer que S' é um subconjunto de S é dizer que S' é uma parte de S. Deve-se observar que nossa definição de subconjunto não exclui a possibilidade de que $S' = S$. Se S' é um subconjunto de S, mas $S' \neq S$, diremos que S' é um subconjunto **próprio** de S. Assim, $\mathbb{Z}$ é um subconjunto de $\mathbb{Z}$, e o conjunto dos inteiros positivos é um subconjunto próprio de $\mathbb{Z}$. Para exprimir o fato de que S' é um subconjunto de S, escreveremos $S' \subset S$; dizemos também que S' está **contido** em S.

Se S_1 e S_2 são conjuntos, a **interseção** de S_1 e S_2 denotada por $S_1 \cap S_2$, é o conjunto dos elementos que pertencem a S_1 e a S_2. Por exemplo, se S_1 é o conjunto dos inteiros ≥ 1 e S_2 é o conjunto dos inteiros ≤ 1, então

$$S_1 \cap S_2 = \{1\}$$

(o conjunto com apenas o elemento 1).

A **união** de S_1 e S_2, denotada por $S_1 \cup S_2$, é o conjunto dos elementos que pertencem a S_1 ou a S_2. Assim, se S_1 é o conjunto dos inteiros ≤ 0 e S_2 é o conjunto dos inteiros ≥ 0, então $S_1 \cup S_2 = \mathbb{Z}$ é o conjunto de todos os inteiros.

Certos conjuntos são formados por elementos descritos por determinadas propriedades. Se um conjunto não possui elementos, é chamado conjunto **vazio**. Exemplificando, o conjunto dos inteiros x tais que $x > 0$ e $x < 0$ é vazio, pois não existem tais números inteiros.

Se S e S' são conjuntos, denotamos por $S \times S'$ o conjunto dos pares (x, x'), com $x \in S$ e $x' \in S'$.

Usamos $\#S$ para denotar o número de elementos de um conjunto S. Se S é finito, dizemos que $\#S$ é a sua **ordem**.

I, §2. Propriedades básicas

Os inteiros são tão bem conhecidos que seria um tanto tedioso axiomatizá-los ime-diatamente. Dessa forma, presumimos que o leitor esteja familiarizado com as propriedades aritméticas elementares que envolvem a adição, a multiplicação e as desigualdades; assuntos vistos no ensino de primeiro e segundo graus. No Apêndice e no capítulo III, o leitor poderá verificar como se pode axiomatizar as regras relacionadas com adição e com a multiplicação. No capítulo IX, o leitor poderá ver as regras sobre desigualdades e ordenação.

Mencionamos explicitamente uma propriedade dos inteiros que será tomada como axioma, chamado **axioma da boa ordenação**:

Todo conjunto não vazio de inteiros ≥ 0 *tem um menor elemento.*

(Isto significa: se S for um conjunto não vazio de inteiros ≥ 0, então existe um inteiro $n \in S$ tal que $n \leq x$ para todo $x \in S$.)

Pela utilização do axioma da boa ordenação, podemos demonstrar outra propriedade dos inteiros, chamada **indução**. Ela ocorre sob diversas formas.

Indução: Primeira Forma. *Suponhamos que, para cada inteiro* $n \geq 1$, *seja dada uma afirmativa* $A(n)$, *e que é possível provar as duas seguintes propriedades:*

(1) *A afirmativa* $A(1)$ *éverdadeira.*

(2) *Para cada inteiro* $n \geq 1$, *se* $A(n)$ *é verdadeira, segue-se que* $A(n+1)$ *é também verdadeira.*

Então, para todo inteiro $n \geq 1$, *a afirmativa* $A(n)$ *é verdadeira.*

Demonstração. Seja S o conjunto de todos os inteiros positivos n para os quais a afirmativa $A(n)$ é falsa. Queremos demonstrar que S é vazio, ou seja, que não há elementos em S. Vamos supor que exista algum elemento em S. Pelo axioma da boa ordenação, existe um menor elemento n_0, em S. Por hipótese, $n_0 \neq 1$, e então $n_0 > 1$. Como n_0 é o menor elemento de S, segue-se que $n_0 - 1$ não está em S; em outras palavras, a afirmativa $A(n_0 - 1)$ é verdadeira. Mas, pela propriedade (2), concluímos que $A(n_0)$ é também verdadeira, pois

$$n_0 = (n_0 - 1) + 1.$$

Isto é uma contradição, que prova o que queríamos.

Exemplo. Queremos provar que, para cada inteiro $n \geq 1$, vale a afirmativa $A(n)$:

$$1 + 2 + \cdots + n = \frac{n(n+1)}{2}.$$

Isto é, certamente, verdade quando $n = 1$, pois

$$1 = \frac{1(1+1)}{2}.$$

Suponhamos que nossa equação seja verdadeira para um inteiro $n \geq 1$. Então,

$$\begin{aligned} 1 + \cdots + n + (n+1) &= \frac{n(n+1)}{2} + (n+1) \\ &= \frac{n(n+1) + 2(n+1)}{2} \\ &= \frac{n^2 + n + 2n + 2}{2} \\ &= \frac{(n+1)(n+2)}{2}. \end{aligned}$$

Dessa maneira, demonstramos as propriedades (1) e (2) para a afirmativa denotada por $A(n+1)$, e concluímos, por indução, que $A(n)$ é verdadeira para todos os inteiros $n \geq 1$.

Observação. Pode-se na indução substituir 1 por 0; a demonstraçãose faz da mesma forma.

A segunda forma do princípio de indução é uma variaçãoda primeira.

Indução: Segunda Forma. *Suponhamos que, para cada inteiro $n \geq 0$, seja dada uma afirmativa $A(n)$, e que é possível provar as duas seguintes propriedades:*

(1′) *A afirmativa* $A(0)$ *é verdadeira.*

(2′) *Para cada inteiro* $n > 0$*, se* $A(k)$ *é verdadeira para todo inteiro* k *satisfazendo* $0 \leq k < n$*, segue-se que* $A(n)$ *é verdadeira.*

Então, a afirmativa $A(n)$ *é verdadeira para todo inteiro* $n \geq 0$*.*

Demonstração. Seja, outra vez S o conjunto dos números inteiros ≥ 0 para os quais a afirmativa é falsa. Suponhamos que S não seja vazio, e tomemos n_0 o menor elemento de S. Então, por (1′), $n_0 \neq 0$, e, como n_0 é o menor elemento de S, a afirmativa $A(k)$ é verdadeira para todo inteiro k satisfazendo $0 \leq k < n$. Por (2'), concluímos que $A(n_0)$ é verdadeira, uma contradição que prova a segunda forma de indução.

Para exemplificar a aplicação do *princípio da boa ordenação*, vamos provar a proposição conhecida como **algoritmo euclidiano**.

Teorema 2.1. *Sejam* m *e* n *inteiros, com* $m > 0$*. Então existem inteiros* q *e* r*, com* $0 \leq r < m$*, tais que*

$$n = qm + r\,.$$

Essas condições determinam os inteiros q *e* r *de modo único.*

Demonstração. Com base na demonstração acima podemos afirmar que o conjunto dos inteiros q tais que $qm \leq n$ é limitado, e pelo axioma da boa ordenaçãoesse conjunto tem um maior elemento satisfazendo

$$qm \leq n < (q + 1)m = qm + m.$$

Logo,

$$0 \leq n - qm < m.$$

Suponhamos que $r = n - qm$. Então $0 \leq r < m$. Isso demonstra a existência dos inteiros q e r, como queríamos.

Quanto à unicidade, suponhamos que

$$\begin{aligned} n &= q_1 m + r_1, \qquad & 0 \leq r_1 < m, \\ n &= q_2 m + r_2, \qquad & 0 \leq r_2 < m. \end{aligned}$$

Se $r_1 \neq r_2$, digamos que $r_2 > r_1$. Subtraindo membro a membro as expressões acima, obtemos

$$(q_1 - q_2)m = r_2 - r_1.$$

Porém, $r_2 - r_1 < m$, e $r_2 - r_1 > 0$. Isto é impossível, pois $q_1 - q_2$ é um inteiro e se $(q_1 - q_2)m > 0$ então $(q_1 - q_2)m \geq m$. Concluímos, dessa forma, que $r_1 = r_2$. Disso resulta $q_1 m = q_2 m$, e então $q_1 = q_2$. Isso prova a unicidade, concluindo a demonstração de nosso teorema.

Observação. A conclusão do Teorema 2.1 não é nada mais que a expressão de que se pode efetuar uma divisão. O inteiro r é chamado **resto** da divisão de n por m.

I, §2. Exercícios

1. Se n, m são inteiros ≥ 1, com $n \geq m$, definem-se os **coeficientes binomiais** pela expressão

$$\binom{n}{m} = \frac{n!}{m!(n-m)!}$$

Da maneira usual, $n! = n \cdot (n-1) \cdots 1$ é o produto dos n primeiros inteiros. Por definição, $0! = 1$ e $\binom{n}{0} = 1$. Prove que

$$\binom{n}{m-1} + \binom{n}{m} = \binom{n+1}{m}$$

2. Prove, por indução, que para todo par de inteiros x, y, temos

$$\begin{aligned} (x+y)^n &= \sum_{i=0}^{n} \binom{n}{i} x^i y^{n-i} \\ &= y^n + \binom{n}{1} x y^{n-1} + \binom{n}{2} x^2 y^{n-2} + \cdots + x^n \end{aligned}$$

3. Prove, para todos os inteiros positivos, as seguintes proposições:

   (a) $1 + 3 + 5 + \cdots + (2n - 1) = n^2$

   (b) $1^2 + 2^2 + \cdots + n^2 = n(n+1)(2n+1)/6$

   (c) $1^3 + 2^3 + 3^3 + \cdots + n^3 = [n(n+1)/2]^2$

4. Prove que

$$\left(1 + \frac{1}{1}\right)^1 \left(1 + \frac{1}{2}\right)^2 \cdots \left(1 + \frac{1}{n-1}\right)^{n-1} = \frac{n^{n-1}}{(n-1)!}$$

5. Seja x um número real. Prove que existe um inteiro q e um número real s com $0 \leq s < 1$ tal que $x = q + s$, e que q, s são determinados de maneira única. É possível a dedução do algoritmo euclidiano a partir desse resultado sem usar indução?

I, §3. Máximo divisor comum

Sejam n e d números inteiros não nulos. Diremos que d **divide** n se existe um inteiro q tal que $n = dq$. Escrevemos, então, $d|n$. Se m, n são inteiros não nulos, definimos um **divisor comum** de m e n como um inteiro $d \neq 0$ tal que $d|n$ e $d|m$. Por **máximo divisor comum** ou **mdc** de m e n entendemos um inteiro $d > 0$ que é divisor comum desses números e que, além disso, satisfaz a seguinte propriedade: se e é um divisor de m e n, então e divide d. Veremos, mais é frente, que sempre existe o máximo divisor comum de dois números dados. Verifica-se, imediatamente, que o máximo divisor comum é determinado univocamente. Da mesma forma, definimos o *mdc* de vários inteiros.

Seja J um subconjunto do conjunto dos números inteiros. Dizemos que J é um **ideal** se ele satisfaz às seguintes condições:

O inteiro 0 está em J. Se m e n estão em J, então $m + n$ também está. Se m está em J, e se n é um inteiro arbitrário, ent ao nm está em J.

Exemplo. Sejam $m_1, \ldots, m_r$ números inteiros. Seja J o conjunto de todos os inteiros que podem ser escritos na forma

$$x_1 m_1 + \cdots + x_r m_r$$

onde $x_1, \ldots, x_r$ são inteiros. É imediatamente verificável que J é um ideal. De fato, se $y_1, \ldots, y_r$ são inteiros, então

$$(x_1 m_1 + \cdots + x_r m_r) + (y_1 m_1 + \cdots + y_r m_r) = (x_1 + y_1) m_1 + \cdots + (x_r + y_r) m_r$$

pertence a J. Se n é um inteiro, então

$$n(x_1 m_1 + \cdots + x_r m_r) = n x_1 m_1 + \cdots + n x_r m_r$$

pertence a J. Finalmente, $0 = 0m_1 + \cdots + 0m_r$ está em J. Logo, J é um ideal. Dizemos que J é **gerado** por $m_1, \ldots, m_r$ e que $m_1, \ldots, m_r$ são **geradores** de J.

Em particular, o conjunto $\{0\}$ é um ideal, chamado **ideal zero**. Também $\mathbb{Z}$ é um ideal denominado **ideal unitário**.

Teorema 3.1. *Seja J um ideal de $\mathbb{Z}$. Então existe um inteiro d que é um gerador de J. Se $J \neq \{0\}$, então pode-se tomar d como o menor inteiro positivo em J.*

Demonstração. Se J é o ideal zero, 0 é um gerador. Suponhamos então $J \neq \{0\}$. Se $n \in J$, $-n = (-1)n$ também está em J; assim, J contém algum inteiro positivo. Seja d o menor de tais inteiros. Afirmamos que d é um gerador de J. Para ver isso, tomemos $n \in J$, e escrevamos $n = dq + r$, com $0 \leq r < d$. Então, $r = n - dq$ pertence a J, e como $r < d$, segue-se que $r = 0$. Isso prova que $n = dq$, ou seja, que d é um gerador de J, como se queria demonstrar.

Teorema 3.2. *Sejam m_1, m_2 inteiros positivos. Seja d um gerador positivo do ideal gerado por m_1 e m_2. Então d é o máximo divisor comum de m_1 e m_2.*

Demonstração. Como m_1 pertence ao ideal gerado por m_1 e m_2 (pois $m_1 = 1m_1 + 0m_2$), existe um inteiro q_1 tal que

$$m_1 = q_1 d,$$

logo, d divide m_1. De modo análogo, prova-se que d divide m_2. Seja e um inteiro não nulo que divide m_1 e m_2. Temos, então,

$$m_1 = h_1 e \qquad \text{e} \qquad m_2 = h_2 e$$

onde h_1 e h_2 são inteiros. Como d pertence ao ideal gerado por m_1 e m_2, existem inteiros s_1, s_2 tais que $d = s_1 m_1 + s_2 m_2$; disso resulta

$$d = s_1 h_1 e + s_2 h_2 e = (s_1 h_1 + s_2 h_2) e\,.$$

Conseqüentemente, e divide d, e nosso teorema está provado.

Observação. A demonstração acima continua válida quando dispomos de mais de dois inteiros. Por exemplo, se $m_1, \ldots, m_r$ são inteiros não-nulos, e se d é um gerador positivo do ideal gerado por $m_1, \ldots, m_r$, então d é o máximo divisor comum de $m_1, \ldots, m_r$.

Se o máximo divisor comum dos inteiros $m_1, \ldots, m_r$ é 1, dizemos que $m_1, \ldots, m_r$ são **primos entre si**. Se esse é o caso, existem inteiros $x_1, \ldots, x_r$ tais que

$$x_1 m_1 + \cdots + x_r m_r = 1\,,$$

pois 1 pertence ao ideal gerado por $m_1, \ldots, m_r$.

I, §4. Fatoração única

Definimos um **número primo** p como um número inteiro ≥ 2 tal que, dada uma fatoração$p = mn$, com m e n inteiros positivos, então $m = 1$ ou $n = 1$. Os primeiros números primos são 2, 3, 5, 7, 11, ...

Teorema 4.1. *Todo inteiro positivo $n \geq 2$ pode ser expresso como um produto de números primos (não necessariamente distintos),*

$$n = p_1 \cdots p_r\,,$$

determinados de modo único, a menos da ordem dos fatores.

Demonstração. Suponhamos que exista pelo menos um inteiro ≥ 2 que não pode ser expresso como um produto de números primos. Seja m o menor desses inteiros. Então, em particular, m não é primo e podemos escrever $m = de$, com d e e inteiros > 1. Mas, neste caso, d e e são menores que m, e como m foi escolhido como elemento mínimo, é possível escrever

$$d = p_1 \cdots p_r \qquad \text{e} \qquad e = p'_1 \cdots p'_s$$

onde $p_1, \ldots, p_r$, $p'_1, \ldots, p'_s$ são primos. Logo,

$$m = de = p_1 \cdots p_r p'_1 \cdots p'_s$$

é expresso como um produto de números primos; essa contradiçãoprova que todo inteiro positivo ≥ 2 pode ser expresso como um produto de números primos.

Devemos, agora, provar a unicidade, e para isso, precisamos de um lema.

Lema 4.2. *Seja p um número primo e sejam m e n inteiros não-nulos tais que p divide mn. Então, $p|m$ ou $p|n$.*

Demonstração. Suponhamos que p não divida m. Então, o máximo divisor comum de p e m é 1; pelo Teorema 3.2, existem inteiros a, b tais que

$$1 = ap + bm.$$

Multiplicando ambos os membros por n, resulta

$$n = nap + bmn.$$

Mas $mn = pc$, para algum inteiro c, e assim

$$n = (na + bc)p,$$

e $p|n$, como queríamos demonstrar.

Este lema pode ser aplicado quando p divide um produto $q_1, \ldots, q_s$ de números primos. Nesse caso, p divide q_1 ou p divide $q_2, \ldots, q_s$. Se p divide q_1, então $p = q_1$. Se p não divide q_1, podemos proceder indutivamente, concluindo que existe algum i para o qual $p = q_i$.

Suponhamos, agora, que são dados dois produtos de números primos, tais que

$$p_1, \ldots, p_r = q_1, \ldots, q_s \,.$$

Pelo que acabamos de ver, podemos reordenar os primos $q_1, \ldots, q_s$, fazendo-o de forma que $p_1 = q_1$. Ao cancelarmos q_1, obtemos

$$p_2, \ldots, p_r = q_2, \ldots, q_s \,.$$

Podemos prosseguir por indução para concluir que, depois de uma conveniente reordenação dos primos $q_1, \ldots, q_s$, resulta $r = s$ e $p_i = q_i$ para todo i. Isto prova a unicidade desejada.

Quando se expressa um inteiro como um produto de números primos, é conveniente reunir todos os fatores iguais. Assim, seja n um inteiro > 1 e sejam $p_1, \ldots, p_r$ os números primos *distintos* que dividem n. Então existem inteiros $m_1, \ldots, m_r > 0$, determinados de modo único, tais que $n = p_1^{m_1} \cdots p_r^{m_r}$. Adotamos, neste caso, a convenção usual segundo a qual para todo inteiro x não nulo, $x^0 = 1$. Então, dado qualquer inteiro positivo n, podemos exprimi-lo como um produto de potências de primos $p_1, \ldots, p_r$ distintos:

$$n = p_1^{m_1}, \ldots, p_r^{m_r} \,,$$

onde os expoentes $m_1, \ldots, m_r$ são inteiros ≥ 0, determinados de modo único.

O conjunto formado pelos quocientes m/n de números inteiros, com $n \neq 0$, é chamado **conjunto de números racionais**, denotado por $\mathbb{Q}$. Suponhamos, por enquanto, que o leitor esteja familiarizado com

$\mathbb{Q}$. Mostraremos, mais tarde, como construir $\mathbb{Q}$ a partir de $\mathbb{Z}$, e como demonstrar suas propriedades.

Seja $a = m/n$ um número racional, $n \neq 0$ e suponhamos $a \neq 0$. Dessa forma, $m \neq 0$. Seja d o máximo divisor comum de m e n. Podemos, então, escrever $m = dm'$ e $n = dn'$, e resulta que m' e n' são primos entre si. Logo

$$a = \frac{m'}{n'}.$$

Se escrevermos, agora, $m' = p_1^{i_1}, \ldots, p_r^{i_r}$ e $n' = q_1^{j_1}, \ldots, q_r^{j_r}$ como produtos de potências primas, obtemos uma fatoração de a, notando que nenhum p_k é igual a algum q_l.

Se um número racional é expresso na forma m/n, onde m, n são inteiros, $n \neq 0$, e m e n são primos entre si, chamamos n de **denominador** do número racional, e m de seu **numerador**. Ocasionalmente, e por um abuso de linguagen, quando se escreve um quociente m/n, com m, n não necessariamente primos entre si, chama-se n de **denominador da fração**.

I, §4. Exercícios

1. Prove que existem infinitos números primos. [*Sugestão euclidiana*: dado um primo P, seja $2,\ 3,\ 5, \ldots, P$ o conjunto de todos os primos $\leq P$. Mostre que existe outro primo, como o que vem a seguir. Seja
$$N = 2 \cdot 3 \cdot 5 \cdot 7 \cdots P + 1\,,$$
sendo o produto calculado sobre todos os primos $\leq P$. Mostre que um primo que divida N é maior que P.]

2. Definimos um **primo gêmeo** como um primo p tal que $p + 2$ também é primo. Por exemplo, $(3, 5)$, $(5, 7)$, $(11, 13)$ são pares de primos gêmeos.

(a) Escreva todos os primos gêmeos menores que 100.

(b) Existem infinitos primos gêmeos? Utilize o computador para determinar mais primos gêmeos, e verifique se existe alguma regularidade na ocorrência deles.

3. Observe que $5 = 2^2 + 1$, $17 = 4^2 + 1$, $37 = 6^2 + 1$ são primos. Existem infinitos primos da forma $n^2 + 1$ onde n é um inteiro positivo? Calcule todos os primos da forma $n^2 + 1$ e menores que 100. Utilize o computador para determinar mais primos dessa forma, e verifique se existe alguma regularidade na ocorrência deles.

4. Considere inicialmente um inteiro ímpar positivo n. Logo $3n + 1$ é par. Divida $3n + 1$ pela maior potência de 2 que seja um fator de $3n + 1$. Você obterá um inteiro ímpar n_1. Repita essas operaçõese, em outras palavras, calcule $3n_1 + 1$, divida-o pela maior potência de 2 que seja um fator de $3n_1 + 1$, e repita o processo. O que você imagina que vai acontecer? Faça um teste, começando com $n = 1$, $n = 3$, $n = 5$, e vá até $n = 41$. Você concluirá que em algum ponto, para cada um desses valores de n, o processo de iteração volta a 1. Existe uma conjectura estabelecendo que o processo de iteração anterior sempre retorna a 1, não importando o inteiro n com o qual você começou. Para ler um arigo expositivo sobre esse problema, veja J. C. Lagarias, "The $3x + 1$ problem and its generalizations", *American Mathematical Monthly*, Vol. 92, No. 1, 1985. O problema é tradicionalmente creditado a Lothar Collatz, e data de 1930. Sua fama que faz com que as pessoas pensem que não terão êxito ao lidar com ele, a tal ponto de alguém formular a seguinte piada: "esse problema faz parte de uma conspiração para retardar a pesquisa matemática nos Estados Unidos." Lagarias dá uma bibliografia extensa de "*papers*" que lidam com o problema e algumas de suas ramificações.

Números primos constituem, dentro da pesquisa matemática, uma das áreas mais antigas e repletas de resultados. Felizmente, é possível estabelecer um dos mais populares problemas da matemática, em termos simples, e dessa forma faremos isso agora. O problema é parte de uma estrutura, mais geral, para descrever como os números primos são distribuídos dentre os inteiros. Existem muitos refinamentos para esse problema. Começamos perguntando: de forma aproximada, quantos primos $\leq x$ existem quando x torna-se arbitrariamente grande? Inicialmente, para responder, precisamos de uma fórmula assintótica. Recordamos, rapidamente, duas definições provenientes da terminologia básica de funções. Sejam f e g duas funções de uma variável real, sendo g positiva. Dizemos que $f(x) = O(g(x))$ para $x \to \infty$, se existe uma constante $C > 0$ tal que $|f(x)| \leq Cg(x)$ para todo x suficientemente grande. Dizemos que $f(x)$ é **assintótica** a $g(x)$, e indicamos por $f \sim g$, se

$$\lim_{x\to\infty} \frac{f(x)}{g(x)} = 1.$$

Denotamos por $\pi(x)$ o número de primos $p \leq x$. No final do século XIX, Hadamard e de la Vallée-Poussin demonstraram o **teorema dos números primos**, que afirma:

$$\pi(x) \sim \frac{x}{\log x}.$$

Assim, $x/\log x$ dá uma aproximação de primeira ordem para contar os números primos. Mas, embora a fórmula $x/\log x$ tenha o atrativo de ser uma fórmula fechada e muito simples, ela não dá uma boa aproximação, e conjecturalmente, existe uma muito melhor, como veremos a seguir.

A grosso modo, a idéia é que a probabilidade de um inteiro n ser um primo é $1/\log n$. O que isso significa? Significa que $\pi(x)$ deveria ser obtido, com uma boa aproximação, pela soma

$$L(x) = \frac{1}{\log 2} + \frac{1}{\log 3} + \cdots + \frac{1}{\log n} = \sum_{k=2}^{n} \frac{1}{\log k},$$

onde n é o maior inteiro $\leq x$. Se x é tomado como um inteiro, então tomamos $n = x$. Para o leitor que já estudou Cálculo, é imediato verificar que a soma anterior é a soma de Riemann para a integral usualmente denotada por $Li(x)$, isto é,

$$Li(x) = \int_2^x \frac{1}{\log t}\, dt\,,$$

e que a soma difere da integral por um erro pequeno e limitado, independente do valor de x; em outras palavras, $L(x) = Li(x) + O(1)$.

A questão é: qual é a boa aproximação para $\pi(x)$, pela soma $L(x)$, ou pela integral $Li(x)$? Este é o grande problema. A conjectura seguinte foi proposta por Riemann, por volta de 1850.

Hipótese de Riemann. Temos

$$\pi(x) = L(x) + O(x^{1/2}\log x).$$

Isto significa que a soma $L(x)$ dá uma aproximação para $\pi(x)$ com uma parcela de erro com ordem de grandeza $x^{1/2}\log x$. A grosso modo, a raiz quadrada de x, para x grande, é muito pequena quando comparada a x. O leitor pode verificar essa relação experimentalmente. Para isso, faça tabelas para $\pi(x)$ e $L(x)$. O leitor verificará que a diferença é muito pequena. Mesmo conhecendo-se a hipótese de Riemann, muitas outras questões ainda surgiriam. Por exemplo, considere os primos gêmeos

$$(3,5),\ (5,7),\ (11,13),\ (17,19),\ \ldots\,.$$

Esses são pares onde p e $p+2$ são primos. Denotemos por $\pi_t(x)$ o número de primos gêmeos $\leq x$. Não se sabe, até hoje, se existem infinitos números primos gêmeos, mas de forma conjectural, é possível encontrar uma estimativa assintótica para essa quantidade. Hardy e Littlewood conjecturaram que existe uma constante $C_t > 0$ tal que

$$\pi_t(x) \sim C_t \frac{x}{(\log x)^2}.$$

Essa constante foi determinada por eles, de forma explícita.

Finalmente, denotamos por $\pi_s(x)$ o número de primos $\leq x$, da forma $n^2 + 1$. Não se sabe, até hoje, se existem infinitos números primos com essa característica, mas Hardy-Littlewood conjecturaram que existe uma constante $C_s > 0$ tal que

$$\pi_s(x) \sim C_s \frac{x^{1/2}}{\log x}.$$

Eles, de forma explícita, determinaram a constante C_s. A determinação de tais constantes, como C_t ou C_s, não é fácil e depende das refinadas relações de dependência entre os números primos. Uma discussão informal desses problemas, direcionada a um público genérico, e algumas referências a *papers* originais, conforme meu livro: *The Beauty of Doing Mathematics*, Springer-Verlag.

I, §5. Relações de equivalência e congruências

Seja S um conjunto. Por uma **relação de equivalência** em S entendemos uma relação, escrita $x \sim y$, estabelecida entre certos pares de elementos de S e que satisfaz as seguintes condições:

RE 1. *Se $x \sim x$ para todo $x \in S$.*

RE 2. *Se $x \sim y$ e $y \sim z$ então $x \sim z$.*

RE 3. *Se $x \sim y$ então $y \sim x$.*

Suponhamos que temos, em S, uma tal relação de equivalência. Dado um elemento x de S, seja C_x o conjunto dos elementos de S que são equivalentes a x. Então todos os elementos de C_x são equivalentes entre si, como conseqüência imediata de nossas três propriedades. (Verifique isso detalhadamente.) Além disso, pode-se mostrar facilmente que, se x, y são elementos de S, então ou $C_x = C_y$ ou C_x e C_y não têm elementos em comum. Cada C_x é chamado uma **classe de equivalência**. Vemos que nossa relação de equivalência determina uma decomposição de S em classes de equivalência disjuntas. Cada elemento de uma classe é chamado **representante** dessa classe.

Nosso primeiro exemplo de relaçãode equivalência será a congruência. Seja n um inteiro positivo e x, y inteiros, diremos que x é **congruente a** y **módulo** n se existir um inteiro m tal que $x - y = mn$. Isso significa que $x - y$ pertence ao ideal gerado por n. Como $n \neq 0$, $x - y$ é divisível por n. Escrevemos a relaçãode congruência na forma

$$x \equiv y \pmod{n}.$$

Verifica-se de modo imediato que essa é uma relaçãode equivalência, ou seja, que valem as seguintes propriedades:

(a) $x \equiv x \pmod{n}$.

(b) Se $x \equiv y$ e $y \equiv z \pmod{n}$, então $x \equiv z \pmod{n}$.

(c) Se $x \equiv y \pmod{n}$, então $y \equiv x \pmod{n}$.

As congruências ainda satisfazem duas outras propriedades:

(d) Se $x \equiv y \pmod{n}$ e se z é um inteiro, $xz \equiv yz \pmod{n}$.

(e) Se $x \equiv y \pmod{n}$ e $x' \equiv y' \pmod{n}$, então $xx' \equiv yy' \pmod{n}$. Além disso, $x + x' \equiv y + y' \pmod{n}$

Como exemplo, daremos uma demonstração da primeira parte de (e). Podemos escrever

$$x = y + mn \qquad \text{e} \qquad x' = y' + m'n$$

para algum par de inteiros m, m'. Então,

$$xx' = (y + mn)(y' + m'n) = yy' + mny' + ym'n + mm'nn\,,$$

e a expressão da direita é, evidentemente, igual a

$$yy' + wn$$

para algum inteiro w. Isso mostra que $xx' \equiv yy' \pmod{n}$, como era desejado.

Definimos os inteiros **pares** como sendo aqueles que são congruentes a 0 mod 2. Assim, n é par se, e somente se, existir um inteiro m tal que $n = 2m$. Definimos os inteiros **ímpares** como sendo todos os inteiros que não são pares. Mostra-se, de modo trivial, que um inteiro ímpar n pode ser escrito na forma $2m + 1$, para algum inteiro m.

I, §5. Exercícios

1. Sejam n, d inteiros positivos e suponhamos $1 < d < n$. Mostre que n pode ser escrito na forma

$$n = c_0 + c_1 d + \ldots + c_k d^k$$

com inteiros c_i tais que $0 \leq c_i < d$, determinados de modo único. [*Sugestão*: para demonstrar a existência, escreva $m = qd + c_0$, pelo algoritmo euclidiano, e depois use a indução. Para a unidade, use indução, supondo que $c_0, \ldots, c_r$ são determinados univocamente; mostre, então, que c_{r+1} é determinado de modo único.]

2. Sejam m e n inteiros não nulos, escritos na forma

$$m = p_1^{i_1} \cdots p_r^{i_r} \qquad \text{e} \qquad n = p_1^{j_1} \cdots p_r^{j_r}$$

onde i_ν, j_ν são inteiros ≥ 0 e $p_1, \ldots, p_r$ são números primos distintos.

(a) Mostre que o m.d.c. de m e n pode ser expresso como um produto $p_1^{k_1} \cdots p_r^{k_r}$, onde $k_1, \ldots, k_r$ são inteiros ≥ 0. Exprima k_ν em termos de i_ν e j_ν.

(b) Defina a noção de **mínimo múltiplo comum**, e expresse o m.m.c. de m, n como um produto $p_1{}^{k_1}, \ldots, p_r{}^{k_r}$ com inteiros $k_\nu \geq 0$. Exprima k_ν em termos de i_ν e j_ν.

3. Calcule o m.d.c. e o m.m.c. dos seguintes pares de inteiros positivos:

   (a) $5^3 2^6 3$ e 225.

   (b) 248 e 28.

4. Seja n um inteiro ≥ 2.

   (a) Mostre que qualquer inteiro x é congruente mod n a um único inteiro m tal que $0 \leq m < n$.

   (b) Mostre que todo inteiro $x \neq 0$, primo com n, é congruente a um único inteiro m primo com n, e tal que $0 < m < n$.

   (c) Seja $\varphi(n)$ o número de inteiros m primos com n, tais que $0 < m < n$. Chamamos φ de **função fi de Euler**. Também definimos $\varphi(1) = 1$. Se $n = p$ é um número primo, calcule $\varphi(p)$?

   (d) Determine $\varphi(n)$ para cada inteiro n com $1 \leq n \leq 10$.

5. **Teorema chinês do resto**. Sejam n e n' números inteiros positivos e primos entre si. Sejam a e b inteiros. Mostre que as congruências

$$x \equiv a \pmod{n}, x \equiv b \pmod{n'}$$

podem ser resolvidas simultaneamente, para algum $x \in \mathbb{Z}$. Generalize esse resultado para várias congruências, $x \equiv a_i$ mod n_i, onde $n_1, \ldots, n_r$ são inteiros positivos, dois a dois, primos entre si.

6. Sejam a e b inteiros não-nulos primos entre si. Mostre que $1/ab$ pode ser escrito na forma

$$\frac{1}{ab} = \frac{x}{a} + \frac{y}{b}$$

para alguns inteiros x, y.

7. Mostre que qualquer número racional $a \neq 0$ pode ser escrito na forma
$$a = \frac{x_1}{p_1^{r_1}} + \cdots + \frac{x_n}{p_n^{r_n}},$$
onde $x_1, \ldots, x_n$ são inteiros, $p_1, \ldots, p_n$ são números primos distintos, e $r_1, \ldots, r_n$ são inteiros ≥ 0.

8. Sejam p um número primo e n um inteiro tal que $1 \leq n \leq p - 1$. Mostre que o coeficiente binomial $\binom{p}{n}$ é divisível por p.

9. Para todo par de inteiros x e y, mostre que $(x + y)^p \equiv x^p + y^p \pmod{p}$.

10. Seja n um inteiro ≥ 2. Mostre por exemplos que o coeficiente binomial $\binom{p^n}{k}$ não necessita ser divisível por p^n para $1 \leq k \leq p^n - 1$.

11. (a) Demonstre que um inteiro positivo é divisível por 3 se, e somente se a soma de seus dígitos é divisível por 3.

    (b) Demonstre que ele é divisível por 9 se, e somente se a soma de seus dígitos é divisível por 9.

    (c) Demonstre que ele é divisível por 11 se, e somente se a soma alternada de seus dígitos é divisível por 11. Em outras palavras, seja o inteiro
$$\begin{aligned} n &= a_k a_{k-1} \cdots a_0 \\ &= a_0 + a_1\, 10 + a_2\, 10^2 + \cdots + a_k\, 10^k, \qquad 0 \leq a_i \leq 9\,. \end{aligned}$$
    Então n é divisível por 11 se, e somente se $a_0 - a_1 + a_2 - a_3 + \cdots + (-1)^k a_k$ é divisível por 11.

12. Um inteiro positivo é chamado **palíndromo** se seus dígitos da esquerda para a direita, são os mesmos, quando lidos, da direita para a esquerda. Por exemplo, 242 e 15851 são palíndromos . Os

inteiros 11, 101, 373, 10301 são palíndromos primos. Observe que, exceto para 11, os outros têm um número ímpar de dígitos.

(a) Existe um número primo palíndromo com quatro dígitos? Com um número par de dígitos (exceto para 11)?

(b) Existem infinitos números primos palíndromos? (Este é um problema ainda não resolvido na matemática.)

CAPÍTULO II

Grupos

II, §1. Grupos e exemplos

Um **grupo** G é um conjunto munido de uma regra (chamada **lei de composição**) que, a cada par de elementos x e y de G, associa um elemento de G, denotado por xy, e que satisfaz às seguintes condições:

GR 1. *Para todos x, y e z de G vale a associatividade, ou seja, $(xy)z = x(yz)$.*

GR 2. *Existe um elemento e de G tal que $ex = xe = x$ para todo x de G.*

GR 3. *Se x é um elemento de G, então existe um elemento y em G tal que $xy = yx = e$.*

Estritamente falando, chamamos G um grupo **multiplicativo**. Se o elemento de G que está associado ao par (x, y) é denotado por $x + y$, escrevemos **GR 1** na forma

$$(x + y) + z = x + (y + z),$$

GR 2 na forma existe um elemento 0 em G tal que

$$0 + x = x + 0 = x,$$

para todo x de G e **GR 3** na forma dado $x \in G$, existe um elemento y em G tal que

$$x + y = y + x = 0.$$

Com essa notação, G é chamado grupo **aditivo**. Usaremos a notação $+$ somente quando o grupo em questão satisfizer a condição adicional

$$x + y = y + x$$

para todos x e y de G. Na notação multiplicativa, isso é $xy = yx$ para todos x e y de G; se G tem essa propriedade, então ele é chamado grupo **comutativo**, ou **abeliano**.

Provaremos, agora, vários fatos simples que se verificam em todos os grupos.

Seja G um grupo. O elemento e de G cuja existência é assegurada por **GR 2** *é determinado de modo único.*

Demonstração. Se e e e' satisfazem, ambos, a essa condição, então

$$e' = ee' = e\,.$$

A esse elemento damos o nome de **elemento unidade** de G. No caso aditivo, ele é chamado elemento **zero**.

Seja $x \in G$. O elemento y tal que $xy = yx = e$ é determinado de modo único.

Demonstração. Se z satisfaz $xz = zx = e$, temos

$$z = ez = (yx)z = y(xz) = ye = y\,.$$

Chamamos y o **inverso** de x, e o denotamos por x^{-1}. Na notação aditiva escrevemos $y = -x$.

Daremos agora exemplos de grupos. Muitos deles envolvem noções com as quais o leitor sem dúvida já travou contato em outros cursos.

Exemplo 1. Seja $\mathbb{Q}$ o conjunto dos números racionais, ou seja, o conjunto de todas as frações m/n, onde m e n são inteiros e $n \neq 0$. $\mathbb{Q}$ é um grupo em relação à adição. Além disso, os elementos não nulos de $\mathbb{Q}$ formam um grupo em relação à multiplicação, denotado por $\mathbb{Q}^*$.

Exemplo 2. Os números reais e os números complexos formam grupos em relação à adição. Os números reais não nulos e os números complexos não nulos formam grupos em relação à multiplicação. Daqui para frente, passaremos a denotar os números reais e complexos por $\mathbb{R}$ e $\mathbb{C}$, e o grupo dos elementos não-nulos por $\mathbb{R}^*$ e $\mathbb{C}^*$, respectivamente.

Exemplo 3. Os números complexos cujo valor absoluto é 1 formam um grupo em relação à multiplicação.

Exemplo 4. O conjunto que consiste dos números $1, -1$ é um grupo em relação à multiplicação, formado por dois elementos.

Exemplo 5. O conjunto que consiste dos números $1, -1, i, -i$ é um grupo em relação à multiplicação. Esse grupo tem quatro elementos.

Exemplo 6 (O produto direto). Sejam G e G' grupos. Seja $G \times G'$ o conjunto formado por todos os pares (x, x') com $x \in G$ e $x' \in G'$. Se (x, x') e (y, y') são dois pares, defina seu produto como $(xy, x'y')$. Então $G \times G'$ é um grupo.

É simples verificar que as condições **GR 1, 2, 3** são satisfeitas. Fica para o leitor, verificar a afirmação. Chamamos $G \times G'$ de **produto direto** de G e G'.

Pode-se também definir o produto direto de um número finito de grupos. Assim, se $G_1, \ldots, G_n$ são grupos, indicamos por

$$\prod_{i=1}^{n} G_i = G_1 \times \ldots \times G_n$$

o produto de todas as $n-$uplas $(x_1, \ldots, x_n)$ com $x_i \in G_i$. Definimos a multiplicação componente a componente, verificando, imediatamente, que $G_1 \times \ldots \times G_n$ éum grupo. Se e_i é o elemento unidade de G_i, então $(e_1, \ldots, e_n)$ é o elemento unidade do produto.

Exemplo 7. O espaço euclidiano $\mathbb{R}^n$ é o produto

$$\mathbb{R}^n = \mathbb{R} \times \ldots \times \mathbb{R}$$

tomado n vezes. Neste caso, $\mathbb{R}$ é considerado como grupo aditivo.

Um grupo que consiste de um único elemento é chamado **trivial**. Em geral, um grupo pode possuir infinitos elementos, ou apenas um número finito deles. No último caso, G é chamado **grupo finito**; o número de elementos de G é denominado a **ordem** desse grupo. O grupo do exemplo 4 tem ordem 2, e o do exemplo 5 tem ordem 4.

Nos exemplos de 1 a 5, os grupos são comutativos. Encontraremos grupos não-comutativos mais é frente, quando estudarmos os grupos de permutações. No Capítulo VI, veremos também grupos de matrizes.

Seja G um grupo. Sejam $x_1, \ldots, x_n$ elementos de G. Podemos formar seu produto que, por indução, definimos como

$$x_1 \cdots x_n = (x_1 \cdots x_{n-1})x_n.$$

Com o uso da lei associativa em **GR 1**, pode-se mostrar que é obtido o mesmo valor para esse produto, e não importa como os parênteses estejam dispostos. Por exemplo, para $n = 4$,

$$(x_1x_2)(x_3x_4) = x_1(x_2(x_3x_4))$$

e também

$$(x_1x_2)(x_3x_4) = ((x_1x_2)x_3)x_4\,.$$

Omitimos a demonstração para o caso geral (que é feita por indução), porque envolve sutis complicações notacionais com as quais não queremos ter contato. O produto acima será também escrito como

$$\prod_{i=1}^{n} x_i .$$

Se este grupo é aditivo, escrevemos o sinal da soma ao invés do sinal de produto; assim, uma soma de n termos se apresenta sob a seguinte forma:

$$\sum_{i=1}^{n} x_i = (x_1 + \cdots + x_{n-1}) + x_n = x_1 + \cdots + x_n .$$

Se o grupo G é comutativo, e escrito aditivamente, pode-se, por indução, mostrar que a soma acima independe da ordem em que $x_1, \ldots, x_n$ são tomados. A demonstração será, ainda desta vez, omitida. Por exemplo, se $n = 4$,

$$\begin{aligned} (x_1 + x_2) + (x_3 + x_4) &= x_1 + (x_2 + x_3 + x_4) \\ &= x_1 + (x_3 + x_2 + x_4) \\ &= x_3 + (x_1 + x_2 + x_4). \end{aligned}$$

Seja G um grupo, e H um subconjunto de G. Diremos que H é um **subgrupo** se ele contiver o elemento unidade, e se, dados x, $y \in H$, então xy e x^{-1} também forem elementos de H. (No caso aditivo, escrevemos $x + y \in H$ e $-x \in H$.) Desta forma, H é um grupo, e sua lei de composição é a mesma de G. O elemento unidade de G constitui um subgrupo, o qual é chamado **subgrupo trivial**. Todo grupo G é um subgrupo dele mesmo.

Exemplo 8. O grupo aditivo dos números racionais é um subgrupo do grupo aditivo dos números reais. O grupo dos números complexos de valor absoluto igual a 1 é um subgrupo do grupo multiplicativo dos números complexos não nulos. O grupo $\{1, -1\}$ é um subgrupo de $\{1, -1, i, -i.\}$

Existe uma maneira genérica de se obter subgrupos a partir de um grupo. Seja S um subconjunto de um grupo G, e que contenha pelo menos um elemento. Seja H o conjunto dos elementos de G formados por todos os produtos $x_1 \dots x_n$ tais que , para cada i, x_i ou x_i^{-1} seja elemento de S; suponhamos também que S contenha o elemento unidade. Então, H é obviamente um subgrupo de G, chamado subgrupo **gerado** por S. Dizemos também que S é um conjunto de **geradores** de H. Se S é um conjunto de **geradores** para H, usamos a notação

$$H = \langle S \rangle.$$

Assim, se os elementos $\{x_1, \dots, x_r\}$ formam um conjunto de geradores para G, escrevemos

$$G = \langle x_1, \dots, x_r \rangle.$$

Exemplo 9. O número 1 é um gerador do grupo aditivo dos inteiros. De fato, todo inteiro pode ser escrito na forma

$$1 + 1 + \cdots + 1$$

ou

$$-1 - 1 - \cdots - 1,$$

ou então é o inteiro 0.

Observe que, na notação aditiva, a condição para S ser um conjunto de geradores do grupo é que todo elemento não nulo do grupo possa ser escrito

$$x_1 + \cdots + x_n,$$

onde $x_i \in S$ ou $-x_i \in S$.

Exemplo 10. Seja G um grupo e seja x um elemento de G. Se n é um inteiro positivo, definimos x^n como

$$xx \cdots x,$$

sendo que o produto é tomado n vezes. Se $n = 0$, definimos $x^0 = e$. Se $n = -m$, onde m é um inteiro > 0, definimos

$$x^{-m} = (x^{-1})^m.$$

Verifica-se facilmente que a regra

$$\boxed{x^{m+n} = x^m x^n}$$

vale para todos os inteiros m, n. A verificação desse fato é direta, apesar de tediosa. Suponhamos, por exemplo, que m, n sejam inteiros positivos. Então

$$x^m x^n = \underbrace{x \cdots x}_{m \text{ vezes}} \underbrace{x \cdots x}_{n \text{ vezes}} = \underbrace{x \cdots x}_{m+n \text{ vezes}}.$$

Suponha, mais uma vez, que m e n sejam inteiros positivos, e $m < n$. Então (veja Exercício 3)

$$x^{-m} x^n = \underbrace{x^{-1} \cdots x^{-1}}_{m \text{ vezes}} \underbrace{x \cdots x}_{n \text{ vezes}} = x^{n-m}$$

pois o produto de x^{-1} tomado m vezes cancelará o produto de x tomado m vezes, resultando em x^{n-m} no lado direito da igualdade. De forma similar, pode-se provar os outros casos. Poderíamos ter demonstrado esse fato por indução, mas, neste momento, optamos por omitir passos tediosos.

De forma análoga, também temos a outra regra para expoentes, isto é,

$$\boxed{(x^m)^n = x^{mn}.}$$

É também aborrecida a sua prova, mas o procedimento é idêntico ao que se aplica à multiplicaçãode números, pois usa-se na prova somente a lei de composição, ou seja, a multiplicação, a associatividade e os inversos multiplicativos. Assim, se m e n são inteiros positivos, temos

$$(x^m)^n = \underbrace{x^m \cdots x^m}_{n \text{ vezes}} = \underbrace{x \cdots x}_{mn \text{ vezes}} = x^{mn}.$$

Se m ou n é um inteiro negativo, então tem-se a partir das definições que as regras também se aplicam. Assim, omitimos esses argumentos.

Se o grupo é escrito aditivamente, então escrevemos nx no lugar de x^n, e as regras passam a ser:

$$\boxed{(m+n)x = mx + nx \qquad \text{e} \qquad (mn)x = m(nx).}$$

Deve-se também observar que é válida a seguinte regra:

$$\boxed{(x^n)^{-1} = (x^{-1})^n.}$$

Para que isso seja verificado, suponhamos que n é um inteiro positivo. Logo, (veja Exercício 3)

$$\underbrace{x\cdots x}_{n \text{ vezes}}\ \underbrace{x^{-1}\cdots x^{-1}}_{n \text{ vezes}} = e$$

pois podemos usar a definição $xx^{-1} = e$ repetidamente. Se n é negativo, usa-se a definição $x^{-m} = (x^{-1})^m$ com m positivo para dar a demonstração.

Sejam G um grupo e $a \in G$. *Tomemos H como o subconjunto de elementos de G constituído de todas as potências a^n com $n \in \mathbb{Z}$. Dessa forma, H é um subgrupo gerado por a.* De fato, H contém o elemento unidade $e = a^0$. Sejam a^n, $a^m \in H$. Assim,

$$a^m a^n = a^{m+n} \in H.$$

Para finalizar, temos $(a^n)^{-1} = a^{-n} \in H$. Assim H satisfaz as condições de um subgrupo e H é gerado por a.

Seja G um grupo. Diremos que G é **cíclico** se existe um elemento a de G tal que todo elemento x de G pode ser escrito na forma a^n para algum inteiro n. O subgrupo H acima é o subgrupo cíclico gerado por a.

Exemplo 11. Consideremos o grupo aditivo $\mathbb{Z}$ dos inteiros. Dessa forma $\mathbb{Z}$ é cíclico gerado por 1. Um subgrupo de $\mathbb{Z}$ é o que chamamos de ideal no Capítulo 1. Podemos agora interpretar o Teorema 3.1 da seguinte forma:

Seja H um subgrupo de $\mathbb{Z}$. Se H não é trivial tome d como o menor inteiro positivo em H. Então, H consiste de todos os elementos nd, com $n \in \mathbb{Z}$; dessa forma H é cíclico.

Agora, passamos a olhar com maior atenção os grupos cíclicos. Seja G um grupo cíclico, e a um gerador. Podem ocorrer dois casos:

Caso 1. Não existe número inteiro positivo m tal que $a^m = e$. Logo, para todo inteiro $n \neq 0$ tem-se $a^n \neq e$. Neste caso, dizemos que G é **infinitamente cíclico**, ou que a tem **ordem infinita**. De fato, os elementos

$$a^n \quad \text{com} \quad n \in \mathbb{Z}$$

são todos distintos. Para verificar esse fato, suponha que $a^r = a^s$ para alguns inteiros $r,\ s \in \mathbb{Z}$. Assim, $a^{s-r} = e$, ou seja, $s - r = 0$ e portanto, $s = r$. Por exemplo, o número 2 gera um subgrupo cíclico infinito do grupo multiplicativo de números complexos. Seus elementos são

$$\ldots,\ 2^{-5},\ 2^{-4}, \tfrac{1}{8}, \tfrac{1}{4}, \tfrac{1}{2}, 1,\ 2,\ 4,\ 8,\ 2^4,\ 2^5, \ldots .$$

Caso 2. Existe um número inteiro positivo m tal que $a^m = e$. Logo, dizemos que a tem **ordem finita**, e chamamos m de um **expoente** para a. Seja J o conjunto dos inteiros $n \in \mathbb{Z}$ tais que $a^n = e$. Então, J é um subgrupo de $\mathbb{Z}$. Essa afirmação é verificada de forma habitual: temos $0 \in J$ pois por definição $a^0 = e$. Se $m,\ n \in J$, então

$$a^{m+n} = a^m a^n = ee = e,$$

ou seja, $m + n \in J$. Também, $a^{-m} = (a^m)^{-1} = e$, isto é $-m \in J$. Logo J é um subgrupo de $\mathbb{Z}$. Pelo Teorema 3.1 do Capítulo 1, o menor inteiro positivo d em J é um gerador de J. Por definição, esse inteiro positivo d é o menor inteiro positivo tal que $a^d = e$, e d é chamado **período** de a. Se $a^n = e$, então $n = ds$ para algum inteiro s.

Suponhamos que a seja um elemento de período d e n um inteiro. Pelo algoritmo euclidiano, podemos escrever

$$n = qd + r \qquad \text{com } q,\ r \in \mathbb{Z} \text{ e } 0 \leq r < d\,.$$

Logo,

$$a^n = a^r.$$

Teorema 1.1. *Seja G um grupo, e $a \in G$. Suponhamos que a tenha ordem finita. Se d é o período de a, então a gera um subgrupo cíclico de ordem d, cujos elementos são $e,\ a, \ldots,\ a^{d-1}$.*

Demonstração. A observação imediatamente anterior ao teorema mostra que esse subgrupo cíclico consiste das potências $e,\ a,\ \ldots,\ a^{d-1}$. Devemos agora mostrar que os elementos

$$e,\ a, \ldots,\ a^{d-1}$$

são distintos. De fato, suponhamos que $a^r = a^s$ com $0 \leq r \leq d-1$ e

$$0 \leq s \leq d-1,$$

digamos $r \leq s$. Então $a^{s-r} = e$. Como

$$0 \leq s - r < d,$$

devemos ter $s - r = 0$, e portanto $r = s$. Concluímos que neste caso, o grupo cíclico gerado por a tem ordem d.

Exemplo 12. O grupo multiplicativo $\{1, -1\}$ é cíclico de ordem 2.

Exemplo 13. Os números complexos $\{1,\ i,\ -1,\ -i\}$ formam um grupo cíclico de ordem 4. O número i é um gerador.

II, §1. Exercícios

1. Seja G um grupo e sejam a, b e c elementos de G. Se $ab = ac$, mostre que $b = c$.

2. Sejam G, G' grupos finitos, de ordens respectivamente m e n. Qual é a ordem de $G \times G'$?

3. Sejam $x_1, \ldots, x_n$ elementos de um grupo G. Mostre (por indução) que
$$(x_1 \cdots x_n)^{-1} = x_n^{-1} \cdots x_1^{-1}.$$
Como isso se apresentaria em notaçãoaditiva? Para dois elementos x, $y \in G$, temos $(xy)^{-1} = y^{-1}x^{-1}$. Escreva isso em notação aditiva.

4. (a) Seja G um grupo, e $x \in G$. Suponhamos que exista um inteiro $n \geq 1$ tal que $x^n = e$. Mostre que existe um inteiro $m \geq 1$ tal que $x^{-1} = x^m$.
   (b) Seja G um grupo finito. Mostre que, dado $x \in G$, existe um inteiro $n \geq 1$ tal que $x^n = e$.

5. Seja G um grupo finito, e S um conjunto de geradores. Mostre que todo elemento de G pode ser escrito na forma
$$x_1 \cdots x_n\,,$$
onde $x_i \in S$.

6. Seja G um grupo tal que $x^2 = 1$ para todo $x \in G$. Prove que G é um grupo abeliano.

7. Existe um grupo G, de ordem 4, com geradores x e y tais que $x^2 = y^2 = e$ e $xy = yx$. Determine todos os subgrupos de G. Mostre que
$$G = \{e,\, x,\, y,\, xy\}.$$

8. Existe um grupo G, de ordem 8, com geradores x e y tais que $x^4 = y^2 = e$ e $xy = yx^3$. Mostre que, para $i = 0,\ 1, 2,\ 3$ e $j = 0,\ 1$, $x^i y^j$ são elementos distintos de G e que, na verdade, constituem todos os elementos de G. Faça um **quadro para multiplicação** escrevendo os produtos de dois elementos, expressos na forma $x^i y^j$, com $i = 0,\ 1, 2,\ 3$ e $j = 0,\ 1$, nos espaços vazios.

e	x	x^2	x^3	y	yx	yx^2	yx^3
x							
x^2							
x^3					yx^2		
y							
yx							
yx^2							
yx^3							

Para ilustrar, preenchemos um espaço em branco. Assim $x^3yx = yx^2$.

9. Existe um grupo G, de ordem 8, com geradores $i,\ j,\ k$ tais que

$$ij = k, \qquad jk = i \qquad ki = j,$$
$$i^2 = j^2 = k^2.$$

Denote i^2 por m.

(a) Mostre que todo elemento pode ser escrito na forma

$$e,\ i,\ j,\ k,\ m,\ mi,\ mj,\ mk\,,$$

e que portanto, esses são precisamente os elementos distintos de G.

(b) Faça, como no exercício 8, um quadro para a multiplicação.

O grupo G no exercício 9 é chamado o **grupo quaterniônico**. Freqüentemente se escreve -1, $-i$, $-j$, $-k$ em vez de m, mi, mj, mk.

10. Existe um grupo G, de ordem 12, com geradores x, y tais que

$$x^6 = y^2 = e \quad \text{e} \quad xy = yx^5.$$

Mostre que os elementos

$$x^i y^j ,$$

com $0 \leq i \leq 5$ e $0 \leq j \leq 1$, são os elementos distintos de G. Faça um quadro para a multiplicaçãocomo nos exercícios anteriores.

11. Os grupos dos exercícios 8 e 10 têm representações como grupos de simetria. Por exemplo, no exercício 8, seja σ a rotação que leva cada vértice do quadrado

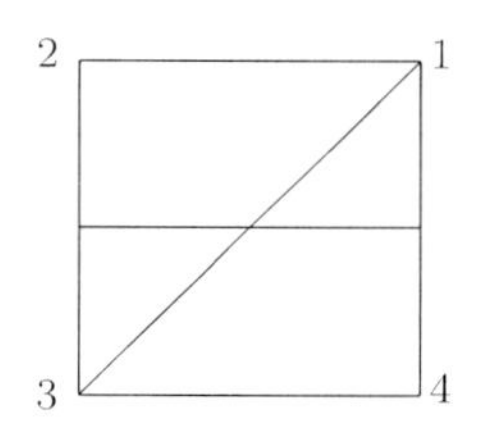

no vértice seguinte (no sentido, digamos, anti-horário), e seja τ a reflexão em torno da diagonal indicada. Mostre geometricamente que σ e τ satisfazem às relaçõesdo exercício 8. Exprima, em termos de potências de σ e τ, a reflexão em torno da linha horizontal, como está indicado no quadrado. Usando a notação do §6, podemos escrever $\sigma = [1234]$ e $\tau = [24]$.

12. No caso do exercício 10, faça uma representaçãogeométrica análoga, tomando um hexágono em vez de um quadrado.

(*Nota*: Os grupos dos exercícios 11 e 12 podem ser entendidos essencialmente como grupos de permutações dos vértices. Cf. exercícios 8 e 9 do §6.)

13. Seja G um grupo, e H um subgrupo. Seja $x \in G$. Considere, ainda, xHx^{-1} o subconjunto de G formado por todos os elementos xyx^{-1} com $y \in H$. Mostre que xHx^{-1} é um subgrupo de G.

14. Seja G um grupo finito, e S um conjunto de geradores de G. Assuma que $xy = yx$ para quaisquer x, $y \in S$. Prove que G é abeliano. Assim, sempre que se desejar testar se um grupo é abeliano ou não, é suficiente verificar se a comutatividade é válida no conjunto de geradores.

Exercícios sobre grupos cíclicos

15. Uma **raiz da unidade** no conjunto dos números complexos é um número ζ tal que $\zeta^n = 1$ para algum inteiro positivo n. Dizemos que ζ é uma raiz $n-$ésima da unidade. Descreva o conjunto das raízes $n-$ésimas da unidade em $\mathbb{C}$. Mostre que esse conjunto é um grupo cíclico de ordem n.

16. Seja G um grupo cíclico finito de ordem n. Mostre que, para cada inteiro positivo d que divide n, existe um subgrupo de ordem d.

17. Seja G um grupo cíclico finito de ordem n. Seja a um gerador de G. Seja r um inteiro $\neq 0$, primo com n.
(a) Mostre que a^r é também um gerador de G.
(b) Mostre que todo gerador de G pode ser escrito nessa forma.
(c) Sejam p um número primo, e G um grupo cíclico de ordem p. Quantos geradores possui G?

18. Sejam m e n números inteiros positivos, primos entre si. Sejam G, G' grupos cíclicos de ordens m e n, respectivamente. Mostre que $G \times G'$ é cíclico e tem ordem mn.

19. (a) Seja G um grupo multiplicativo abeliano finito. Seja a o produto de todos os elementos do grupo. Prove que $a^2 = e$.

(b) Suponha, ainda, que G é cíclico. Se G tem ordem ímpar, mostre que $a = e$, e se G tem ordem par mostre que $a \neq e$.

II, §2. Aplicações

Sejam S, S' conjuntos. Uma **aplicaçãode S em S'** é uma regra que a cada elemento de S associa um elemento de S'. Em vez de dizer que f é uma aplicaçãode S em S', escreveremos freqüentemente os símbolos $f : S \to S'$.

Se $f : S \to S'$ é uma aplicação, e x é um elemento de S, denotamos por $f(x)$ o elemento de S' associado a x por f. Chamamos $f(x)$ o **valor** de f em x, ou, também, a **imagem** de x por f. O conjunto de todos os elementos $f(x)$, com $x \in S$, é chamado **imagem** de f. Se T é um subconjunto de S, o conjunto dos elementos $f(x)$ com $x \in T$ é chamado **imagem** de T, sendo denotado por $f(T)$.

Se f é como anteriormente descrito, escrevemos $x \mapsto f(x)$ para denotar a imagem de x por f. Note que distinguimos dois tipos de setas, ou seja,

$$\to \quad \text{e} \quad \mapsto .$$

Exemplo 1. Sejam S e S' ambos iguais a $\mathbb{R}$. Seja $f : \mathbb{R} \to \mathbb{R}$ a aplicação $f(x) = x^2$, isto é, a aplicação cujo valor em x é x^2. Podemos expressar a mesma coisa dizendo que f é a aplicaçãotal que $x \mapsto x^2$. A imagem de f é o conjunto de números reais ≥ 0.

Seja $f : S \to S'$ uma aplicação, e seja T um subconjunto de S. Podemos definir uma aplicação $T \to S'$ pela mesma regra $x \mapsto f(x)$, para $x \in T$. Em outras palavras, podemos ver f como se estivesse definida somente em T. Essa aplicação é chamada **restrição** de f a T e é denotada por $f|T : T \to S'$.

Sejam S e S' dois conjuntos. Uma aplicação $f : S \to S'$ é dita **injetiva** se, dados x e $y \in S$, o fato de $x \neq y$ implicar $f(x) \neq f(y)$.

Podemos também escrever essa condição da seguinte forma: se $f(x) = f(y)$, então $x = y$.

Exemplo 2. A aplicação f do exemplo 1 não é injetiva. De fato, temos $f(1) = f(-1)$. Seja $g : \mathbb{R} \to \mathbb{R}$ a aplicação $x \mapsto x + 1$. Vemos que g é injetiva, pois se $x \neq y$, $x + 1 \neq y + 1$, ou seja, $g(x) \neq g(y)$.

Sejam S e S' conjuntos. Uma aplicação $f : S \to S'$ é dita **sobrejetiva** se a imagem $f(S)$ de S é igual a S'. Isso significa que, dado qualquer elemento $x' \in S'$, existe um elemento $x \in S$ tal que $f(x) = x'$. Pode-se também dizer que f é **sobre** S'.

Exemplo 3. Seja $f : \mathbb{R} \to \mathbb{R}$ a aplicação$f(x) = x^2$. Então f não é sobrejetiva, pois sua imagem não contém números negativos.

Seja $g : \mathbb{R} \to \mathbb{R}$ a aplicação$x \mapsto x + 1$. Dado um número y, temos $y = g(y - 1)$. Logo, g é sobrejetiva

Observação. Denotemos por $\mathbb{R}'$ o conjunto dos números reais ≥ 0. Pode-se considerar a associação $x \mapsto x^2$ como uma aplicação de $\mathbb{R}$ em $\mathbb{R}'$. Quando vista dessa maneira, a aplicação é sobrejetiva. Assim, é uma convenção razoável a de *não* identificar essa aplicação com a aplicação $f : \mathbb{R} \to \mathbb{R}$, definida pela mesma fórmula. Dessa maneira, se quisermos ser rigorosos, devemos indicar, em nossa notação, os conjuntos de chegada e de partida; ficaremos, então, com

$$f_{S'}^{S} : S \to S'$$

em vez de nosso $f : S \to S'$. Na prática, tal notação é muito complicada, e assim omitem-se os índices S e S'. De qualquer modo, o leitor deve ter em mente a distinção entre as aplicações

$$f_{\mathbb{R}'}^{\mathbb{R}} : \mathbb{R} \to \mathbb{R}' \qquad \text{e} \qquad f_{\mathbb{R}}^{\mathbb{R}} : \mathbb{R} \to \mathbb{R}$$

ambas definidas pela regra $x \mapsto x^2$. A primeira é sobrejetiva, enquanto que a segunda *não*.

Sejam S e S' conjuntos, e $f : S \to S'$ uma aplicação. Dizemos que f é **bijetiva** se f for ao mesmo tempo injetiva e sobrejetiva. Isso significa que, dado um elemento $x' \in S'$, existe um único elemento $x \in S$ tal que $f(x) = x'$. (A existência vem do fato de f ser sobrejetiva, e a unicidade vem de f ser injetiva.)

Exemplo 4. Seja J_n o conjunto dos inteiros $\{1, 2, \ldots, n\}$. Uma aplicação bijetiva $\sigma : J_n \to J_n$ é chamada **permutação** dos inteiros de 1 a n. Assim, em particular, uma permutação σ como anteriormente é uma aplicação $i \mapsto \sigma(i)$. Mais à frente, ainda neste capítulo, teremos oportunidade de estudar as permutações com mais detalhes.

Exemplo 5. Seja S um conjunto não-vazio, e seja

$$I : S \to S$$

a aplicação tal que $I(x) = x$ para todo $x \in S$. I é chamada aplicação **identidade**, sendo também denotada por id; ela é, obviamente, bijetiva. Muitas vezes precisamos explicitar o conjunto S na notação e escrevemos I_S ou id_S para denotar a aplicação identidade de S. Seja T um subconjunto de S. A aplicação identidade $t \mapsto t$, vista como a aplicação $T \to S$ é chamada **inclusão**, e é algumas vezes denotada por

$$T \hookrightarrow S.$$

Sejam S, T, U , e sejam

$$f : S \to T \qquad \text{e} \qquad g : T \to U$$

aplicações. Podemos formar a **aplicação composta**

$$g \circ f : S \to U$$

definida pela regra

$$(g \circ f)(x) = g(f(x))$$

para todo $x \in S$.

Exemplo 6. Seja $f : \mathbb{R} \to \mathbb{R}$ a aplicação $f(x) = x^2$, e $g : \mathbb{R} \to \mathbb{R}$ a aplicação $g(x) = x + 1$. Então, $g(f(x)) = x^2 + 1$. Note que, neste caso, podemos também formar $f(g(x)) = f(x+1) = (x+1)^2$, e que

$$f \circ g \neq g \circ f.$$

A composiçãode funçõesé associativa. Isso significa: sejam S, T, U e V conjuntos, e sejam

$$f : S \to T, \qquad g : T \to U, \qquad h : U \to V$$

aplicações. Então

$$h \circ (g \circ f) = (h \circ g) \circ f.$$

Demonstração. A demonstração é muito simples. Por definição, temos, para cada elemento $x \in S$,

$$(h \circ (g \circ f))(x) = h((g \circ f)(x)) = h(g(f(x))).$$

Por outro lado,

$$((h \circ g) \circ f)(x) = (h \circ g)(f(x)) = h(g(f(x))).$$

Por definição, isso significa que $(h \circ g) \circ f = h \circ (g \circ f)$.

Sejam S, T e U conjuntos, e $f : S \to T$, $g : T \to U$ aplicações. Se f e g são injetivas, então $g \circ f$ é injetora. Se f e g são sobrejetivas, $g \circ f$ é sobrejetiva. Se f e g são bijetivas, então $g \circ f$ também é.

Demonstração. Quanto à primeira afirmação, suponhamos que f e g são injetivas. Sejam $x,\ y \in S$ e $x \neq y$. Então, $f(x) \neq f(y)$, pois f é injetiva, e como g é injetiva, segue-se que $g(f(x)) \neq g(f(y))$. Pela definição de aplicação composta, concluímos que $g \circ f$ é injetiva. A segunda afirmação será deixada como exercício. A terceira é conseqüência das duas primeiras, e da definição de bijeção.

Seja $f : S \to S'$ uma aplicação. Uma **aplicação inversa** para f é uma aplicação

$$g : S' \to S$$

tal que

$$g \circ f = \mathrm{id}_S \qquad \text{e} \qquad f \circ g = \mathrm{id}_{S'}.$$

Como exercício, mostre que se existe uma aplicação inversa para f, então ela é única. Em outras palavras, se g_1 e g_2 são aplicações inversas para f, então $g_1 = g_2$. Assim, denotamos a aplicação inversa g por f^{-1}. Logo, por definição, a aplicação inversa f^{-1} é caracterizada pela seguinte propriedade: para todo $x \in S$ e $x' \in S'$, temos

$$f^{-1}(f(x)) = x \qquad \text{e} \qquad f(f^{-1}(x')) = x'.$$

Seja $f : S \to S'$ uma aplicação. Então f é bijetiva se, e somente se, f tem uma aplicaçãoinversa.

Demonstração. Suponhamos que f seja bijetiva. Daí, definimos uma aplicação $g : S' \to S$ pela regra: Para $x' \in S'$, seja

$$g(x') = \text{único elemento } x \in S \text{ tal que } f(x) = x'.$$

É imediato verificar que g satisfaz as condições para ser *uma* aplicação inversa, e portanto g é *a* aplicação inversa. Deixamos como exercício 1, a outra implicação, ou seja, você deve demonstrar que se existe uma aplicação inversa para f, então f é bijetiva.

Exemplo 7. Se $f : \mathbb{R} \to \mathbb{R}$ é a aplicação tal que

$$f(x) = x + 1,$$

então $f^{-1} : \mathbb{R} \to \mathbb{R}$ é a aplicação tal que $f^{-1}(x) = x - 1$.

Exemplo 8. Seja $\mathbb{R}^+$ o conjunto dos números reais positivos (isto é, números reais > 0). Seja $h : \mathbb{R}^+ \to \mathbb{R}^+$ a aplicação $h(x) = x^2$. Então,

h é bijetiva e sua inversa é a aplicação raiz quadrada, isto é,

$$h^{-1}(x) = \sqrt{x}$$

para todo $x \in \mathbb{R}$, $x > 0$.

Seja S um conjunto. Uma aplicação bijetiva de S em si mesmo, isto é, $f : S \to S$ é chamada **permutação** de S. O conjunto de permutações de S é denotado por

$$\text{Perm}(S).$$

Proposição 2.1. *O conjunto de permutações Perm(S) é um grupo que tem como lei de composição a composição de aplicações.*

Demonstração. Já vimos que a composição de aplicações é associativa. Existe um ele-mento unidade em Perm(S) indicado por I_S. Também já observamos que, se f e g são permutações de S, então $f \circ g$ e $g \circ f$ são bijetivas; além disso, $f \circ g$ e $g \circ f$ aplicam S em si mesmo e são permutações de S. Para finalizar, como já foi observado, uma permutação f tem um inverso f^{-1}, e assim todos os axiomas de grupo estão satisfeitos. Portanto, a proposição está demonstrada.

Se σ e τ são permutações de um conjunto S, então muitas vezes escrevemos

$$\sigma\tau \quad \text{no lugar de} \quad \sigma \circ \tau,$$

ou seja, omitimos o pequeno círculo quando compomos permutações e as adequamos às leis de composição em um grupo.

Exemplo 9. Vamos voltar ao plano geométrico. Uma aplicação $F : \mathbb{R}^2 \to \mathbb{R}^2$ é chamada **isometria** se F preserva distâncias, em outras palavras, dados dois pontos P, $Q \in \mathbb{R}^2$, temos

$$\text{dist}(P, Q) = \text{dist}(F(P), F(Q)).$$

Por meio da geometria do ensino médio, foi dito que rotações, reflexões e translações preservam distâncias, ou seja, são isometrias. É imediato, a partir da definição, que uma composição de isometrias também é uma isometria. Não fica claro, à primeira vista, que uma isometria tenha uma inversa. Porém, existe um teorema básico:

Seja F uma isometria. Então, existem reflexões $R_1, \ldots, R_m$ (por meio, respectivamente, das linhas $L_1, \ldots, L_m$) tais que

$$F = R_1 \cdots R_m.$$

O produto denota, de forma clara, a composição de aplicações. Se R é uma reflexão de uma linha L, então $R \circ R = R^2 = I$, ou seja, $R = R^{-1}$. Assim, se admitimos o teorema acima, considerado básico, então vemos que toda isometria tem uma inversa, indicada por

$$F^{-1} = R_m^{-1} \cdots R_1^{-1}.$$

Pelo fato da identidade I ser uma isometria, segue que o conjunto de isometrias é um subgrupo do grupo de permutações de $\mathbb{R}^2$. Para encontrar uma demonstraçãodo teorema básico acima, veja, por exemplo o livro que escrevi com Gene Murrow:*Geometry*.

Observação. A notação f^{-1} também é usada quando f não é bijetiva. Sejam X e Y conjuntos e

$$F : X \to Y$$

uma aplicação. Seja Z um subconjunto de Y. Definimos sua **imagem inversa** por

$$f^{-1}(Z) = \text{subconjunto de } X\text{, constituído pelos elementos } x \in X \text{ tal que } f(x) \in Z.$$

Assim, de uma forma geral, f^{-1} NÃO é uma aplicação de Y em X, mas é uma aplicação dos subconjuntos de Y nos subconjuntos de X. Dizemos que $f^{-1}(Z)$ é a **imagem inversa de Z por f**. Você poderá por em prática, no Exercício 6, algumas propriedades da imagem inversa.

Muitas vezes, o subconjunto Z pode ser constituído por um único elemento y. Assim, se $y \in Y$, então, por $f^{-1}(y)$ definimos o conjunto de todos elementos $x \in X$ tais que $f(x) = y$. Se y não está na imagem de f, então $f^{-1}(y)$ é *vazio*. Se y está na imagem de f, então $f^{-1}(y)$ pode ter mais que um elemento.

Exemplo 10. Seja $f : \mathbb{R} \to \mathbb{R}$ a aplicação definida por $f(x) = x^2$. Logo,

$$f^{-1}(1) = \{1, -1\},$$

e $f^{-1}(-2)$ é vazio.

Exemplo 11. Suponhamos que $f : X \to Y$ seja a aplicação inclusão, ou seja, X é um subconjunto de Y. Assim, $f^{-1}(Z)$ é dada por uma interseção, isto é,

$$f^{-1}(Z) = Z \cap X.$$

Aplicações Coordenadas. Sejam Y_i $(i = 1, \ldots, n)$ conjuntos. Uma aplicação

$$f : X \to \prod Y_i = Y_1 \times \cdots \times Y_n$$

de X no produto cartesiano é definida através de n aplicações $f_i : X \to Y_i$ tais que

$$f(x) = (f_1(x), \ldots, f_n(x)) \qquad \text{para todo} \quad x \in X.$$

As aplicações f_i são chamadas **aplicações coordenadas** de f.

II, §2. Exercícios

1. Seja $f : S \to S'$ uma aplicação, e suponha que exista uma aplicação $g : S' \to S$ tal que

$$g \circ f = I_S \qquad \text{e} \qquad f \circ g = I'_S,$$

em outras palavras, que f tem inversa. Mostre que f é injetiva e sobrejetiva.

2. Sejam $\sigma_1, \ldots, \sigma_r$ permutações de um conjunto S. Mostre que

$$(\sigma_1 \cdots \sigma_r)^{-1} = \sigma_r^{-1} \cdots \sigma_1^{-1}.$$

3. Seja S um conjunto não-vazio e G um grupo. Seja $M(S, G)$ o conjunto de aplicaçõesde S em G. Se f, $g \in M(S, G)$, defina $fg : S \to G$ como a aplicação tal que $(fg)(x) = f(x)g(x)$. Mostre que $M(S, G)$ é um grupo. Se G é aditivo, como é a lei de composição de $M(S, G)$?

4. Dê um exemplo de duas permutações dos inteiros $\{1, 2, 3\}$, de modo que elas não comutem.

5. Seja S um conjunto, G um grupo, e $f : S \to G$ uma aplicação bijetiva. Para cada x, $y \in S$ defina o produto

$$xy = f^{-1}(f(x)f(y)).$$

Mostre que essa multiplicação define uma estrutura de grupo sobre S.

6. Sejam X e Y conjuntos, e $f : X \to Y$ uma aplicação. Seja Z um subconjunto de Y. Defina $f^{-1}(Z)$ como o conjunto de todos os $x \in X$ tais que $f(x) \in Z$. Prove que, se Z e W são subconjuntos de Y, então

$$f^{-1}(Z \cup W) = f^{-1}(Z) \cup f^{-1}(W),$$
$$f^{-1}(Z \cap W) = f^{-1}(Z) \cap f^{-1}(W)$$

II, §3. Homomorfismos

Sejam G e G' grupos. Um **homomorfismo**

$$f : G \to G'$$

de G em G' é uma aplicação dotada da seguinte propriedade: para todos x, $y \in G$, temos

$$f(xy) = f(x)f(y)\,,$$

e na notação aditiva, $f(x+y) = f(x) + f(y)$.

Exemplo 1. Seja G um grupo comutativo. A aplicação $x \mapsto x^{-1}$ de G em si mesmo é um homomorfismo. Em notação aditiva, isso corresponde à aplicação $x \mapsto -x$. A verificação de que essa aplicação possui a propriedade que define um homomorfismo é imediata.

Exemplo 2. A aplicação

$$z \longmapsto |z|$$

é um homomorfismo do grupo multiplicativo dos números complexos não-nulos no grupo multiplicativo dos números complexos não-nulos (na verdade, no grupo multiplicativo dos números reais positivos).

Exemplo 3. A aplicação

$$x \longmapsto e^x$$

é um homomorfismo do grupo aditivo dos números reais no grupo multiplicativo dos números reais positivos. Sua aplicação inversa, o logaritmo, é também um homomorfismo.

Sejam G e H grupos e suponhamos que H é produto direto

$$H = H_1 \times \cdots \times H_n\,.$$

Seja $f: G \to H$ uma aplicação e seja $f_i : G \to H_i$ sua $i-$ésima aplicação coordenada. Então f é um homorfismo se, e somente se cada f_i é um homomorfismo.

A demonstraçãoé imediata e será deixada para o leitor.

Para abreviar, diremos, agumas vezes: "Seja $f : G \to G'$ um homomorfismo de grupos", em vez de dizer: Sejam G e G' grupos, e f um homomorfismo de G em G'."

Seja $f : G \to G'$ um homorfismo de grupos, e sejam e e e' os elementos unidade de G e G', respectivamente. Então, $f(e) = e'$.

Demonstração. Temos $f(e) = f(ee) = f(e)f(e)$. Multiplicando ambos os membros por $f(e)^{-1}$, obtemos o resultado desejado.

Seja $f : G \to G'$ um homomorfismo de grupos e seja $x \in G$. Então, $f(x^{-1}) = f(x)^{-1}$.

Demonstração. Temos

$$e' = f(e) = f(xx^{-1}) = f(x)f(x^{-1}).$$

Sejam $f : G \to G'$ e $g : G' \to G''$ dois homomorfismos de grupos. A aplicação composta $g \circ f$ é um homomorfismo de grupos de G em G''.

Demonstração. De fato,

$$(g \circ f)(xy) = g(f(xy)) = g(f(x)f(y)) = g(f(x))g(f(y)).$$

Seja $f : G \to G'$ um homomorfismo de grupos. A imagem de f é um subgrupo de G'.

Demonstração. Se $x' = f(x)$ com $x \in G$, e $y' = f(y)$ com $y \in G$, segue-se que

$$x'y' = f(x)f(y) = f(xy)$$

pertence, também, à imagem de f. Também, $e' = f(e)$ está na imagem, o mesmo acontecendo com $x'^{-1} = f(x^{-1})$. Isso prova que a imagem é um subgrupo.

Seja $f : G \to G'$ um homomorfismo de grupos. Definimos o **núcleo** de f como o conjunto de todos os elementos $x \in G$ tais que $f(x) = e'$. É deixado para o leitor provar o seguinte fato:

O núcleo de um homomorfismo $f : G \to G'$ é um subgrupo de G.

O núcleo contém o elemento unidade e pois $f(e)$ é o elemento unidade de G'. E assim por diante.

Exemplo 4. Seja G um grupo, e $a \in G$. A aplicação

$$n \mapsto a^n$$

é um homomorfismo de $\mathbb{Z}$ em G. Isso é apenas uma confirmaçãodas regras para expoentes discutidas no §1. O núcleo deste homomorfismo é formado por todos os inteiros n tais que $a^n = e$ e, como já foi visto no §1, esse núcleo é o subgrupo gerado pelo período de a.

Seja $f : G \to G'$ um homomorfismo de grupos. Se o núcleo de f consiste somente de e, então f é injetiva.

Demonstração. Sejam $x, y \in G$ e suponhamos que $f(x) = f(y)$. Logo,

$$e' = f(x)f(y)^{-1} = f(x)f(y^{-1}) = f(xy^{-1}).$$

Assim, $xy^{-1} = e$ e, conseqüentemente $x = y$, mostrando que f é injetiva.

Um homomorfismo injetivo será chamado uma **imersão**. A mesma terminologia será usada para outros objetos matemáticos que apresentaremos mais à frente, tais como anéis e corpos. Algumas vezes, indicamos uma imersão por meio de uma seta especial

$$G \hookrightarrow G'.$$

Seja $f : X \to Y$ uma aplicação entre conjuntos e seja Z um subconjunto de Y. Lembramos que no §2 foi definida a **imagem inversa**:

$$f^{-1}(Z) = \text{subconjunto dos elementos } x \in X \text{ tais que } f(x) \in Z.$$

Sejam $f : G \to G'$ *um homomorfismo e* H' *um subgrupo de* G'. *Seja* $H = f^{-1}(H')$ *sua imagem inversa, isto é, o conjunto dos* $x \in G$ *tais que* $f(x) \in H'$. *Então é um subgrupo de* G.

Demonstre isso como exercício (exercício 8 na próxima lista).

Na proposição acima, tomamos $H' = \{e'\}$. Logo, H' é o subgrupo trivial de G'. Assim, por definição, $f^{-1}(H')$ é o núcleo de f.

Seja $f : G \to G'$ um homomorfismo de grupos. Dizemos que f é um **isomorfismo** (ou, mais precisamente, um isomorfismo de grupos) se existe um homomorfismo $g : G' \to G$ tal que $f \circ g$ e $g \circ f$ são as aplicações identidades de G' e G, respectivamente. Indicamos um isomorfismo pela notação

$$G \approx G'.$$

Observação. A grosso modo, se um grupo tem uma propriedade resultante, inteiramente, de sua operação, então todo grupo isomorfo a G também tem essa propriedade. Algumas dessas propriedades são: ter ordem n; ser abeliano; ser cíclico, e outras que serão vistas mais tarde como: ser resolúvel, ser simples, ter um centro trivial, etc. Quando o leitor encontrar essas propriedades, deve verificar que as mesmas são invariantes sob isomorfismos.

Exemplo 5. A função exp é um isomorfismo do grupo aditivo dos números reais no grupo multiplicativo dos números reais positivos. Sua inversa é o logaritmo.

Exemplo 6. Seja G um grupo comutativo. A aplicação

$$f : x \mapsto x^{-1}$$

é um isomorfismo de G em si mesmo. O que é $f \circ f$? E f^{-1}?

Um homomorfismo de grupos $f : G \to G'$ *que é injetivo e sobrejetivo é um isomorfismo.*

Demonstração. Seja $f^{-1} : G' \to G$ a aplicação inversa. Tudo que precisamos provar é que f^{-1} é um homomorfismo de grupos. Sejam $x', y' \in G'$, e tomemos $x, y \in G$ de modo que $f(x) = x'$ e $f(y) = y'$. Então, $f(xy) = x'y'$. Segue-se, por definição,

$$f^{-1}(x'y') = xy = f^{-1}(x')f^{-1}(y') .$$

Isso prova que f^{-1} é um homomorfismo, como queríamos.

A partir da afirmação anterior sobre um isomorfismo, obtemos um teste padrão para verificar se um homomorfismo é um isomorfismo.

Teorema 3.1. *Seja $f : G \to G'$ um homomorfismo.* (a) *Se o núcleo de f é trivial, então f é um isomorfismo de G em sua imagem $f(G)$.* (b) *Se $f : G \to G'$ é sobrejetivo e seu núcleo é trivial, então f é um isomorfismo.*

Demonstração. Já foi demonstrado que se o núcleo de f é trivial, então f é injetiva. Como f é sempre sobrejetiva sobre sua imagem, a asserção do teorema segue a partir da condição anterior.

Por **automorfismo** de um grupo indicamos um isomorfismo desse grupo em si mesmo. A aplicação do exemplo 6 é um automorfismo do grupo comutativo G. Como ele se apresenta na notação aditiva? Veremos exemplos de automorfismos na parte de exercícios. (Cf. exercícios 3, 4 e 5). Denotamos o conjunto dos automorfismos de G por $\mathrm{Aut}(G)$.

Aut(G) é um subgrupo do grupo das permutações de G, onde a operação envolvida é a composição de aplicações.

No exercício 3, da próxima lista, pede-se a verificação detalhada desta afirmativa.

Verificaremos agora que todo grupo é isomorfo a um grupo de permutaçõesde algum conjunto.

Exemplo 7 (Translação). Seja G um grupo. Para cada $a \in G$, seja

$$T_a : G \to G$$

a aplicação tal que $T_a(x) = ax$. T_a é chamada a **translação à esquerda por** a. Afirmamos que T_a é uma bijeção de G em si mesmo, isto é, uma permutação de G. Se $x \neq y$, então $ax \neq ay$ (multiplique à esquerda por a^{-1} para ver isso), e portanto T_a é injetiva. Ela também é sobrejetora, pois, dado $x \in G$, temos

$$x = T_a(a^{-1}x)\,.$$

A aplicação inversa de T_a é, obviamente, $T_{a^{-1}}$. Desta forma, a aplicação

$$a \mapsto T_a$$

é definida em G com valores no grupo de permutações do próprio conjunto G. Afirmamos que ela é um *homomorfismo*. De fato, para a, $b \in G$ temos

$$T_{ab}(x) = abx = T_a(T_b(x))\,,$$

e assim $T_{ab} = T_a T_b$. Mais ainda, percebe-se de imediato que esse homomorfismo é injetivo. Dessa maneira, a aplicação

$$a \mapsto T_a \qquad (a \in G)$$

é um isomorfismo de G sobre um subgrupo do grupo de todas as permutaçõesde G. É claro que nem toda permutação é dada por uma translação, ou, em outras palavras, a imagem da aplicação não é igual ao grupo de permutações de G.

A terminologia do exemplo 7 é tirada da geometria euclidiana. Seja $G = \mathbb{R}^2 = \mathbb{R} \times \mathbb{R}$. Vemos G como o plano. Os elementos de G são chamados vetores bidimensionais. Se $A \in \mathbb{R} \times \mathbb{R}$, a translação

$$T_A : \mathbb{R} \times \mathbb{R} \to \mathbb{R} \times \mathbb{R}$$

tal que $T_A(X) = X + A$ para todo $X \in \mathbb{R} \times \mathbb{R}$ é vista como a translação usual de X por meio do vetor A.

Exemplo 8 (Conjugação). Seja G um grupo e $a \in G$. Seja

$$\gamma_a : G \to G$$

a aplicação definida por $x \mapsto axa^{-1}$. Esta aplicaçãoé chamada **conjugação** por a.

Nos exercícios 4 e 5 pede-se a demonstração de:

A conjugação γ_a é um automorfismo de G, chamado **automorfismo interno**. *A associação $a \mapsto \gamma_a$ é um homomorfismo de G em* $\mathrm{Aut}(G)$, *cuja lei de composição é a composição de aplicações.*

Seja A um grupo abeliano, escrito aditivamente. Sejam B, C subgrupos. Definimos $B + C$ como o conjunto formado de todas as somas $b+c$, com $b \in B$ e $c \in C$. Como exercício, pode-se provar que $B+C$ é um subgrupo, chamado a **soma** de B e C. Pode-se definir, similarmente, a soma $B_1 + \cdots + B_r$ de um número finito de subgrupos. Dizemos que A é a **soma direta** de B com C se todo elemento $x \in A$ pode ser escrito, de maneira única, na forma $x = b + c$ com $b \in B$ e $c \in C$. Assim, escrevemos

$$A = B \oplus C\,.$$

Similarmente, para r subgrupos, defimos A como a **soma direta**

$$A = \bigoplus B_i = B_1 \oplus \cdots \oplus B_r$$

se todo elemento $x \in A$ pode ser escrito na forma

$$x = \sum_{i=1}^{r} b_i = b_1 + \cdots + b_r\,,$$

com elementos $b_i \in B_i$ determinados, de forma única, por x. No exercício 14 o leitor demons-trará o seguinte:

Teorema 3.2. *O grupo abeliano A é uma soma direta dos subgrupos B e C se, e somente se $A = B + C$ e $B \cap C = \{0\}$. Neste caso, se, e somente se, a aplicação*

$$B \times C \to A \qquad \text{dada por} \qquad (b, c) \mapsto b + c$$

for um isomorfismo.

Exemplo 9 (O grupo dos homomorfismos). Sejam A e B **grupos abelianos**, escritos aditivamente. Denotemos por $\mathrm{Hom}(A, B)$ o conjunto dos homomorfismos de A em B. Podemos atribuir a $\mathrm{Hom}(A, B)$ uma estrutura de grupo, do seguinte modo: se f e g são homomorfismos de A em B, definimos $f + g : A \to B$ como a aplicação tal que

$$(f + g)(x) = f(x) + g(x)$$

para todo $x \in A$. Verifica-se, facilmente, que os três axiomas de grupo estão satisfeitos. De fato, se f, g, $h \in \mathrm{Hom}(A, B)$, para todo $x \in A$ valem:

$$((f + g) + h)(x) = (f + g)(x) + h(x)\,,$$

e

$$(f + (g + h))(x) = f(x) + (g + h)(x) = f(x) + g(x) + h(x)\,.$$

Portanto, $f + (g + h) = (f + g) + h$. Temos um elemento aditivo unitário, a aplicação 0 (chamada zero), que, a cada elemento de A, associa o elemento zero de B. Esta aplicação satisfaz, obviamente, à condição **GR 2**. Mais ainda, a aplicação $-f$ tal que $(-f)(x) = -f(x)$ tem a propriedade

$$f + (-f) = 0\,.$$

Finalmente, precisamos observar que $f + g$ e $-f$ são homomorfismos. Com efeito, para x, $y \in A$,

$$\begin{aligned}(f + g)(x + y) &= f(x + y) + g(x + y) = f(x) + f(y) + g(x) + g(y) \\ &= f(x) + g(x) + f(y) + g(y) \\ &= (f + g)(x) + (f + g)(y)\,,\end{aligned}$$

e assim $f + g$ é um homomorfismo. Ao mesmo tempo,

$$(-f)(x + y) = -f(x + y) = -(f(x) + f(y)) = -f(x) - f(y)$$

e portanto $-f$ é um homomorfismo. Isto demonstra que $\mathrm{Hom}(A, B)$ é um grupo.

II, §3. Exercícios

1. Seja $\mathbb{R}^*$ o grupo multiplicativo dos números reais não-nulos. Descreva explicitamente o núcleo do homomorfismo "valor absoluto"

$$x \mapsto |x|$$

de $\mathbb{R}^*$ em si mesmo. Qual é a imagem deste homomorfismo?

2. Seja $\mathbb{C}^*$ o grupo multiplicativo dos números complexos não-nulos. Qual é o núcleo do homomorfismo "valor absoluto"

$$z \mapsto |z|$$

de $\mathbb{C}^*$ em $\mathbb{R}^*$?

3. Seja G um grupo. Prove que $\mathrm{Aut}(G)$ é um subgrupo de $\mathrm{Perm}(G)$.

4. Sejam G um grupo, e a um elemento de G. Seja

$$\gamma_a : G \to G$$

a aplicação tal que

$$\gamma_a(x) = axa^{-1}.$$

(a) Mostre que $\gamma_a : G \to G$ é um automorfismo de G.

(b) Mostre que o conjunto de todas as aplicações γ_a com $a \in G$ é um subgrupo de $\mathrm{Aut}(G)$.

5. Sejam G e γ_a como no exercício 4. Mostre que a associação $a \mapsto \gamma_a$ é um homomorfismo de G em $\text{Aut}(G)$. A imagem deste homomorfismo é chamada grupo de automorfismos **internos** de G. Dessa forma, um automorfismo interno de G é um automorfismo que é igual a γ_a, para algum $a \in G$.

6. Se G não é comutativo, a aplicação dada por $x \mapsto x^{-1}$ é um homomorfismo? Justifique sua resposta.

7. (a) Seja G um subgrupo de um grupo de permutações de um conjunto S. Se s e t são elementos de S, dizemos que s é equivalente a t se existe $\sigma \in G$ tal que $\sigma s = t$. Mostre que isso define uma relação de equivalência.

   (b) Sejam $s \in S$ e G_s o conjunto de todos $\sigma \in G$ tais que $\sigma s = s$. Mostre que G_s é um subgrupo de G.

   (c) Se $\tau \in G$ é tal que $\tau s = t$, mostre que $G_t = \tau G_s \tau^{-1}$.

8. Seja $f : G \to G'$ um homomorfismo de grupos. Seja H' um subgrupo de G'. Mostre que $f^{-1}(H')$ é um subgrupo de G.

9. Seja G um grupo e S um conjunto de geradores de G. Sejam $f : G \to G'$ e $g : G \to G'$ homomorfismos de G no mesmo grupo G'. Suponha que $f(x) = g(x)$ para todo $x \in S$. Prove que $f = g$.

10. Sejam $f : G \to G'$ um isomorfismo de grupos, e $a \in G$. Mostre que o período de a é o mesmo período de $f(a)$.

11. Sejam G um grupo cíclico, e $f : G \to G'$ um homomorfismo. Mostre que a imagem de G é cíclica.

12. Sejam G um grupo comutativo, e n um inteiro positivo. Mostre que a aplicação $x \mapsto x^n$ é um homomorfismo de G em si mesmo.

13. Seja A um grupo abeliano aditivo, e sejam B e C subgrupos. Considere $B + C$ formado por todas as somas $b + c$, com $b \in B$ e $c \in C$. Mostre que $B + C$ é um subgrupo, chamado a **soma** de B e C.

14. (a) Dê, com todos os detalhes, a demonstração do Teorema 3.2.

    (b) Prove que um grupo abeliano A é a soma direta dos subgrupos $B_1, \dots, B_r$ se, e somente se, a aplicação

$$(b_1, \dots, b_r) \mapsto b_1 + \cdots + b_r \qquad \text{de} \qquad \prod B_i \to A$$

    for um isomorfismo.

15. Seja A um grupo abeliano, escrito aditivamente, e n um inteiro positivo tal que $nx = 0$ para todo $x \in A$. Este inteiro n é chamado **expoente** de A. Assuma que é possível escrever $n = rs$, onde r e s são inteiros positivos primos entre si. Seja A_r formado por todos $x \in A$ tais que $rx = 0$, e similarmente A_s, formado por todos $x \in A$ tais que $sx = 0$. Mostre que todo elemento $a \in A$ pode ser escrito, de forma única, como $a = b + c$, com $b \in A_r$ e $c \in A_s$. Portanto, $A = A_r \oplus A_s$.

16. Seja A um grupo abeliano finito de ordem n, e seja $n = p_1^{r_1} \cdots p_s^{r_s}$ a fatoração de n com potências primas, de modo que p_i são todos distintos. (a) Mostre que A é uma soma direta dada por $A = A_1 \oplus \cdots \oplus A_s$, onde todo elemento $a \in A_i$ satisfaz $p_i^{r_i} a = 0$. (b) Prove que $\#(A_i) = p_i^{r_i}$.

17. Seja G um grupo finito. Suponha que o único automorfismo de G é a identidade. Prove que G é abeliano e que todo elemento tem ordem 2. [Depois que você conhecer o teorema estrutural para grupos abelianos ou já tiver lido a definição geral de um espaço vetorial, e tendo em vista que G é um espaço vetorial sobre $\mathbb{Z}/2\mathbb{Z}$, prove que G tem no máximo 2 elementos.]

II, §4. Classes laterais e subgrupos normais

Para o que se segue, precisamos de uma notação conveniente. Sejam S e S' subconjuntos de um grupo G. Definimos o **produto** desses subconjuntos por

$$SS' = \text{o conjunto de todos os elementos } xx' \text{ com } x \in S \text{ e } x' \in S' .$$

É fácil verificar que se S_1, S_2 e S_3 são três subconjuntos de G, então

$$(S_1S_2)S_3 = S_1(S_2S_3) .$$

Esse produto consiste, simplesmente, de todos os elementos xyz, com $x \in S_1$, $y \in S_2$ e $z \in S_3$. Assim, o produto de subconjuntos é associativo.

Exemplo 1. Mostre que se H é um subgrupo de G, então $HH = H$. Ainda mais, se S é um subconjunto não-vazio de H, então $SH = H$. Verifique outras propriedades, por exemplo:

$$S_1(S_2 \cup S_3) = S_1S_2 \cup S_1S_3 .$$

Seja G um grupo, e H um subgrupo. Seja a um elemento de G. O conjunto de todos os elementos ax com $x \in H$ é chamado uma **classe lateral** de H em G. Denotamos essa classe por aH, seguindo a notação acima.

Na notação aditiva, uma classe lateral de H será escrita $a + H$.

Como o grupo G pode não ser comutativo, o conjunto aH deveria ser chamado classe lateral à **esquerda** de H. De modo semelhante, podemos definir classes laterais **à direita**, mas, no que se segue, **classe lateral**, significará **classe lateral à esquerda**, a menos que se especifique o contrário.

Teorema 4.1. *Sejam aH e bH classes laterais de H no grupo G. Então, essas classes são iguais ou não têm elementos em comum.*

Demonstração. Suponhamos que aH e bH tenham elementos em comum. Provaremos, então, que elas são iguais. Sejam x e y elementos de H tais que $ax = by$. Como $xH = H = yH$ (veja exemplo 1), obtemos

$$aH = axH = byH = bH$$

como estava para ser provado.

Suponhamos que G é um grupo finito. Todo elemento $x \in G$ pertence a alguma classe lateral de H, isto é, $x \in xH$. Logo, G é a união de todas as classes laterais de H. Pelo teorema 4.1, podemos escrever G como sendo a união de classes laterais distintas, e assim,

$$G = \bigcup_{i=1}^{r} a_i H,$$

onde as classes $a_1 H, \ldots, a_r H$ são distintas. Quando escrevemos G nesta forma, dizemos que $G = \bigcup a_i H$ é uma **decomposição em classes laterais** de G, e qualquer elemento ah com $h \in H$ é um **representante de classe lateral**, nesse caso, da classe lateral aH. Numa decomposição em classes laterais de G, como acima, os representantes de classes laterais $a_1, \ldots, a_r$ representam classes laterais distintas e, de forma clara, são todos distintos.

Se a e b são representantes de classes laterais, para as mesmas classes, então

$$aH = bH.$$

De fato, podemos escrever $b = ah$ para algum $h \in H$, e assim

$$bH = ahH = aH.$$

Se G é um grupo infinito, podemos ainda escrever G como uma união de classes laterais distintas. Caso essas classes laterais se apresentem numa quantidade infinita, usamos a notação

$$G = \bigcup_{i \in I} a_i H,$$

onde I é um conjunto qualquer de índices, não necessariamente finito.

Teorema 4.2. *Seja G um grupo e H um subgrupo finito. O número de elementos de uma classe lateral aH é igual ao número de elementos de H.*

Demonstração. Sejam x e x' elementos distintos de H. Então, ax e ax' são distintos, pois se $ax = ax'$, a multiplicação à esquerda por a^{-1} mostra que $x = x'$. Segue-se, então, que se $x_1, \ldots, x_n$ são os elementos distintos de H, então $ax_1, \ldots, ax_n$ são os elementos distintos de aH, e assim nossa proposição é verdadeira.

Seja G um grupo e H um subgrupo. O conjunto das classes laterais à esquerda de H é denotado por

$$G/H.$$

Não iremos utilizar o conjunto das classes laterais à direita, mas, para satisfazer a curiosidade do leitor, a notação é $H\backslash G$.

O número de classes laterais distintas de H em G é chamado **índice** de H em G. De forma natural, esse índice pode ser infinito. Se G é um grupo finito, então o índice de qualquer subgrupo é finito. O índice de um subgrupo H é denotado por $(G : H)$.

Denotamos o número de elementos de um conjunto S por $\#S$. Assim, como uma forma de denotar, freqüentemente escrevemos $\#(G/H) = (G : H)$, e

$$\#G = (G : 1).$$

Em outras palavras, a ordem de G é o índice do subgrupo trivial em G.

Teorema 4.3. *Seja G um grupo, e H um subgrupo. Então:*

(1) *ordem de $G = (G : H)$ (ordem de H).*

(2) *A ordem de um subgrupo divide a ordem do grupo G.*

(3) *Seja $a \in G$. Então o período de a divide a ordem de G.*

(4) *Se $G \supset H \supset K$ são subgrupos, então*

$$(G : K) = (G : H)(H : K).$$

Demonstração. Todo elemento de G pertence a alguma classe lateral (ou seja, a pertence à classe lateral aH, pois $a = ae$). Pelo Teorema 4.1, todo elemento de G pertence, de forma precisa, a uma classe lateral, e, pelo Teorema 4.2, duas classes laterais quaisquer têm o mesmo número de elementos. Portanto, a fórmula (1) do nosso teorema é clara. Assim, vemos que a ordem de H divide a ordem de G. O período de um elemento a é a ordem do subgrupo gerado por a e portanto também obtemos (3). Como foi feito para a última fórmula, temos por (1):

$$\#G = (G : H)\#H = (G : H)(H : K)\#K$$

e também

$$\#G = (G : K)\#K.$$

Com isto, de forma imediata, obtemos (4).

Exemplo 2. Seja S_n o grupo das permutações de $\{1, \ldots, n\}$. Seja H o subconjunto de S_n formado por todas as permutações σ tais que $\sigma(n) = n$ (isto é, todas as permutações que deixam n fixo). É claro que H é um subgrupo, e podemos vê-lo como o grupo das permutações S_{n-1}. (Consideramos $n > 1$.) Desejamos descrever todas as classes laterais de H. Para cada inteiro i, com $1 \leq i \leq n$, seja τ_i a permutação tal que $\tau_i(n) = i$, $\tau_i(i) = n$, e que deixa fixos todos os inteiros diferentes de n e i. Afirmamos que as classes laterais

$$\tau_1 H, \ldots, \tau_n H$$

são distintas, e constituem todas as classes laterais distintas de H em S_n.

Para que isso seja percebido, consideremos $\sigma \in S_n$, e suponhamos que $\sigma(n) = i$. Então,

$$\tau_i^{-1}\sigma(n) = \tau_i^{-1}(i) = n.$$

Em conseqüência, $\tau_i^{-1}\sigma$ pertence a H, e assim σ está em $\tau_i H$. Mostramos que todo elemento de G pertence a alguma classe lateral $\tau_i H$, e dessa forma $\tau_1 H, \ldots, \tau_n H$ correspondem a todas as classes laterais. Precisamos agora mostrar que todas estas classes laterais são distintas. Se $i \neq j$, então para todo $\sigma \in H$, $\tau_i\sigma(n) = \tau_i(n) = i$ e $\tau_j\sigma(n) = \tau_j(n) = j$. Portanto $\tau_i H$ e $\tau_j H$ não podem ter elementos em comum, uma vez que os elementos de $\tau_i H$ e os $\tau_j H$ produzem efeitos diferentes em n. Isto demonstra o que queríamos.

Do teorema 4.3, concluímos que

$$\text{ordem de } S_n = n \cdot \text{ordem de } S_{n-1}.$$

Por indução, percebemos imediatamente que

$$\text{ordem de } S_n = n! = n(n-1)\cdots 1.$$

Teorema 4.4. *Seja $f : G \to G'$ um homomorfismo de grupos. Seja H seu núcleo, e seja a' um elemento de G' pertencente à imagem de f, digamos $a' = f(a)$ para $a \in G$. Então, o conjunto dos elementos x em G tais que $f(x) = a'$ é precisamente a classe lateral aH.*

Demonstração. Seja $x \in aH$, e assim $x = ah$ para algum $h \in H$. Então,

$$f(x) = f(a)f(h) = f(a).$$

Reciprocamente, suponhamos que $x \in G$, e $f(x) = a'$. Então,

$$f(a^{-1}x) = f(a)^{-1}f(x) = a'^{-1}a' = e'.$$

Dessa maneira, $a^{-1}x$ pertence ao núcleo H; digamos que $a^{-1}x = h$ para algum $h \in H$. Logo, $x = ah$, como era para ser demonstrado.

Seja G um grupo, e H um subgrupo. Um subgrupo H é dito **normal** se ele satisfaz uma das seguintes condições equivalentes:

NOR 1. Para todo $x \in G$ temos $xH = Hx$, isto é, $xHx^{-1} = H$.

NOR 2. H é o núcleo de algum homomorfismo de G em algum grupo.

Vamos agora mostrar que essas duas condições são equivalentes. Suponhamos primeiro que H é o núcleo de um homomorfismo f. Então,

$$f(xHx^{-1}) = f(x)f(H)f(x)^{-1} = 1.$$

Assim $xHx^{-1} \subset H$ para todo $x \in G$, ou seja $x^{-1}Hx \subset H$, o que implica em $H \subset xHx^{-1}$. Portanto $xHx^{-1} = H$. Com isso fica demonstrado que **NOR 2** implica em **NOR 1**. A recíproca será demonstrada no teorema 4.5 e no corolário 4.6.

Aviso. A condição que se encontra em **NOR 1** não significa o mesmo que $xhx^{-1} = h$ para todos os elementos $h \in H$, quando G não é comutativo. Entretanto, devemos observar que um subgrupo de um grupo comutativo é sempre normal, e portanto satisfaz a condição que é mais forte do que **NOR 1**, ou seja, $xhx^{-1} = h$ para todo $h \in H$.

Agora vamos provar que **NOR 1** implica **NOR 2** ao mostrar como um subgrupo que satisfaz **NOR 1** é o núcleo de um homomorfismo.

Teorema 4.5. *Seja G um grupo, e H um subgrupo com a propriedade de que $xH = Hx$ para todo $x \in G$. Se aH e bH são classes laterais de H, o produto $(aH)(bH)$ é também uma classe lateral; a coleção das classes laterais é um grupo, com o produto definido como já foi visto.*

Demonstração. Temos $(aH)(bH) = aHbH = abHH = abH$. Desta maneira, o produto de duas classes laterais é uma classe lateral. A condição **GR 1** está satisfeita devido às observações precedentes sobre a multiplicaçãode subconjuntos de G. A condição**GR 2** está satisfeita, e neste caso o elemento unidade é a classe lateral $eH = H$. (Verifique isto detalhadamente.) A condição **GR 3** está satisfeita, e o inverso de aH é $a^{-1}H$. (Novamente, faça a verificação detalhada.). Assim, o teorema

4.5 está provado.

O grupo das classes laterais do teorema 4.5 é chamado **grupo quociente** de G por H, ou G **módulo** H. Observamos que, pelo que foi suposto sobre H, este grupo quociente é formado pelas classes laterais tanto à esquerda quanto à direita, e não há diferença entre elas. Enfatizamos que é esta suposiçãoque nos permite definir a multiplicaçãode classes laterais. Se a condição$xH = Hx$ para todo $x \in G$ não é satisfeita, então não podemos definir um grupo de classes laterais.

Corolário 4.6. *Sejam G um grupo e H um subgrupo dotado da propriedade de que $xH = Hx$ para todo $x \in G$. Seja G/H o grupo quociente, e seja*

$$f : G \to G/H$$

a aplicação que a cada $a \in G$ associa a classe lateral $f(a) = aH$. Então f é um homomorfismo, e seu núcleo é precisamente H.

Demonstração. O fato de ser f um homomorfismo nada mais é que uma repetição das propriedades do produto de classes laterais. Quanto a seu núcleo, é claro que todo elemento de H está no núcleo. Reciprocamente, se $x \in G$, e se $f(x) = xH$ é o elemento unidade de G/H, tal elemento é a própria classe lateral H, e assim $xH = H$. Isto significa que $xe = x$ é um elemento de H, e portanto H é igual ao núcleo de f, como desejado.

Chamamos o homomorfismo f no corolário 4.6 de **homomorfismo canônico** de G no grupo quociente G/H.

Seja $f : G \to G'$ um homomorfismo, e seja H seu núcleo. Seja $x \in G$. Então, para todo $h \in H$ temos

$$f(xh) = f(x)f(h) = f(x).$$

Podemos reescrever essa fórmula na forma

$$f(xH) = f(x).$$

Dessa forma, todos os elementos na classe lateral de H têm a mesma imagem sob a aplicação f. Esse fato importante, pedra fundamental para discussões que envolvam homomorfismos, será usado no próximo resultado. O leitor deve dominar esse resultado completamente.

Corolário 4.7. *Seja $f : G \to G'$ um homomorfismo, e seja H o seu núcleo. Então a associação $xH \mapsto f(xH)$ é um isomorfismo*

$$G/H \overset{\approx}{\to} \operatorname{Im} f$$

entre G/H e a imagem de f.

Demonstração. Pela observação que precede o corolário, podemos definir uma aplicação

$$\bar{f} : G/H \to G' \qquad \text{por} \qquad xH \mapsto f(xH).$$

Lembrando que G/H é o conjunto das classes laterais de H. De acordo com teorema 3.1, devemos verificar três condições:

$\bar{f}$ é um homomorfismo. De fato,

$$\bar{f}(xHyH) = \bar{f}(xyH) = f(xy) = f(x)f(y) = \bar{f}(xH)\bar{f}(yH).$$

$\bar{f}$ é injetiva. De fato, o núcleo de $\bar{f}$ consiste de todas essas classes laterais xH tais que $f(xH) = e'$, ou seja, consiste do próprio H, que é o elemento unidade de G/H.

A imagem de $\bar{f}$ é a imagem de f, e isto segue-se diretamente do modo como $\bar{f}$ está definida.

Com isso o corolário fica demonstrado.

O isomorfismo $\bar{f}$ do corolário é denominado isomorfismo **induzido** por f. Note que G/H e a imagem de f são isomorfos, não por um isomorfismo aleatório, mas sim pela aplicação especificada no enunciado do corolário; em outras palavras, eles são isomorfos pela aplicação

$\bar{f}$. Por conseguinte, todas as vezes em que se afirmar que dois grupos são isomorfos, é melhor especificar qual é a aplicação que estabelece o isomorfismo.

Exemplo 3. Consideremos o subgrupo $\mathbb{Z}$ do grupo aditivo $\mathbb{R}$ dos números reais. O grupo quociente $\mathbb{R}/\mathbb{Z}$ é por vezes chamado grupo **circular**. Dois elementos $x, y \in \mathbb{R}$ são ditos **congruentes** mod $\mathbb{Z}$ se $x - y \in \mathbb{Z}$. Esta congruência é uma relação de equivalência, na qual as classes de congruência são precisamente as classes laterais de $\mathbb{Z}$ em $\mathbb{R}$. Se $x \equiv y \,(\text{mod}\, \mathbb{Z})$, então $e^{2\pi ix} = e^{2\pi iy}$, e reciprocamente. Dessa forma, a aplicação

$$x \mapsto e^{2\pi ix}$$

define um isomorfismo de $\mathbb{R}/\mathbb{Z}$ com o grupo multiplicativo dos números complexos de valor absoluto igual a 1. Para demonstrar estas afirmações, é necessário, naturalmente, conhecer certos fatos da análise concernentes à função exponencial.

Exemplo 4. Seja $\mathbb{C}^*$ o grupo multiplicativo dos números complexos não-nulos, e seja $\mathbb{R}^+$ o grupo multiplicativo dos números reais positivos. Dado um número complexo α, podemos escrever

$$\alpha = ru\,,$$

onde $r \in \mathbb{R}^+$ e u tem valor absoluto igual a 1. (Basta tomar $u = \alpha/|\alpha|$.) Tal expressão é determinada de modo único, e a aplicação

$$\alpha \mapsto \frac{\alpha}{|\alpha|}$$

é um isomorfismo de $\mathbb{C}^*$ sobre o grupo dos números complexos de valor absoluto igual a 1. O núcleo é $\mathbb{R}^+$, e segue-se que $\mathbb{C}^*/\mathbb{R}^+$ é isomorfo ao grupo dos números complexos de valor absoluto igual a 1. (Cf. exercício 14.)

Para ver representantes das classes laterais dos xemplos 3 e 4, conforme exercícios 15 e 16.

Os exercícios listam muitos outros fatos, considerados básicos, sobre subgrupos normais e homomorfismos. As demonstrações são todas fáceis, e é melhor que você as faça, pois dessa forma o texto não ficará atravancado com elas; além disso, sua aprendizagem será melhor. É natural que você conheça esses resultados básicos. De forma especial você encontrará um teste muito útil que avalia se um subgrupo é normal, ou seja:

Exemplo 5. Considere um subgrupo H de um grupo finito G, e suponha que o índice $(G : H)$ é igual ao menor número primo que divide a ordem de G. Dessa forma, H é normal. Em particular um subgrupo de índice 2 é normal. Veja os exercícios 29 e 30.

A seguir, daremos uma descriçãode alguns casos clássicos de homomorfismos e isomorfismos. O caso mais fácil é o que se segue:

Sejam $K \subset H \subset G$ subgrupos normais de um grupo G. Então, a associação

$$xK \mapsto xH \qquad \text{para} \qquad x \in G$$

é um homomorfismo sobrejetivo

$$G/K \to G/H,$$

que também é chamado de homomorfismo **canônico**. *O núcleo desse homomorfismo é H/K.*

A demonstração desse resultado é imediata e deixada para o leitor.

Notemos que, de acordo com o corolário 4.7, temos a fórmula

$$G/H \approx (G/K)/(H/K),$$

que é análoga a uma regra elementar da aritmética.

Exemplo. Seja $G = \mathbb{Z}$ o grupo aditivo dos inteiros. Os subgrupos de $\mathbb{Z}$, de forma natural, são os conjuntos do tipo $n\mathbb{Z}$. Sejam m e n

números inteiros positivos. Temos $n\mathbb{Z} \subset m\mathbb{Z}$ se, e somente se, m divide n. (Demonstração?) Assim $m|n$ e temos o homomorfismo canônico

$$\mathbb{Z}/n\mathbb{Z} \to \mathbb{Z}/m\mathbb{Z}.$$

Se escrevermos $n = md$, então também poderemos escrever o homomorfismo canônico como

$$\mathbb{Z}/md\mathbb{Z} \to \mathbb{Z}/m\mathbb{Z}.$$

Os próximos resultados são utilizados constantemente, e o leitor terá oportunidade de demonstrá-los, nos exercícios 7 e 9, por meio do corolário 4.7.

Teorema 4.8. *Seja $f : G \to G'$ um homomorfismo sobrejetivo. Seja H' um subgrupo normal de G' e tomemos $H = f^{-1}(H')$. Então H é normal, e a aplicação $x \mapsto f(x)H'$ é um homomorfismo de G em G'/H' cujo núcleo é H. Portanto, obtemos o isomorfismo*

$$G/H \approx G'/H'.$$

Observe que o homomorfismo $x \mapsto f(x)H'$ de G em G'/H' também pode ser descrito pela seguinte composição de homomorfismos:

$$G \xrightarrow{f} G' \xrightarrow{\text{can}} G'/H',$$

onde $G' \to G'/H'$ denota o homomorfismo canônico. Com o teorema 4.8 o leitor pode provar:

Teorema 4.9. *Seja G um grupo, e H um subgrupo. Seja N um subgrupo normal de G. Então:*

(1) HN é um subgrupo de G;

(2) $H \cap N$ é um subgrupo normal de H;

(3) A associação

$$f : h \mapsto hN$$

é um homomorfismo de H *em* G/N*, cujo núcleo é* $H \cap N$*. A imagem de* f *é o subgrupo* HN/N *de* G/N*, e assim obtemos um isomorfismo*

$$\bar{f} : H/(H \cap N) \stackrel{\approx}{\rightarrow} HN/N.$$

Observação. Quando o leitor mostrar que $H \cap N$ é o núcleo da associaçãodefinida em (3), então terá demonstrado (2).

O Teorema 4.8 mostra-se importante no contexto seguinte. Definimos um grupo G como **solúvel** se existe uma seqüência de subgrupos

$$G = H_0 \supset H_1 \supset \cdots \supset H_r = \{e\}$$

tal que H_{i+1} é normal em H_i para $i = 0, \ldots, r-1$, e H_i/H_{i+1} é abeliano. Não é fácil determinar quais os grupos que são solúveis e quais os que não são. Um teorema famoso creditado a Feit-Thompson estabelece que todo grupo de ordem ímpar é solúvel. No §6 o leitor verá uma demonstração para o fato de que um grupo de permutação sobre n elementos não é solúvel para $n \geq 5$. Os grupos do teorema 3.8 no capítulo VI fornecem outros exemplos. Como uma aplicação do teorema 4.8, provaremos, agora, o seguinte:

Teorema 4.10. *Seja* G *um grupo, e* K *um subgrupo normal. Suponhamos que* K *e* G/K *sejam solúveis. Então,* G *é solúvel.*

Demonstração. Pela definição e hipótese de que K seja solúvel, é suficiente provar a existência de uma seqüência de subgrupos

$$G = H_0 \supset H_1 \supset \cdots \supset H_m = K$$

tal que H_{i+1} é normal em H_i, e H_i/H_{i+1} é abeliano, para todo i. Seja $\overline{G} = G/K$. Por hipótese, existe uma seqüência de subgrupos

$$\overline{G} = \overline{H}_0 \supset \overline{H}_1 \supset \cdots \supset \overline{H}_m = \{\bar{e}\}$$

tal que $\bar{H}_{i+1}$ é normal em $\overline{H}_i$, e $\overline{H}_i/\overline{H}_{i+1}$ é abeliano, para todo i. Seja $f : G \to G/K$ o homomorfismo canônico e considere $H_i = f^{-1}(\bar{H}_i)$. Pelo teorema 4.8 temos um isomorfismo $H_i/H_{i+1} \approx \bar{H}_i/\bar{H}_{i+1}$ e $K = f^{-1}(\bar{H}_m)$; dessa forma encontramos a seqüência de subgrupos de G que procurávamos e assim o teorema fica demonstrado.

Na matemática, o leitor conhecerá muitas estruturas nas quais os grupos são apenas de um tipo básico. Qualquer que seja a estrutura com a qual tenhamos contato, buscamos sistematicamente uma classificação para ela, e em especial tentamos responder às seguintes perguntas:

1. Quais são as estruturas mais simples dentro da categoria que está sob consideração?

2. Até que ponto uma estrutura qualquer pode ser expressa como um produto de estruturas mais simples?

3. Qual é a estrutura do grupo de automorfismos de um dado objeto matemático?

De certo modo, os objetos que têm estrutura mais simples são os alicerces para os objetos mais complicados. Por meio de produtos diretos temos um modo fácil para formar objetos mais complicados; há modos mais complexos. Por exemplo, dizemos que um grupo é **simples** se ele não tem subgrupos normais diferentes dele mesmo e do subgrupo trivial formado apenas pelo elemento unidade. Seja G um grupo finito. Logo, pode-se encontrar uma seqüência de subgrupos

$$G = H_0 \supset H_1 \supset H_2 \supset \cdots \supset H_r = \{e\}$$

tais que H_{k+1} é normal em H_k e H_k/H_{k+1} é simples.

O teorema de Jordan-Holder estabelece que pelo menos a seqüência de grupos quocientes simples H_k/H_{k+1} é determinada de forma única, a menos de permutações e isomorfismos. O leitor pode olhar a demonstração em um texto mais avançado de álgebra (por exemplo, meu livro

Algebra). Uma seqüência desse tipo já nos dá informações sobre G. Para adquirir um conhecimento completo sobre G, teríamos que saber como esses grupos quocientes são formados. Normalmente, é falso o fato de G ser o produto direto de todos esses grupos quocientes. Há também a questão sobre a classificação de todos grupos simples. No §7 veremos como um grupo abeliano finito é o produto direto de fatores cíclicos. No teorema 3.8 do capítulo VI, o leitor encontrará um exemplo de um grupo simples. De forma clara, todo grupo cíclico de ordem prima é simples. Como exercício, demonstre que um grupo abeliano simples é cíclico de ordem prima ou consiste apenas do elemento unidade.

II, §4. Exercícios

1. Seja G um grupo, e H um subgrupo. Se $x,\ y \in G$, dizemos que x é equivalente a y se x pertence à classe lateral yH. Demonstre que essa é uma classe de equivalência.

2. Seja $f : G \to G'$ um homomorfismo com núcleo H. Suponha que G seja finito.

   (a) Mostre que

   $$\text{ordem de } G = (\text{ordem da imagem de } f)(\text{ordem de H}).$$

   (b) Suponha que G e G' sejam grupos finitos, e que as ordens de G e G' sejam números primos entre si. Demonstre que f é o homomorfismo trivial, isto é, $f(G) = e'$, o elemento unidade de G'.

3. A fórmula para o índice, no teorema 4.3(4) é válida ainda que G não seja finito. Precisa-se apenas supor que H e K tenham índices finitos. Ou seja, usando somente essa hipótese, demonstre que

$$(G : K) = (G : H)(H : K).$$

De fato, suponha que

$$G = \bigcup_{i=1}^{m} a_i H \qquad \text{e} \qquad H = \bigcup_{j=1}^{r} b_j K$$

sejam decomposições em classes de G com respeito a H, e H com respeito a K. Demonstre que

$$G = \bigcup_{i,j} a_i b_j K$$

é uma decomposição em classes de G com respeito a K. Logo, você tem de demonstrar que G é a união das classes $a_i b_j K$ ($i = 1, \ldots, m$; $j = 1, \ldots, r$), e essas classes são todas distintas.

4. Seja p um número primo e seja G um grupo com um subgrupo H de índice p em G. Seja S um subgrupo de G tal que $G \supset S \supset H$. Demonstre que $S = H$ ou $S = G$. (Note que esse teorema se aplica, de forma particular, ao caso em que H tem índice 2.)

5. Mostre que o grupo de automorfismos internos é normal no grupo de todos os automorfismo de um grupo G.

6. Sejam H_1 e H_2 dois subgrupos normais de G. Mostre que $H_1 \cap H_2$ é normal.

7. Seja $f : G \to G'$ um homomorfismo e seja H' um subgrupo normal de G'. Considere $H = f^{-1}(H')$.

   (a) Demonstre que H é normal em G.

   (b) Demonstre o Teorema 4.8.

8. Seja $f : G \to G'$ um homomorfismo sobrejetor e seja H um subgrupo normal de G. Mostre que $f(H)$ é um subgrupo normal de G'.

9. Demonstre o teorema 4.9.

10. Seja G um grupo. Definimos o **centro** de G como o subconjunto de todos os elementos a em G tais que $ax = xa$, para todo $x \in G$. Mostre que o centro é um subgrupo; mostre que é também um subgrupo normal. Mostre que esse subgrupo é o núcleo do homomorfismo conjugação $x \mapsto \gamma_x$ no exercício 5, §3.

11. Seja G um grupo, e H um subgrupo. Seja N_H o conjunto de todos os $x \in G$ tais que $xHx^{-1} = H$. Mostre que N_H é um grupo que contém H, e que H é normal em N_H. O grupo N_H é chamado **normalizador** de H.

12. (a) Seja G o conjunto de todas as aplicações de $\mathbb{R}$ em $\mathbb{R}$, do tipo $x \mapsto ax + b$, onde $a \in \mathbb{R}$, $a \neq 0$ e $b \in \mathbb{R}$. Mostre que G é um grupo. Uma aplicaçãodesse tipo é denotada por $\sigma_{a,b}$. Dessa forma, $\sigma_{a,b}(x) = ax + b$.

    (b) Para cada aplicação $\sigma_{a,b}$ associamos um número a. Mostre que a associação

    $$\sigma_{a,b} \mapsto a$$

    é um homomorfismo de G em $\mathbb{R}^*$. Descreva o núcleo deste homomorfismo.

13. Considere $\mathbb{Z}$ como um subgrupo do grupo aditivo de números racionais $\mathbb{Q}$. Mostre que dado um elemento $\overline{x} \in \mathbb{Q}/\mathbb{Z}$ existe um inteiro $n \geq 1$ tal que $n\overline{x} = 0$.

14. Seja D o subgrupo de $\mathbb{R}$ gerado por 2π. Seja $\mathbb{R}^+$ o grupo multiplicativo de números reais positivos, e $\mathbb{C}^*$ o grupo multiplicativo de números complexos não-nulos. Mostre que $\mathbb{C}^*$ é isomorfo a $\mathbb{R}^+ \times \mathbb{R}/D$ sob a aplicação

    $$(r,\, \theta) \mapsto re^{i\theta}.$$

    (É evidente que você deve usar as propriedades da aplicação exponencial complexa.)

15. Mostre que toda classe lateral de $\mathbb{Z}$ em $\mathbb{R}$ tem uma única classe lateral representativa x tal que $0 \leq x < 1$. [*Sugestão*: Para cada número real y, seja n o inteiro tal que $n \leq y < n + 1$.]

16. Mostre que toda classe lateral de $\mathbb{R}^+$ em $\mathbb{C}^*$ tem um único número complexo representativo de valor absoluto 1.

17. Seja G um grupo e seja $x_1, \ldots, x_r$ um conjunto de geradores. Seja H um subgrupo

    (a) Assuma que $x_i H x_i{}^{-1} = H$ para $i = 1, \ldots, r$. Mostre que H é normal em G.

    (b) Suponha que G seja finito. Assuma que $x_i H x_i{}^{-1} \subset H$ para $i = 1, \ldots, r$. Mostre que H é normal em G.

    (c) Suponha que H seja gerado pelos elementos $y_1, \ldots, y_m$. Assuma que $x_i y_j x_i{}^{-1} \in H$ para todo i e j. Assuma, novamente, que G é finito. Mostre que H é normal.

18. Seja G o grupo do exercício 8 do §1. Considere o subgrupo H gerado por x; assim $H = \{e, x, x^2, x^3\}$. Demonstre que H é normal.

19. Seja G o grupo do exercício 9 do §1, isto é, G é o grupo dos quatérnions. Seja H o subgrupo gerado por i; assim $H = \{e, i, i^2, i^3\}$. Demonstre que H é normal.

20. Seja G o grupo do exercício 10 do §1, isto é, G é o grupo dos quatérnions. Seja H o subgrupo gerado por i; assim $H = \{e, x, \ldots, x^5\}$. Demonstre que H é normal.

Grupos comutadores e grupos solúveis

21. (a) Seja G um grupo comutativo, e H um subgrupo. Mostre que G/H é comutativo.

(b) Seja G um grupo e seja H um subgrupo normal. Mostre que G/H é comutativo se, e somente se, H contiver todos os elementos $xyx^{-1}y^{-1}$ para $x,\ y \in G$.

Definimos o **subgrupo comutador** G^c como o subgrupo gerado por todos elementos

$$xyx^{-1}y^{-1} \qquad \text{com} \qquad x,\ y \in G\,.$$

Esses elementos são chamados **comutadores**.

22. (a) Mostre que o subgrupo comutador é um subgrupo normal.

    (b) Mostre que G/G^c é abeliano.

23. Seja G um grupo, H um subgrupo, e N um subgrupo normal. Demonstre que se G/N é abeliano, então $H/(H \cap N)$ é abeliano.

24. (a) Seja G um grupo solúvel, e seja H um subgrupo. Prove que H é solúvel.

    (b) Seja G um grupo solúvel, e $f : G \to G'$ um homomorfismo sobrejetor. Mostre que G' é solúvel.

25. (a) Prove que um grupo simples abeliano finito é cíclico e sua ordem é um número primo.

    (b) Seja G um grupo abeliano finito. Prove que existe uma seqüência de subgrupos

    $$G \supset H_1 \supset \cdots \supset H_r = \{e\}$$

    tais que H_i/H_{i+1} é cíclico, sendo a sua ordem um número primo, para todo i.

Conjugação

26. Seja G um grupo. Seja S o conjunto dos subgrupos de G. Se H e K são subgrupos de G, dizemos que H é **conjugado** a K, se

existe um elemento $x \in G$ tal que $xHx^{-1} = K$. Demonstre que a conjugação é uma relação de equivalência em S.

27. Seja G um grupo, e S o conjunto de subgrupos de G. Para cada $x \in G$, considere a aplicação $\gamma_x : S \to S$ tal que

$$\gamma_x(H) = xHx^{-1}.$$

Mostre que γ_x é uma permutação de S, e que a aplicação $x \mapsto \gamma_x$ é um homomorfismo

$$\gamma : G \to \text{Perm}(S).$$

Translações

28. Seja G um grupo, e H um subgrupo de G. Seja S o conjunto das classes laterais de H em G. Para cada $x \in G$, considere a aplicação $T_x : S \to S$, que a cada classe lateral yH associa a classe lateral xyH. Prove que T_x é uma permutação de S, e que a aplicação $x \mapsto T_x$ é um homomorfismo

$$T : G \to \text{Perm}(S).$$

29. Seja H um subgrupo do grupo G com índice finito n. Seja S o conjunto das classes laterais de H. Seja

$$T : x \mapsto T_x$$

o homomorfismo de $G \to \text{Perm}(S)$, descrito no exercício anterior. Seja K o núcleo deste homorfismo. Demonstre que:

(a) K está contido em H.

(b) $\#(G/K)$ divide $n!$.

(c) Se H é de índice 2, então H é normal, e de fato, $H = K$. [*Sugestão*: utilize a fórmula de índice e prove que $(H : K) = 1$. Se você encontrar dificuldade, então olhe a proposição 8.3.]

30. Seja G um grupo finito e seja p o menor número primo que divide a ordem de G. Seja H um subgrupo de índice p. Demonstre que H é normal em G. [*Sugestão*: Seja S o conjunto de classes laterais de H. Considere o homomorfismo

$$x \mapsto T_x \qquad \text{de} \qquad G \to \operatorname{Perm}(S).$$

Seja K o núcleo deste homomorfismo. Utilize o exercício anterior, a fórmula de índice e o corolário 4.7.]

31. Seja G um grupo, e sejam H_1 e H_2 subgrupos de índices finitos. Demonstre que $H_1 \cap H_2$ tem índice finito; ou melhor, prove um resultado mais forte. Prove que existe um subgrupo normal N com índice finito e tal que $N \subset H_1 \cap H_2$. [*Sugestão*: Sejam S_1 o conjunto de classes laterais de H_1 e S_2 o conjunto de classes laterais de H_2. Seja $S = S_1 \times S_2$. Considere a aplicação

$$T : G \to \operatorname{Perm}(S) = \operatorname{Perm}(S_1 \times S_2)$$

definida pela fórmula

$$T_x(aH_1, bH_2) = (xaH_1, xbH_2), \qquad \text{para } x,\ a,\ b \in G.$$

Mostre que esta aplicação, $x \mapsto T_x$, é um homomorfismo. Qual é a ordem de S? Mostre que o núcleo deste homomorfismo está contido em $H_1 \cap H_2$; utilize para isso, o corolário 4.7.]

II, §5. Aplicações para grupos cíclicos

Seja G um grupo cíclico, e a um gerador. Indiquemos por $d\mathbb{Z}$ o núcleo do homomorfismo

$$\mathbb{Z} \to G \qquad \text{tal que} \qquad n \mapsto a^n.$$

Quando o núcleo desse homomorfismo só possui o 0, temos um isomorfismo entre $\mathbb{Z}$ e G. No segundo caso, quando o núcleo não é zero, temos um isomorfismo

$$\mathbb{Z}/d\mathbb{Z} \overset{\approx}{\to} G\,.$$

Teorema 5.1. *Dois grupos cíclicos que tenham uma mesma ordem d, são isomomorfos. Se a é um gerador de G, de período d, então existe um único isomorfismo*

$$f : \mathbb{Z}/d\mathbb{Z} \to G$$

tal que $f(1) = a$. Se G_1 e G_2 são cíclicos de ordem d, e a_1 e a_2 são, respectivamente, geradores de G_1 e G_2, então existe um único isomorfismo

$$g : G_1 \to G_2$$

tal que $g(a_1) = a_2$.

Demonstração. Pelas observações anteriores ao teorema, consideremos os isomorfismos

$$f_1 : \mathbb{Z}/d\mathbb{Z} \to G_1 \qquad \text{e} \qquad f_2 : \mathbb{Z}/d\mathbb{Z} \to G_2$$

tais que $f_1(n) = a_1^n$ e $f_2(n) = a_2^n$ para todo $n \in \mathbb{Z}$. Então

$$h = f_2 \circ f_1^{-1} : G_1 \to G_2$$

é um isomorfismo tal que $h(a_1) = a_2$. De forma recíproca, seja $g : G_1 \to G_2$ um isomorfismo tal que $g(a_1) = a_2$. Então

$$g(a_1^n) = g(a_1)^n = a_2^n$$

e portanto $g = h$, provando assim a unicidade.

Observação. No resultado anterior, a parte relativa à unicidade é um caso especial de um princípio mais geral:

Teorema 5.2. *Um homomorfismo é determinado, de forma única, pelos seus valores no conjunto de geradores.*

Estendemos este resultado. Sejam G e G' grupos. Suponha que G é gerado por um subconjunto de elementos de S. Em outras palavras, todo elemento de G pode ser escrito como um produto

$$x = x_1 \cdots x_r \qquad \text{com} \qquad x_i \in S \quad \text{ou} \quad x_i^{-1} \in S.$$

Sejam $b_1, \ldots, b_r$ elementos de G'. Se existe um homomorfismo

$$f : G \to G'$$

tal que $f(x_i) = b_i$, para $i = 1, \ldots, r$, então este homomorfismo é **determinado de forma única**. Em outras palavras, se

$$g : G \to G'$$

é um homomorfismo tal que $g(x_i) = b_i$, para $i = 1, \ldots, r$, então $g = f$. A demonstração é imediata, pois para qualquer elemento x escrito como acima, isto é, $x = x_1 \cdots x_r$, com $x_i \in S$ ou $x_i^{-1} \in S$, temos

$$g(x) = g(x_1) \cdots g(x_r) = f(x_1) \cdots f(x_r) = f(x).$$

De forma clara, dados elementos arbitrários $b_1, \ldots, b_r \in G'$ não existe necessariamente um homomorfismo $f : G \to G'$ tal que $f(x_i) = b_i$. Por vezes um tal homomorfismo f existe, e em outras não. Para se ter um exemplo de tal homomorfismo, veja o exercício 12.

Teorema 5.3. *Seja G um grupo cíclico. Então um grupo quociente de G é cíclico e todo subgrupo de G é cíclico.*

Demonstração. A demonstração relativa ao grupo quociente é deixada como exercício. Veja o exercício 11 do §3. Vamos demonstrar que um subgrupo de G é cíclico. Seja a um gerador de G; nessas condições, existe um homomorfismo sobrejetor $f : \mathbb{Z} \to G$ tal que $f(n) = a^n$. Seja H um subgrupo de G. Então, $f^{-1}(H)$ (o conjunto dos $n \in \mathbb{Z}$ tais que $f(n) \in H$) é um subgrupo A de $\mathbb{Z}$, e portanto é cíclico. De fato, sabemos que existe um único inteiro $d \geq 0$, tal que $f^{-1}(H)$ consiste de todos os inteiros que podem ser escritos na forma md com $m \in \mathbb{Z}$. Como f é sobrejetor, segue-se que f leva A sobre todo o conjunto H, isto é, todo elemento de H se escreve na forma a^{md}, com algum inteiro m. Assim, H é cíclico, e a^d é um gerador de H. De fato, provamos o seguinte:

Teorema 5.4. *Seja G um grupo cíclico de ordem n e seja $n = md$ um produto de inteiros positivos m e d. Então G tem um único subgrupo de ordem m. Se $G = \langle a \rangle$, então esse subgrupo é gerado por $a^d = a^{n/m}$.*

II, §5. Exercícios

1. Mostre que um grupo de ordem 4 é isomorfo a um dos seguintes grupos:

   (a) O grupo com dois elementos distintos, a e b, tais que

   $$a^2 = b^2 = e \qquad \text{e} \qquad ab = ba\,.$$

   (b) O grupo G com um elemento a tal que $G = \{e, a, a^2, a^3\}$ e $a^4 = e$.

2. Demonstre que todo grupo cuja ordem é um número primo é cíclico.

3. Seja G um grupo cíclico de ordem n. Para cada $a \in \mathbb{Z}$ defina $f_a : G \to G$ por $f_a(x) = x^a$.

   (a) Demonstre que f_a é um homomorfismo de G nele próprio.

   (b) Demonstre que f_a é um automorfismo de G se, e somente se, a é primo com n.

4. Suponha, novamente, que G seja um grupo de ordem p, primo. Qual é a ordem de $\mathrm{Aut}(G)$? Como se demonstra isto?

5. Sejam G e Z grupos cíclicos de ordem n. Mostre que $\mathrm{Hom}(G, Z)$ é cíclico de ordem n. [*Sugestão*: Se a é um gerador de G, mostre que, para cada $z \in Z$, existe um único homomorfismo $f : G \to Z$ tal que $f(a) = z$.]

6. Seja G o grupo do exercício 8, §1, e seja H o subgrupo gerado por x. Verifique que H é normal. Mostre que G/H é cíclico de ordem 2.

7. Seja G o grupo do exercício 10, §1, e seja H o subgrupo gerado por x. Mostre que G/H é cíclico de ordem 2.

8. Seja Z o centro de um grupo G. Suponha que G/Z seja cíclico e demonstre que G é abeliano.

9. Seja G um grupo finito que contenha um subgrupo H. Suponha que H esteja contido no centro de G e assuma que $(G : H) = p$ para algum número primo p. Demonstre que G é abeliano.

10. Seja G o grupo de ordem 8 que se encontra no exercício 8 do §1. G é gerado pelos elementos x e y que satisfazem $x^4 = e = y^2$ e $yxy = x^3$.

    (a) Demonstre que todos os subgrupos de G são os que estão apresentados no seguinte diagrama

    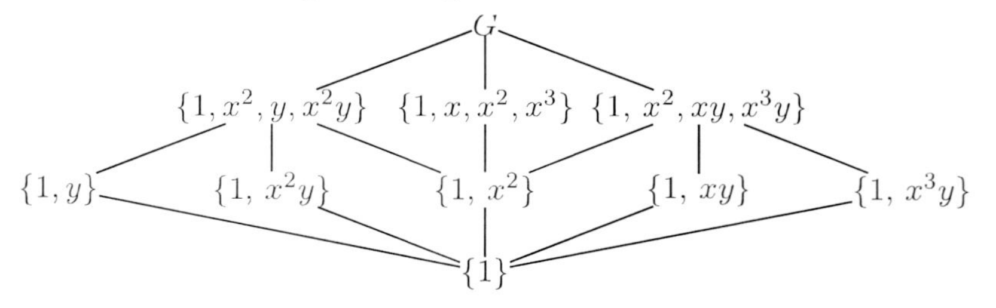

    (b) Determine todos os subgrupos normais de G.

11. Seja G o grupo dos quatérnions do exercício 9 no §1.

(a) Faça um arranjo de todos os subgrupos de G, similar ao arranjo entrelaçado de subgrupos do exercício anterior.

(b) Demonstre que todos os subgrupos de G são normais.

12. (a) Sejam H e N subgrupos normais de um grupo finito G. Suponha que as ordens de H e N sejam números primos entre si. Demonstre que $xy = yx$ para todo par de elementos $x \in H$ e $y \in N$, e que $HN \approx H \times N$. [*Sugestão*: Mostre que $xyx^{-1}y^{-1} \in H \cap N$.]

    (b) Seja G um grupo finito e sejam $H_1, \ldots H_r$ subgrupos normais tais que a ordem de H_i e a ordem de H_j, para $i \neq j$, são números primos entre si. Demonstre que

$$H_1 \cdots H_r \approx H_1 \times \cdots \times H_r\,.$$

13. Seja G um grupo finito e seja N um subgrupo normal tal que N e G/N tenham como ordens números primos entre si. Seja H um subgrupo de G com a mesma ordem de G/N. Prove que $G = HN$.

14. Seja G um grupo finito e seja N um subgrupo normal tal que N e G/N tenham como ordens números primos entre si. Seja φ um automorfismo de G. Demonstre que $\varphi(N) = N$.

15. Seja G um grupo e seja H um subgrupo abeliano normal. Para $x \in G$, denotemos por γ_x a conjugação.

    (a) Mostre que a associação$x \mapsto \gamma_x$ induz o seguinte homomorfismo:

$$G/H \to \mathrm{Aut}(H).$$

    (b) Suponha que G é finito, que $\#(G/H)$ é primo com $\#\mathrm{Aut}(H)$, e que G/H é cíclico. Prove que G é abeliano.

16. Seja G um grupo de ordem p^2. Demonstre que G é abeliano. [*Sugestão*: Seja $a \in G$, $a \neq e$. Se a tem período p^2, o exercício já está feito. Em caso contrário, a tem período p (Por quê?). Seja $H = \langle a \rangle$ o subgrupo gerado por a. Suponha que $b \in G$ e $b \notin H$. Demonstre que $G = \langle a, b \rangle$, isto é, G é gerado por a e b. Usando o exercício 30 do §4, conclua que H é normal. Defina um homomorfismo $G \to \mathrm{Aut}(H)$ e demonstre que a imagem deste homomorfismo é trivial. Assim b comuta com a. Fazendo uso do exercício 14 do §1, conclua que G é abeliano.

II, §6. Grupos de permutações

Nesta seção, investigaremos mais de perto o grupo S_n das permutações de n elementos $\{1, \ldots, n\} = J_n$. Esse grupo é chamado **grupo simétrico**.

Se $\sigma \in S_n$, recordamos que $\sigma^{-1} : J_n \to J_n$ é a permutação tal que $\sigma^{-1}(k) =$ único inteiro $j \in J_n$ tal que $\sigma(j) = k$. Uma **transposição** τ é uma permutação que troca as posições de dois números e que deixa os outros fixos, isto é, existem inteiros $i, j \in J_n$, $i \neq j$, tais que $\tau(i) = j$, $\tau(j) = i$, e $\tau(k) = k$ se $k \neq i$ e $k \neq j$. Percebe-se imediatamente que se τ é uma transposição, então $\tau^{-1} = \tau$ e $\tau^2 = I$. Em particular, a inversa de uma transposição é uma transposição. Vamos demonstrar que as transposições geram S_n.

Teorema 6.1. *Toda permutação de J_n pode ser expressa como um produto de transposições.*

Demonstração. Vamos demonstrar nossa proposição por indução sobre n. Para $n = 1$, não há nada a demonstrar. Suponhamos $n > 1$ e admitamos que a proposição seja verdadeira para $n - 1$. Seja σ uma permutação de J_n. Seja $\sigma(n) = k$. Seja τ a transposição de J_n tal que tal que $\tau(k) = n$ e $\tau(n) = k$. Então, $\tau\sigma$ é uma permutação tal que

$$\tau\sigma(n) = \tau(k) = n.$$

Em outras palavras, $\tau\sigma$ deixa n fixo. Assim, podemos considerar $\tau\sigma$ como uma permutação de J_{n-1}, e por indução existem as transposições $\tau_1, \ldots, \tau_s$ de J_{n-1}, que deixam n fixo, de modo que

$$\tau\sigma = \tau_1 \cdots \tau_s.$$

Podemos agora escrever

$$\sigma = \tau^{-1}\tau_1 \cdots \tau_s,$$

demonstrando assim nossa proposição.

Uma permutação σ de $\{1, \ldots, n\}$ algumas vezes é indicada por

$$\begin{bmatrix} 1 & \cdots & n \\ \sigma(1) & \cdots & \sigma(n) \end{bmatrix}.$$

Logo

$$\begin{bmatrix} 1 & 2 & 3 \\ 2 & 1 & 3 \end{bmatrix}$$

denota a permutação σ tal que $\sigma(1) = 2$, $\sigma(2) = 1$, e $\sigma(3) = 3$. Essa permutação é de fato uma transposição.

Sejam $i_1, \ldots, i_r$ inteiros distintos em J_n. Com o símbolo

$$[i_1 \cdots i_r]$$

representaremos a permutação σ tal que

$$\sigma(i_1) = i_2, \quad \sigma(i_2) = i_3, \quad \ldots, \quad \sigma(i_r) = i_1,$$

e que σ deixa todos os outros inteiros fixos. Por exemplo [132] denota a permutação σ tal que $\sigma(1) = 3$, $\sigma(3) = 2$, e $\sigma(2) = 1$, e sigma deixa fixados todos os outros inteiros. Tal permutação é chamada **ciclo**, ou, mais precisamente, r-ciclo.

Se $\sigma = [i_1 \cdots i_r]$ é um ciclo, verifica-se facilmente que σ^{-1} é também um ciclo, e que

$$\sigma^{-1} = [i_r \cdots i_1] .$$

Assim, se $\sigma = [132]$, então

$$\sigma^{-1} = [231] .$$

Note que um 2-ciclo $[ij]$ nada mais é que uma transposição. Mais especificamente, uma transposição tal que $i \to j$ e $j \to i$.

Um produto de ciclos é determinado facilmente. Por exemplo,

$$[132][34] = [2134] .$$

Percebe-se isso usando-se a definição: Se $\sigma = [132]$ e $\tau = [34]$, então, por exemplo

$$\begin{aligned} \sigma(\tau(3)) &= \sigma(4) = 4 , \\ \sigma(\tau(4)) &= \sigma(3) = 2 , \\ \sigma(\tau(2)) &= \sigma(2) = 1 , \\ \sigma(\tau(1)) &= \sigma(1) = 3 . \end{aligned}$$

Seja G um grupo. Diremos que G é **solúvel** se existir uma seqüência de subgrupos

$$G = H_0 \supset H_1 \supset H_2 \supset \ldots \supset H_m = \{e\}$$

tal que H_i é normal em H_{i-1} e tal que o grupo quociente H_{i-1}/H_i é abeliano para $i = 1, \ldots, m$. Demonstraremos que, para $n \geq 5$, o grupo S_n não é solúvel. Para isso, necessitaremos de resultados preliminares.

Teorema 6.2. *Seja G um grupo e seja H um subgrupo normal. Então G/H é abeliano se, e somente se, H contém todos os elementos da forma $xyx^{-1}y^{-1}$ com $x, y \in G$.*

Demonstração. Seja $f : G \to G/H$ o homomorfismo canônico. Suponhamos que G/H seja abeliano. Para todos $x, y \in G$ temos

$$f(xyx^{-1}y^{-1}) = f(x)f(y)f(x)^{-1}f(y)^{-1},$$

e como G/H é abeliano, o segundo membro da expressão acima é igual ao elemento unidade de G/H. Dessa forma, $xyx^{-1}y^{-1} \in H$. Reciprocamente, suponhamos que isto se verifique para todos os $x, y \in G$. Sejam $\overline{x}$ e $\overline{y}$ elementos de G/H. Como f é sobrejetor, existem $x, y \in G$ tais que $\overline{x} = f(x)$ e $\overline{y} = f(y)$. Seja $\overline{e}$ o elemento unidade de G/H, e e o elemento unidade de G. Então,

$$\begin{aligned} \overline{e} = f(e) = f(xyx^{-1}y^{-1}) &= f(x)f(y)f(x)^{-1}f(y)^{-1} \\ &= \overline{x}\,\overline{y}\,\overline{x}^{-1}\,\overline{y}^{-1}. \end{aligned}$$

Multiplicando à direita por $\overline{y}$ e $\overline{x}$, vem

$$\overline{y}\,\overline{x} = \overline{x}\,\overline{y},$$

e assim G/H é abeliano.

Teorema 6.3. *Se $n \geq 5$, então S_n não é solúvel.*

Demonstração. Provaremos inicialmente que, se H e N são subgrupos de S_n tais que: $N \subset H$ e N é normal em H e se H contém todo 3−ciclo; e se H/N é abeliano, então N contém todo 3−ciclo. Para perceber isto, considere i, j, k, r e s cinco inteiros distintos situados entre 1 e n, e sejam

$$\sigma = [ijk] \quad \text{e} \quad \tau = [krs].$$

Então,

$$\begin{aligned} \sigma\tau\sigma^{-1}\tau^{-1} &= [ijk][krs][kji][srk] \\ &= [rki]. \end{aligned}$$

Como a escolha de i, j, k, r e s, foi arbitrária, vemos que os ciclos $[rki]$ pertencem a N, qualquer que seja a escolha de r, k e i distintos; isto prova o que queríamos.

Suponhamos, agora, que dispomos de uma cadeia de subgrupos

$$S_n = H_0 \supset H_1 \supset H_2 \supset \ldots \supset H_m = \{e\}$$

tais que H_ν é normal em $H_{\nu-1}$ para $\nu = 1, \ldots, m$, e que $H_\nu/H_{\nu-1}$ é abeliano. Desde que S_n contenha cada um dos todo 3−ciclos, concluímos que H_1 também os contém. Por indução sobre ν, concluímos que $H_m = \{e\}$ contém também cada um dos 3−ciclos, o que é impossível. Conseqüentemente, tal cadeia de subgrupos não existe, e nosso teorema está demonstrado.

Sinal de uma permutação

Para o próximo teorema, precisamos descrever a operação de permutações sobre funções. Seja f uma função de n variáveis reais; assim, podemos calcular

$$f(x_1, \ldots, x_n) \qquad \text{para} \quad x_1, \ldots, x_n \in \mathbb{R}.$$

Seja σ uma permutação de J_n. Assim, **definimos a função** σf por

$$(\sigma f)(x_1, \ldots, x_n) = f(x_{\sigma(1)}, \ldots, x_{\sigma(n)}).$$

Logo, para σ, $\tau \in S_n$, temos:

$$(1) \qquad (\sigma\tau)f = \sigma(\tau f)$$

Demonstração: Aplicamos a definição à função $g = \tau f$. Assim,

$$\begin{aligned} \sigma(\tau f)(x_1, \ldots, x_n) &= \tau f(x_{\sigma(1)}, \ldots, x_{\sigma(n)}) \\ &= f(x_{\sigma\tau(1)}, \ldots, x_{\sigma\tau(n)}) \\ &= ((\sigma\tau)f)(x_1, \ldots, x_n), \end{aligned}$$

e isto demonstra (1). Note que o segundo passo da demonstração decorre da definição

$$\tau f(y_1, \ldots, y_n) = f(y_{\tau(1)}, \ldots, y_{\tau(n)}) \qquad \text{com} \quad y_i = x_{\sigma(i)}.$$

É trivial verificar que: se $I : J_n \to J_n$ é a permutação identidade, então

$$(2) \qquad If = f$$

Se f e g são duas funções de n variáveis, podemos, então, formar sua soma e seu produto, como se faz usualmente. A soma $f + g$ é assim definida

$$(f+g)(x_1, \ldots, x_n) = f(x_1, \ldots, x_n) + g(x_1, \ldots, x_n)$$

e o produto fg pela regra

$$(fg)(x_1, \ldots, x_n) = f(x_1, \ldots, x_n)g(x_1, \ldots, x_n).$$

Afirmamos que

$$(3) \qquad \sigma(f+g) = \sigma f + \sigma g \qquad \text{e} \qquad \sigma(fg) = (\sigma f)(\sigma g)$$

Para perceber isto, façamos

$$\begin{aligned} (\sigma(f+g))(x_1, \ldots, x_n) &= (f+g)(x_{\sigma(1)}, \ldots, x_{\sigma(n)}) \\ &= f(x_{\sigma(1)}, \ldots, x_{\sigma(n)}) + g(x_{\sigma(1)}, \ldots, x_{\sigma(n)}) \\ &= (\sigma f)(x_1, \ldots, x_n) + \sigma g)(x_1, \ldots, x_n), \end{aligned}$$

demonstrando assim a primeira afirmação feita em (3). A fórmula para o produto é feita da mesma forma. Como uma conseqüência, para todo número c temos

$$\sigma(cf) = c\sigma f.$$

Teorema 6.4. *Para cada permutação σ de J_n é possível associar um sinal, 1 ou -1, denotado por $\epsilon(\sigma)$, satisfazendo às seguintes condições:*

(a) *Se τ é uma transposição, então $\epsilon(\tau) = -1$.*

(b) *Se σ e σ' são permutações de J_n, então*

$$\epsilon(\sigma\sigma') = \epsilon(\sigma)\epsilon(\sigma').$$

Demonstração. Seja Δ a função

$$\Delta(x_1, \ldots, x_n) = \prod_{i<j}(x_j - x_i),$$

onde o produto é tomado para todos os pares de inteiros i e j que satisfazem

$$1 \leq i < j \leq n.$$

Seja τ uma transposição que troca as posições dos inteiros r e s. Digamos que $r < s$. Queremos determinar

$$\begin{aligned} \tau\Delta(x_1, \ldots, x_n) &= \prod_{i<j}(x_{\tau(j)} - x_{\tau(i)}) \\ &= \prod_{i<j}\tau(x_j - x_i). \end{aligned}$$

Para um fator, temos

$$\tau(x_s - x_r) = (x_r - x_s) = -(x_s - x_r).$$

Se um fator não contém x_r ou x_s, então permanece inalterado quando lhe aplicamos τ. Todos os outros fatores podem ser considerados aos pares, da seguinte forma:

$$\begin{array}{lll} (x_k - x_s)(x_k - x_r) & \text{se} & k > s, \\ (x_s - x_k)(x_k - x_r) & \text{se} & r < k < s, \\ (x_s - x_k)(x_r - x_k) & \text{se} & k < r. \end{array}$$

Cada um desses pares permanece inalterado quando lhe aplicamos τ. Assim sendo, vemos que

$$\tau\Delta = -\Delta.$$

Seja agora σ uma permutação arbitrária, e expressemô-la como um produto de transposições,

$$\sigma = \tau_1 \cdots \tau_m.$$

Por indução, verificamos que

$$\tau_1 \cdots \tau_m \Delta = \tau_1 \cdots \tau_{m-1}(-\Delta) = (-1)(-1)^{m-1}\Delta = (-1)^m \Delta.$$

Dessa forma, se expressarmos σ como outro produto de transposições,

$$\sigma = \bar{\tau}_1 \cdots \bar{\tau}_k,$$

veremos que $(-1)^m\Delta = (-1)^k\Delta$. Segue-se que $(-1)^m = (-1)^k$, e que conseqüentemente, em um produto deste tipo, m ou é sempre par ou sempre ímpar. Definimos

$$\epsilon(\sigma) = (-1)^m,$$

que, como vimos, independe da representação de σ como um produto de transposições. Se

$$\sigma = \tau_1 \cdots \tau_m \quad \text{e} \quad \sigma' = \tau_1' \cdots \tau_k'$$

então

$$\sigma\sigma' = \tau_1 \cdots \tau_m \tau_1' \cdots \tau_k'$$

de modo que

$$\epsilon(\sigma\sigma') = (-1)^{m+k} = (-1)^m(-1)^k = \epsilon(\sigma)\epsilon(\sigma').$$

Isto prova o nosso teorema. Mostramos, também, que:

Corolário 6.5. *Se uma permutação σ de J_n é expressa como um produto de transposições,*

$$\sigma = \tau_1 \cdots \tau_s.$$

então s é par ou ímpar, dependendo de $\varepsilon(\sigma) = 1$ ou -1.

Corolário 6.6. *Se σ é uma permutação de J_n, então*

$$\epsilon(\sigma) = \epsilon(\sigma^{-1}).$$

Demonstração. Temos

$$1 = \epsilon(\mathrm{id}) = \epsilon(\sigma\sigma^{-1}) = \epsilon(\sigma)\epsilon(\sigma^{-1}).$$

Dessa forma, ou $\epsilon(\sigma)$ e $\epsilon(\sigma^{-1})$ são ambos iguais a 1, ou ambos iguais a -1, como queríamos provar.

Quanto à terminologia, uma permutação é chamada **par** se seu sinal é 1, e **ímpar** se seu sinal é -1. Desta forma toda transposição é ímpar.

Pelo Teorema 6.4, vemos que a aplicação

$$\epsilon : S_n \to \{1, -1\}$$

é um homomorfismo de S_n no grupo constituído pelos dois elementos, 1 e -1. O núcleo deste homomorfismo consiste, por definição, em permutações pares, sendo chamado **grupo alternado** A_n. Se τ é uma transposição, então A_n e τA_n são, obviamente, classes laterais distintas de A_n, e toda permutação pertence a A_n ou τA_n. (*Demonstração*: Se $\sigma \in S_n$ e $\sigma \notin A_n$, então $\epsilon(\sigma) = -1$, e assim $\epsilon(\tau\sigma) = 1$; disto decorre $\tau\sigma \in A_n$, e daí $\sigma \in \tau^{-1}A_n = \tau A_n$.) Como conseqüência,

$$A_n \quad \text{e} \quad \tau A_n$$

são classes laterais distintas de A_n em S_n, e não há outras classes laterais. Como A_n é o núcleo de um homomorfismo, ele é normal em S_n. Temos $\tau A_n = A_n \tau$, o que pode ser verificado diretamente, de maneira muito simples.

II, §6. Exercícios

1. Determine o sinal das seguintes permutações:

(a) $\begin{bmatrix} 1 & 2 & 3 \\ 2 & 3 & 1 \end{bmatrix}$ (b) $\begin{bmatrix} 1 & 2 & 3 \\ 3 & 1 & 2 \end{bmatrix}$

(c) $\begin{bmatrix} 1 & 2 & 3 \\ 3 & 2 & 1 \end{bmatrix}$ (d) $\begin{bmatrix} 1 & 2 & 3 & 4 \\ 2 & 3 & 1 & 4 \end{bmatrix}$

(e) $\begin{bmatrix} 1 & 2 & 3 & 4 \\ 2 & 1 & 4 & 3 \end{bmatrix}$ (f) $\begin{bmatrix} 1 & 2 & 3 & 4 \\ 3 & 2 & 4 & 1 \end{bmatrix}$

2. Para cada caso do Exercício 1, escreva a inversa da permutação.

3. Mostre que o número de permutações ímpares de $\{1, \ldots, n\}$, para $n \geq 2$, é igual ao número de permutações pares.

4. Mostre que os grupos S_2, S_3 e S_4 são resolúveis. [*Sugestão*: Para S_4, encontre um subgrupo H de ordem 4 em A_4. Considere o homomorfismo de A_4 em S_3, definido pela translação sobre as classes laterais de H. Analise o núcleo desse homomorfismo.]

5. Seja σ o r−ciclo $[i_1 \cdots i_r]$. Mostre que $\epsilon(\sigma) = (-1)^{r+1}$. *Sugestão*: Use indução. Se $r = 2$, σ é uma transposição. Se $r > 2$, então

$$[i_1 \cdots i_r] = [i_1 i_r][i_1 \cdots i_{r-1}].$$

6. Diz-se que dois ciclos $[i_1 \cdots i_r]$ e $[j_1 \cdots j_s]$ são **disjuntos** se nenhum inteiro i_ν é igual a algum inteiro j_μ. Demonstre que uma permutação é igual a um produto de ciclos disjuntos.

7. Exprima as permutações do exercício 1 como produto de ciclos disjuntos.

8. Mostre que o grupo do exercício 8, §1 existe, exibindo-o como um subgrupo de S_4, como vamos mostrar a seguir. Tome $\sigma = [1234]$ e $\tau = [24]$. Mostre que o subgrupo gerado por σ e τ tem ordem 8, e que σ e τ satisfazem às mesmas relações que x e y no exercício citado.

9. Mostre que o grupo do exercício 10, §1, existe, exprimindo-o como um subgrupo de S_6.

10. Seja n um inteiro positivo par. Mostre que existe um grupo de ordem $2n$, gerado por dois elementos σ e τ tais que $\sigma^n = e = \tau^2$ e

$\sigma\tau = \tau\sigma^{n-1}$. [Veja também os exercícios 6 e 7 do capítulo VI,§2.] Desenhe um polígono regular com n vértices, e use essa figura como inspiração para determinar σ e τ.

11. Seja G um grupo finito de ordem $2k$, para algum inteiro k positivo.

    (a) Demonstre que G tem um elemento de período 2. [*Sugestão*: mostre que existe $x \in G$, $x \neq e$, tal que $x = x^{-1}$.]

    (b) Assuma que k é ímpar. Sejam $a \in G$, com período 2, e $T_a : G \to G$, a translação por a. Demonstre que T_a é uma permutação ímpar.

12. Seja G um grupo finito de ordem par, igual a $2k$, com k ímpar. Demonstre que G tem um subgrupo normal de ordem k. [*Sugestão*: Use o exercício anterior.]

II, §7. Grupos finitos abelianos

Os grupos a que se refere o título dessa seção, ocorrem de forma tão freqüente que justifica estabelecer um teorema que descreva de forma completa a sua estrutura. Ao longo desta seção, de forma cumulativa, escreveremos nossos grupos abelianos.

Seja A um grupo abeliano. Um elemento $a \in A$ é dito ser um elemento **torsão** se ele tem ordem finita. O subconjunto de todos os elementos torsão de A é um subgrupo de A chamado **subgrupo torsão** de A. (Se a tem período m e b tem período n então, ao escrever a lei aditiva do grupo vemos que $a \pm b$ tem um período que divide mn.) Seja p um número primo. Um $p-$grupo é um grupo finito cuja ordem é uma potência de p. Para finalizar, diremos que um grupo é **de expoente m** se cada um de seus elementos tem um período divisor de m.

Se A é um grupo abeliano e p é um número primo, então por $A(p)$ denotamos o subgrupo de todos os elementos $x \in A$ cujo período é uma potência de p. Assim, $A(p)$ é um grupo torsão e será um $p-$grupo se ele for finito.

Teorema 7.1. *Seja A um grupo abeliano aditivo de expoente n. Se $n = mm'$ é uma fatoração com $(m, m') = 1$, então A é dado pela soma direta*

$$A = A_m \oplus A_{m'}.$$

O grupo A é a soma direta de seus subgrupos $A(p)$, onde p indica todos os números primos p que dividem n.

Demonstração. Para a primeira afirmação, consideremos o fato de m e m' serem primos entre si; assim existem inteiros r e s tais que

$$rm + sm' = 1.$$

Seja $x \in A$. Logo,

$$x = 1x = rmx + sm'x \tag{4}$$

Contudo, $rmx \in A_{m'}$ pois $m'rmx = rm'mx = rnx = 0$. Da mesma forma, $sm'x \in A_m$. Logo, $A = A_m + A_{m'}$. Esta soma é direta pois se supusermos que $x \in A_m \cap A_{m'}$, então, pela mesma fórmula (4) concluímos que $x = 0$, isto é, $A_m \cap A_{m'} = \{0\}$ e conseqüentemente a soma é direta.

A segunda afirmação é obtida escrevendo n como um produto de distintos fatores potências de expoentes primos

$$n = \prod p_i^{r_i},$$

e usando a indução. Assim, obtemos $A = \bigoplus A(p_i)$.

Devemos notar que se A é finito, então é possível tomar n igual a ordem de A.

Nossa próxima tarefa será descrever a estrutura dos $p-$grupos abelianos finitos. Sejam $r_1, \ldots, r_s$ inteiros ≥ 1. Um $p-$grupo finito A é dito ser do **tipo** $(p^{r_1}, \ldots, p^{r_s})$ se A é isomorfo ao produto de grupos cíclicos com ordens $p^{r_i} (i = 1, \ldots, s)$.

Exemplo. Um grupo do tipo (p, p) é isomorfo ao produto de grupos cíclicos $\mathbb{Z}/p\mathbb{Z} \times \mathbb{Z}/p\mathbb{Z}$.

Teorema 7.2. *Todo $p-$grupo abeliano finito é isomorfo a um produto de $p-$grupos cíclicos; além disso, se ele é do tipo $(p^{r_1}, \ldots, p^{r_s})$ com*

$$r_1 \geq r_2 \geq \cdots \geq r_s \geq 1,$$

então a seqüência de inteiros $r_1, \ldots, r_s$ é determinada de maneira única.

Demonstração. Seja A um $p-$grupo abeliano finito. Precisaremos da seguinte observação:
seja b um elemento de A, $b \neq 0$, e seja k um inteiro ≥ 0 tal que $p^k b \neq 0$; suponha ainda que p^m seja o período de $p^k b$. Então, b tem período p^{k+m}. Prova: sem dúvida, temos $p^{k+m} b = 0$, e se $p^n b = 0$, então, inicialmente temos $n \geq k$ e depois $n \geq k + m$, pois em caso contrário o período de $p^k b$ seria menor que p^m.

Vamos agora demonstrar por induçãoa existência do produto desejado. Seja $a_1 \in A$ um elemento de período máximo. Podemos assumir, sem perda de generalidade, que A não seja cíclico. Seja A_1 o subgrupo cíclico gerado por a_1, digamos de período p^{r_1}. Um lema se faz necessário.

Lema 7.3. *Seja $\bar{b}$ um elemento de A/A_1, de período p^r. Então existe um representante a de $\bar{b}$ em A que também tem período p^r.*

Demonstração. Seja b um representante qualquer de $\bar{b}$ em A. Dessa forma, $p^r b$ pertence a A_1; além disso, digamos que $p^r b = n a_1$ para algum inteiro $n \geq 0$. Se $n = 0$, temos $a = b$. Suponhamos que $n \neq 0$. Observemos que o período de $\bar{b}$ é $\leq$ que o período de b. Escrevemos $n = p^k t$, onde t e p são primos entre si. Assim, $t a_1$ também é um gerador de

A_1 e portanto tem período igual a p^{r_1}. Podemos assumir $k \leq r_1$. Dessa forma $p^k ta_1$ tem período p^{r_1-k}; além disso, pela observação anterior, o elemento b tem período

$$p^{r+r_1-k},$$

o que implica por hipótese o seguinte: $r + r_1 - k \leq r_1$ e $r \leq k$. Isso nos mostra que existe um elemento $c \in A_1$ tal que $p^r b = p^r c$. Seja $a = b - c$. Logo, a é um representante de b em A e $p^r a = 0$. Desde que o período $(a) \geq p^r$, podemos concluir que a tem período igual a p^r.

Retornando à demonstraçãoprincipal. Por indução, o grupo quociente A/A_1 pode ser expresso como uma soma direta

$$A/A_1 = \bar{A}_2 \oplus \cdots \oplus \bar{A}_s$$

de subgrupos cíclicos com, respectivamente, ordens $p^{r_2}, \ldots, p^{r_s}$ tais que $r_2 \geq \cdots \geq r_s$. Seja $\bar{a}_i$ um gerador para $\bar{A}_i$ $(i = 2, \ldots, s)$ e seja a_i um representante em A com o mesmo período de $\bar{a}_i$. Seja A_i o subgrupo cíclico gerado por a_i. Afirmamos que A é a soma direta de $A_1, \ldots, A_s$.

Tomemos $\bar{A} = A/A_1$. Inicialmente, observamos que do fato de a_i e $\bar{a}_i$ terem o mesmo período, o homomorfismo canônico $A \to \bar{A}$ induz um isomorfismo $A_j \overset{\approx}{\to} \bar{A}_j$ para $j = 2, \ldots, s$.

Em seguida, vamos demonstrar que $A = A_1 + \cdots + A_s$. Para isso, tomemos $x \in A$ e indiquemos por $\bar{x}$ sua imagem em $A/A_1 = \bar{A}$. Assim, existem elementos $\bar{x}_j \in \bar{A}_j$ para $j = 2, \ldots, s$ tais que

$$\bar{x} = \bar{x}_2 + \cdots + \bar{x}_s.$$

Portanto, $x - x_2 - \cdots - x_s$ pertence a A_1, ou seja, existe um elemento $x_1 \in A_1$ tal que

$$x = x_1 + x_2 + \cdots + x_s\,,$$

e isto nos mostra que A é a soma dos subgrupos A_i $(i = 1, \ldots, s)$.

Para demonstrar que A é a soma direta, vamos supor $x \in A$ e

$$x = x_1 + \cdots + x_s = y_1 + \cdots + y_s \qquad \text{com} \quad x_i,\ y_i \in A_i.$$

Por subtração e substituição de $z_i = y_i - x_i$, encontramos

$$0 = z_1 + \cdots + z_s \qquad \text{com} \qquad z_i \in A_i.$$

Assim,

$$\bar{0} = \bar{z}_2 + \cdots + \bar{z}_s$$

e portanto $\bar{z}_j = 0$ para $j = 2, \ldots, s$ pois $\bar{A}$ é a soma direta dos subgrupos $\bar{A}_j$ para $j = 2, \ldots, s$. Mas, como $A_j \approx \bar{A}_j$, conclui-se que $z_j = 0$ para $j = 2, \ldots, s$. Logo, $0 = z_1$ também. Assim, finalmente, $x_i = y_i$ para $i = 1, \ldots, s$, o que conclui a demonstração da parte relativa à existência no teorema.

Demonstraremos a unicidade, por indução sobre a ordem de A. Assim, supondo que A possa ser escrito como produto de grupos cíclicos, digamos do tipo

$$(p^{r_1}, \ldots, p^{r_s}) \qquad \text{e} \qquad (p^{m_1}, \ldots, p^{m_k}),$$

com $r_1 \geq \cdots \geq r_s \geq 1$ e $m_1 \geq \cdots \geq m_k \geq 1$. Então pA também é um $p-$grupo de ordem estritamente menor que a ordem de A, e é do tipo

$$(p^{r_1-1}, \ldots, p^{r_s-1}) \qquad \text{e} \qquad (p^{m_1-1}, \ldots, p^{m_k-1}),$$

e sendo entendido que se algum expoente r_i ou m_i for igual a 1, então o fator correspondente a

$$p^{r_i-1} \qquad \text{ou} \qquad p^{m_j-1}$$

em pA é simplesmente o grupo trivial 0. Sejam $i = 1, \ldots, n$ os inteiros tais que $r_i \geq 2$. Desde que $\#(pA) < \#(A)$, por indução a subseqüência

$$(r_1 - 1, \ldots, r_s - 1)$$

formada pelos inteiros ≥ 1, é determinada de forma única e é igual à correspondente subseqüência de

$$(m_1 - 1, \ldots, m_k - 1).$$

Em outras palavras, temos $r_i - 1 = m_i - 1$ para todos esses inteiros $i = 1, \dots, n$. Portanto, $r_i = m_i$ para $i = 1, \dots, n$ e as duas seqüências

$$(p^{r_1}, \dots, p^{r_s}) \qquad \text{e} \qquad (p^{m_1}, \dots, p^{m_k})$$

podem diferir apenas nas suas últimas componentes que são iguais a p. Estes correspondem aos fatores do tipo $(p, \dots, p)$ que ocorrem, digamos, ν vezes na primeira seqüência e μ vezes na segunda seqüência. Logo, A é do tipo

$$(p^{r_1}, \dots, p^{r_n}, \underbrace{p, \dots, p}_{\nu \text{ vezes}}) \qquad \text{e} \qquad (p^{r_1}, \dots, p^{r_n}, \underbrace{p, \dots, p}_{\mu \text{ vezes}}).$$

Logo, a ordem de A é igual a

$$p^{r_1 + \dots + r_n} p^{\nu} = p^{r_1 + \dots + r_n} p^{\mu};$$

assim, $\nu = \mu$ e o nosso teorema fica demonstrado.

II, §7. Exercícios

1. Seja A um grupo finito abeliano, B um subgrupo e $C = A/B$. Suponha que as ordens de B e C sejam números primos entre si. Mostre que existe um subgrupo C' de A isomorfo a C, tal que

$$A = B \oplus C'.$$

2. Utilizando o teorema da estrutura de grupos abelianos, demonstre o seguinte:

   (a) Um grupo abeliano é cíclico se, e somente se, para todo número primo p que divida a ordem de G, existir um, e somente um, subgrupo de ordem p.

   (b) Seja G um grupo abeliano não cíclico. Então existe um número primo p tal que G contém um subgrupo $C_1 \times C_2$ onde C_1 e C_2 são cíclicos de ordem p.

3. Seja $f : A \to B$ um homomorfismo de grupos abelianos. Suponha que existe um homomorfismo $g : B \to A$ tal que$f \circ g = \text{id}_B$.

   (a) Demonstre que A é a soma direta
   $$A = \text{Nuc} f \oplus \text{Im}\, g.$$

   (b) Demonstre que f e g são isomorfismos inversos entre $g(B)$ e B.

Nota: Você pode desejar fazer os próximos exercícios somente depois de ler o §3 do próximo capítulo, especialmente os exercícios de 7 a 12 do III, §3. Sendo assim, os próximos exercícios 5 e 6 estão incluídos, por completo, nos exercícios de 7 a 12 do III, §3.

4. Defina $(\mathbb{Z}/n\mathbb{Z})^*$ como o conjunto dos elementos em $\mathbb{Z}/n\mathbb{Z}$ cujos representantes das classes laterais são inteiros $a \in \mathbb{Z}$ primos com n. Mostre que $(\mathbb{Z}/n\mathbb{Z})^*$ é um grupo multiplicativo.

5. Seja G um grupo cíclico multiplicativo de ordem N, e seja $\text{Aut}(G)$ seu grupo de automorfismos. Para cada $a \in (\mathbb{Z}/N\mathbb{Z})^*$ considere $\sigma_a : G \to G$ a aplicação tal que $\sigma_a(w) = w^a$. Mostre que $\sigma_a \in \text{Aut}(G)$ e que a associação
   $$a \mapsto \sigma_a$$
   é um isomorfismo de $(\mathbb{Z}/N\mathbb{Z})^*$ com $\text{Aut}(G)$.

6. (a) Seja n um inteiro positivo que pode ser escrito como $n = n_1 n_2$, onde n_1 e n_2 são inteiros ≥ 2 e primos entre si. Mostre que existe um isomorfismo
   $$f : \mathbb{Z}/n\mathbb{Z} \to \mathbb{Z}/n_1\mathbb{Z} \times \mathbb{Z}/n_2\mathbb{Z}$$
   onde a aplicação f associa a cada classe residual a mod $n\mathbb{Z}$ o par de classes
   $$a \bmod n\mathbb{Z} \mapsto (a \bmod n_1\mathbb{Z}, a \bmod n_2\mathbb{Z}).$$

Para mostrar a sobrejetividade, você precisará do Teorema chinês do resto, dado no exercício 5 do §5 no capítulo I.

(b) Estenda o resultado para o caso em que $n = n_1 n_2 \cdots n_r$ é um produto de números inteiros ≥ 2, dois a dois primos entre si.

7. Considere um inteiro positivo n e escreva n como um produto de potências primas

$$n = \prod_{i=1}^{r} p_i^{n_i}.$$

Mostre que a aplicação f do exercício 6 se restringe a um isomorfismo de grupos multiplicativos

$$(\mathbb{Z}/n\mathbb{Z})^* \approx \prod_{i=1}^{r} (\mathbb{Z}/p_i^{n_i}\mathbb{Z})^*$$

8. Considere um número primo p. Seja $1 \leq k \leq m$ e seja $U_k = U_k(p^m)$ o subconjunto de $(\mathbb{Z}/p^m\mathbb{Z})^*$ formado por todos os elementos que têm um representante em $\mathbb{Z}$ que é $\equiv 1 \bmod p^k$. Assim,

$$U_k = 1 + p^k\mathbb{Z} \bmod p^m\mathbb{Z}.$$

Mostre que U_k é um subgrupo de $(\mathbb{Z}/p^m\mathbb{Z})^*$. Assim, temos uma seqüência de subgrupos

$$U_1 \supset U_2 \supset \cdots \supset U_{m-1} \supset U_m = \{1\}.$$

9. (a) Seja p um número primo ímpar e seja $m \geq 2$. Mostre que para $k \leq m-1$ no exercício 8, a aplicação

$$\mathbb{Z}/p\mathbb{Z} \to U_k/U_{k+1}$$

dada por $(a \bmod p) \mapsto 1 + p^k a \bmod p^{k+1}\mathbb{Z}$ é um isomorfismo.

(b) Demonstre que a ordem de U_1 é p^{m-1}.

(c) Demonstre que U_1 é cíclico e que $1+p \bmod p^m\mathbb{Z}$ é um gerador.

[*Sugestão*: Se p é ímpar, mostre por indução que para todo inteiro positivo r,

$$(1+p)^{p^r} \equiv 1 + p^{r+1} \bmod p^{r+2}.$$

Essa afirmação ainda é verdadeira se $p = 2$? Enuncie e prove a afirmação análoga a essa para $(1+4)^{2^r}$.]

10. Seja p um número primo ímpar. Mostre que existe um isomorfismo

$$(\mathbb{Z}/p^m\mathbb{Z})^* \approx (\mathbb{Z}/p\mathbb{Z})^* \times U_1.$$

11. (a) Para o número primo 2 e um inteiro $m \geq 2$, mostre que

$$(\mathbb{Z}/2^m\mathbb{Z})^* \approx \{1, -1\} \times U_2.$$

(b) Mostre que o grupo $U_2 = 1 + 4\mathbb{Z} \bmod p^m\mathbb{Z}$ é cíclico, e que a classe de $1 + 4\mathbb{Z}$ é um gerador. Neste caso, qual é a ordem de U_2?

12. Seja φ a função de Euler, isto é, $\varphi(n)$ é a ordem de $(\mathbb{Z}/n\mathbb{Z})^*$.

(a) Se p é um número primo e r é um inteiro ≥ 1, então mostre que

$$\varphi(p^r) = (p-1)p^{r-1}.$$

(b) Demonstre que se m e n são números inteiros primos entre si, então

$$\varphi(mn) = \varphi(m)\varphi(n).$$

(Sem dúvida, você pode (deveria) usar os exercícios anteriores para fazer isso.)

II, §8. Operação de um grupo sobre um conjunto

De certo modo, esta seção é uma continuação do §6. Vamos dar um conceito geral que tem os grupos de permutação como um caso especial e que já foi ilustrado nos exercícios dos §3 e §4.

Seja G um grupo, e S um conjunto. Uma **operação** ou **ação** de G sobre S é um homomorfismo

$$\pi : G \to \mathrm{Perm}(S)$$

de G no grupo de permutações de S. Denotamos a permutaçãoassociada a um elemento $x \in G$ por π_x. Assim, o homomorfismo é denotado por

$$x \mapsto \pi_x.$$

Dado $s \in S$, a imagem de s sob a permutação π_x é $\pi_x(s)$. Com esta operação, obtemos uma aplicação

$$G \times S \to S$$

que a cada par (x, s) com $x \in G$ e $s \in S$ associa o elemento $\pi_x(s)$ de S. Algumas vezes abreviamos a notação e escrevemos simplesmente xs no lugar de $\pi_x(s)$. Com esta notação mais simples, temos as duas propriedades:

OP 1. Para todos x, $y \in G$ e $s \in S$, temos

$$x(ys) = (xy)s.$$

OP 2. Se e é o elemento unidade de G, então $es = s$ para todo $s \in S$.

Note-se que a fórmula de **OP 1** é simplesmente uma abreviação para a propriedade

$$\pi_{xy} = \pi_x \pi_y.$$

De maneira análoga, a fórmula **OP 2** é uma abreviação para a propriedade que mostra π_e como sendo a permutação identidade, isto é,

$$\pi_e(s) = s \qquad \text{para todo} \qquad s \in S.$$

Reciprocamente, se considerarmos a aplicação

$$G \times S \to S \qquad \text{denotada por} \qquad (x, s) \mapsto xs,$$

satisfazendo **OP 1** e **OP 2**, então para cada $x \in G$ a aplicação $s \mapsto xs$ é uma permutação de S que podemos denotar por $\pi_x(s)$. Então $x \mapsto \pi_x$ é um homomorfismo de G em Perm(S). (Demonstração?) Logo, uma operação de G sobre um conjunto S poderia, também, ser definida como uma aplicação $G \times S \to S$ satisfazendo as propriedades **OP 1** e **OP 2**. Freqüentemente usamos a notação abreviada xs no lugar de $\pi_x(s)$ para a operação.

Vamos, agora, dar exemplos de operações.

1. Translações. No exemplo 7 do §3 encontramos, como pode ser ser visto a seguir, as translações: para cada $x \in G$ definimos a translação

$$T_x : G \to G \qquad \text{por} \qquad T_x(y) = xy.$$

Assim, passamos a ter um homomorfismo $x \mapsto T_x$ de G em Perm(G). É claro que T_x não é um homomorfismo de grupo, ele é somente uma permutação de G.

De forma similar, G opera por translação sobre o conjunto de subconjuntos, isto é, se A é um subconjunto de G, então $T_x(A) = xA$ é um subconjunto. Se H é um subgrupo de G, então $T_x(H) = xH$ é uma classe lateral de H, e desta forma, G opera por translação sobre o conjunto das classes laterais de H. Anteriormente, você já deve ter trabalhado em vários exercícios relativos a esta operação, embora não a tenhamos chamado por esse nome.

2. Conjugação. Para cada $x \in G$ consideremos $\gamma_x : G \to G$ a aplicação tal que $\gamma_x(y) = xyx^{-1}$. Então, no exemplo 8 do §3, vimos que a aplicação

$$x \mapsto \gamma_x$$

é um homomorfismo de G em $\mathrm{Aut}(G)$, e desta forma esta aplicação dá, por conjugação, uma operação de G sobre si mesmo. O núcleo desse homomorfismo é o conjunto de todos $x \in G$ tais que $xyx^{-1} = y$ para todo $y \in G$; assim, o núcleo é o que chamamos de **centro** de G.

Observamos também que G opera por conjugaçãosobre o conjunto de subgrupos de G, pois o conjugado de um subgrupo é um subgrupo. Já aplicamos essa operaçãoantes, embora não a tenhamos chamado por esse nome, e você já deve ter trabalhado com ela em outros exercícios do §4. No caso da conjugação, não usamos a notação de **OP 1** e **OP 2**, pois causaria confusão se escrevêssemos xH para a conjugação. Reservamos xH para a translação de H por x. Para a conjugação de H por x, escrevemos $\gamma_x(H)$.

3. Exemplo na álgebra linear. Seja $\mathbb{R}^n$ o espaço vetorial dos vetores - coluna no $n-$espaço. Seja G o conjunto das matrizes $n \times n$ que são invertíveis. Então G é um grupo multiplicativo, e G opera sobre $\mathbb{R}^n$. Para $A \in G$ e $X \in \mathbb{R}^n$ temos a aplicação linear $L_A : \mathbb{R}^n \to \mathbb{R}^n$ tal que

$$L_A(X) = AX.$$

A aplicação$A \mapsto L_A$ é um homomorfismo de G sobre o grupo multiplicativo das aplicações lineares invertíveis de $\mathbb{R}^n$ sobre si mesmo. Como freqüentemente escrevemos AX no lugar de $L_A(X)$, a notação

$$(A, X) \mapsto AX$$

é particularmente útil nesse contexto, onde vemos diretamente que as duas propriedades **OP 1** e **OP 2** são satisfeitas.

Para outros exemplos, veja os exercícios do §3 no capítulo VI.

Suponhamos que exista uma operação de G sobre S. Seja $s \in S$. Daí, definimos o **grupo isotrópico** de $s \in S$ como o conjunto de elementos $x \in G$ tais que $\pi_x(s) = s$. Denotamos o grupo isotrópico por G_s, e deixamos como exercício, verificar que de fato, o grupo isotrópico G_s é um subgrupo de G.

Exemplos. Seja G um grupo, e H um subgrupo. Considere que G opera por translação sobre o conjunto das classes laterais de H. Assim, o grupo isotrópico de H é o próprio H, pois se $x \in G$, então $xH = H$ se, e somente se $x \in H$.

Em seguida, supomos que G opere sobre si mesmo por conjugação. Assim, o grupo isotrópico de um elemento $a \in G$ é chamado de **centralizador** de a. Neste caso, o centra-lizador consiste em todos os elementos $x \in G$ tais que x comuta com a, isto é,

$$xax^{-1} = a \qquad \text{ou} \qquad xa = ax.$$

Se G é visto como um operador por conjugação, então o grupo isotrópico de um subgrupo H é o que chamamos de **normalizador** de H.

Consideremos que G opere sobre um conjunto S. Usamos a notação **OP 1** e **OP 2**. Seja $s \in S$. O subconjunto de S formado por todos os elementos xs com $x \in G$ é chamado **órbita** de s sob G e é denotado por Gs. Denotemos essa órbita por O. Seja $t \in O$. Então

$$O = Gs = Gt.$$

Podemos facilmente ver isso, pois $t \in O = Gs$ significa que existe $x \in G$ tal que $xs = t$, e assim

$$Gt = Gxs = Gs \qquad \text{pois} \qquad Gx = G.$$

Um elemento $t \in O$ é chamado de **representante** da órbita, e dizemos que t **representa** a órbita. Note-se que a noção de órbita é análoga à noção de classe lateral, e a noção de representante de uma órbita é igual à noção de representante de uma classe lateral. Compare o formalismo das órbitas com o formalismo das clases laterais, no §4.

Exemplo. Consideremos que G opera sobre si mesmo por conjugação. Assim, a órbita de um elemento x é chamada **classe conjugada**, e consiste de todos os elementos

$$yxy^{-1} \qquad \text{com} \qquad y \in G.$$

Em geral, considere que G opera sobre um conjunto S. Seja $s \in S$. Se x e y estão na mesma classe lateral de um subgrupo G_s, então $xs = ys$. Com efeito, podemos escrever $y = xh$ com $h \in G_s$, ou seja,

$$ys = xhs = xs \qquad \text{desde que, por hipótese,} \qquad hs = s.$$

Portanto, podemos definir uma aplicação

$$\bar{f} : G/G_s \to S \qquad \text{por} \qquad \bar{f}(xG_s) = xs.$$

Dizemos que $\bar{f}$ é **induzida** por f.

Proposição 8.1. *Consideremos que G opera sobre um conjunto S e seja $s \in S$.*

(1) *A aplicação $x \mapsto xs$ induz uma bijeção entre G/G_s e a órbita Gs.*

(2) *A ordem da órbita Gs é igual a do índice $(G : G_s)$.*

Demonstração. A imagem de $\bar{f}$ é a órbita de s desde que ela seja formada por todos os elementos xs de S com $x \in G$. Além disso, a aplicação $\bar{f}$ é injetiva, pois se x, $y \in G$ e $xs = ys$, então $x^{-1}ys = s$, ou seja, $x^{-1}y \in G_s$; daí $y \in xG_s$ e os elementos x e y pertencem à mesma classe lateral de G_s. Assim, $\bar{f}(xG_s) = \bar{f}(yG_s)$ implica que $xs = ys$, e ainda que $xG_s = yG_s$, o que conclui a demonstração.

Em particular, quando G opera por conjugação sobre o conjunto de subgrupos e H é um subgrupo, ou quando G opera sobre si mesmo por conjugação, obtemos a partir da proposição 8.1 e das definições, o seguinte resultado:

Proposição 8.2.

(1) *O número de subgrupos conjugados de H é igual ao índice do normalizador de H.*

(2) *Seja $x \in G$. O número de elementos na classe conjugada de x é o índice do centralizador $(G : G_x)$.*

No próximo resultado encontraremos um bom teste para verificar se um subgrupo é normal. O leitor já deveria ter provado esse resultado como exercício, contudo como exemplo faremos isto agora.

Proposição 8.3. *Seja G um grupo, e seja H um subgrupo de índice 2. Então H é normal.*

Demonstração. Seja S o conjunto das classes laterais de H e considere que G opera sobre S por translação. Para cada $x \in G$, seja $T_x : S \to S$ a translação tal que $T_x(aH) = xaH$. Logo,

$$x \mapsto T_x \qquad \text{é um homomorfismo de} \quad G \to \text{Perm}(S).$$

Seja K o núcleo. Se $x \in K$, então, em particular, $T_x(H) = H$, ou seja, $xH = H$ e $x \in H$. Portanto $K \subset H$. Daí G/K está imerso como um subgrupo de $\text{Perm}(S)$, e $\text{Perm}(S)$ tem ordem 2 pois S tem ordem 2. Dessa forma $(G : K) = 1$ ou 2. Mas

$$(G : K) = (G : H)(H : K),$$

e $(G : H) = 2$. Logo, $(H : K) = 1$ e isso implica que $H = K$; por isto H é normal, pois K é normal. Isso conclui a demonstração.

Proposição 8.4. *Seja G um grupo operando sobre um conjunto S. Então, as duas órbitas de G são iguais ou disjuntas.*

Demonstração. Sejam G_s e G_t duas órbitas com um elemento em comum. Esse elemento pode ser escrito como

$$xs = yt \qquad \text{com alguns} \qquad x,\, y \in G.$$

Logo,

$$Gs = Gxs = Gyt = Gt,$$

ou seja, as duas órbitas são iguais. Isso conclui a demonstração.

A partir da proposição 8.4 temos que S é a união disjunta das órbitas distintas e assim

$$S = \bigcup_{i \in I} Gs_i \quad \text{(disjunta)},$$

onde I denota algum conjunto de indexador e s_i representa as diferentes órbitas.

Suponhamos que S é um conjunto finito. Seja $\#(S)$ o número de elementos de S. Chamamos $\#S$ de **ordem** de S. Com essa notação, damos uma decomposição da ordem de S como uma soma das ordens das órbitas. Chamamos essa decomposição de **fórmula de decomposição de órbita**; que pela proposição 8.1 é dada por:

$$\boxed{\#(S) = \sum_{i=1}^{r} (G : G_{s_i})}$$

Exemplo. Consideremos que G opere sobre si mesmo por conjugação. Um elemento $x \in G$ está no centro de G se, e somente se, a órbita de x for o próprio x, e assim tem um elemento. Em geral, a ordem da órbita de x é igual ao índice do centralizador de x. Desta forma, obtemos:

Proposição 8.5. *Seja G um grupo finito e seja G_x o centralizador de x. Representemos por Z o centro de G e por $y_1, \ldots, y_m$ as classes conjugadas que contém mais de um elemento. Então*

$$\boxed{(G:1) = (Z:1) + \sum_{i=1}^{m} (G : G_{y_i})}$$

e $(G : G_{y_i}) > 1$ para $i = 1, \ldots, m$.

A fórmula apresentada na proposição 8.5 é chamada **fórmula de classe** ou **equação de classe**

II, §8. Exercícios

1. Suponha que um grupo G opere sobre um conjunto S. Sejam s e t elementos de S, e seja $x \in G$ tal que $xs = t$. Mostre que

$$G_t = xG_s x^{-1}.$$

2. Suponha que G opere sobre um conjunto S, e seja $\pi : G \to \text{Perm}(S)$ o homomorfismo correspondente. Seja K o núcleo de π. Demonstre que K é a interseção de todos os grupos isotrópicos G_s para todo $s \in S$. Em particular, K está contido em todo grupo isotrópico.

3. (a) Seja G um grupo de ordem p^n onde p é primo e $n > 0$. Demonstre que G tem um centro não-trivial, isto é, o centro de G tem mais elementos que $\{e\}$.

   (b) Demonstre que G é solúvel.

4. Seja G um grupo finito que opera sobre um conjunto finito S.

   (a) Para cada $s \in S$ prove que

$$\sum_{t \in G_s} \frac{1}{\#(G_t)} = 1.$$

(b) $\sum_{s \in S} (1/\#(G_s)) =$ número de órbitas de G em S.

5. Seja G um grupo finito que opere sobre um conjunto finito S. Para cada $x \in G$ defina $\alpha(x) =$ número de elementos $s \in S$ tais que $xs = s$. Demonstre que o número de órbitas de G em S é igual a

$$\frac{1}{\#(G)} \sum_{x \in G} \alpha(x).$$

Sugestão: Considere o subconjunto T de $G \times S$, constituído por todos os elementos (x, s) tais que $xs = s$. Calcule a ordem de T de duas maneiras.

6. Considere os conjuntos S e T e denote por $M(S, T)$ o conjunto de todas as aplicações de S em T. Seja G um grupo finito operando sobre S. Para cada aplicação $f : S \to T$ e $x \in G$ defina a aplicação $\pi_x f : S \to T$ por

$$(\pi_x f)(s) = f(x^{-1}s).$$

(a) Demonstre que $x \mapsto \pi_x$ é uma operação de G sobre $M(S, T)$.

(b) Suponha que S e T sejam finitos. Seja $n(x)$ o número de órbitas do grupo cíclico $\langle x \rangle$ sobre S. Demonstre que o número de órbitas de G em $M(S, T)$ é igual a

$$\frac{1}{\#(G)} \sum_{x \in G} (\#T)^{n(x)}.$$

II, §9. Subgrupos de Sylow

Seja p um número primo. Por um **p-grupo** entendemos um grupo finito cuja ordem é uma potência de p (ou seja, p^n para algum inteiro $n > 0$). Seja G um grupo finito e H um subgrupo. Chamamos H de **p-subgrupo** de G se H é um $p-$grupo.

Teorema 9.1. *Se G é um $p-$grupo e não trivial, isto é, $\neq \{e\}$. Então:*

(1) *G tem um centro não-trivial.*

(2) *G é solúvel.*

Demonstração. Para mostrar (1), utilizamos a equação clássica. Seja Z o centro de G. Logo,

$$(G:1) = (Z:1) + \sum (G:G_x),$$

onde a soma é tomada sobre um número finito de elementos x_i com $(G:Gx_i) \neq 1$. Como G é um $p-$grupo, segue-se que p divide $(G:1)$ e $(G:Gx_i)$. Assim, p divide $(Z:1)$ e portanto o centro não é trivial.

Para mostrar (2), consideremos que $\#(G/Z)$ divide $\#(G)$, logo G/Z é um $p-$grupo, e por (1), sabemos que $\#(G/Z) < \#(G)$. Por indução G/Z é solúvel, e pelo teorema 4.10 segue-se que G é solúvel.

Seja G um grupo finito, H um subgrupo e p um número primo. Dizemos que H é um **p-subgrupo de Sylow** se a ordem de H é p^n e se p^n é a maior potência de p que divide a ordem de G. A seguir, vamos demonstrar que tais subgrupos sempre existem. Para isso precisamos de um lema.

Lema 9.2. *Sejam G um grupo abeliano finito de ordem m, e p um número primo divisor de m. Então G tem um subgrupo de ordem p.*

Demonstração. Consideremos $m = p^r s$ onde s e p são primos entre si. Pelo teorema 7.1 podemos escrever G como sendo o seguinte produto direto:

$$G = G(p) \times G'$$

onde a ordem de G' e p são primos entre si. Seja $a \in G(p)$, $a \neq e$. Seja

p^k o período de a. Tomemos

$$b = a^{p^{k-1}}.$$

Logo $b \neq e$ mas $b^p = e$, e b gera como queríamos um subgrupo de ordem p.

Teorema 9.3. *Seja G um grupo finito e p um número primo divisor da ordem de G. Então, existe $p-$subgrupo de Sylow de G.*

Demonstração. É feita por indução sobre a ordem de G. Se a ordem de G é um número primo, então nossa afirmação é óbvia. Suponhamos agora que seja dado um grupo finito G e tomemos por hipótese que o teorema esteja demonstrado para todos os grupos de ordem menor que a ordem de G. Se existe um subgrupo próprio H de G tal que índice de H e p são primos entre si, então um $p-$subgrupo de Sylow de H será também de G, e nossa afirmação segue-se por indução. Dessa forma, podemos assumir que todo subgrupo próprio tem um índice divisível por p. Deixemos agora o grupo G atuar sobre si mesmo por conjugação. Pela fórmula de classe, obtemos

$$(G : 1) = (Z : 1) + \sum_{i=1}^{m} (G : G_{y_i}).$$

Aqui, Z indica o centro de G e o termo $(Z : 1)$ denota o número de órbitas que têm um elemento. A soma do lado direito da igualdade é considerada sobre as outras órbitas e assim cada índice $(G : G_{y_i})$ é > 1; portanto, é divisível por p. Desde que p divida a ordem de G, segue-se que p divide a ordem de Z e portanto, em particular, que G tem um centro não-trivial.

Pelo lema 9.2, seja a um elemento de ordem p em Z e seja H o grupo cíclico gerado por a. Como H está contido em Z, concluímos que H é normal. Seja $f : G \to G/H$ o homomorfismo canônico e seja p^n a maior potência de p que divide $(G : 1)$. Assim, p^{n-1} divide a ordem de

G/H. Por indução sobre a ordem do grupo, existe K', um p-subgrupo de Sylow de G/H. Seja $K = f^{-1}(K')$. Daí $K \supset H$ e f aplica K em K'. Desta forma, temos um isomorfismo $K/K \approx K'$ e portanto K tem ordem $p^{n-1}p = p^n$, como desejávamos.

Teorema 9.4. *Seja G um grupo finito.*

(i) *Se H é um p-subgrupo de G, então H está contido em algum $p-$subgrupo de Sylow.*

(ii) *Todos os p-subgrupos de Sylow são conjugados.*

(iii) *O número de p-subgrupos de Sylow de G é $\equiv 1 \bmod p$.*

Demonstração. Todas as demonstrações são aplicações da fórmula de classe. Consideremos S o conjunto dos p-subgrupos de Sylow de G. Então G opera sobre S por conjugação.

Demonstração de (i). Seja P um dos p-subgrupos de Sylow de G e seja S_0 a G-órbita de P. Seja G_P o normalizador de P. Assim,

$$\#(S_0) = (G : G_P)$$

e G_P contém P, ou seja, $\#(S_0)$ não é divisível por p. Seja H um p-subgrupo de G de ordem > 1. Logo, H opera por conjugação sobre S_0 e conseqüentemente ele próprio se decompõe numa união disjunta de H-órbitas. Como $\#H$ é uma p-potência, o índice em H de qualquer subgrupo próprio de H é divisível por p. Mas, temos a fórmula de decomposição de órbita

$$\#S_0 = \sum_{i=1}^{r}(H : H_{P_i}).$$

Como $\#S_0$ e p são primos entre si, segue-se que uma das H-órbitas em S_0 consistirá apenas de um elemento, isto é, um certo subgrupo P' de

Sylow. Assim, H está contido no normalizador de P' e assim HP' é um subgrupo de G. Além disso, P' é normal em HP'. Como

$$HP'/P' \approx H/(H \cap P'),$$

segue-se que a ordem de HP'/P' é uma potência de p, e assim, portanto, é a ordem de HP'. Como P' é um p-subgrupo máximo de G, devemos ter $HP' = P'$ e portanto $H \subset P'$, o que demonstra (i).

Observação. Também demonstramos o seguinte:*Se H é um p-subgrupo de G e H está contido no normalizador de um p-grupo de Sylow P', então $H \subset P'$.*

Demonstração de (ii). Seja H um p-subgrupo de Sylow de G. Mostramos que H está contido em algum conjugado P' de P, e portanto é igual a esse conjugado pois as ordens de H e P' são iguais. Isso demonstra (ii).

Demonstração de (iii). Para finalizar, tomemos $H = P$. Assim, uma órbita de H em S tem exatamente um elemento, e este é o próprio P. Seja S' uma outra órbita de H em S. Dessa forma, S' não pode ter apenas um elemento P', pois caso contrário H está contido no normalizador de P', e pela observação $H = P'$. Seja $s' \in S'$. Logo, o grupo isotrópico de s' não pode ser o H todo, e desta forma o índice em H do grupo isotrópico é > 1 e é divisível por p dado que H é um p-grupo. Conseqüentemente, o número de elementos em S' é divisível por p. Dessa forma, obtemos

$$\begin{aligned} \#(S) &= 1 + \text{ índices divisíveis por } p \\ &= 1 \bmod p. \end{aligned}$$

Com isso, demonstramos (iii).

II, §9. Exercícios

1. Seja p um número primo. Qual é a ordem do p−subgrupo de Sylow do grupo simétrico sobre p elementos?

2. Demonstre que um grupo de ordem 15 é abeliano e, de fato, cíclico.

3. Seja S_3 o subgrupo simétrico sobre 3 elementos.

   (a) Determine o 2−subgrupo de Sylow de S_3.

   (b) Determine o 3−subgrupo de Sylow de S_3.

4. (a) Demonstre que um grupo de ordem 12 é solúvel.

   (b) Demonstre que S_4 é solúvel.

5. Seja G um grupo de ordem p^3 que não é abeliano.

   (a) Mostre que o centro tem ordem p.

   (b) Seja Z o centro. Mostre que $G/Z \approx C \times C$, onde C é um grupo cíclico de ordem p.

6. (a) Seja H um subgrupo de um grupo finito G. Seja P um subgrupo de Sylow de G. Prove que existe um conjugado P' de P em G tal que $P' \cap H$ é um p−subgrupo de Sylow de H.

   (b) Suponha que H seja normal e $(G : H)$ primo com p. Demonstre que H contém todo p−subgrupo de Sylow de G.

7. Seja G um grupo de ordem 6, e suponha que G não seja comutativo. Mostre que G é isomorfo a S_3. [*Sugestão*: Mostre que G contém elementos a e b tais que $a^2 = e$, $b^3 = e$ e $aba = b^2 = b^{-1}$.]

8. Seja G um grupo não-comutativo de ordem 8. Mostre que é isomorfo ao grupo de simetrias do quadrado, ou ao dos quatérnions, em outras palavras G é isomorfo a um dos grupos do exercícios 8 e 9 do §1.

9. Considere um grupo finito G e suponha que todos os subgrupos de Sylow sejam normais. Seja $P_1, \ldots, P_r$ subgrupos de Sylow. Prove que a aplicação

$$P_1 \times \cdots \times P_r \to G \qquad \text{dada por} \qquad (x_1, \ldots, x_r) \mapsto x_1 \cdots x_r$$

é um isomorfismo. Assim, G é isomorfo ao produto direto de seus subgrupos de Sylow. [*Sugestão*: Reveja o exercício 12 do §5.]

10. Seja G um grupo finito de ordem pq, onde p e q são primos e $p < q$. Suponha que $q \not\equiv 1 \bmod p$. Demonstre que G é abeliano, e na verdade cíclico.

11. Seja G um grupo finito. Denote por $N(H)$ o normalizador de um subgrupo H. Seja P um $p-$subgrupo de G. Demonstre que $N(N(P)) = N(P)$.

CAPÍTULO III

Anéis

Neste capítulo, vamos axiomatizar as noções de adição e multiplicação.

III, §1. Anéis

Um **anel** R é um conjunto, cujos objetos podem ser adicionados e multiplicados, (isto é, são dadas as correspondências $(x, y) \mapsto x + y$ e $(x, y) \mapsto xy$ de pares de R, em R) satisfazendo às seguintes condições:

AN 1. *Sob a adição, R é um grupo aditivo (abeliano).*

AN 2. *Para todos os x, y e $z \in R$ temos*

$$x(y + z) = xy + xz \quad e \quad (y + z)x = yx + zx.$$

AN 3. *Para todos x, y e $z \in R$ temos $(xy)z = x(yz)$.*

AN 4. *Existe um elemento $e \in R$ tal que $ex = xe = x$ para todo $x \in R$.*

Exemplo 1. Seja R o conjunto $\mathbb{Z}$ dos inteiros; R é um anel.

Exemplo 2. Os conjuntos dos números racionais, reais e complexos são anéis.

Exemplo 3. Seja R o conjunto das funções contínuas com valores reais, definidas no intervalo $[0, 1]$. A soma e o produto de duas funções f e g são definidos da maneira usual, ou seja, $(f+g)(t) = f(t) + g(t)$ e $(fg)(t) = f(t)g(t)$. Com isso, R é um anel.

No caso geral, consideremos um conjunto não-vazio S e R um anel. Seja $M(S, R)$ o conjunto das aplicações de S em R. Então, $M(S, R)$ é um anel se definirmos a soma e o produto de aplicações f, g pelas regras

$$(f+g)(x) = f(x) + g(x) \qquad \text{e} \qquad (fg)(x) = f(x)g(x).$$

Deixamos a verificação deste fato como um simples exercício para o leitor.

Exemplo 4 (O anel dos endomorfismos). Seja A um grupo abeliano. Denotemos por $\mathrm{Hom}(A, A)$ o conjunto dos homomorfismos de A em si mesmo. Chamamos de $\mathrm{End}(A)$ de conjunto dos **endomorfismos** de A. Assim, seguindo a notação do capítulo II, §3, temos que $\mathrm{End}(A) = \mathrm{Hom}(A, A)$. Sabemos que $\mathrm{End}(A)$ é um grupo aditivo.

Se definirmos a lei de composição multiplicativa em End(A) como sendo a composição de aplicações, End(A) passa a ser um anel.

Demonstraremos isso detalhadamente. Já sabemos que **AN 1** está satisfeita. Quanto a **AN 2**, sejam f, g e $h \in \mathrm{End}(A)$. Então, para todo $x \in A$,

$$\begin{aligned}
(f \circ (g+h))(x) &= f((g+h)(x)) \\
&= f(g(x) + h(x)) = f(g(x)) + f(h(x)) \\
&= f \circ g(x) + f \circ h(x).
\end{aligned}$$

Assim, $f \circ (g+h) = f \circ g + f \circ h$. De modo semelhante, demonstra-se que $(f+g)\circ h = f\circ h + g\circ h$. Observamos que, neste caso, **AN 3** é nada menos que a associatividade de aplicações, um resultado já conhecido. O elemento unidade de **AN 4** é a aplicação identidade I. Vimos, assim, que $\text{End}(A)$ é um anel.

Um anel R é dito **comutativo** se $xy = yx$ para todos os x e $y \in R$. Os anéis dos exemplos 1, 2 e 3 são comutativos. Em geral, o anel do exemplo 4 não é comutativo

Assim como ocorre com os grupos, o elemento e de um anel R que satisfaz **AN 4** é único, e é chamado **elemento unidade** do anel. Ele é normalmente indicado por 1. Notemos que, se $1 = 0$, então o anel R consiste unicamente do 0; neste caso, ele é chamado anel zero.

Podemos deduzir várias regras de aritmética a partir dos axiomas que definem um anel R; passamos, em seguida, a listá-las:

Temos $0x = 0$ *para todo* $x \in R$.

Demonstração. Escrevendo

$$0x + x = 0x + ex = (0+e)x = ex = x.$$

Portanto, $0x = 0$.

Temos ainda $(-e)x = -x$ *para todo* $x \in R$.

Demonstração.

$$(-e)x + x = (-e)x + ex = (-e+e)x = 0x = 0.$$

Prova-se que $(-e)(-e) = e$.

Demonstração. Multiplicamos a equação

$$e + (-e) = 0$$

por $-e$, e obtemos

$$-e + (-e)(-e) = 0.$$

Somando e a ambos os membros, obtemos $(-e)(-e) = e$, como queríamos provar.

Deixamos como exercício a demonstração de que valem as relações

$$(-x)y = -xy \quad \text{e} \quad (-x)(-y) = xy$$

para todos x e $y \in R$.

Da condição **AN 2**, que é chamada **distributividade**, podemos deduzir regras semelhantes, envolvendo vários elementos; de fato, se x e $y_1, \ldots, y_n$ são elementos do anel R, então

$$x(y_1 + \cdots + y_n) = xy_1 + \cdots + xy_n.$$

Da mesma forma, se $x_1, \ldots, x_m$ são elementos de R, então

$$\begin{aligned}(x_1 + \cdots + x_m)(y_1 + \cdots + y_n) &= x_1y_1 + \cdots + x_my_n \\ &= \sum_{i=1}^{m}\sum_{j=1}^{n} x_iy_j.\end{aligned}$$

A soma indicada no membro direito deve ser tomada sobre todos os índices i e j. Estas regras mais gerais podem ser demonstradas por indução. Não as demonstraremos aqui, isto seria muito tedioso.

Seja R um anel. Um **subanel** R' de R é um subconjunto de R tal que o elemento unidade de R pertence a R', e, se x e $y \in R'$, então $-x$, $x + y$ e xy também estão em R'. Assim, de forma óbvia, R' é um anel no qual as operações de adição e multiplicação são as mesmas de R.

Exemplo 5. Os inteiros formam um subanel do conjunto dos números racionais, que, por sua vez, é um subanel do conjunto dos reais.

Exemplo 6. As funções reais diferenciáveis definidas sobre $\mathbb{R}$ formam um subanel do anel das funções contínuas.

Seja R um anel. Pode ocorrer a existência de elementos x, $y \in R$ tais que $x \neq 0$ e $y \neq 0$, mas $xy = 0$. Tais elementos são chamados **divisores de zero**. Um anel comutativo sem divisores de zero, tal que $1 \neq 0$, é chamado **anel de integridade**. Um anel comutativo tal que o subconjunto de elementos não-nulos é um grupo sob a multiplicação é chamado **corpo**. Observe que, em um corpo, temos necessariamente $1 \neq 0$, e que este corpo não possui divisores de zero (demonstração?).

Exemplo 7. O conjunto $\mathbb{Z}$ dos inteiros é um anel de integridade. Todo corpo é um anel de integridade. Veremos, mais adiante, que os polinômios definidos sobre um corpo formam um anel de integridade.

Seja R um anel. Denotamos por R^* o conjunto dos elementos $x \in R$ para os quais existe $y \in R$ tal que $xy = yx = e$. Em outras palavras, R^* é o conjunto formado pelos elementos de R que têm inverso multiplicativo. Os elementos de R^* são chamados **unidades** de R. Deixamos como exercício, mostrar que essas unidades formam um grupo multiplicativo. Por exemplo, as unidades de um corpo formam o grupo de elementos diferentes de zero do corpo.

Sejam R um anel e $x \in R$. Se n é um inteiro positivo, definimos

$$x^n = x \cdots x,$$

o produto tomado n vezes. Dessa forma, para inteiros positivos m e n temos

$$x^{n+m} = x^n x^m \quad \text{e} \quad (x^m)^n = x^{mn}.$$

III, §1. Exercícios

1. Seja p um número primo. Seja R o subconjunto dos números racionais m/n tais que $n \neq 0$ e n não é divisível por p. Mostre que R é um anel.

2. Como você descreveria as unidades do anel no exercício 1? Justifique a sua resposta.

3. Seja R um anel de integridade. Se a, b e $c \in R$, $a \neq 0$ e $ab = ac$, mostre que $b = c$.

4. Seja R um anel de integridade, $a \in R$ e $a \neq 0$. Mostre que a aplicação $x \mapsto ax$ é uma aplicação de R em si mesmo.

5. Seja R um anel de integridade finito. Mostre que R é um corpo. [*Sugestão:* Utilize o exercício precedente.]

6. Seja R um anel tal que $x^2 = x$ para todo $x \in R$. Mostre que R é comutativo.

7. Sejam R um anel e $x \in R$. Dizemos que x é **nilpotente** se existe um inteiro n tal que $x^n = 0$. Se x é nilpotente, prove que $1 + x$ e $1 - x$ são unidades.

8. Prove, com detalhes, que as unidades de um anel formam um grupo multiplicativo.

9. Sejam R um anel e Z o conjunto de todos os elementos $a \in R$ tais que $ax = xa$ para todo $x \in R$. Mostre que Z é um subanel de R, chamado **centro** de R.

10. Seja R o conjunto de números do tipo $a + b\sqrt{2}$, onde a e b são números racionais. Mostre que R é um anel, e, mais ainda, é um corpo.

11. Seja R o conjunto de números do tipo $a + b\sqrt{2}$, onde a e b são números inteiros. Mostre que R é um anel, mas não é um corpo.

12. Seja R o conjunto de números do tipo $a+bi$, onde a e b são números inteiros e $i = \sqrt{-1}$. Mostre que R é um anel. Liste todas as suas unidades.

13. Seja R o conjunto de números do tipo $a+bi$, onde a e b são números racionais. Mostre que R é um corpo.

14. Sejam S um conjunto, R um anel e $f : S \to R$ uma aplicação bijetora. Para cada par x e $y \in S$, definimos

$$x + y = f^{-1}(f(x) + f(y)) \qquad \text{e} \qquad xy = f^{-1}(f(x)f(y)).$$

Mostre que esta soma e este produto definem uma estrutura de anel sobre S.

15. Em um anel R pode acontecer que um produto xy seja igual a 0, mas $x \neq 0$ e $y \neq 0$. Dê um exemplo desse tipo de anel dentro das matrizes $n \times n$ sobre um corpo $\mathbb{K}$. Dê, também, um exemplo no anel das funções contínuas sobre o intervalo $[0, 1]$. [Neste exercício, assumimos que o leitor conhece matrizes e funções contínuas. Para matrizes, veja capítulo V, §3.]

III, §2. Ideais

Seja R um anel. Um **ideal à esquerda** de R é um subconjunto J de R, dotado das seguintes propriedades: Se x e $y \in J$, então $x + y \in J$; o elemento zero está em J; e se $x \in J$ e $a \in R$, então $ax \in J$.

Utilizando o negativo $-e$, vemos que , se J é um ideal à esquerda, e $x \in J$, então também, $-x \in J$, pois $-x = (-e)x$. Assim, os elementos de um ideal à esquerda formam um subgrupo aditivo de R; podemos também dizer que um ideal à esquerda é um subgrupo aditivo J de R tal que, se $x \in J$ e $a \in R$, então $ax \in J$.

Notemos que R é um ideal à esquerda, chamado **ideal unitário** e o mesmo acontecendo com o subconjunto de R formado unicamente pelo 0. Temos $J = R$ se, e somente se $1 \in J$.

De modo semelhante, podemos definir um **ideal à direita** e um **ideal bilateral**. Desta forma, um ideal bilateral J é, por definição, um subgrupo aditivo de R tal que, se $x \in J$ e $a \in R$, então ax e xa pertencem a J.

Exemplo 1. Seja R o anel das funções reais contínuas definidas no intervalo $[0, 1]$. Seja J o subconjunto das funções f tais que $f(\frac{1}{2}) = 0$. Então J é um ideal (bilateral, pois R é comutativo).

Exemplo 2. Seja R o anel $\mathbb{Z}$ dos inteiros. Os inteiros pares, isto é, os do tipo $2n$, com $n \in \mathbb{Z}$, formam um ideal. Podemos dizer o mesmo quanto aos inteiros ímpares?

Exemplo 3. Sejam R um anel e a um elemento de R. O conjunto dos elementos xa, com $x \in R$, é um ideal à esquerda, chamado **ideal à esquerda principal** gerado por a. (Verifique, detalhadamente, que se trata de um ideal à esquerda.) Esse ideal é denotado por (a). Mais geralmente, sejam $a_1, \ldots, a_n$ elementos de R. O conjunto de todos os elementos

$$x_1 a_1 + \cdots + x_n a_n$$

com $x_i \in R$, é um ideal à esquerda, denotado por $(a_1, \ldots, a_n)$. Chamamos $a_1, \ldots, a_n$ de **geradores** desse ideal.

Daremos uma demonstração completa desse fato, para mostrar o quanto ela é simples; deixaremos as demonstrações das afirmações contidas nos exemplos seguintes como exercícios. $y_1, \ldots, y_n$, $x_1, \ldots, x_n \in R$, então

$$\begin{aligned}(x_1 a_1 + \cdots + x_n a_n) + &(y_1 a_1 + \cdots + y_n a_n) \\ &= x_1 a_1 + y_1 a_1 + \cdots + x_n a_n + y_n a_n \\ &= (x_1 + y_1) a_1 + \cdots + (x_n + y_n) a_n .\end{aligned}$$

Se $z \in R$, então

$$z(x_1 a_1 + \cdots + x_n a_n) = z x_1 a_1 + \cdots + z x_n a_n .$$

Finalmente,

$$0 = 0 a_1 + \cdots + 0 a_n .$$

Isto prova que o conjunto de todos elementos $x_1 a_1 + \cdots + x_n a_n$ com $x_i \in R$, é um ideal à esquerda.

Exemplo 4. Seja R um anel, e sejam L e M ideais à esquerda. Denotamos por LM o conjunto de todos os elementos $x_1y_1 + \cdots + x_ny_n$ com $x_i \in L$ e $y_i \in M$. Será um exercício fácil para o leitor verificar que LM é também um ideal à esquerda. Verifique também que se, L, M e N são ideais à esquerda, então $(LM)N = L(MN)$.

Exemplo 5. Sejam L e M ideais à esquerda. Definimos $L + M$ como sendo o subconjunto constituído por todos os elementos $x+y$, com $x \in L$ e $y \in M$. $L+M$ também é um ideal à esquerda. Após verificar isso detalhadamente, mostre também que se L, M e N são ideais à esquerda, então

$$L(M + N) = LM + LN.$$

Formule e demonstre os análogos dos exemplos 4 e 5 para ideais à direita e ideais bilaterais.

Exemplo 6. Seja L um ideal à esquerda. Denotemos por LR o conjunto de todos os elementos $x_1y_1 + \cdots + x_ny_n$ com $x_i \in L$ e $y_i \in R$. Assim, LR é um ideal bilateral. A demonstração, mais uma vez, é deixada como exercício.

Exemplo 7. No teorema 3.1 do capítulo 1, foi demonstrado que todo ideal de $\mathbb{Z}$ é principal.

III, §2. Exercícios

1. Mostre que um corpo não possui outro ideal a não ser o ideal zero e o ideal unitário.

2. Seja R um anel comutativo. Se M é um ideal, abreviamos MM por M^2. Sejam M_1 e M_2 dois ideais tais que $M_1 + M_2 = R$. Mostre $M_1^2 + M_2^2 = R$

3. Seja R o anel do exercício 1 da seção anterior. Mostre que o subconjunto dos elementos m/n em R tais que m é divisível por p, é um ideal.

4. Seja R um anel, e J_1 e J_2 dois ideais à esquerda. Mostre que $J_1 \cap J_2$ é um ideal à esquerda, e que o mesmo acontece para ideais à direita e ideais bilaterais.

5. Sejam R um anel e $a \in R$. Considere J como o conjunto de todos os $x \in R$ tais que $xa = 0$. Mostre que J é um ideal à esquerda.

6. Seja R um anel, e seja L um ideal à esquerda. Considere M como o conjunto de todos $x \in R$ tais que $xL = 0$ (isto é, $xy = 0$ para todo $y \in L$). Mostre que M é um ideal bilateral.

7. Seja R um anel comutativo, e sejam L e M ideais.

   (a) Mostre que $LM \subset L \cap M$.

   (b) Dê um exemplo para $LM \neq L \cap M$.

   Como uma conseqüência de (a), se J é um ideal de R, então pode-se obter uma seqüência de ideais, onde cada um contém as potências superiores do ideal J, isto é,

   $$J \supset J^2 \supset J^3 \supset \cdots \supset J^n \supset \cdots .$$

8. O próximo exemplo é de interesse para o cálculo[1]. Seja R o anel das funções infinitamente diferenciáveis, definidas, digamos, no o intervalo aberto $-1 < t < 1$. Seja J_n o conjunto das funções $f \in R$ tais que $D^k f(0) = 0$ para todo inteiro k com $0 \leq k \leq n$. Aqui D denota a derivada, de modo que J_n é o conjunto das funções para as quais todas as derivadas até a ordem n se anulam em 0. Mostre que J_n é um ideal em R.

9. Seja R o anel das funções reais definidas no intervalo $[0, 1]$. Seja S um subconjunto deste intervalo. Mostre que o conjunto de todas as funções$f \in R$ tais que $f(x) = 0$ para todo $x \in S$ é um ideal de R.

[1]Cálculo diferencial e integral. (N. T.)

Nota: Se você tem conhecimento sobre matrizes e aplicações lineares, então deve imedia-tamente fazer os exercícios do capítulo V, §3, e olhar os que estão no capítulo V, §4. Antes, se necessário, leia sobre o material que eles requerem, pois há neles exemplos de anéis e ideais.

III, §3. Homomorfismos

Sejam R e R' dois anéis. Por um **homomorfismo de anéis** entendemos uma aplicação dotada das seguintes propriedades: para todos x e $y \in \mathbb{R}$,

$$f(x+y) = f(x) + f(y), \quad f(xy) = f(x)f(y), \quad f(e) = e'$$

(se e e e' são, respectivamente, os elementos unidade de R e R').

Entendemos por **núcleo** de um homomorfismo de anéis $f : R \to R'$ o núcleo desse homomorfismo, quando é encarado como um homomorfismo de grupos aditivos; isto é, o conjunto de todos os elementos $x \in \mathbb{R}$ tais que $f(x) = 0$. Exercício: Demonstre que o núcleo é um ideal bilateral de R.

Exemplo 1. Seja R o anel das funções definidas no intervalo $[0, 1]$, com valores complexos. A aplicação que a cada função $f \in R$ associa o valor $f(1/2)$ é um homomorfismo de R em $\mathbb{C}$.

Exemplo 2. Seja R o anel das funções reais definidas no intervalo $[0, 1]$. Seja R' o anel das funções reais definidas no intervalo $[0, 1/2]$. Cada função $f \in R$ pode ser vista como uma função definida em $[0, 1/2]$; quando encarada dessa forma, damos-lhe o nome de **restrição** de f a $[0, 1/2]$. Mais geralmente, seja S um conjunto, e S' um subconjunto de S. Seja R o anel das funções reais definidas em S. Para cada $f \in R$, denotamos por $f \mid S'$ a função definida em S' cujo valor em um elemento $x \in S'$ é $f(x)$. $f|S'$ é chamada **restrição** de f a S'. Seja R' o anel das funções reais definidas em S'. A aplicação

$$f \mapsto f \mid S'$$

é um homomorfismo de anéis de R em R'.

Como o núcleo de um homomorfismo de anéis é definido somente em termos dos grupos aditivos envolvidos, fica-se sabendo que é injetor um homomorfismo de anéis cujo núcleo é trivial.

Seja $f : R \to R'$ um homomorfismo de anéis. Se existe um homomorfismo de anéis $g : R' \to R$ tal que $g \circ f$ e $f \circ g$ são, respectivamente, as aplicações identidades de R e R', dizemos que f é um **isomorfismo de anéis**[1]. Um isomorfismo de um anel nele mesmo é chamado **automorfismo**. Como na teoria de grupos, temos as seguintes propriedades:

> *Se $f : R \to R'$ é um homomorfismo de anéis que é bijetor, então f é um isomorfismo de anéis. Além disso, se $f : R \to R'$ $g : R' \to R''$ são homomorfismos de anéis, então a composta $g \circ f$ de R em R'' é também um homomorfismo de anéis.*

Deixamos as demonstrações destes fatos como tarefa para o leitor.

Observação. Até aqui, fomos apresentados aos homomorfismos de grupo e homomorfismos de anéis, e demos a definição de isomorfismo de forma similar em cada uma dessas categorias de objetos. Nossas definições têm sido apresentadas num padrão completamente generalizável, isto é, podem ser aplicadas a outros objetos e categorias (por exemplo, os módulos, aos quais seremos apresentados adiante). Em geral, sem prejuízo para o objeto matemático com o qual se trabalha, pode-se usar a palavra **morfismo** no lugar de homomorfismo. Assim, um **isomorfismo** (em qualquer categoria) é um morfismo f para o qual existe um morfismo g que satisfaz

$$f \circ g = \text{id} \qquad \text{e} \qquad g \circ f = \text{id}.$$

Em outras palavras, é um morfismo que tem uma inversa.

O símbolo id representa a aplicação identidade. Para que essa de-

[1]Ou entre anéis. (N. R.)

finição geral faça sentido, duas propriedades precisam ser satisfeitas: a associatividade e a existência de uma identidade para cada objeto. Não queremos agora entrar por completo nessa abstração, mas fique atento quando você a encontrar posteriormente. Dessa forma, um **automorfismo** é definido como um isomorfismo de um objeto em si mesmo. Assim, de forma completa, geral e direta, segue da definição que *os automorfismos de um objeto formam um grupo.* Um dos tópicos básicos de estudo da matemática é a estrutura de grupos de automorfismos de vários objetos. Por exemplo, no capítulo II, como exercício, você determinou o grupo de automorfismos de um grupo cíclico. Na teoria de Galois, você determinará os automorfismos de certos corpos.

Definiremos agora um conceito similar ao de grupo quociente, mas aplicado a anéis.

Seja R um anel e M um ideal bilateral. Se x e $y \in \mathbb{R}$, dizemos que x é **congruente a** y mod M se, e somente se $x - y \in M$. Expressamos essa relação por

$$x \equiv y \pmod{\mathrm{M}}.$$

é muito simples demonstrar as seguintes afirmações:

(a) Temos $x \equiv x \pmod{\mathrm{M}}$.

(b) Se $x \equiv y$ e $y \equiv z \pmod{\mathrm{M}}$, então $x \equiv z \pmod{\mathrm{M}}$.

(c) Se $x \equiv y \pmod{\mathrm{M}}$, então $y \equiv x \pmod{\mathrm{M}}$.

(d) Se $x \equiv y \pmod{\mathrm{M}}$ e $z \in \mathbb{R}$, então $xz \equiv yz \pmod{\mathrm{M}}$ e $zx \equiv zy \pmod{\mathrm{M}}$.

(e) Se $x \equiv y$ e $x' \equiv y' \pmod{\mathrm{M}}$, então $xx' \equiv yy' \pmod{\mathrm{M}}$. Além disso, $x + x' \equiv y + y' \pmod{\mathrm{M}}$.

As demonstrações das afirmações precedentes são todas triviais. Para exemplificar, daremos a demonstração da primeira parte de (e). Pela hipótese, podemos escrever

$$x = y + z \qquad \text{e} \qquad x' = y' + z'$$

com z e $z' \in M$. Assim,

$$xx' = (y + z)(y' + z') = yy' + zy' + yz' + zz'.$$

Como M é um ideal bilateral, cada um dos elementos zy', yz' e zz' pertence a M, e conseqüentemente a soma deles também está em M. Logo, $xx' \equiv yy' \pmod{M}$, como queríamos mostrar.

Observação. A noção de congruência que acabamos de inserir, generaliza a que foi definida para os inteiros no capítulo I. Com efeito, se $R = \mathbb{Z}$, então a congruência

$$x \equiv y \pmod{n}$$

no capítulo I, para a qual temos que $x - y$ é divisível por n, é equivalente à propriedade em que $x - y$ pertence ao ideal gerado por n.

Se $x \in R$, indicamos por $\bar{x}$ o conjunto de todos os elementos de R que sejam congruentes a $x \pmod{M}$. Ao recordarmos a definição de grupo quociente, observamos que $\bar{x}$ não é nada mais do que a classe lateral aditiva $x + M$ de x, relativa a M. Um elemento qualquer dessa classe (também chamada **classe de congruência** de x mod M) é chamado **representante** da classe lateral.

Indicamos por $\bar{R}$ o conjunto de todas as classes de congruência de R mod M. Em outras palavras, $\bar{R} = R/M$ denota o grupo quociente aditivo de R módulo M. Assim, já temos conhecimento de que $\bar{R}$ é um grupo aditivo. O próximo passo será definir uma multiplicação que dará a $\bar{R}$ uma estrutura de anel.

Se $\bar{x}$ e $\bar{y}$ são classes laterais aditivas de M, o produto delas é definido pela classe lateral de xy, isto é, o que denotamos por $\overline{xy}$. Com a utilização da condição (e) vemos que esta classe lateral é independente dos representantes selecionados, x em $\bar{x}$ e y em $\bar{y}$. Desta forma, nossa multiplicação estará bem definida pela regra

$$(x + M)(y + M) = (xy + M).$$

É simples verificar que os axiomas de um anel estejam satisfeitos. **AN 1** já está verificada a partir do fato de R/M ser um grupo quociente. Para **AN 2**, consideremos as classes de congruência $\bar{x}$, $\bar{y}$ e $\bar{z}$, com os respectivos representantes x, y e z em R. Assim $y + z$ é por definição um representante de $\bar{x}+\bar{y}$; da mesma forma, $x(y+z)$ é um representante de $\bar{x}(\bar{y}+\bar{z})$. Mas, $x(y+z) = xy+xz$; além disto, xy é um representante de $\bar{x}\bar{y}$ e xz é um representante de $\bar{x}\bar{z}$. Assim, por definição,

$$\bar{x}(\bar{y} + \bar{z}) = \bar{x}\bar{y} + \bar{x}\bar{z}.$$

De forma semelhante, demonstra-se **AN 3**. Para verificar **AN 4** lembremos que se e denota o elemento unidade de R, então $\bar{e}$ é um elemento unidade em $\bar{R}$, pois $ex = x$ é um representante de $\bar{e}\bar{x}$. Com isso demonstramos todos os axiomas.

Denotemos $\bar{R} = R/M$ por **anel quociente** de R módulo M.

Chamamos a atenção para o fato que a aplicação $f : R \rightarrow R/M$, definida por $f(x) = \bar{x}$, seja um homomorfismo entre os anéis R e R/M, cujo núcleo é M. A verificação é imediata e essencialmente se aplica às definições de adição e multiplicação de classes laterais de M.

Teorema 3.1. *Seja f um homomorfismos de anéis e seja M seu núcleo. Para cada classe lateral C de M, a imagem $f(C)$ é um elemento de S, e a associação*

$$\bar{f} : C \rightarrow f(C)$$

é um isomorfismo de R/M sobre a imagem de f.

Demonstração. O fato de a imagem de f ser um subanel de S deverá ser verificada como um exercício (exercício 1). Cada classe lateral C é constituída de todos os elementos $x+z$ com algum x e todos os $z \in M$. Assim,

$$f(x+z) = f(x) + f(z) = f(x)$$

implica que $f(C)$ é constituída de um só elemento. Desta maneira, obtivemos a aplicação

$$\bar{f} : C \to f(C)$$

como foi afirmado. Se x e y são representantes de classes laterais de M, então as relações

$$\begin{aligned} f(xy) &= f(x)f(y), \\ f(x+y) &= f(x) + f(y), \\ f(e_R) &= e_S \end{aligned}$$

mostram que $\bar{f}$ é um homomorfismo de R/M em S. Se $\bar{x} \in R/M$ é tal que $\bar{f}(\bar{x}) = 0$, isto significa que, para qualquer representante x de $\bar{x}$, temos $f(x) = 0$; logo, $x \in M$ e $\bar{x} = 0$ (em R/M). Logo, $\bar{f}$ é injetiva. Isto confirma o que queríamos demonstrar.

Exemplo 3. Se $R = \mathbb{Z}$, e n é um inteiro não-nulo, então $R/(n) = \mathbb{Z}/(n)$ é chamado anel dos **inteiros módulo** n. Observamos que este anel é finito, contendo exatamente n elementos. (Demonstração?) Podemos também escrever $\mathbb{Z}/n\mathbb{Z}$ em vez de $\mathbb{Z}/(n)$.

Exemplo 4. Seja R um anel qualquer, com elemento unidade e. Seja $a \in R$. Desde que R também é um grupo abeliano aditivo, sabemos como definir na para qualquer inteiro n. Se n é positivo, então

$$na = a + a + \cdots + a\,,$$

a soma sendo tomada n vezes. Se n é negativo, isto é, $n = -k$ com k positivo, então

$$na = -(ka).$$

Em particular, podemos tomar $a = e$ e definir a aplicação

$$f : \mathbb{Z} \to R \qquad \text{tal que} \qquad n \mapsto ne\,.$$

Como no exemplo 4 do capítulo II, §3, sabemos que essa aplicação f é um homomorfismo de grupos aditivos abelianos. Além disso, f é também um homomorfismo de anéis. De fato, inicialmente, notemos que para todo inteiro positivo n, vale a propriedade,

$$(ne)a = (e + \cdots + e)a = ea + \cdots + ea = n(ea) = \underbrace{a + \cdots + a}_{n \text{ vezes}} = na.$$

Se m e n são inteiros positivos, então Assim, colocando $a = e$, obtemos

$$f(mn) = (mn)e = m(ne) = (me)(ne) = f(m)f(n).$$

Deixamos para o leitor a tarefa de verificar que a propriedade é válida quando m ou n é negativo. Na demonstração usa-se m, n positivos, e a propriedade dos homomorfismos, dada por $f(-n) = -f(n)$.

Seja $f : \mathbb{Z} \to R$ um homomorfismo de anéis. Por definição, devemos ter $f(1) = e$. Assim, necessariamente, para todo inteiro positivo n devemos ter

$$f(n) = f(1 + \cdots + 1) = f(1) + \cdots + f(1) = ne\,,$$

e para um inteiro negativo $m = -k$,

$$f(-k) = -f(k) = -ke\,.$$

Portanto, existe um, e somente um, homomorfismo de anéis de $\mathbb{Z}$ em um anel R, do tipo definido anteriormente.

Seja $R \neq \{0\}$, e $f : \mathbb{Z} \to R$ o homomorfismo de anéis. Então, o núcleo de f é diferente de $\mathbb{Z}$, e dessa maneira é um ideal $n\mathbb{Z}$, para algum inteiro $n \geq 0$. Do teorema 3.1 segue-se que $\mathbb{Z}/n\mathbb{Z}$ é isomorfo à imagem de f. Na prática, não fazemos distinção entre $\mathbb{Z}/n\mathbb{Z}$ e a imagem de f em R, e , por convenção, dizemos que $\mathbb{Z}/n\mathbb{Z}$ é um subanel de R. *Suponhamos que $n \neq 0$. Então, vale a relação*

$$na = 0 \qquad \text{para todo} \qquad a \in R\,.$$

De fato, pois $na = (ne)a = 0a = 0$. Algumas vezes diz-se que R tem **característica** n. Logo, se n é a característica de R, então $na = 0$ para todo $a \in R$.

Teorema 3.2. *Suponhamos que R seja um anel de integridade, e portanto sem divisores de 0. Logo, o inteiro n tal que $\mathbb{Z}/n\mathbb{Z}$ está contido em R, deve ser 0 ou um número primo.*

Demonstração. Suponhamos que n não seja primo e não seja 0. Desta forma, $n = mk$ com inteiros m e $k \geq 2$ e não existe a possibilidade de m e k pertencerem ao núcleo do homomorfismo $f : \mathbb{Z} \to R$. Assim, $me \neq 0$ e $ke \neq 0$. Mas $(me)(ke) = mke = 0$ contradiz a hipótese de que R não tem divisores de 0. Portanto, n é primo.

Seja K um corpo, e $f : \mathbb{Z} \to K$ o homomorfismo de inteiros em K. Se o núcleo de f é $\{0\}$, então K contém $\mathbb{Z}$ como um subanel e dizemos que K tem **característica** 0. Se o núcleo de f é gerado por um número primo, então dizemos que K tem característica p. O corpo $\mathbb{Z}/p\mathbb{Z}$, algumas vezes denotado por F_p, é chamado **corpo primo** de característica p. Esse corpo primo, F_p, está contido em todo corpo de característica p.

Seja R um anel. Recordemos que uma **unidade** em R é um elemento $u \in R$ que possui um inverso multiplicativo, isto é, existe um elemento $v \in R$ tal que $uv = e$. O conjunto das unidades é denotado por R^*. Esse conjunto de unidades é um grupo. De fato, se u_1 e u_2 são unidades, então o produto u_1u_2 é uma unidade, pois tem $u_2^{-1}u_1^{-1}$ como elemento inverso. Os outros axiomas relacionados com o grupo são imediatamente verificados a partir dos axiomas de anel concernentes à multiplicação.

Exemplo. Seja n um inteiro ≥ 2, e $R = \mathbb{Z}/n\mathbb{Z}$. Então as unidades de R são os elementos de $\mathbb{R}$ que têm um representante $a \in \mathbb{Z}$, com a e n primos entre si. (Faça o exercício 3). Este grupo de unidades é especialmente importante, e agora vamos descrever como ele ocorre na forma de grupo de automorfismos.

Teorema 3.3. *Seja G um grupo multiplicativo e cíclico de ordem N. Considere $m \in \mathbb{Z}$ e N primos entre si, e contrua a aplicação*

$$\sigma_m : G \to G$$

tal que $\sigma_m(x) = x^m$. Então σ_m é um automorfismo de G, e a associação

$$m \mapsto \sigma_m$$

induz um isomorfismo $(\mathbb{Z}/N\mathbb{Z})^* \xrightarrow{\approx} \mathrm{Aut}(G)$.

Demonstração. Desde que $\sigma_m(xy) = x^m y^m$ (pois G é comutativo) segue-se que σ_m é um homomorfismo de G em si mesmo. Como $(m, N) = 1$, concluímos que $x^m = e \Rightarrow x = e$. Logo, $\mathrm{nuc}(\sigma_m)$ é trivial, e como G é finito, segue-se que σ_m é bijetiva. Assim σ_m é um automorfismo. Se $m \equiv n \bmod N$, então $\sigma_m = \sigma_n$ e assim σ_m depende apenas da classe lateral de $m \bmod N\mathbb{Z}$. Temos

$$\sigma_{mn}(x) = x^{mn} = (x^n)^m = \sigma_n \sigma_m(x)$$

logo $m \mapsto \sigma_m$ induz um homomorfismo de $(\mathbb{Z}/N\mathbb{Z})^*$ em $\mathrm{Aut}(G)$. Seja a um gerador de G. Se $\sigma_m = \mathrm{id}$, então $a^m = a$. Daí $a^{m-1} = e$ e $N|(m-1)$, ou seja, $m \equiv 1 \bmod N$. Dessa forma, o núcleo de $m \mapsto \sigma_m$ em $(\mathbb{Z}/N\mathbb{Z})^*$ é trivial. Para finalizar, seja $f : G \to G$ um automorfismo. Então $f(a) = a^k$, para algum $k \in \mathbb{Z}$, pois a é um gerador; além disso, como f é um automorfismo, devemos ter $(k, N) = 1$, pois em caso contrário a^k não é gerador de G. Sendo assim, para todo $x \in G$, $x = a^i$ (i depende de x), obtemos

$$f(a^i) = f(a)^i = a^{ki} = (a^i)^k,$$

e $f = \sigma_k$. Assim, o homomorfismo injetivo $(\mathbb{Z}/N\mathbb{Z})^* \to \mathrm{Aut}(G)$, dado por $m \mapsto \sigma_m$, é sobrejetivo e, portanto, é um isomorfismo. CQD.

Seja R um anel comutativo e seja P um ideal. Definimos P como um **ideal primo** se $P \neq R$, e, sempre que a e $b \in R$ e $ab \in P$, então $a \in P$ ou $b \in P$. No exercício 17, você vai provar que um ideal de $\mathbb{Z}$ é primo se, e somente se, esse ideal for 0, ou for gerado por um número primo.

Seja R um anel comutativo e seja M um ideal. Definimos M como um **ideal maximal** se $M \neq R$, e se não existe um ideal J tal que $R \supset J \supset M$, com $R \neq J$ e $J \neq M$. O leitor deveria, para se familiarizar com os ideais primos e maximais, fazer os exercícios 17, 18 e 19. Esses exercícios demonstrarão o seguinte:

Teorema 3.4. *Seja R um anel comutativo.*

(a) *Um ideal maximal é primo.*

(b) *Um ideal P é primo se, e somente se, R/P for um anel de integridade.*

(c) *Um ideal M é maximal se, e somente se, R/M for um corpo.*

Para fazer aqueles exercícios, o leitor pode usar o seguinte fato:

Seja M um ideal maximal e seja $x \in R$, com $x \notin M$. Então

$$M + Rx = R.$$

De fato, $M + Rx$ é um ideal $\neq M$; assim, $M + Rx$ deve ser R uma vez que M é maximal.

III, §3. Exercícios

1. Seja $f : R \to R'$ um homomorfismo de anéis. Mostre que a imagem de f é um subanel de R'.

2. Mostre que um homomorfismo de anéis de um corpo K em um anel $R \neq \{0\}$ é um isomorfismo de K sobre a sua imagem.

3. (a) Seja n um inteiro positivo, e seja $\mathbb{Z}_n = \mathbb{Z}/n\mathbb{Z}$ o anel quociente de $\mathbb{Z}$ módulo n. Mostre que as unidades de $\mathbb{Z}_n$ são precisamente as classes residuais $\overline{x}$ que possuem um representante inteiro $x \neq 0$ e primo com n. (Para a definição de unidade, veja o final do §1.)

   (b) Seja x um inteiro primo com n. Seja φ a função de Euler. Mostre que $x^{\varphi(n)} \equiv 1 (\text{mod } n)$.

4. (a) Seja n um inteiro ≥ 2. Mostre que $\mathbb{Z}/n\mathbb{Z}$ é um anel de integridade se, e somente se, n for primo.

   (b) Seja p um número primo. Mostre que no anel $\mathbb{Z}/(p)$, todo elemento não-nulo tem um inverso multiplicativo, e que os elementos não-nulos formam um grupo multiplicativo.

   (c) Se a é um inteiro, $a \not\equiv 0 (\text{mod } p)$, mostre que $a^{p-1} \equiv 1 \ (\text{mod } p)$.

5. (a) Seja R um anel, e sejam x e $y \in R$ tais que $xy = yx$. Qual é o resultado de $(x + y)^n$? (Cf. exercício 2 do capítulo I, §2.)

   (b) Lembre que um elemento x é chamado **nilpotente** se existe um inteiro positivo n tal que $x^n = 0$. Se R é comutativo e x e y são nilpotentes, mostre que $x + y$ é nilpotente.

6. Seja F um corpo finito, com q elementos. Prove que $x^{q-1} = 1$ para todo elemento não-nulo $x \in F$. Mostre que $x^q = x$ para todo elemento x de F.

7. **Teorema chinês do resto** . Seja R um anel comutativo, e considere os ideais J_1 e J_2. Esses ideais são chamados **primos entre si** se

$$J_1 + J_2 = R.$$

Suponha que J_1 e J_2 sejam primos entre si. Dados a e $b \in R$, mostre que existe $x \in R$ tal que

$$x \equiv a \pmod{J_1} \qquad \text{e} \qquad x \equiv b \pmod{J_2}.$$

[Este resultado se aplica ao caso particular em que $R = \mathbb{Z}$, $J_1 = (m_1)$ e $J_2 = (m_2)$ com m_1 e m_2 inteiros primos entre si.]

8. Se J_1 e J_2 são primos entre si, mostre que para todo inteiro positivo n, J_1^n e J_2^n também o são.

9. Seja R um anel, e sejam M e M' ideais bilaterais. Suponha que M contenha M'. Se $x \in R$, denote sua classe residual mod M por $x(M)$. Mostre que existe um (único) homomorfismo de anéis $R/M' \to R/M$, que leva $x(M')$ em $x(M)$.

   Exemplo. Se n e m são inteiros $\neq 0$, tal que n divide m, aplique o exercício 9 para obter um homomorfismo de anéis $\mathbb{Z}/(m) \to \mathbb{Z}/(n)$.

10. Sejam R e R' anéis. Seja $R \times R'$ o conjunto de todos os pares (x, x'), com $x \in R$ e $x' \in R'$. Mostre como se pode dotar $R \times R'$ de uma estrutura de anel, definindo a adição e a multiplicação componente a componente. Em particular, qual é o elemento unidade de $R \times R'$?

11. Sejam R, $R_1, \ldots, R_n$ anéis e $f : R \to R_1 \times \cdots \times R_n$. Mostre que f é um homomorfismo de anéis se, e somente se, cada coordenada da aplicação $f_i : R \to R_i$ for um homomorfismo de anel.

12. (a) Sejam J_1 e J_2 ideais, primos entre si, em um anel comutativo R. Mostre que a aplicação $a(\text{mod } J_1 \cap J_2) \mapsto (a \text{ mod } J_1,\ a \text{ mod } J_2)$ induz a um isomorfismo

    $$f : R/(J_1 \cap J_2) \to R/J_1 \times R/J_2.$$

    (b) Considere, mais uma vez, J_1 e J_2 primos entre si. Mostre que $J_1 \cap J_2 = J_1 J_2$.

Exemplo. Se m e n são primos entre si, então $(m) \cap (n) = (mn)$.

(c) Se J_1 e J_2 não são primos entre si, dê um exemplo para mostrar que não se tem necessariamente $J_1 \cap J_2 = J_1 J_2$.

(d) Em (a), mostre que f induz um isomomorfismo dos grupos unitários

$$(R/J_1 J_2)^* \xrightarrow{\approx} (R/J_1)^* \times (R/J_2)^*.$$

(e) Sejam $J_1, \ldots, J_r$ ideais de R tais que J_i e J_k são primos entre si, para $i \neq k$. Mostre que existe um natural isomomorfismo de anéis definido por

$$R/J_1 \cdots J_r \to \prod R/J_i.$$

13. Seja P o conjunto dos números inteiros positivos e R o conjunto das funções definidas sobre P, com valores em um anel comutativo K. Defini-se a soma em R como sendo a soma usual de funções, e o produto pela fórmula

$$(f * g)(m) = \sum_{xy=m} f(x)g(y),$$

onde a soma é tomada sobre todos os pares (x, y) de inteiros positivos, tais que $xy = m$. Esta soma também pode ser escrita na forma

$$(f * g)(m) = \sum_{d\,|\,m} f(d)g(m/d)$$

onde a soma é tomada sobre todos os divisores de m, incluindo naturalmente o 1.

(a) Mostre que R é um anel comutativo, cujo elemento unidade é a função δ tal que $\delta(1) = 1$ e $\delta(x) = 0$ se $x \neq 1$.

(b) Uma função f é dita **multiplicativa** se $f(mn) = f(m)f(n)$ sempre que m e n são primos entre si. Se f e g são funções multiplicativas, mostre que $f * g$ é multiplicativa.

(c) Seja μ a **função de Moebius**; assim $\mu(1) = 1$, $\mu(p_1 \cdots p_r) = (-1)^r$ se $p_1, \ldots, p_r$ são todos primos distintos, com $\mu(m) = 0$ se m é divisível por p^2 para algum primo p. Mostre que $\mu * \varphi_1 = \delta$ (onde φ_1 denota a função constante de valor 1). [*Sugestão*: Mostre primeiro que μ é multiplicativa e em seguida demonstre a afirmativa para as potências primas.] A **fórmula da inversão de Moebius**, da teoria elementar dos números, não é nada a mais do que a relação

$$\mu * \varphi_1 * f = f.$$

Em outras palavras, se para alguma função g tivermos

$$f(n) = \sum_{d \mid n} g(d) = (\varphi_1 * g)(n),$$

então

$$g(n) = (\mu * f)(n) = \sum_{d \mid n} \mu(d) f(n/d).$$

O produto $f * g$ neste exercício é chamado **produto de convolução**. Note que, formalizando esse produto e olhando as funções como elementos de um anel com o produto de convolução, simplificamos o formalismo da inversão da função de Moebius.

14. Seja $f : R \to R'$ um homomorfismo de anéis. Sejam J' um anel bilateral de R' e J o conjunto dos elementos x de R tais que $f(x)$ pertence a J'. Mostre que J é um anel bilateral de R.

15. Seja R um anel comutativo, e N o conjunto dos elementos $x \in R$ tais que $x^n = 0$ para algum inteiro positivo n. Mostre que N é um ideal.

16. No exercício 15, se $\bar{x}$ é um elemento de R/N, e se existe um inteiro $n \geq 1$ tal que $\bar{x}^n = 0$, então mostre que $\bar{x} = 0$.

17. Seja R um anel comutativo. Um ideal P é chamado de ideal **primo** se $P \neq R$, e, sempre que a e $b \in R$ e $ab \in P$, então $a \in P$ ou $b \in P$. Mostre que um ideal não-nulo de $\mathbb{Z}$ é primo se, e somente se, for gerado por um número primo.

18. Seja R um anel comutativo. Um ideal M de R é chamado **maximal** se $M \neq R$, e se não existe um ideal J tal que $R \supset J \supset M$, com $R \neq J$ e $J \neq M$. Mostre que todo ideal maximal é primo.

19. Seja R um anel comutativo.

    (a) Mostre que um ideal P é primo se, e somente se, R/P for um anel de integridade.

    (b) Mostre que um ideal M é maximal se, e somente se R/M for um corpo.

20. Seja K um corpo de característica p. Mostre $(x+y)^p = x^p + y^p$ para todos $x,\ y \in K$.

21. Seja K um corpo finito de característica p. Mostre que a aplicação $x \mapsto x^p$ é um automorfismo de K.

22. Seja S um conjunto, X um subconjunto, e suponha que nem S nem X sejam vazios. Considere R um anel, $F(S,R)$ o anel de todas as aplicações de S em R e

$$\rho : F(S,R) \to F(X,R)$$

a restrição, isto é, se $f \in F(S,R)$, então $\rho(f)$ é f vista como uma aplicação de X em R. Mostre que ρ é sobrejetiva. Descreva o núcleo de ρ.

23. Seja K um corpo, e S um conjunto. Seja x_0 um elemento de S. Seja $F(S,K)$ o anel das aplicações de S em K, e seja J o conjunto das aplicações $f \in F(S,K)$ tais que $f(x_0) = 0$. Mostre que J é um ideal maximal. Mostre que $F(S,K)/J$ é isomorfo a K.

24. Seja R um anel comutativo. Uma aplicação $D : R \to R$ é chamada **derivação** se $D(x+y) = Dx + Dy$ e $D(xy) = (Dx)y + x(Dy)$ para todos x e $y \in R$. Se D_1 e D_2 são derivações, definimos o produto entre colchetes

$$[D_1, D_2] = D_1 \circ D_2 - D_2 \circ D_1.$$

Mostre que $[D_1, D_2]$ é uma derivação.

Exemplo. Seja R o anel das funções com valores reais e infinitamente diferenciáveis de, digamos, duas variáveis reais. Todo operador diferencial

$$f(x,y)\frac{\partial}{\partial x} \qquad \text{ou} \qquad g(x,y)\frac{\partial}{\partial y}$$

com coeficientes f e g, funções infinitamente diferenciáveis, é uma derivação sobre R.

III, §4. Corpos quocientes

Nas seções precedentes, com o objetivo de darmos exemplos para conceitos mais abstratos, assumimos que o leitor já estava familiarizado com os números racionais. Estudaremos agora como se pode definir os números racionais a partir dos inteiros. Além disto, no próximo capítulo estudaremos os polinômios, sobre um corpo. Costuma-se formar os quocientes f/g, $(g \neq 0)$ de polinômios, e esses quocientes são chamados funções racionais. Nossa discussão se aplicará também a essa situação.

Antes de entrarmos na discussão abstrata, analisaremos de perto o caso dos números racionais. No ensino de primeiro grau, o que se faz (ou o que se deveria fazer) é dar regras para se determinar quando dois quocientes de números racionais são iguais. Isso é necessário porque, por exemplo, $\frac{3}{4} = \frac{6}{8}$. O importante é que uma fração pode ser determinada por um par de números; neste exemplo, o par $(3, 4)$, mas também por outros pares, como por exemplo $(6, 8)$. Se consideramos como equivalentes todos os pares que dão origem ao mesmo quociente, estamos dando um método para definir as frações, como sendo classes de de equivalência. Em seguida, é necessário estabelecer regras para adicionar frações; as que daremos serão essencialmente as mesmas que são (ou deveriam ser) dadas no ensino do primeiro grau. Nossa discussão aplicar-se-á para um anel de integridade R arbitrário. (Lembre-se de que se um anel for de integridade, então $1 \neq 0$, R será comutativo e não terá divisores de zero.)

Sejam (a, b) e (c, d) pares de elementos em R, com $b \neq 0$ e $d \neq 0$. Diremos que esses pares são **equivalentes** se $ad = bc$. Afirmamos que essa é uma relação de equivalência. Voltando à definição do capítulo I, §5, vemos que **RE 1** e **RE 3** são óbvias. Quanto a **RE 2**, admitamos que (a, b) é equivalente a (c, d) e que (c, d) é equivalente a (e, f). Por definição,

$$ad = bc \qquad \text{e} \qquad cf = de\,.$$

Multiplicando a primeira igualdade por f e a segunda por b, obtemos

$$adf = bcf \qquad \text{e} \qquad bcf = bde\,,$$

e então $adf = bde$, e $daf - dbe = 0$. Logo, $d(af - be) = 0$. Como R não possui divisores do zero, segue-se que $af - be = 0$, isto é, $af = be$. Isso significa que (a, b) é equivalente a (e, f), provando **RE 2**.

Denotamos a classe de equivalência de (a, b) por a/b. Precisamos, agora, definir como somar e multiplicar tais classes.

Se a/b e c/d são classes de equivalência, definimos sua soma como

$$\frac{a}{b} + \frac{c}{d} = \frac{ad + bc}{bd}$$

e seu produto como

$$\frac{a}{b}\,\frac{c}{d} = \frac{ac}{bd}.$$

Naturalmente, devemos mostrar que, definindo a soma e o produto como foi feito, o resultado independe da escolha dos pares (a, b) e (c, d)

que representam as classes dadas. Faremos isso para a soma. Suponhamos que

$$a/b = a'/b' \qquad \text{e} \qquad c/d = c'/d'.$$

Devemos mostrar que

$$\frac{ad + bc}{bd} = \frac{a'd' + b'c'}{b'd'}.$$

Isso é verdadeiro se, e somente se,

$$b'd'(ad + bc) = bd(a'd' + b'c'),$$

ou, em outras palavras,

$$b'd'ad + b'd'bc = bda'd' + bdb'c' \tag{1}$$

Mas, por hipótese, $ab' = a'b$ e $cd' = c'd$. Utilizando esse fato, vemos que a igualdade (1) se verifica. Deixamos como exercício a demonstração correspondente para o produto.

Afirmamos, agora, que o conjunto de todos os quocientes a/b, com $b \neq 0$, é um anel, em que as operações de adição e multiplicação são definidas acima. Note, inicialmente, que existe um elemento unidade, a classe $1/1$, em que 1 é o elemento unidade de R. É necessário, agora, demonstrar a validade de todos os outros axiomas que definem um anel. Isso é cansativo, mas cada passo se apresenta de forma óbvia. Como exemplo, verificaremos a associatividade da adição. Para três quocientes a/b, c/d e e/f, temos

$$\left(\frac{a}{b} + \frac{c}{d}\right) + \frac{e}{f} = \frac{ad + bc}{bd} + \frac{e}{f} = \frac{fad + fbc + bde}{bdf}.$$

Por outro lado,

$$\frac{a}{b} + \left(\frac{c}{d} + \frac{e}{f}\right) = \frac{a}{b} + \frac{cf + de}{df} = \frac{adf + bcf + bde}{bdf}.$$

É claro que as expressões dos membros direitos são iguais em ambos os casos, o que prova a associatividade da adição. Os demais axiomas são de demonstração igualmente fácil, por isso omitiremos essa rotina tediosa. Vimos assim que nosso anel de quocientes é comutativo.

Denotemos o anel de todos os quocientes a/b por K. Afirmamos que K é um corpo. Para perceber isso, tudo que precisamos fazer é demonstrar que todo elemento não-nulo admite um inverso multiplicativo. Mas, o elemento zero de K é $0/1$, e se $a/b = 0/1$ então $a = 0$. Desta forma, todo elemento não-nulo pode ser escrito na forma a/b, com $b \neq 0$ e $a \neq 0$. Seu inverso é então, b/a, como se pode perceber diretamente a partir da definição de multiplicação de quocientes.

Finalmente, note que temos uma aplicação

$$a \mapsto a/1 .$$

Novamente, é rotineiro verificar que essa aplicação é um homomorfismo de anéis injetor. Todo homomorfismo de anéis injetor será chamado **imersão**. Vemos que R é imerso em K de uma maneira natural.

Chamamos K o **corpo quociente de** R. Quando $R = \mathbb{Z}$, então K é, por definição, o corpo dos números racionais. Quando R é o anel de polinômios, definido no próximo capítulo, seu corpo quociente é chamado de corpo das **funções racionais**.

Suponhamos que R seja um subanel de um corpo F. O conjunto de todos elementos ab^{-1}, com $a, b \in R$ e $b \neq 0$ é evidentemente um corpo, que é um subcorpo de F. Chamamos esse corpo também de corpo quociente de R em F. Esta terminologia não pode dar origem a confusões, pois o corpo quociente de R, como foi definido previamente, é isomorfo a este corpo, sob a aplicação

$$a/b \mapsto ab^{-1}.$$

A verificação é trivial, e, em vista disso, o elemento ab^{-1} de F é também denotado por a/b.

Exemplo. Seja K um corpo e seja $\mathbb{Q}$, como é usual, o conjunto dos números racionais. Não existe necessariamente uma imersão de $\mathbb{Q}$

em K (K pode, por exemplo, ser finito). Mas, por outro lado, se existe uma imersão de $\mathbb{Q}$ em K, ela é única. Isso pode ser visto facilmente, pois todo homomorfismo

$$f : \mathbb{Q} \to K$$

deve ser tal que $f(1) = e$ (o elemento unidade de K). Logo, para qualquer inteiro $n > 0$, percebe-se, por indução, que $f(n) = ne$, e, conseqüentemente,

$$f(-n) = -ne\,.$$

Além disso,

$$e = f(1) = f(nn^{-1}) = f(n)f(n^{-1})$$

e assim $f(n^{-1}) = f(n)^{-1} = (ne)^{-1}$. Como conseqüência, para todo quociente $m/n = mn^{-1}$, onde m e n são inteiros e $n > 0$, devemos ter

$$f(m/n) = (me)/(ne)^{-1}$$

mostrando, assim, que f é determinada de modo único. Logo, costuma-se considerar $\mathbb{Q}$ imerso em K, e enxergar todo número racional como um elemento de K.

Finalmente, passamos a fazer algumas observações sobre a extensão de uma imersão de um anel em um corpo.

Seja R um anel de integridade, e

$$f : R \to E$$

uma imersão de R em algum corpo E. Seja K o corpo quociente de R. Então, f admite uma única extensão a uma imersão de K em E, ou seja, uma imersão $f^* : K \to E$ cuja restrição a R é igual a f.

Para ver a unicidade, observe que, se f^* é uma extensão de f, e

$$f^* : K \to E$$

é uma imersão, então para todos a e $b \in R$ devemos ter

$$f^*(a/b) = f^*(a)/f^*(b) = f(a)/f(b)\,,$$

e assim o efeito de f^* sobre K é determinado pelo efeito de f sobre R. Reciprocamente, pode-se *definir* f^* pela fórmula

$$f^*(a/b) = f(a)/f(b)\,,$$

e percebe-se imediatamente que o valor de f^* independe da escolha de representação do quociente a/b; isto é, se $a/b = c/d$ com

$$a,\ b,\ c e\ d \in R \qquad \text{e} \qquad bd \neq 0\,,$$

então

$$f(a)/f(b) = f(c)/f(d)\,.$$

Verifica-se também facilmente que f^*, definida desta forma, é um homomorfismo, provando, assim, a sua existência.

III, §4. Exercícios

1. Demonstre com todos os detalhes a existência da extensão f^* analisada no fim desta seção.

2. Um isomorfismo (de anéis) de um anel sobre si mesmo é também chamado de **automorfismo**. Seja R um anel de integridade, e $\sigma : R \to R$ um automorfismo de R. Mostre que σ admite uma única extensão a um automorfismo do corpo quociente.

CAPÍTULO IV

Polinômios

IV, §1. Polinômios e funções polinomiais

Seja $\mathbb{K}$ um corpo. Certamente o leitor deste livro já deve ter escrito expressões do tipo

$$a_n t^n + a_{n-1} t^{n-1} + \cdots + a_0 ,$$

onde $a_0, \cdots, a_n$ são números reais ou complexos. Poderíamos tomar estes elementos em $\mathbb{K}$. Mas o que o "t" significa na expressão acima? Ou as potências de "t", como t, $t^2, \cdots, t^n$?

Em cursos de nível elementar, quando consideramos $\mathbb{K} = \mathbb{R}$ ou $\mathbb{K} = \mathbb{C}$, falamos de funções polinomiais. Escrevemos

$$f(t) = a_n t^n + \cdots + a_0$$

para representar a função de $\mathbb{K}$ nele próprio tal que para cada elemento $t \in \mathbb{K}$ o valor da função f é $f(t)$ dado pela expressão acima. Mas quando operamos com polinômios , de forma usual, trabalhamos formalmente sem a preocupação com o fato de f ser uma função. Por exemplo, consideremos $a_0, \cdots, a_n$ elementos de $\mathbb{K}$ e $b_0, \cdots, b_m$ também elementos de $\mathbb{K}$. Com estes elementos podemos escrever as expressões do tipo

$$\begin{aligned} f(t) &= a_n t^n + \cdots + a_0, \\ g(t) &= b_m t^m + \cdots + b_0. \end{aligned}$$

Se $n > m$ e tomamos $b_j = 0$ para $j > m$, então também podemos escrever

$$g(t) = 0t^n + \cdots + b_m t^m + \cdots + b_0,$$

e formalmente escrever a soma do seguinte modo

$$(1) \qquad (f+g)(t) = (a_n + b_n)t^n + \cdots + (a_0 + b_0)$$

Se $c \in K$, então escrevemos

$$(cf)(t) = ca_n t^n + \cdots + ca_0.$$

Podemos também tomar o produto, que é escrito como

$$(fg)(t) = (a_n b_m)t^{n+m} + \cdots + a_0 b_0 \,.$$

De fato, se escrevemos

$$(fg)(t) = c_{n+m} t^{n+m} + \cdots + c_0 \,,$$

então

$$(2) \qquad c_k = \sum_{i=0}^{k} a_i b_{k-i} = a_0 b_k + a_1 b_{k-1} + \cdots + a_k b_0.$$

Esta expressão para c_k surge, de forma natural, ao se coletar no produto todos os termos

$$a_i t^i b_{k-i} t^{k-i} = a_i b_{k-i} t^k$$

que darão origem ao termo que envolve t^k.

Tudo isso nos faz concluir que definimos uma regra para a adição e uma para a multiplicação das expressões acima, de acordo com as fórmulas (1) e (2). Além disto, em qualquer dos dois casos, não importa se os coeficientes a_i e b_j estejam em um corpo. Sobre tais coeficientes, necessitamos apenas que eles satisfaçam as propriedades ordinárias da aritmética, ou em outras palavras, que eles pertençam a um anel comutativo. A única coisa que ainda nos falta esclarecer, é o papel da letra "t", selecionada de forma arbitrária. Desta forma, devemos usar algum dispositivo para definir polinômios, e, em especial, um t "variável". Há vários dispositivos possíveis, e um deles é conhecido como o escrevemos a seguir.

Seja R um anel comutativo e seja Pol_R o conjunto de vetores infinitos

$$(a_0, a_1, a_2, \ldots, a_n, \ldots)$$

com $a_n \in R$ e tal que todas as coordenadas a menos um número finito de a_n são iguais a 0. Logo, um vetor deste tipo pode ser visto como

$$(a_0, a_1, \ldots, a_d, 0, 0, 0, \ldots)$$

com todos os possíveis zeros colocados à direita. Os elementos de Pol_R são chamados **polinômios** sobre R. Os elementos $a_0, a_1, \ldots$ são chamados **coeficientes** do polinômio. O **polinômio zero** é o polinômio $(0, 0, \ldots)$ que tem $a_i = 0$ para todo i. Definimos a adição de vetores infinitos, componente a componente, da mesma forma como é feito para $n-$seqüências finitas. Assim, Pol_R é um grupo aditivo. Reproduzimos a multiplicação que já conhecemos para definir a multiplicação de polinômios. Assim, se

$$f = (a_0, a_1, \ldots) \qquad \text{e} \qquad g = (b_0, b_1, \ldots)$$

são polinômios com coeficientes em R, definimos o seu produto por

$$fg = (c_0, c_1, \ldots) \qquad \text{com} \qquad c_k = \sum_{i=0}^{k} a_i b_{k-i} = \sum_{i+j=k} a_i b_j.$$

Assim, sob esta definição de multiplicação, é uma questão rotineira mostrar que Pol_R é um anel comutativo. Vamos demonstrar a associatividade da multiplicação, deixando os outros axiomas como exercícios.

Seja

$$h = (d_0, d_1, \ldots)$$

um polinômio. Assim,

$$(fg)h = (e_0, e_1, \ldots),$$

onde por definição

$$\begin{aligned} e_s &= \sum_{k+r=s} c_k d_r = \sum_{k+r=s} \left(\sum_{i+j=k} a_i b_j \right) d_r \\ &= \sum_{i+j+r=s} a_i b_j d_r. \end{aligned}$$

Esta última soma é tomada sobre todos os ternos (i, j, k) de inteiros ≥ 0, tais que $i + j + k = s$. Se, agora, computarmos $f(gh)$, de maneira semelhante, encontraremos exatamente os mesmos coeficientes de $(fg)h$, o que demonstra a associatividade.

Deixamos as demonstrações das outras propriedades para o leitor.

Agora, pegue uma letra, por exemplo t, para denotar

$$t = (0, 1, 0, 0, 0, \ldots).$$

Logo, t tem coeficiente 0 na $0-$ésima posição, coeficiente 1 na primeira posição e todos os outros coeficientes iguais a 0. Agora, com a estrutura de anel, podemos tomar as potências de t, por exemplo,

$$t,\ t^2,\ t^3,\ \ldots,\ t^n.$$

Por indução, ou qualquer outro método, o leitor provará sem dificuldade que se n é um inteiro positivo, então

$$t^n = (0, 0, \ldots, 0, 1, 0, 0, \ldots),$$

em outras palavras, t^n é o vetor que tem a $n-$ésima componente igual a 1, e todas as outras componentes iguais a 0.

A associação

$$a \mapsto (a,\, 0,\, 0,\, \ldots) \qquad \text{para} \quad a \in R$$

é uma imersão de R no anel de polinômios Pol_R, ou em outras palavras, é um homomorfismo injetivo de anéis. Desta forma, passamos a identificar a com o vetor $(a,\, 0,\, 0,\, 0,\, \ldots)$. Assim, podemos multiplicar, componente a componente, um polinômio $f = (a_0, a_1, \ldots)$ por um elemento de R, isto é

$$af = (aa_0, aa_1, aa_2, \ldots).$$

Isso corresponde à multiplicação ordinária de um polinômio por um escalar.

Observamos que agora é possível escrever

$$f = a_0 + a_1 t + \cdots + a_d t^d = (a_0,\, a_1,\, \ldots,\, a_d,\, 0,\, 0,\, 0, \ldots)$$

se $a_n = 0$ para $n > d$. Esta é a forma mais usual de escrever um polinômio. Assim sendo, recuperamos todas as propriedades básicas relativas à adição e à multiplicação de polinômios. O anel de polinômios será denotado por $R[t]$.

Seja R um subanel de um anel comutativo S. Se $f \in R[t]$ for um polinômio então podemos definir a **função polinomial** associada

$$f_S : S \to S,$$

de forma que para $x \in S$

$$f_S(x) = f(x) = a_0 + a_1 x + \cdots + a_d x^d.$$

Portanto, f_S é uma função (aplicação) de S sobre si mesmo, determinada pelo polinômio f. Dado um elemento $c \in S$, diretamente da definição de multiplicação de polinômios, encontramos:

A associação

$$\mathrm{av}_c : f \to f(c)$$

é um homomorfismo de anéis, de $R[t]$ em S.

De forma simples, esta propriedade nos mostra que

$$(f+g)(c) = f(c) + g(c) \qquad \text{e} \qquad (fg)(c) = f(c)g(c).$$

Temos também que o polinômio 1 é levado no elemento unidade 1 de S. Esse homomorfismo é chamado **homomorfismo de avaliação**, e por razões óbvias é denotado por av_c. Você já teve que usar a avaliação de polinômios em números, e tudo o que fizemos foi mostrar que todo esse procedimento de avaliar polinômios é aplicável a um contexto muito mais geral envolvendo os anéis comutativos. O elemento t no anel de polinômios é também chamado de **variável** em K. Dizemos também que a avaliação $f(c)$ de f em c é obtida por **substituição de c no polinômio**.

Notemos que $f = f(t)$, de acordo com a nossa definição do homomorfismo de avaliação.

Seja R um subanel de um anel S e seja x um elemento de S. Denotamos por $R[x]$ o conjunto de todos os elementos $f(x)$ com $f \in R[t]$. Logo, é imediato verificar que $R[x]$ é um subanel comutativo de S, o qual é dito ser **gerado por x** sobre R. O homomorfismo avaliação

$$R[t] \to R[x]$$

é dessa forma, um homomorfismo de anel sobre $R[x]$. Se a aplicação avaliação $f \mapsto f(x)$ resulta num isomorfismo entre $R[t]$ e $R[x]$, então dizemos que x é **transcendente** sobre R ou que x é uma **variável** sobre R.

Exemplo. Seja $\alpha = \sqrt{2}$. Assim, o conjunto de todos os números reais da forma

$$a + b\,\alpha \qquad \text{com} \qquad a, b \in \mathbb{Z}$$

é um subanel dos números reais gerado por $\sqrt{2}$. Esse é o subanel $\mathbb{Z}[\sqrt{2}\,]$. (Demonstre, com detalhes, que ele é um subanel.) Note que α *não* é transcendental sobre $\mathbb{Z}$. Por exemplo, o polinômio $t^2 - 2$ pertence ao núcleo da aplicação avaliação $f(t) \mapsto f(\sqrt{2}\,)$.

Exemplo. O anel polinomial $R[t]$ é gerado pela variável t sobre R, e t é transcendental sobre R.

Se x e y são transcendentais sobre R, então $R[x]$ e $R[y]$ são isomorfos, desde que ambos sejam isomorfos ao anel polinomial $R[t]$. Assim, nossa definição de polinômios foi apenas uma forma concreta de lidar com um anel gerado sobre R por um elemento transcendental.

Aviso. Quando falamos de um polinômio, queremos sempre exprimi-lo como foi definido acima. Se quisermos expressar a **função polinomial** associada, diremos isso de forma explícita. Em alguns casos, é possível que dois polinômios sejam distintos, mas dêem origem à mesma função polinomial sobre um anel dado. Por exemplo, seja $\mathbb{F}_p = \mathbb{Z}/p\mathbb{Z}$ o corpo com p elementos. Assim, para todo elemento $x \in \mathbb{F}_p$, temos

$$x^p = x.$$

Com efeito, se $x = 0$ isso é óbvio, e se $x \neq 0$, desde que o grupo multiplicativo de $\mathbb{F}_p$ tenha $p - 1$ elementos, temos que $x^{p-1} = 1$ e daí $x^p = x$. Dessa forma, vemos que se tomarmos $K = \mathbb{F}_p$ e considerarmos

$$f = t^p \qquad \text{e} \qquad g = t,$$

então $f_K = g_K$ mas $f \neq g$. Em nossa notação original,

$$f = (0,\ 0, \ldots, 0,\ 1,\ 0, \ldots) \qquad \text{e} \qquad g = (0,\ 1,\ 0,\ 0,\ 0, \ldots).$$

Se K for um corpo infinito, então esse fenômeno não poderá ocorrer, como demonstraremos a seguir.

A maior parte do que vamos estudar é sobre corpos infinitos; mas os corpos finitos são suficientemente importantes para que tenhamos, desde o início, de considerar a possibilidade de sua ocorrência. Suponhamos que F seja um subcorpo finito de um corpo finito K. Sejam $f(t)$ e $g(t) \in F[t]$. Então, pode acontecer de $f \neq g$, $f_k \neq g_k$, mas $f_F = g_F$. Por exemplo, os polinômios t^p e t dão lugar a mesma função em $\mathbb{Z}/p\mathbb{Z}$, mas a funções diferentes em qualquer corpo infinito K que contenha $\mathbb{Z}/p\mathbb{Z}$, de acordo com o que veremos a seguir.

Agora, retornamos a um corpo geral K.

Quando escrevemos um polinômio

$$f(t) = a_n t^n + \cdots + a_0$$

com $a_i \in K$ para $i = 0, \ldots, n$, estes elementos de K são chamados de **coeficientes** do polinômio f. Se n é o maior inteiro tal que $a_n \neq 0$, então dizemos que n é o **grau** de f e escrevemos $n = \operatorname{gr} f$. Também dizemos que a_n é o **coeficiente dominante** de f. Dizemos que a_0 é o **termo constante** de f.

Exemplo. Seja

$$f(t) = 7t^5 - 8t^3 + 4t - \sqrt{2}.$$

Assim, f tem grau 5. O coeficiente dominante é 7, e o termo constante é $\sqrt{2}$.

Se f for o polinômio zero, então usaremos a convenção de que $\operatorname{gr} f = -\infty$. Convencionamos, ainda, que

$$\begin{aligned} -\infty + -\infty &= -\infty \\ -\infty + a &= -\infty, \qquad -\infty < a \end{aligned}$$

para todo inteiro a; *nenhuma outra operação que envolva $-\infty$ está definida.*

Um polinômio de grau 1 é também chamado polinômio **linear**.

Seja α um elemento de K. Diremos que α é uma **raiz** de f se $f(\alpha) = 0$.

Teorema 1.1. *Seja f um polinômio em K, escrito na forma*

$$f(t) = a_n t^n + \cdots + a_0.$$

Suponhamos ainda que f tenha grau $n \geq 0$, isto é, $f \neq 0$ (f não é o polinômio zero). Então f tem no máximo n raízes em K.

Demonstração. Necessitaremos de um lema.

Lema 1.2. *Seja f um polinômio em K, e seja $\alpha \in K$. Então existem elementos $c_0, \ldots, c_n \in K$ tais que*

$$f(t) = c_0 + c_1(t - \alpha) + \cdots + c_1(t - \alpha)^n.$$

Demonstração. Escrevemos $t = \alpha + (t - \alpha)$, e substituímos esse valor na expressão de f. Para cada inteiro k, com $1 \leq k \leq n$, temos

$$t^k = (\alpha + (t - \alpha))^k = \alpha^k + \cdots + (t - \alpha)^k$$

(a expansão é a obtida a partir dos coeficientes binomiais), e assim

$$a_k t^k = a_k \alpha^k + \cdots + a_k(t - \alpha)^k$$

pode ser escrito como uma soma de potências de $(t - \alpha)$, multiplicadas por elementos de K. Tomando a soma de $a_k t^k$ para $k = 0, \ldots, n$, obtemos a expressão desejada para f, e demonstramos o lema.

Observe que, neste lema, $f(\alpha) = c_0$. Logo, se $f(\alpha) = 0$, então $c_0 = 0$, e podemos escrever

$$f(t) = (t - \alpha)h(t),$$

onde temos

$$h(t) = d_1 + d_2(t - \alpha) + \cdots + d_n(t - \alpha)^{n-1}$$

para alguns elementos $d_1, d_2, \ldots, d_n$ em K. Vamos supor que f tenha mais que n raízes em K, e consideremos que $\alpha_1, \ldots, \alpha_{n+1}$ sejam $n + 1$

raízes distintas em K. Seja $\alpha = \alpha_1$. Então, $\alpha_i - \alpha_1 \neq 0$ para $i = 2, \ldots, n+1$. Como

$$0 = f(\alpha_i) = (\alpha_i - \alpha_1)h(\alpha_i),$$

concluímos que $h(\alpha_i) = 0$ para $i = 2, \ldots, n+1$. Por indução sobre n, vemos que isso é impossível, o que nos mostra que f tem no máximo n raízes em K.

Corolário 1.3. *Sejam $f(t) = a_n t^n + \cdots + a_0$ e $g(t) = b_n t^n + \cdots + b_0$. Suponhamos que K é um corpo infinito. Se $f(c) = g(c)$ para todo $c \in K$, então $f = g$, isto é, $a_k = b_k$, para todo $k = 0, \ldots, n$.*

Demonstração. Consideremos o polinômio

$$f(t) - g(t) = (a_n - b_n)t^n + \cdots + (a_0 - b_0).$$

Todo elemento de K é uma raiz deste polinômio. Dessa forma, pelo teorema 1.1, devemos ter $a_i - b_i = 0$ para $i = 0, \ldots, n$; em outras palavras, $a_i = b_i$, o que demonstra o corolário.

O corolário 1.3 mostra que sobre um corpo infinito um polinômio não diferencia de uma função polinomial. Entretanto, para o que se pretende neste capítulo, a maioria dos resultados é válida para trabalharmos formalmente com polinômios. Assim, não assumiremos que o corpo básico seja infinito.

A nossa convenção sobre o grau de um polinômio também será útil para se ter, sem restrição, o próximo resultado verdadeiro.

Teorema 1.4. *Sejam f e g polinômios com coeficientes em K. Então*

$$\operatorname{gr}(fg) = \operatorname{gr} f + \operatorname{gr} g.$$

Demonstração. Sejam

$$f(t) = a_n t^n + \cdots + a_0 \qquad \text{e} \qquad g(t) = b_m t^m + \cdots + b_0$$

com $a_n \neq 0$ e $b_m \neq 0$. A regra para a multiplicação de polinômios nos mostra que

$$f(t)g(t) = a_n b_m t^{n+m} + \text{termos de grau menor}.$$

Como $a_n b_m \neq 0$, $\operatorname{gr}(fg) = n + m = \operatorname{gr} f + \operatorname{gr} g$. Se f ou g for o polinômio zero, nossa convenção sobre $-\infty$ torna, ainda neste caso, a nossa proposição verdadeira .

Corolário 1.5. *O anel $K[t]$ não possui divisores do zero, é portanto um anel de integridade.*

Demonstração. Se f e g forem polinômios não-nulos, então $\operatorname{gr} f$ e $\operatorname{gr} g$ são ≥ 0; desta forma, $\operatorname{gr}(fg) \geq 0$, e $fg \neq 0$, como se queria demonstrar.

A partir do corolário 1.5, podemos formar o corpo quociente de polinômios $K[t]$. Esse corpo é denotado por $K(t)$ e é chamado corpo de **funções racionais**. Seus elementos são quocientes

$$f(t)/g(t),$$

onde f e g são polinômios. De forma mais precisa, os elementos de $K(t)$ são classes de equivalência desses quocientes, onde

$$f/g = f_1/g_1 \quad \text{se, e somente se} \quad fg_1 = gf_1.$$

Esta relação é apenas uma das relações da aritmética que encontramos nos primeiros anos escolares, como foi visto no capítulo III, §4.

O próximo teorema é conhecido como **algoritmo euclidiano** ou divisão por etapas, ensinado nas primeiras séries escolares. Ele é análogo ao algoritmo euclidiano para números inteiros.

Teorema 1.6. *Sejam f e g dois polinômios sobre o corpo K, isto é, polinômios em $K[t]$, e suponhamos que $\operatorname{gr} g \geq 0$. Então existem polinômios q e r em $K[t]$ tais que*

$$f(t) = q(t)g(t) + r(t),$$

e $\operatorname{gr} r < \operatorname{gr} g$. *Com essas condições, os polinômios* q *e* r *são determinados de maneira única.*

Demonstração. Seja $m = \operatorname{gr} g \geq 0$. Escrevemos

$$\begin{aligned} f(t) &= a_n t^n + \cdots + a_0, \\ g(t) &= b_m t^m + \cdots + b_0, \end{aligned}$$

com $b_m \neq 0$. Se $n < m$, tomamos $q = 0$ e $r = f$. Se $n \geq m$, seja

$$f_1(t) = f(t) - a_n b_m^{-1} t^{n-m} g(t).$$

(Este é o primeiro passo no processo da divisão por etapas). Então

$$\operatorname{gr} f_1 < \operatorname{gr} f.$$

Continuando desta forma ou, de maneira mais formal, por indução sobre n, podemos encontrar polinômios q_1 e r satisfazendo

$$f_1 = q_1 g + r,$$

com $\operatorname{gr} r < \operatorname{gr} g$. Então

$$\begin{aligned} f(t) &= a_n b_m^{-1} t^{n-m} g(t) + f_1(t) \\ &= a_n b_m^{-1} t^{n-m} g(t) + q_1(t) g(t) + r(t) \\ &= (a_n b_m^{-1} t^{n-m} + q_1(t)) g(t) + r(t), \end{aligned}$$

e assim, nosso polinômio está expresso sob a forma desejada.

Para demonstrar a unicidade, suponhamos que

$$f_1 = q_1 g + r_1 = q_2 g + r_2,$$

com $\operatorname{gr} r_1 < \operatorname{gr} g$ e $\operatorname{gr} r_2 < \operatorname{gr} g$. Então

$$(q_1 - q_2) g = r_2 - r_1.$$

O grau do membro esquerdo é sempre $\geq \operatorname{gr} g$, ou é igual a 0. O grau do membro direito é sempre $< \operatorname{gr} g$, ou é igual a 0, e por conseguinte

$$q_1 = q_2 \qquad \text{e} \qquad r_1 = r_2$$

como queríamos demonstrar.

Com o algoritmo euclidiano, podemos provar de novo um fato já demonstrado por outros meios.

Corolário 1.7. *Seja f um polinômio não-nulo em $K[t]$. Seja $\alpha \in K$ tal que $f(\alpha) = 0$. Então existe um polinômio $q(t)$ em $K[t]$ tal que*

$$f(t) = (t - \alpha)q(t).$$

Demonstração. Podemos escrever

$$f(t) = q(t)(t - \alpha) + r(t),$$

onde $\operatorname{gr} r < \operatorname{gr}(t - \alpha)$. Mas $\operatorname{gr}(t - \alpha) = 1$. Logo, r é constante. Como

$$0 = f(\alpha) = q(\alpha)(\alpha - \alpha) + r(\alpha) = r(\alpha),$$

segue que $r = 0$, como queríamos mostrar.

Corolário 1.8. *Seja K um corpo tal que todo polinômio não-constante de $K[t]$ tenha uma raiz em K. Se f é um tal polinômio, então existem elementos $\alpha_1, \ldots, \alpha_n \in K$ e $c \in K$ tais que*

$$f(t) = c(t - \alpha_1) \cdots (t - \alpha_n).$$

Demonstração. No corolário 1.7, observamos que $\operatorname{gr} q = \operatorname{gr} f - 1$. Seja $\alpha = \alpha_1$ no corolário 1.7. Por hipótese, se q não é constante, podemos achar uma raiz α_2 de q, e com isto, escrever

$$f(t) = q_2(t)(t - \alpha_1)(t - \alpha_2).$$

Por indução, continuamos até chegar a um q_n constante.

Um corpo K que possui a propriedade estabelecida no corolário 1.8, ou seja, a de que todo polinômio não-constante sobre K admite uma raiz em K, é chamado **algebricamente fechado**. Mais à frente, neste livro, provaremos que o conjunto dos números complexos é algebricamente fechado. Você pode assumir isto daqui para a frente.

Agora, utilizamos o algoritmo euclidiano para provar de novo o Teorema 1.1.

Corolário 1.9. *Seja K um corpo e f um polinômio de grau $n \geq 1$. Então, f tem no máximo n raízes em K.*

Demonstração. Sejam $\alpha_1, \ldots, \alpha_r$ raízes distintas de f em K. Pelo algoritmo euclidiano, sabemos que existe uma fatoração

$$f(t) = c(t - \alpha_1) \cdots (t - \alpha_r)g(t);$$

então $r \leq n$, como queríamos mostrar.

Exemplo. Seja F um corpo finito, digamos $F = \mathbb{Z}/p\mathbb{Z}$ onde p é um número primo. O polinômio

$$t^p - 1$$

é igual a $(t-1)^p$ e portanto, tem somente uma raiz, que é 1.

Suponhamos que F tenha característica igual a p. Se $p = 2$, então o polinômio $t^2 - 1$, que é igual a $(t-1)^2$, tem somente uma raiz, que é 1. Por outro lado, se $p \neq 2$, então esse polinômio tem duas raízes distintas, 1 e -1. No caso de $p \neq 2$, temos $1 \neq -1$ em F, pois do contrário $1 = -1$ implica em $1 + 1 = 2 = 0$ em F, ou seja, F teria característica igual a 2.

Como uma aplicação do corolário 1.9 podemos determinar, de forma completa, a estrutura dos subgrupos finitos do grupo multiplicativo em um corpo.

Teorema 1.10. *Seja K um corpo e seja G um subgrupo finito do grupo de elementos não-nulos. Então G é cíclico.*

Demonstração. Aqui, a demonstração utilizando-se o teorema estrutural para grupos abelianos. Por este teorema, sabemos que

$$G = \prod_p G(p)$$

é o produto direto dos subgrupos $G(p)$ formados por elementos que têm como período uma potência de p. Pelo exercício 18 do capítulo II, §1, será suficiente demonstrar que cada $G(p)$ é cíclico. Se $G(p)$ não for cíclico, então, pelo teorema estrutural, teorema 7.2 do capítulo II, $G(p)$ conterá um produto $H_1 \times H_2$, onde H_1 é cíclico de ordem p^r, e H_2 é cíclico de ordem p^s com r e $s \geq 1$. Digamos que $r \geq s$. Assim, todo elemento de $G(p)$ que pertence ao produto desses dois fatores satisfaz a equação

$$t^{p^r} - 1 = 0.$$

Esta equação tem no máximo p^r raízes, mas no produto desses dois fatores o número de elementos é maior do que p^r (na verdade, existem $p^r p^s = p^{r+s}$ elementos nesse produto). Essa contradição conclui a demonstração do teorema.

Observação. Se o leitor preferir não utilizar o teorema estrutural para grupos abelianos, então fornecemos uma demonstração independente das propriedades que só aqui são necessárias. Essa prova será dada no capítulo VIII, §3. Por outro lado, o leitor poderia também usar o exercício 2(b) do capítulo II, §7, que pode ser demonstrado de uma forma direta e mais fácil do que a que utiliza o teorema estrutural.

Denotamos por $\boldsymbol{\mu}_n$ o grupo das $n-$ésimas **raízes da unidade**. Esse é o conjunto dos elementos ζ tais que $\zeta^n = 1$. No sentido exato, deveríamos denotar por $\mu_n(K)$ o grupo das $n-$ésimas raízes da unidade em K, mas freqüentemente omitimos o K quando a referência ao corpo fica clara pelo contexto; suponhamos que K tem característica p. Então

$$\boldsymbol{\mu}_p = 1.$$

De fato, suponhamos que $\zeta^p = 1$. Assim, $\zeta^p - 1 = 0$. Mas,

$$\zeta^p - 1 = (\zeta - 1)^p = 0,$$

ou seja, $\zeta - 1 = 0$ e $\zeta = 1$. Veremos, no §3, que se p não divide n, então $\boldsymbol{\mu}_n$ tem ordem n, e dessa forma é um grupo cíclico de ordem n. Um gerador para $\boldsymbol{\mu}_n$ é chamado **n−ésima raiz da unidade**. Nos números complexos $\boldsymbol{\mu}_n = \boldsymbol{\mu}_n(\mathbb{C})$ é o grupo ordinário das n−ésimas raízes da unidade, gerado por $e^{2\pi i/n}$. As n−ésimas raízes primitivas da unidade são $e^{2\pi ir/n}$ com r e n primos entre si.

Consideremos o corpo $F = \mathbb{Z}/p\mathbb{Z}$. Um inteiro $a \in \mathbb{Z}$ cuja imagem em $\mathbb{Z}/p\mathbb{Z}$ é um gerador de F^* é chamado **raiz primitiva mod** p. Assim, o período de a mod p é $p - 1$. Artin conjecturou que existem infinitos números primos p tais que, por exemplo, 2 é uma raiz primitiva mod p conforme a introdução de sua coletânea de trabalhos. A resposta para esta conjectura ainda não é conhecida.

Para observações adicionais ao teorema 1.10, relacionadas com corpos finitos e especialmente a $\mathbb{Z}/p\mathbb{Z}$, veja o capítulo VIII, §3.

IV, §1. Exercícios

1. Em cada um dos casos seguintes, expresse $f = qg + r$, com $\operatorname{gr} r < \operatorname{gr} g$.

   (a) $f(t) = t^2 - 2t + 1, \quad g(t) = t - 1$

   (b) $f(t) = t^3 + t - 1, \quad g(t) = t^2 + 1$

   (c) $f(t) = t^3 + t, \quad g(t) = t$

   (d) $f(t) = t^3 - 1, \quad g(t) = t - 1$

2. Se $f(t)$ tem coeficientes inteiros, e se $g(t)$ tem coeficientes inteiros e o dominante igual a 1, mostre que ao expressarmos $f = qg + r$ com $\operatorname{gr} r < \operatorname{gr} g$, os polinômios q e r também têm coeficientes inteiros.

3. Usando o teorema do valor intermediário, do cálculo, mostre que todo polinômio de grau ímpar sobre os números reais admite uma raiz nos números reais.

4. Seja $f(t) = t^n + \cdots + a_0$ um polinômio com coeficientes complexos, de grau n, e seja α uma raiz. Mostre que $|\alpha| \leq n \cdot \max_i |a_i|$. [*Sugestão*: Observe que $a_n = 1$ e escreva

$$-\alpha^n = a_{n-1}\alpha^{n-1} + \cdots + a_0.$$

Se $|\alpha| > n \cdot \max_i |a_i|$, divida por α^n e tome o valor absoluto; faça uma estimativa simples e obtenha uma contradição].

Nos exercícios 5 e 6 você pode assumir que as raízes de um polinômio em um corpo algebricamente fechado são determinadas de forma única a menos de uma permutação.

5. Seja $f(t) = t^3 - 1$. Mostre que as três raízes de f no conjunto dos números complexos são

$$1, \; e^{2\pi i/3}, \; e^{-2\pi i/3}.$$

Expresse estas raízes como $a + b\sqrt{-3}$, onde a, b são números racionais.

6. Seja n um inteiro ≥ 2. Como poderíamos descrever as raízes do polinômio $f(t) = t^n - 1$ no conjunto dos números complexos?

7. Seja F um corpo, e $\sigma : F[t] \to F[t]$ um automorfismo de um anel de polinômios tal que σ se restringe à identidade de F. Mostre que existem elementos $a \in F$, $a \neq 0$, e $b \in F$ tais que $\sigma t = at + b$.

Corpos finitos

8. Seja F um corpo finito. Seja c o produto de todos elementos não-nulos de F. Mostre que $c = -1$.

Exemplo. Seja $F = \mathbb{Z}/p\mathbb{Z}$. Então o resultado do exercício 8 pode também ser enunciado na forma

$$(p-1)! \equiv -1 \pmod p,$$

que é conhecida como **teorema de Wilson.**

9. Seja p um número primo da forma $p = 4n+1$, onde n é um inteiro positivo. Mostre que a congruência

$$x^2 \equiv -1 \pmod p$$

tem uma solução em $\mathbb{Z}$.

10. Seja $\mathbb{K}$ um corpo finito com q elementos. Prove que $x^q = x$ para todo $x \in \mathbb{K}$. Desta forma os polinômios t^q e t resultam numa mesma função sobre $\mathbb{K}$.

11. Seja $\mathbb{K}$ um corpo finito com q elementos. Se f e g são polinômios sobre $\mathbb{K}$, com os respectivos graus $< q$, e se $f(x) = g(x)$ para todo $x \in \mathbb{K}$, prove que $f = g$ (como polinômios em $\mathbb{K}[t]$).

12. Seja $\mathbb{K}$ um corpo finito com q elementos. Seja f um polinômio sobre $\mathbb{K}$. Mostre que existe um polinômio f^* sobre $\mathbb{K}$ de grau $< q$ tal que

$$f^*(x) = f(x)$$

para todo $x \in \mathbb{K}$.

13. Seja $\mathbb{K}$ um corpo finito com q elementos. Seja $a \in \mathbb{K}$. Mostre que existe um polinômio f sobre $\mathbb{K}$ tal que $f(a) = 0$ e $f(x) = 1$ para $x \in \mathbb{K}$, $x \neq a$. [*Sugestão*: $(t-a)^{q-1}$.]

14. Seja $\mathbb{K}$ um corpo finito com q elementos. Seja $a \in \mathbb{K}$. Mostre que existe um polinômio f sobre $\mathbb{K}$ tal que $f(a) = 1$ e $f(x) = 0$ para todo $x \in \mathbb{K}$, $x \neq a$.

15. Seja $\mathbb{K}$ um corpo finito com q elementos. Seja $\varphi : \mathbb{K} \to \mathbb{K}$ uma função qualquer. Mostre que existe um polinômio f sobre $\mathbb{K}$ tal que $\varphi(x) = f(x)$ para todo $x \in \mathbb{K}$.

[Para desenvolver estas idéias relacionadas com polinômios em diversas variáveis, veja o exercício 6 do §7.]

IV, §2. Máximo divisor comum

Podemos agora, a partir do algoritmo euclidiano, desenvolver a teoria sobre divisibilidade tal como foi feito para os inteiros no capítulo I.

Teorema 2.1. *Seja J um ideal de $K[t]$. Então existe um polinômio g que é um gerador de J. Se J não é o ideal nulo, e g é um polinômio em J diferente de O, e é o de menor grau, então g é um gerador de J.*

Demonstração. Suponhamos que J seja diferente do ideal $\{0\}$. Seja g um polinômio em J que não é 0, e que tem o menor grau. Afirmamos que g é um gerador para J. Seja f um elemento qualquer para J. Pelo algoritmo euclidiano, podemos encontrar polinômios q e r tais que

$$f = qg + r$$

com $\operatorname{gr} r < \operatorname{gr} g$. Então $r = f - qg$, e pela definição de um ideal , resulta que r também pertence a J. Como $\operatorname{gr} r < \operatorname{gr} g$, devemos ter $r = 0$. Portanto, $f = qg$, e g é um gerador para J, como queríamos provar.

Observação. Seja g_1 um gerador não-nulo para um ideal J, e seja g_2 um outro gerador. Então existe um polinômio q tal que $g_1 = qg_2$. Pelo fato de

$$\operatorname{gr} g_1 = \operatorname{gr} q + \operatorname{gr} g_2$$

segue que $\operatorname{gr} g_2 \leq \operatorname{gr} g_1$. Por simetria, devemos ter

$$\operatorname{gr} g_2 = \operatorname{gr} g_1.$$

Logo, q é constante. Podemos escrever

$$g_1 = cg_2$$

para alguma constante c. Seja

$$g_2(t) = a_n t^n + \cdots + a_0$$

com $a_n \neq 0$. Tomemos $b = {a_n}^{-1}$. Então bg_2 também é um gerador de J, e seu coeficiente dominante é igual a 1. Assim, sempre será possível acharmos um gerador com coeficiente dominante 1 para um ideal ($\neq 0$). Além disso, é fácil ver que este gerador é determinado de modo único.

Sejam f e g polinômios não-nulos. Dizemos que g **divide** f, e escrevemos $g|f$, se existir um polinômio q tal que $f = gq$. Sejam f_1 e f_2 polinômios $\neq 0$. Por **máximo divisor comum** de f_1 e f_2 estaremos definindo um polinômio g tal que g divida f_1 e f_2, e além disso, se h dividir f_1 e f_2, então h divide g.

Teorema 2.2. *Sejam f_1 e f_2 polinômios não-nulos em $K[t]$. Se g é um gerador do ideal gerado por f_1 e f_2, então g é um máximo divisor comum de f_1 e f_2.*

Demonstração. Como f_1 pertence ao ideal gerado por f_1 e f_2, existe um polinômio q_1 tal que

$$f_1 = q_1 g,$$

donde g divide f_1. Analogamente, g divide f_2. Seja h um polinômio que divide f_1 e f_2. Escrevemos

$$f_1 = h_1 h \qquad \text{e} \qquad f_2 = h_2 h$$

para determinados polinômios h_1 e h_2. Como g está no ideal gerado por f_1 e f_2, existem polinômios g_1 e g_2 tais que $g = g_1 f_1 + g_2 f_2$. Logo,

$$g = g_1 h_1 h + g_2 h_2 h = (g_1 h_1 + g_2 h_2) h.$$

Conseqüentemente, h divide g, e está demonstrado o nosso teorema.

Observação 1. O máximo divisor comum é determinado a menos de um fator constante não-nulo. Se nos decidirmos por um máximo divisor comum com coeficiente dominante 1, então este divisor é determinado de modo único.

Observação 2. Aplicamos exatamente a mesma demonstração quando estamos diante de mais de dois polinômios. Por exemplo, se $f_1, \ldots, f_n$ são polinômios não-nulos, e se g é um gerador do ideal gerado por $f_1, \ldots, f_n$, então g é um máximo divisor comum de $f_1, \ldots, f_n$.

Dizemos que os polinômios $f_1, \ldots, f_n$ são **primos entre si**, se o máximo divisor comum entre eles é 1.

IV, §2. Exercícios

1. Mostre que $t^n - 1$ é divisível por $t - 1$.

2. Mostre que $t^4 + 4$ pode ser fatorado como um produto de polinômios de grau 2 com coeficientes inteiros. [*Sugestão:* tente com $t^2 \pm 2t + 2$.]

3. Se n é ímpar, encontre o quociente de $t^n + 1$ por $t + 1$.

IV, §3. Unicidade da fatoração

Um polinômio p em $K[t]$ será dito **irredutível** (sobre K) se for de grau$\geq$ 1, e se for dada uma fatoração $p = fg$ com f, $g \in K[t]$, então gr f ou gr $g = 0$ (isto é, f ou g é constante). Assim, a menos de um fator constante não-nulo, os únicos divisores de p são o próprio p e 1.

Exemplo 1. Os únicos polinômios irredutíveis no corpo dos números complexos são os polinômios de grau 1, isto é, os múltiplos por uma constante não-nula dos polinômios do tipo $t - \alpha$, com $\alpha \in \mathbb{C}$.

Exemplo 2. O polinômio $t^2 + 1$ é irredutível sobre $\mathbb{R}$.

Teorema 3.1. *Todo polinômio em $K[t]$ de grau ≥ 1 pode ser expresso por um produto $p_1, \ldots, p_m$ de polinômios irredutíveis. Num tal produto, os polinômios $p_1, \ldots, p_m$ são determinados de modo único a menos de uma permutação e a menos de fatores constantes não-nulos.*

Demonstração. Inicialmente, vamos demonstrar a existência da decomposição num produto de polinômios irredutíveis. Seja f um elemento de $K[t]$, de grau ≥ 1. Se f é irredutível, então não há nada a demonstrar. Caso contrário, poderíamos escrever

$$f = gh,$$

onde $\operatorname{gr} g < \operatorname{gr} f$ e $\operatorname{gr} h < \operatorname{gr} f$. Por indução podemos escrever g e h como produtos de polinômios irredutíveis e, portanto, $f = gh$ pode também ser escrito como um produto do mesmo tipo.

Precisamos agora provar a unicidade. Para isto, necessitamos de um lema.

Lema 3.2. *Seja p um polinômio irredutível em $K[t]$. Sejam f, $g \in K[t]$ dois polinômios não-nulos, e suponhamos que p divida fg. Então p divide f ou p divide g.*

Demonstração. Suponhamos que p não divida f. Então, o máximo divisor comum de p e f é 1, e existem polinômios h_1, $h_2 \in K[t]$ tais que

$$1 = h_1 p + h_2 f.$$

(Usamos o teorema 2.2) Multiplicando por g, obtemos

$$g = gh_1 p + h_2 fg.$$

Mas $fg = ph_3$ para algum h_3, donde

$$g = (gh_1 + h_2 h_3)p,$$

e p divide g, como queríamos mostrar.

O lema será aplicado quando p divide um produto de polinômios irredutíveis $q_1, \ldots, q_s$. Neste caso, p divide q_1 ou p divide $q_2, \ldots, q_s$. Logo, existe uma constante c tal que $p = cq_1$, ou p divide $q_2, \ldots, q_s$. Neste último caso, podemos utilizar a indução para concluir que, em qualquer caso, existe um índice i tal que p e q_i diferem por um fator constante.

Suponhamos agora que tenhamos dois produtos de polinômios irredutíveis

$$p_1 \cdots p_r = q_1 \cdots q_s.$$

Após uma renumeração dos q_i, podemos supor que $p_1 = c_1 q_1$ para alguma constante c_1. Cancelando q_1, obtemos

$$c_1 p_2 \cdots p_r = q_2 \cdots q_s.$$

Repetindo nosso argumento por indução, concluimos que existem constantes c_i tais que $p_i = c_i q_i$ para todo i, após uma eventual permutação de $q_1, \ldots, q_s$. Isto prova a unicidade.

Corolário 3.3. *Seja f um polinômio em $K[t]$, de grau ≥ 1. Então f pode ser fatorado como $f = c_1 p_1 \cdots p_s$, onde $p_1 \cdots p_s$ são polinômios irredutíveis com coeficiente dominante 1, determinados de forma única a menos de uma permutação.*

Corolário 3.4. *Seja f um polinômio em $\mathbb{C}[t]$, de grau ≥ 1. Então f pode ser fatorado como*

$$f(t) = c(t - \alpha_1) \cdots (t - \alpha_n),$$

com $\alpha_i \in \mathbb{C}$ e $c \in \mathbb{C}$. Os fatores $t - \alpha_i$ são determinados de modo único a menos de uma permutação.

Vamos trabalhar de forma acentuada com polinômios que têm coeficiente dominante 1. Seja f um tal polinômio de grau ≥ 1. Sejam

$p_1 \cdots p_r$ os polinômios irredutíveis *distintos* (com coeficiente dominante 1) que aparecem na fatoração de f. Então podemos expressar f no produto

$$f = {p_1}^{m_1} \cdots {p_r}^{m_r},$$

onde $i_1 \cdots i_r$ são inteiros positivos, determinados de modo único por $p_1 \cdots p_r$. Esta fatoração será chamada de **fatoração normalizada** para f. Em particular, no caso complexo, podemos escrever

$$f(t) = (t - \alpha_1)^{m_1} \cdots (t - \alpha_r)^{m_r}.$$

Um polinômio com coeficiente dominante 1 algumas vezes é chamado **polinômio unitário**.

Se p é irredutível, e $f = p^m g$, onde p não divide g, e m é um inteiro ≥ 0, então diremos que m é a **multiplicidade** de p em f. (Definimos p^0 como sendo 1). Indicamos esta multiplicidade por $\text{ord}_p f$, e também a chamamos **ordem** de f em p.

Se α é uma raiz de f, e

$$f(t) = (t - \alpha)^m g(t),$$

com $g(\alpha) \neq 0$, então $t - \alpha$ não divide $g(t)$, e m é **a multiplicidade de** α **em** f. Uma raiz de f é dita **simples** se sua multiplicidade é 1. Uma raiz é dita **múltipla** se $m > 1$.

Existe um critério simples para verificar se $m > 1$ usando derivada.

Seja $f(t) = a_n t^n + \cdots + a_0$ um polinômio. Definimos sua **derivada** (formal) como sendo

$$Df(t) = f'(t) = n a_n t^{n-1} + (n-1) a_{n-1} t^{n-2} \cdots + a_1 = \sum_{k=1}^{n} k a_k t^{k-1}.$$

Então, a partir de cálculos simples, temos as seguintes propriedades:

Proposição 3.5. *Sejam f e g polinômios. Seja $c \in \mathbb{K}$. Então*

$$\begin{aligned} (cf)' &= cf', \\ (f+g)' &= f'+g', \\ (fg)' &= fg'+f'g. \end{aligned}$$

Demonstração. As duas primeiras propriedades $(cf)' = cf'$ e $(f + g)' = f' + g'$ são imediatas a partir da definição. Para mostrar a terceira, denominada regra para a derivada de um produto, suponha que conheçamos esta regra para o produto $f_1 g$ e $f_2 g$, onde f_1, f_2 e g são polinômios. Então deduzimos a regra para $(f_1 + f_2)g$ como segue:

$$\begin{aligned} ((f_1+f_2)g)' = (f_1 g + f_2 g)' &= (f_1 g)' + (f_2 g)', \\ &= f_1 g' + f_1' g + f_2 g' + f_2' g, \\ &= (f_1+f_2)g' + (f_1'+f_2')g. \end{aligned}$$

De forma análoga, conhecendo a regra para a derivada dos produtos fg_1 e fg_2, então a regra verifica-se para a derivada de $f(g_1 + g_2)$. Logo, é suficiente provar a regra para a derivada de um produto no qual $f(t)$ e $g(t)$ são monômios, isto é

$$f(t) = at^n \quad \text{e} \quad g(t) = bt^m$$

com $a,\ b \in \mathbb{K}$. Desta forma,

$$\begin{aligned} (at^n bt^m)' = (abt^{n+m})' &= (n+m)abt^{n+m-1}, \\ &= nat^{n-1}bt^m + at^n mbt^{m-1}, \\ &= f(t)g'(t) + f'(t)g(t). \end{aligned}$$

Isto conclui a prova.

Como um exercício, prove por indução:

Se $f(t) = h(t)^m$ para algum inteiro $m \geq 1$, então

$$f'(t) = mh(t)^{m-1}h'(t).$$

Teorema 3.6. *Seja $\mathbb{K}$ um corpo. Seja f um polinômio sobre $\mathbb{K}$, de grau ≥ 1, e seja α uma raiz de f em $\mathbb{K}$. Então a multiplicidade de α em f é > 1 se, e somente se, $f'(\alpha) = 0$.*

Demonstração. Suponhamos que

$$f(t) = (t - \alpha)^m g(t)$$

com $m > 1$. Derivando, encontramos

$$f'(t) = m(t - \alpha)^{m-1} g(t) + (t - \alpha)^m g'(t).$$

Se substituirmos t por α mostra-se que $f'(\alpha) = 0$ pois $m - 1 \geq 1$. Reciprocamente, sejam

$$f(t) = (t - \alpha)^m g(t),$$

e $g(\alpha) \neq 0$. Desta forma, m é a multiplicidade de α em f. Se $m = 1$ então

$$f'(t) = g(t) + (t - \alpha) g'(t)$$

e portanto $f'(\alpha) = g(\alpha) \neq 0$. Isto prova nosso teorema.

Exemplo. Seja $\mathbb{K}$ um corpo no qual o polinômio $t^n - 1$ pode ser fatorado em fatores de grau 1, isto é

$$t^n - 1 = \prod_{i=1}^{n} (t - \zeta_i).$$

As raízes de $t^n - 1$ formam o grupo das n-ésimas raízes da unidade $\boldsymbol{\mu}_n$. Suponhamos que a característica de $\mathbb{K}$ é 0 ou p, onde $p \not| n$. Dessa forma, podemos supor que estas n raízes sejam distintas, e assim o grupo $\boldsymbol{\mu}_n$ tem ordem n. De fato, seja $f(t) = t^n - 1$. Então

$$f'(t) = nt^{n-1},$$

e se $\zeta \in \boldsymbol{\mu}_n$, então $f'(\zeta) = n\zeta^{n-1} \neq 0$ pois $n \neq 0$ em $\mathbb{K}$. Isto mostra que toda raiz tem multiplicidade 1 e portanto as n raízes são distintas.

Pelo teorema 1.10 sabemos que $\boldsymbol{\mu}_n$ é cíclico e pelo que foi visto $\boldsymbol{\mu}_n$ é cíclico de ordem quando $p \not| n$. A equação $t^n - 1 = 0$ é chamada de **equação ciclotômica**. Dedicamos um estudo especial para esta equação no exercício 13, no §6 do capítulo VII e no §5 do capítulo VIII.

IV, §3. Exercícios

1. Seja f um polinômio de grau 2 sobre um corpo $\mathbb{K}$. Mostre que ou f é irredutível sobre K, ou f pode ser fatorado em termos de fatores lineares sobre $\mathbb{K}$.

2. (a) Seja f um polinômio de grau 3 sobre um corpo $\mathbb{K}$. Se f não é irredutível sobre $\mathbb{K}$, mostre que f tem uma raiz em $\mathbb{K}$.

   (b) Seja $F = \mathbb{Z}/2\mathbb{Z}$. Mostre que o polinômio t^3+t^2+1 é irredutível em $F[t]$.

3. Seja $f(t)$ um polinômio irredutível com coeficiente dominante 1 sobre os números reais. Suponha que $\operatorname{gr} f = 2$. Mostre que $f(t)$ pode ser escrito na forma

$$f(t) = (t-a)^2 + b^2$$

   com determinados $a, b \in \mathbb{R}$ e $b \neq 0$. Reciprocamente, prove que todo polinômio desse tipo é irredutível sobre $\mathbb{R}$.

4. Seja $\sigma : K \to L$ um isomorfismo de corpos. Se $f(t) = \sum a_i t^i$ é um polinômio sobre K, definimos σf como sendo o polinômio $\sum \sigma(a_i) t^i$ em $L[t]$.

   (a) Prove que a asociação $f \mapsto \sigma f$ é um isomorfismo de $K[t]$ sobre $L[t]$.

   (b) Seja $\alpha \in K$ uma raiz de f com multiplicidade m. Demonstre que $\sigma\alpha$ é também uma raiz de σf com multiplicidade m. [*Sugestão*: Use a fatoração única.] **Exemplo para o exercício**

4. Seja $K = \mathbb{C}$ o conjunto dos números complexos, e seja σ a aplicação conjugação, isto é, $\sigma : \mathbb{C} \to \mathbb{C}$ e $\alpha \mapsto \overline{\alpha}$. Seja f um polinômio com coeficientes complexos, digamos

$$f(t) = \alpha_n t^n + \cdots + \alpha_0 .$$

Seu conjugado complexo

$$\bar{f}(t) = \overline{\alpha}_n t^n + \cdots + \overline{\alpha}_0$$

é obtido, tomando-se o conjugado complexo de cada coeficiente. Mostre que se f e g são elementos de $\mathbb{C}[t]$, então

$$\overline{(f+g)} = \bar{f} + \bar{g}, \qquad \overline{(fg)} = \bar{f}\bar{g},$$

e se $\beta \in \mathbb{C}$, então $\overline{(\beta f)} = \bar{\beta}\bar{f}$.

5. (a) Seja $f(t)$ um polinômio com coeficientes reais. Seja α uma raiz de f, sendo α complexo mas não real. Mostre que $\overline{\alpha}$ também é uma raiz de f.

   (b) Assuma que o conjunto dos números complexos é algebricamente fechado. Seja $f(t) \in R[t]$ um polinômio com coeficientes reais, com grau ≥ 1. Suponha que f é irredutível. Prove que $\text{gr}\, f = 1$ ou $\text{gr}\, f = 2$. Assim, se um polinômio real é escrito como um produto de fatores irredutíveis, então esses fatores têm grau 1 ou 2.

6. Seja K um corpo tal que K é um subcorpo de um corpo E. Sejam $f(t) \in K[t]$ um polinômio irredutível, $g(t) \in K[t]$ um polinômio $\neq 0$, e α um elemento de E tal que $f(\alpha) = g(\alpha) = 0$. Em outras palavras, f e g têm uma raiz em comum no corpo E. Mostre que $f(t) \mid g(t)$ em $K[t]$.

7. (a) Seja K um corpo de característica 0 e subcorpo de um corpo E. Seja $\alpha \in E$ uma raiz de $f(t) \in K[t]$. Prove que α tem

multiplicidade m se, e somente se

$$f^{(k)}(\alpha) = 0 \qquad \text{para} \quad k = 1, \ldots, m-1 \quad \text{e} \quad f^{(m)}(\alpha) \neq 0\,.$$

(De forma usual, $f^{(k)}$ denota a k−ésima derivada de f.)

(b) Mostre que a asserção de (a), em geral, não é verdadeira se K tem característica p.

(c) Qual é o valor de $f^{(m)}(\alpha)$? Existe para ele uma expressão bem mais simples.

(d) Se K tem característica 0 e $f(t)$ é irredutível em $K[t]$, demonstre que α tem multiplicidade 1.

(e) Suponha que K tenha característica p e $p \nmid n$. Seja $f(t)$ irredutível em $K[t]$, de grau n. Seja α uma raiz de f. Demonstre que α tem multiplicidade 1.

8. Mostre que os polinômios seguintes não possuem raízes múltiplas em $\mathbb{C}$:

   (a) $t^4 + t$ (b) $t^5 - 5t + 1$

   (c) qualquer polinômio $t^2 + bt + c$ com b e c números tais que $b^2 - 4c$ não seja 0.

9. (a) Seja K um subcorpo de um corpo E, e $\alpha \in E$. Seja J o conjunto de todos os polinômios $f(t)$ em $K[t]$ tais que $f(\alpha) = 0$. Mostre que J é um ideal. Se J não for o ideal zero, mostre que o gerador mônico de J é irredutível.

   (b) De forma recíproca, sejam $p(t)$ irredutível em $K[t]$ e α uma raiz. Mostre que o ideal de polinômios $f(t)$ em $K[t]$ tais que $f(\alpha) = 0$ é o ideal gerado por $p(t)$.

10. Sejam dois polinômios f e g escritos sob a forma

$$f = p_1^{i_1} \cdots p_r^{i_r}$$

e

$$g = p_1^{j_1} \cdots p_r^{j_r},$$

onde i_ν e j_ν são inteiros ≥ 0, e $p_1 \dots p_r$ são polinômios irredutíveis distintos.

(a) Mostre que o máximo divisor comum de f e g pode ser expresso como um produto $p_1^{k_1} \cdots p_r^{k_r}$ onde $k_1 \dots k_r$ são inteiros ≥ 0. Expresse k_ν em termos de i_ν e j_ν.

(b) Definimos o mínimo múltiplo comum de polinômios, e expressamos o mínimo múltiplo comum de f e g por um produto $p_1^{k_1} \cdots p_r^{k_r}$ com inteiros $k_\nu \geq 0$. Expresse k_ν em termos de i_ν e j_ν.

11. Determine o máximo divisor comum e o mínimo múltiplo comum dos seguintes pares de polinômios:

(a) $(t-2)^3(t-3)^4(t-i)$ e $(t-1)(t-2)(t-3)^3$

(b) $(t^2+1)(t^2-1)$ e $(t+i)^3(t^3-1)$

12. Sejam K um corpo, $R = K[t]$ o anel de polinômios, e F o corpo quociente de R, isto é, o corpo de funções racionais. Seja $\alpha \in K$. Seja R_α o conjunto de funções racionais que podem ser escritas como um quociente f/g de polinômios tais que $g(\alpha) \neq 0$. Mostre que R_α é um anel. Se φ é uma função racional, e $\varphi = f/g$ tais que $g(\alpha) \neq 0$, defina $\varphi(\alpha) = f(\alpha)/g(\alpha)$. Mostre que esse valor $\varphi(\alpha)$ independe da escolha de representação de φ como um quociente f/g. Mostre que a aplicação $\varphi \mapsto \varphi(\alpha)$ é um homomorfismo de anel de R_α em K. Mostre que o núcleo desse homomorfismo de anel consiste em todas as funções racionais f/g tais que $g(\alpha) \neq 0$ e $f(\alpha) = 0$. Se M_α denota esse núcleo, mostre que M_α é um ideal maximal de R_α.

13. Seja W_n o conjunto das $n-$ésimas raízes primitivas da unidade em $\mathbb{C}^*$. Defina o $n-$ésimo **polinômio ciclotômico** por

$$\Phi_n(t) = \prod_{\zeta \in W_n} (t - \zeta).$$

(a) Demonstre que $t^n - 1 = \prod_{d|n} \Phi_d(t)$.

(b) $\Phi_n(t) = \prod_{d|n} (t^{n/d} - 1)^{\mu(d)}$ onde μ é a função de Moebius.

(c) Sejam p um número primo e k um inteiro positivo. Demonstre que

$$\Phi_{p^k}(t) = \Phi_p(t^{p^{k-1}}) \qquad \text{e} \qquad \Phi_p(t) = t^{p-1} + \cdots + 1.$$

(d) De forma explícita, faça os cálculos de $\Phi_n(t)$ para $n \leq 10$.

14. Considere uma função racional R sobre o corpo K, e expresse R como um quociente de polinômios, isto é, $R = g/f$. Defina a derivada

$$R' = \frac{fg' - gf'}{f^2},$$

onde a notação com apóstrofo "$'$" indica, como no texto, a derivada formal de polinômios.

(a) Mostre que essa derivada é independente da expressão de R como um quociente de polinômios isto é, se $R_1 = g_1/f_1$, então

$$\frac{fg' - gf'}{f^2} = \frac{f_1 g_1' - g_1 f_1'}{f_1^2}.$$

(b) Mostre que a derivada de funções racionais satisfaz às regras estabelecidas anteriormente, ou seja, para funções R_1 e R_2, temos:

$$(R_1 + R_2)' = R_1' + R_2' \qquad \text{e} \qquad (R_1 R_2)' = R_1 R_2' + R_1' R_2.$$

(c) Sejam $\alpha_1, \ldots, \alpha_n$ e $a_1, \ldots, a_n$ elementos de K tais que

$$\frac{1}{(t-\alpha_1)\cdots(t-\alpha_n)} = \frac{a_1}{t-\alpha_1} + \cdots + \frac{a_n}{t-\alpha_n}.$$

Considere $f(t) = (t-\alpha_1)\cdots(t-\alpha_n)$ e suponha que $\alpha_1, \ldots, \alpha_n$ são todos distintos. Mostre que

$$a_1 = \frac{1}{(\alpha_1-\alpha_2)\cdots(\alpha_1-\alpha_n)} = \frac{1}{f'(\alpha_1)}.$$

15. Mostre que a aplicação $R \mapsto R'/R$ é um homomorfismo do grupo multiplicativo de funções racionais não-nulas no grupo aditivo de funções racionais. Chamamos R'/R de **derivada logarítmica** de R. Se

$$R(t) = \prod_{i=1}^{n} (t-\alpha_i)^{m_i},$$

onde $m_1, \ldots, m_n$ são números inteiros; qual é a expressão que define R'/R?

16. Para todo polinômio f, seja $n_0(f)$ o número de raízes distintas de f, decorrente da fatoração de f em fatores do primeiro grau. Assim, se f

$$f(t) = c\prod_{i=1}^{r} (t-\alpha_i)^{m_i},$$

onde $c \neq 0$ e $\alpha_1, \ldots, \alpha_r$ são todos distintos, então $n_0(f) = r$. Demonstre:

Teorema de Mason. *Seja $K = \mathbb{C}$, ou, de forma mais geral, um corpo algebricamente fechado de característica 0. Sejam f, g, $h \in K[t]$ polinômios primos entre si, nem todos constantes e tais que $f + g = h$. Então,*

$$\operatorname{gr} f, \operatorname{gr} g, \operatorname{gr} h \leq n_0(fgh) - 1.$$

[Você pode supor que f, g e h possam ser fatorados em produtos de polinômios de grau 1 em algum corpo maior. Divida a relação $f+g=h$ por h; assim, obtemos $R+S=1$ onde R e S são funções racionais. Derive essa última relação e escreva o resultado como

$$\frac{R'}{R}R+\frac{S'}{S}S=0.$$

Encontre S/R por meio das derivadas logarítmicas. Sejam

$$g(t)=c_2\prod(t-\beta_j)^{n_j} \qquad \text{e} \qquad h(t)=c_3\prod(t-\gamma_k)^{q_k}.$$

Faça $D=\prod(t-\alpha_i)\prod(t-\beta_j)\prod(t-\gamma_k)$. Utilize D como um denominador comum e multiplique R'/R e S'/S por D. Em seguida, some os graus.]

17. Considere o exercício precedente. Sejam f, $g\in K[t]$ polinômios diferentes do polinômio constante, tais que $f^3-g^2\neq 0$. Seja $h=f^3-g^2$. Demonstre que

$$\operatorname{gr} f\leq 2\operatorname{gr} h-2 \qquad \text{e} \qquad \operatorname{gr} g\leq 3\operatorname{gr} h-3.$$

18. Para generalizar, suponha $f^m+g^n=h\neq 0$. Assuma que $mn>m+n$. Demonstre que

$$\operatorname{gr} f\leq \frac{n}{mn-(m+n)}\operatorname{gr} h.$$

19. Sejam f, g e h polinômios sobre um corpo de característica 0, tais que

$$f^n+g^n=h^n.$$

Suponha que f e g sejam primos entre si e de graus ≥ 1. Mostre que $n\leq 2$. (Este é o problema de Fermat para polinômios. Utilize o exercício 16.)

Para uma continuação do exercício acima, veja o §9.

IV, §4. Frações parciais

Na seção precedente, demonstramos que um polinômio pode ser expresso como um produto de potências de polinômios irredutíveis de uma única maneira (a menos de uma permutação dos fatores). O mesmo resultado é válido em se tratando de funções racionais, basta, para isto, admitirmos expoentes negativos. Seja $R = g/f$ uma função racional, expressa como o quociente dos polinômios g e f, com $f \neq 0$. Suponha $R \neq 0$. Se g e f são primos entre si, podemos cancelar o seu máximo divisor comum, obtendo-se, assim, uma expressão de R como o quociente de polinômios primos entre si. Explicitando os coeficientes dos termos de grau máximo dos dois polinômios, podemos escrever

$$R = c\frac{g_1}{f_1},$$

onde f_1 e g_1 têm os coeficientes dos termos de grau máximo iguais a 1. Então f_1, g_1 e c são determinados de forma única, pois se

$$cg_1/f_1 = c_2g_2/f_2,$$

onde c e c_2 são constantes, f_1, g_1 e f_2, g_2 são pares de polinômios unitários e respectivamente primos entre si, então

$$cg_1f_2 = c_2g_2f_1.$$

Da fatoração única para polinômios, concluímos que $g_1 = g_2$ e $f_1 = f_2$ e assim $c = c_2$.

Se, agora, fatorarmos f_1 e g_1 em produtos de potências de polinômios irredutíveis, obtemos a fatoração única para R. Esse processo é inteiramente análogo ao que foi seguido para definir a fatoração única de um número racional, no §4 do capítulo I.

Desejamos, agora, decompor uma função racional em uma soma de funções racionais tais que o denominador de cada termo é igual a uma potência de um polinômio irredutível. Tal decomposição é chamada

decomposição em frações parciais. Começamos com um lema, que nos permitirá aplicar a indução.

Lema 4.1 *Sejam f_1 e f_2 polinômios não-nulos, primos entre si, definidos sobre um corpo K. Então existem polinômios h_1 e h_2 sobre K tais que*

$$\frac{1}{f_1 f_2} = \frac{h_1}{f_1} + \frac{h_2}{f_2}\,.$$

Demonstração. Desde que f_1 e f_2 sejam primos entre si, existem polinômios h_1 e h_2 tais que

$$h_2 f_1 + h_1 f_2 = 1\,.$$

Dividindo ambos os membros por $f_1 f_2$, obtemos o que queríamos.

Teorema 4.2 *Toda função racional R pode ser escrita na forma*

$$R = \frac{h_1}{p_1^{i_1}} + \ldots + \frac{h_n}{p_n^{i_n}} + h\,,$$

em que $p_1, \ldots, p_n$ são polinômios unitários irredutíveis e distintos; $i_1, \ldots, i_n$ são inteiros ≥ 0; $h_1, \ldots, h_n$ são polinômios satisfazendo

$$\operatorname{gr} h_\nu < \operatorname{gr} p_\nu^{i_\nu} \qquad e \qquad p_\nu \nmid h_\nu$$

para $\nu = 1, \ldots, n$. Nesta expressão, os inteiros i_ν e os polinômios h_ν, h ($\nu = 1, \ldots, n$) são determinados de modo único quando todos os i_ν são > 0.

Demonstração. Inicialmente vamos demonstrar a existência da expressão descrita no teorema. Seja $R = g/f$ onde f é um polinômio não-nulo, com g e f primos entre si, e escrevendo

$$f = p_1^{i_1} \ldots p_n^{i_n}\,,$$

onde $p_1 \ldots p_n$ são polinômios irredutíveis distintos, e $i_1 \ldots i_n$ são inteiros ≥ 0. Pelo lema precedente, existem polinômios g_1 e g_1^* tais que

$$\frac{1}{f} = \frac{g_1}{p_1^{i_1}} + \frac{g_1^*}{p_2^{i_2} \ldots p_n^{i_n}}\,,$$

e, por indução, existem polinômios $g_2 \dots g_n$ tais que

$$\frac{g_1^*}{p_2^{i_2} \dots p_n^{i_n}} = \frac{g_2}{p_2^{i_2}} + \dots + \frac{g_n}{p_n^{i_n}}.$$

Multiplicando por g, obtemos

$$\frac{g}{f} = \frac{gg_1}{p_1^{i_1}} + \dots + \frac{gg_n}{p_n^{i_n}}.$$

Pelo algoritmo euclidiano, podemos dividir gg_ν por $p_\nu^{i_\nu}$ para $\nu = 1, \dots, n$, deixando

$$gg_\nu = q_\nu p_\nu^{i_\nu} + h_\nu, \qquad \text{gr}\, h_\nu < \text{gr}\, p_\nu^{i_\nu}.$$

Obtivemos, dessa maneira, a expressão desejada para g/f, com $h = q_1 + \cdots + q_n$.

Em seguida, provaremos a unicidade. Suponha que se tenha as expressões

$$\frac{h_1}{p_1^{i_1}} + \dots + \frac{h_n}{p_n^{i_n}} + h = \frac{\overline{h}_1}{p_1^{j_1}} + \dots + \frac{\overline{h}_n}{p_n^{j_n}} + \overline{h}$$

satisfazendo as condições de que fala o teorema. (Podemos assumir que os polinômios irredutíveis $p_1, \dots, p_n$ sejam os mesmos em ambos os membros, fazendo, se necessário, algum i_ν igual a 0.) Existem, então, polinômios, φ, ψ tais que $\psi \neq 0$ e $p_1 \nmid \varphi$, para os quais podemos escrever

$$\frac{h_1}{p_1^{i_1}} - \frac{\overline{h}_1}{p_1^{j_1}} = \frac{\varphi}{\psi}.$$

Digamos que $i_1 \leq j_1$. Então,

$$\frac{h_1 p_1^{j_1 - i_1} - \overline{h}_1}{p_1^{j_1}} = \frac{\varphi}{\psi}.$$

Como ψ não é divisível por p_1, segue-se, pela fatoração única, que $p_1^{j_1}$ divide $h_1 p_1^{j_1 - i_1} - \overline{h}_1$. Se $j_1 \neq i_1$, então $p_1 | \overline{h}_1$, contrariando as condições estabelecidas pelo teorema. Logo, $j_1 = i_1$. Novamente, como ψ não é divisível por p_1, segue-se que $p_1^{j_1}$ divide $h_1 - \overline{h}_1$. Por hipótese,

$$\text{gr}\,(h_1 - \overline{h}_1) < \text{gr}\, p_1^{j_1}.$$

Portanto, $h_1 - \overline{h}_1 = 0$, e assim $h_1 = \overline{h}_1$. Concluímos então que

$$\frac{h_2}{p_2^{i_2}} + \ldots + \frac{h_n}{p_n^{i_n}} + h = \frac{\overline{h}_2}{p_2^{j_2}} + \ldots + \frac{\overline{h}_n}{p_n^{j_n}} + \overline{h},$$

e, procedendo por indução, demonstra-se por completo o teorema.

A expressão cuja existência é assegurada pelo teorema 8 é chamada **decomposição de R em frações parciais**.

Os polinômios irredutíveis $p_1, \ldots, p_n$ do teorema 4.2 podem ser descritos de um modo mais preciso; o teorema seguinte dá informações adicionais sobre eles, e também sobre h.

Teorema 4.3 *Com as notações do teorema 4.2, seja R uma função racional expressa na forma $R = g/f$, onde g e f são polinômios primos entre si, com $f \neq 0$. Assuma que todos os inteiros $i_1, \ldots, i_n$ são > 0. Então,*

$$f = p_1^{i_1} \cdots p_n^{i_n}$$

é a fatoração de f em potências de polinômios primos. Além disso, se $\operatorname{gr} g < \operatorname{gr} f$, então $h = 0$.

Demonstração. Se reduzirmos ao mesmo denominador a expressão da decomposição de R em frações parciais, obtemos

$$(3) \qquad R = \frac{h_1 p_2^{i_2} \cdots p_n^{i_n} + \cdots + h_n p_1^{i_1} \cdots p_{n-1}^{i_{n-1}} + h p_1^{i_1} \cdots p_n^{i_n}}{p_1^{i_1} \cdots p_n^{i_n}}$$

Então p_ν não divide o numerador do segundo membro de (3), para nenhum dos índices $\nu = 1, \ldots, n$. De fato, p_ν divide cada termo desse numerador, *exceto*

$$h_\nu p_1^{i_1} \cdots \widehat{p_\nu^{i_\nu}} \cdots p_n^{i_n}$$

(onde o chapéu sobre $p_\nu^{i_\nu}$ significa que omitimos esse fator). Isto provém da hipótese de que p_ν não divide h_ν. Assim, o numerador e o denominador em (3) são primos entre si, demonstrando, assim, nossa primeira afirmação.

Quanto à segunda, chamando de g o numerador de R e de f seu denominador, temos $f = p_1^{i_1}, \ldots, p_n^{i_n}$, e

$$g = Rf = h_1 p_2^{i_2} \cdots p_n^{i_n} + \cdots + h_n p_1^{i_1} \cdots p_{n-1}^{i_{n-1}} + h\, p_1^{i_1} \cdots p_n^{i_n}.$$

Supondo que $\operatorname{gr} g < \operatorname{gr} f$. Então, todo termo na soma acima terá grau menor que $\operatorname{gr} f$, excetuando, possivelmente, o último termo

$$hf = h\, p_1^{i_1} \cdots p_n^{i_n}.$$

Se $h \neq 0$, então este último termo possui grau $\geq \operatorname{gr} f$ e

$$hf = g - h_1 p_2^{i_2} \cdots p_n^{i_n} - \cdots - h_n p_1^{i_1} \cdots p_{n-1}^{i_{n-1}},$$

onde o primeiro membro da igualdade possui grau $\geq \operatorname{gr} f$ e o segundo, grau $< \operatorname{gr} f$. Isto é impossível. Logo, $h = 0$, como se devia demonstrar.

Observação. Dada uma função racional $R = g/f$, onde g e f são polinômios primos entre si, é possível utilizar o algoritmo euclidiano e escrever

$$g = g_1 f + g_2,$$

onde g_1 e g_2 são polinômios, e $\operatorname{gr} g_2 < \operatorname{gr} f$. Então

$$\frac{g}{f} = \frac{g_2}{f} + g_1,$$

e podemos aplicar o teorema 4.3 à função racional g_2/f. No estudo das funções racionais, é sempre útil executar primeiramente essa divisão, a fim de reduzir o estudo da função racional ao caso em que o grau do numerador é menor que o do denominador.

Exemplo 1. Seja $\alpha_1, \ldots, \alpha_n$ elementos distintos do corpo K. Então, existem elementos $a_1, \ldots, a_n \in K$ tais que

$$\frac{1}{(t-\alpha_1)\cdots(t-\alpha_n)} = \frac{a_1}{t-\alpha_1} + \cdots + \frac{a_n}{t-\alpha_n}.$$

De fato, no caso presente podemos aplicar os teoremas 4.2 e 4.3, com $g = 1$, e assim $\operatorname{gr} g < \operatorname{gr} f$. No exercício 14 da seção anterior, mostramos como se determina a_i de um modo particular.

Cada expressão $h_\nu/p_\nu^{i_\nu}$ na decomposição em frações parciais pode ser analisada um pouco mais profundamente, escrevendo h_ν de uma certa maneira, que passamos a descrever.

Teorema 4.4 *Seja φ um polinômio não-nulo sobre um corpo K. Seja h um polinômio qualquer sobre K. Existem polinômios $\psi_0, \ldots, \psi_m$ tais que*

$$h = \psi_0 + \psi_1\varphi + \cdots + \psi_m\varphi^m$$

e $\operatorname{gr}\psi_i < \operatorname{gr}\varphi$ para todo $i = 0, \ldots, m$. Essas condições permitem determinar os polinômios $\psi_0, \ldots, \psi_m$ de modo único.

Demonstração. Demonstraremos a existência de $\psi_0, \ldots, \psi_m$ por indução, sobre o grau de h. Pelo algoritmo euclidiano, podemos escrever

$$h = q\varphi + \psi_0$$

com polinômios q, ψ_0 e $\operatorname{gr}\psi_0 < \operatorname{gr}\varphi$. Então, $\operatorname{gr} q < \operatorname{gr} h$, e, por indução, resulta

$$q = \psi_1 + \psi_2\varphi + \cdots + \psi_m\varphi^{m-1}$$

com polinômios ψ_i tais que $\operatorname{gr}\psi_i < \operatorname{gr}\varphi$. Substituindo, obtemos

$$h = (\psi_1 + \psi_2\varphi + \cdots + \psi_m\varphi^{m-1})\varphi + \psi_0\,,$$

que fornece a expressão desejada.

Quanto à unicidade, observemos inicialmente que, na expressão dada no teorema, ou seja,

$$h = \psi_0 + \psi_1\varphi + \cdots + \psi_m\varphi^m = \psi_0 + \varphi(\psi_1 + \psi_2\varphi + \cdots + \psi_m\varphi^{m-1})$$

o polinômio ψ_0 é necessariamente o resto da divisão de h por φ, e assim sua unicidade é garantida pelo algoritmo euclidiano. Escrevendo $h = q\varphi + \psi_0$ concluímos que

$$q = \psi_1 + \cdots + \psi_m\varphi^{m-1}\,,$$

e q é determinado de modo único. Assim, $\psi_1, \ldots, \psi_m$ são determinados univocamente, como se devia demonstrar.

A expressão de h, em termos de potências de φ, garantida pelo teorema 4.4, é chamada a **expansão** $\varphi-$**ádica**. Podemos aplicar este resultado ao caso em que φ é um polinômio irredutível em p, e em tal caso a expressão denota a expanssão $p-$ádica de h. Suponhamos que

$$h = \psi_0 + \psi_1 p + \cdots + \psi_m p^m$$

é a sua expansão $p-$ádica. Dividindo por p^i, para algum inteiro $i > 0$, obtemos o teorema que se segue

Teorema 4.5 *Sejam h um polinômio p um polinômio iredutível sobre o corpo K. Seja i um inteiro > 0. Então existe uma única expressão*

$$\frac{h}{p^i} = \frac{g_{-i}}{p^i} + \frac{g_{-i+1}}{p^{i-1}} + \cdots + g_0 + g_1 p + \cdots + g_s p^s$$

em que g_μ são polinômios de grau $< \operatorname{gr} p$.

No teorema 4.5, fizemos com que a indexação $g_1, g_{-i+1}, \ldots$ acompanhasse os expoentes de p que ocorrem nos denominadores. A menos dessa indexação, os polinômios g nada mais são do que os ψ_0, $\phi_1, \ldots,$ que aparecem na expansão $p-$ádica de h.

Corolário 4.6 *Seja $\alpha \in K$ e seja h um polinômio sobre K. Então,*

$$\frac{h(t)}{(t-\alpha)^i} = \frac{a_{-i}}{(t-\alpha)^i} + \frac{a_{-i+1}}{(t-\alpha)^{i+1}} + \ldots + a_0 + a_1(t-\alpha) + \ldots$$

onde a_μ são elementos de K determinados de modo único.

Demonstração. Neste caso, $p(t) = t - \alpha$ tem grau 1, e assim os coeficientes da expansão $p-$ádica devem ser constantes.

Exemplo 2. Para determinar a decomposição de uma certa função racional em frações parciais, resolve-se um sistema de equações lineares.

Como exemplo, vamos tentar escrever

$$\frac{1}{(t-1)(t-2)} = \frac{a}{t-1} + \frac{b}{t-2},$$

onde a e b são constantes. Reduzindo o segundo membro a um mesmo denominador, obtemos

$$\frac{1}{(t-1)(t-2)} = \frac{a(t-2)+b(t-1)}{(t-1)(t-2)}$$

Igualando os numeradores, devemos ter

$$\begin{aligned} a+b &= 0, \\ -2a-b &= 1. \end{aligned}$$

resolvendo este sistema, obtemos $a = -1$ e $b = 1$. O caso geral pode ser tratado da mesma forma.

IV, §4. Exercícios

1. Determine as decomposições em frações parciais das seguintes funções racionais:

   (a) $\dfrac{t+1}{(t-1)(t+2)}$ (b) $\dfrac{1}{(t+1)(t^2+2)}$

2. Seja $R = g/f$ uma função racional com $\operatorname{gr} g < \operatorname{gr} f$. Seja

   $$\frac{g}{f} = \frac{h_1}{p_1^{i_1}} + \cdots + \frac{h_n}{p_n^{i_n}}$$

   sua decomposição em frações parciais. Seja $d_\nu = \operatorname{gr} p_\nu$. Mostre que os coeficientes de $h_1, \ldots, h_n$ são as soluções de um sistema de equações lineares, em que o número de variáveis é igual ao número de equações; dito de outra forma,

   $$\operatorname{gr}\, f = i_1 d_1 + \cdots + i_n d_n\,.$$

   O teorema 4.3 garante que tal sistema admite uma única solução.

3. Encontre a expansão $(t-2)$–ádica dos seguintes polinômios.

(a) $t^2 - 1$ (b) $t^3 + t - 1$

(c) $t^3 + 3$ (d) $t^4 + 2t^3 - t + 5$

4. Encontre a expansão $(t-3)$–ádica dos polinômios do exercício 3.

IV, §5. Polinômios sobre anéis e sobre os inteiros

Seja R um anel comutativo. Formamos o anel de polinômios sobre R, da mesma maneira que fizemos sobre um corpo, isto é, $R[t]$ consiste de todas as somas da forma

$$f(t) = a_n t^n + \cdots + a_0$$

onde os elementos $a_0, \ldots, a_n$ pertencem a R e são chamados de **coeficientes** de f. A soma e o produto são definidos da mesma forma como foram em um corpo. O anel R poderia ser de integridade em cujo caso R teria um corpo quociente K, e $R[t]$ está contido em $K[t]$. De fato, $R[t]$ é um subanel de $K[t]$.

A vantagem de operarmos com os coeficientes de um polinômio em um anel, é que podemos lidar com propriedades mais refinadas de polinômios. Polinômios com coeficientes no anel dos números inteiros $\mathbb{Z}$ formam um anel particularmente interessante. Verificaremos algumas propriedades especiais de tais polinômios o que nos permitirá estabelecer um critério muito importante para testar a irredutibilidade de polinômios definidos sobre os números racionais. Antes disto, vamos tecer um comentário geral sobre polinômios em anéis.

Seja

$$\sigma : R \to S$$

um homomorfismo de anéis comutativos. Se $f(t) \in R[t]$ é um polinômio sobre R, como está definido acima, então estabelecemos o polinômio σf

em $S[t]$ como sendo o polinômio

$$(\sigma f)(t) = \sigma(a_n)t^n + \cdots + \sigma(a_0) = \sum_{i=1}^{n} \sigma(a_i)t^i.$$

Assim, podemos verificar, sem dificuldade, que definido dessa forma σ estabelece um homomorfismo de anéis

$$R[t] \to S[t],$$

que também denotamos por σ. De fato, sejam

$$f(t) = \sum_{i=1}^{n} a_i t^i \qquad \text{e} \qquad g(t) = \sum_{i=1}^{n} b_i t^i.$$

Logo $(f+g)(t) = \sum(a_i + b_i)t^i$ e assim

$$\sigma(f+g)(t) = \sum \sigma(a_i + b_i)t^i = \sum(\sigma(a_i) + \sigma(b_i))t^i = \sigma f(t) + \sigma g(t).$$

Temos também $fg(t) = \sum c_k t^k$ onde

$$c_k = \sum_{i=0}^{k} a_i b_{k-i},$$

e assim

$$\sigma(fg)(t) = \sum_k \sum_{i=0}^{k}$$
$$\sigma(a_i b_{k-i})t^k =$$
$$\textstyle\sum_k \sum_{i=0}^{k} \sigma(a_i)\sigma(b_{k-i})t^k$$
$$= (\sigma f)(t)(\sigma g)(t).$$

Isto prova que σ induz um homomorfismo $R[t] \to S[t]$.

Exemplo. Seja $R = \mathbb{Z}$, e $S = \mathbb{Z}/n\mathbb{Z}$ para algum inteiro $n \geq 2$. Para cada inteiro $a \in \mathbb{Z}$ indique por $\bar{a}$ sua classe residual mod n. Assim, a aplicação

$$\sum a_i t^i \mapsto \sum \bar{a}_i t^i$$

é um homomorfismo de anel entre $\mathbb{Z}[t]$ e $(\mathbb{Z}/n\mathbb{Z})[t]$. Note-se que não precisamos supor que n é primo. Este homomorfismo de anéis é chamado **redução mod n**. Quando $n = p$ é um número primo, e se usarmos $\mathbb{F}_p = \mathbb{Z}/p\mathbb{Z}$, então $\mathbb{F}_p$ é um corpo e temos assim um homomorfismo

$$\mathbb{Z}[t] \to \mathbb{F}_p[t]$$

onde $\mathbb{F}_p[t]$ é o anel de polinômios sobre o corpo $\mathbb{F}_p$.

Um polinômio sobre $\mathbb{Z}$ será chamado **primitivo** se seus coeficientes são primos entre si, isto é, se não existe número primo p que divida todos os coeficientes. Em particular, um polinômio primitivo não pode ser o polinômio nulo.

Lema 5.1 *Seja f um polinômio $\neq 0$ sobre os racionais. Então existe um número racional $a \neq 0$ tal que af tem coeficientes inteiros primos entre si, isto é, af é primitivo.*

Demonstração. Escreve-se

$$f(t) = a_n t^n + \cdots + a_0$$

onde os elementos $a_0, \ldots, a_n$ são números racionais, e $a_n \neq 0$. Seja d um denominador comum para $a_0, \ldots, a_n$. Então df tem coeficientes inteiros $da_0, \ldots, da_n$. Seja b o máximo divisor comum de $da_0, \ldots, da_n$. Então,

$$\frac{d}{b} f(t) = \frac{da_n}{b} t^n + \cdots + \frac{da_0}{b}$$

tem coeficientes inteiros primos entre si, como se devia demonstrar.

Lema 5.2 (Gauss). *Sejam f e g polinômios primitivos sobre os inteiros. Então, fg é primitivo.*

Demonstração. Sejam

$$f(t) = a_n t^n + \cdots + a_0, \qquad a_n \neq 0,$$
$$g(t) = b_m t^m + \cdots + b_0, \qquad b_m \neq 0,$$

com $(a_n, \ldots, a_0)$ primos entre si, e $(b_m, \ldots, b_0)$ primos entre si. Seja p um número primo. Será suficiente mostrar que p não divide qualquer coeficiente de fg. Seja r o maior inteiro tal que $0 \leq r \leq n$, $a_r \neq 0$ e tal que p não divide a_r. Analogamente, seja b_s o coeficiente de g mais à esquerda, $b_s \neq 0$, e tal que p não divida b_s. Considere o coeficiente de t^{r+s} em $f(t)g(t)$. Este coeficiente é igual a

$$\begin{aligned} c = a_r b_s &+ a_{r+1} b_{s-1} + \cdots \\ &+ a_{r-1} b_{s+1} + \cdots \end{aligned}$$

e p não divide $a_r b_s$. Contudo, p divide todas as outras parcelas não-nulas, desta soma, pois cada termo é da forma

$$a_i b_{r+s-i}$$

com a_i à esquerda de a_r, ou seja, $i > r$, ou então da forma

$$a_{r+s-j} b_j$$

com $j > s$, isto é, b_j à esquerda de b_s. Assim, p não divide c, e nosso lema está demonstrado.

Daremos agora uma segunda demonstração, utilizando o conceito de redução módulo um número primo. Considere f e g polinômios primitivos em $\mathbb{Z}[t]$ e tais que fg não seja primitivo. Assim, existe um número primo p que divide todos os coeficientes de fg. Seja σ a redução mod p. Então $\sigma f \neq 0$ e $\sigma g \neq 0$, mas $\sigma(fg) = 0$. Contudo, o anel de polinômios $(\mathbb{Z}/p\mathbb{Z})[t]$ não tem divisores de zero, e com isso temos uma contradição que conclui a prova do lema.

Eu prefiro esta segunda demonstração por vários motivos, mas a técnica de selecionar coeficientes mais à esquerda ou à direita reaparecerá na demonstração do critério de Eisenstein; sendo assim, apresento, as duas demonstrações.

Seja $f(t) \in \mathbb{Z}[t]$ um polinômio de grau ≥ 1. Suponha que f seja redutível sobre $\mathbb{Z}$, isto é

$$f(t) = g(t)h(t),$$

onde g e h têm coeficientes em $\mathbb{Z}$, e $\operatorname{gr} g$, $\operatorname{gr} h \geq 1$. Assim, é evidente que f é redutível sobre o corpo quociente $\mathbb{Q}$. De forma recíproca, suponha que f seja redutível sobre $\mathbb{Q}$. O polinômio é redutível sobre $\mathbb{Z}$? A resposta é sim, e isso será demonstrado no próximo teorema.

Teorema 5.3 (Gauss). *Seja f um polinômio primitivo em $\mathbb{Z}[t]$, de grau ≥ 1. Se f é redutível sobre $\mathbb{Q}$, isto é, se f pode ser escrito na forma $f = gh$, com g, $h \in \mathbb{Q}[t]$, $gr\, g \geq 1$ e $gr\, h \geq 1$, então f é redutível sobre $\mathbb{Z}$. Mais precisamente, existem números racionais a, b tais que, se considerarmos $g_1 = ag$ e $h_1 = bh$, então g_1 e h_1 têm coeficientes inteiros, e $f = g_1h_1$.*

Demonstração. Pelo lema 5.1, existem números racionais não-nulos a e b tais que ag e bh têm coeficientes inteiros primos entre si. Seja $g_1 = ag$ e $h_1 = bh$. Então

$$f = \frac{1}{a} g_1 \frac{1}{b} h_1,$$

e assim $abf = g_1h_1$. Pelo lema 5.2, g_1h_1 tem coeficientes inteiros primos entre si. Desde que os coeficientes de f sejam, por hipótese, inteiros primos entre si, segue-se imediatamente que ab deve ser inteiro, e que não pode ser divisível por nenhum número primo. Logo, $ab = \pm 1$, e, dividindo g_1 (por exemplo)por ab, obtemos o que queríamos.

Aviso. O resultado do teorema 5.3 não é, em geral, válido para qualquer anel de integridade R. É necessário se fazer alguma restrição sobre R, como, por exemplo, a de fatoração única. Mais à frente, veremos que o conceito de fatoração única e suas conseqüências podem ser generalizados.

Teorema 5.4 (Critério de Eisenstein). *Seja*

$$f(t) = a_n t^n + \cdots + a_0$$

um polinômio de grau $n \geq 1$ com coeficientes inteiros. Seja p um *número primo, e suponhamos que*

$$a_n \not\equiv 0 \pmod{p}, \qquad a_i \equiv 0 \pmod{p} \quad \textit{para todo} \quad i < n,$$
$$a_0 \not\equiv 0 \pmod{p^2}.$$

Então f é irredutível sobre os racionais.

Demonstração. Inicialmente, dividimos f pelo máximo divisor comum de seus coeficientes e podemos então assumir que f possui coeficientes primos entre si. Pelo teorema 5.3, devemos mostrar que f não pode ser escrito como um produto $f = gh$, tendo g e h coeficientes inteiros e $\operatorname{gr} g, \operatorname{gr} h \geq 1$. Supondo que isto seja possível, podemos escrever

$$\begin{aligned} g(t) &= b_d t^d + \cdots + b_0, \\ h(t) &= c_m t^m + \cdots + c_0, \end{aligned}$$

com d, $m \geq 1$ e $b_d c_m \neq 0$. Como $b_0 c_0 = 0$ é divisível por p, mas não por p^2, segue-se que um dos números, b_0 e c_0, não é divisível por p; digamos que seja b_0. Então $p \mid c_0$. Desde que $c_m b_d = a_n$ não seja divisível por p, decorre que p não divide c_m. Seja c_r o coeficiente de h mais à direita tal que $c_r \not\equiv 0 \pmod{p}$. Então, $r \neq 0$ e

$$a_r = b_0 c_r + b_1 c_{r-1} + \cdots + b_r c_0.$$

Como $p \nmid b_0 c_r$ mas divide todos os outros termos desta soma, concluímos que $p \nmid a_r$, uma contradição que demonstra nosso teorema.

Exemplo. Uma aplicação direta do teorema 5.4 mostra que o polinômio $t^5 - 2$ é irredutível sobre os racionais.

Um outro critério para avaliar a irredutibilidade é dado pelo próximo teorema, e utiliza o conceito de redução mod p para algum primo p.

Teorema 5.5 (Critério de redução). *Seja $f(t) \in \mathbb{Z}[t]$ um polinômio primitivo com coeficiente dominante a_n que não é divisível por um número primo p. Consideremos a redução mod p dada por*

$\mathbb{Z} \to \mathbb{Z}/p\mathbb{Z} = F$, e denotemos a imagem de f por $\overline{f}$. Se $\overline{f}$ é irredutível em $F[t]$, então f é irredutível em $\mathbb{Q}[t]$.

Demonstração. Pelo teorema 5.3, é suficiente provar que f não tem uma fatoração $f = gh$, onde g, $h \in \mathbb{Z}[t]$ e $\operatorname{gr} g$ e $\operatorname{gr} h \geq 1$. Suponhamos que exista uma tal fatoração para f. Seja

$$\begin{aligned} f(t) &= a_n t^n + \text{termos inferiores}, \\ g(t) &= b_r t^r + \text{termos inferiores}, \\ h(t) &= c_s t^s + \text{termos inferiores}. \end{aligned}$$

Assim, $a_n = b_r c_s$, e como, por hipótese, a_n não é divisível por p, segue-se que b_r e c_s não são divisíveis por p. Portanto,

$$\bar{f} = \bar{g}\bar{h}$$

e $\operatorname{gr} \bar{g}$, $\operatorname{gr} \bar{h} \geq 1$; e isto contradiz a hipótese que considera $\bar{f}$ irredutível sobre F. Desta forma, o teorema 5.5 está demonstrado.

Exemplo. O polinômio $t^3 - t - 1$ é irredutível sobre $\mathbb{Z}/3\mathbb{Z}$, de outra maneira ele teria uma raiz que deveria ser 0, 1 ou -1 mod 3. Testando esses três valores, você verá que isto não acontece. Portanto, $t^3 - t - 1$ é irredutível sobre $\mathbb{Q}[t]$.

No exercício 1 do capítulo VII, §3, você demonstrará que $t^5 - t - 1$ é irredutível sobre $\mathbb{Z}/5\mathbb{Z}$. Segue-se $t^5 - t - 1$ é irredutível em $\mathbb{Q}[t]$. Você poderia tentar já provar aqui que $t^5 - t - 1$ é irredutível sobre $\mathbb{Z}/5\mathbb{Z}$.

IV, §5. Exercícios

1. **Teorema da raiz inteira**. Seja $f(t) = t^n + \cdots + a_0$ um polinômio de grau $n \geq 1$ com coeficientes inteiros e coeficiente dominante 1, e $a_0 \neq 0$. Mostre que se f tem uma raiz no conjunto de números racionais, então essa raiz, de fato, é um número inteiro, e esse inteiro divide a_0.

2. Determine quais dos seguintes polinômios são irredutíveis no conjunto dos números racionais:

(a) $t^3 - t + 1$ (b) $t^3 + 2t + 10$

(c) $t^3 - t - 1$ (d) $t^3 - 2t^2 + t + 15$

3. Determine quais dos seguintes polinômios são irredutíveis no conjunto dos números racionais:

(a) $t^4 + 2$ (b) $t^4 - 2$

(c) $t^4 + 4$ (d) $t^4 - t + 1$

4. Seja $f(t) = a_n t^n + \cdots + a_0$ um polinômio de grau $n \geq 1$, com coeficientes inteiros, considerados primos entre si, tais que $a_n a_0 \neq 0$. Se b/c é um número racional expresso como um quociente de inteiros b, $c \neq 0$, primos entre si. Considere também $f(b/c) = 0$ e mostre que c divide a_n e b divide a_0. (Esse resultado nos induz a determinar, de forma efetiva, todas as possíveis raízes racionais de f, pois existe apenas um número finito de divisores de a_n e a_0.)
Observação. O teorema da raiz inteira, no exercício 1, é um caso especial da próxima afirmação.

5. Determine todas as raízes racionais dos seguintes polinômios:

(a) $t^7 - 1$ (b) $t^8 - 1$

(c) $2t^2 - 3t + 4$ (d) $3t^3 + t - 5$

(e) $2t^4 - 4t + 3$

6. Seja p um número primo. Considere a função polinomial

$$f(t) = t^{p-1} + t^{p-2} + \cdots + 1\,.$$

Prove que $f(t)$ é irredutível em $\mathbb{Z}[t]$. [*Sugestão*: Observe que

$$f(t) = (t^p - 1)/(t-1).$$

Faça $u = t - 1$, de modo que $t = u + 1$ e utilize o critério de Eisenstein.]

Os dois próximos exercícios mostram como construir um polinômio irredutível com um dado grau d sobre o conjunto dos números racionais, com precisamente $d-2$ raízes reais(e claro, um par de raízes complexas conjugadas). A construção será feita em duas etapas. Na primeira, não utilizaremos os números racionais.

7. **Continuidade das raízes de um polinômio.** Seja d um inteiro ≥ 3 e

$$f_n(t) = t^d + a_{d-1}^{(n)} t^{d-1} + \cdots + a_0^{(n)}$$

uma seqüência de polinômios com coeficientes complexos $a_i^{(n)}$. Seja

$$f(t) = t^d + a_{d-1} t^{d-1} + \cdots + a_0$$

um outro polinômio em $\mathbb{C}[t]$. Dizemos que $f_n(t)$ **converge** para $f(t)$ quando $n \to \infty$, se, para cada $j = 0, \ldots, d-1$, tivermos

$$\lim_{n \to \infty} a_j^{(n)} = a_j.$$

Logo, os coeficientes de f_n convergem para os coeficientes de f.

Fatore f_n e f em fatores de grau 1, isto é:

$$f(t) = (t - \alpha_1) \cdots (t - \alpha_d) \qquad \text{e} \qquad f_n(t) = (t - \alpha_1^{(n)}) \cdots (t - \alpha_d^{(n)}).$$

(a) Demonstre o seguinte teorema:

Assuma que $f_n(t)$ converge para $f(t)$ e, para simplificar, suponha que as raízes $\alpha_1, \ldots, \alpha_d$ sejam distintas. Então, para cada

n podemos ordenar as raízes $\alpha_1^{(n)}, \ldots, \alpha_d^{(n)}$ de modo que, para $i = 1, \ldots, d$, tenhamos

$$\lim_{n\to\infty} \alpha_i^{(n)} = \alpha_i.$$

Isto mostra que: se os coeficientes de f_n convergem para os coeficientes de f, então as raízes de f_n convergem para as raízes de f.

(b) Suponha que f e f_n tenham coeficientes reais para todo n. Assuma que $\alpha_3, \ldots, \alpha_d$ sejam reais, e que α_1 e α_2 são complexos conjugados. Prove que para todo n suficientemente grande, $\alpha_i^{(n)}$ é um número real para $i = 3, \ldots, d$, e que $\alpha_1^{(n)}$ e $\alpha_2^{(n)}$ são números complexos conjugados.

8. Seja d um inteiro ≥ 3. Demonstre que existe um polinômio irredutível de grau d sobre o conjunto dos números racionais, com precisamente $d-2$ raízes reais (e um par de raízes complexas). Use a seguinte construção: com $b_1, \ldots, b_{d-2}$ inteiros distintos e a inteiro > 0. Considere

$$g(t) = (t^2 + a)(t - b_1) \cdots (t - b_{d-2}) = t^d + c_{d-1}t^{d-1} + \cdots + c_0\,.$$

Observe que $c_i \in \mathbb{Z}$. Seja p um número primo, e seja

$$g_n(t) = g(t) + \frac{p}{p^{dn}},$$

de modo que $g_n(t)$ convirja para $g(t)$.

(a) Demonstre que $g_n(t)$ tem precisamente $d-2$ raízes reais para n suficientemente grande.

(b) Demonstre que $g_n(t)$ é irredutível sobre $\mathbb{Q}$.

(*Nota*: Você poderia usar o exercício precedente para resolver o item (a), mas é possível, também, apenas olhando para o gráfico de g, dar uma demonstração simples, usando o fato de que g_n, acima do eixo horizontal, se distancia levemente de g.

Obviamente, o mesmo método pode ser usado para construir polinômios irredutíveis sobre $\mathbb{Q}$ com diversas raízes reais e pares de raízes complexas conjugadas. Há um significado singular para o caso especial de $d-2$ raízes reais, quando d é um número primo, como será visto no exercício 15 capítulo VII, §4. Nesse caso especial, você será capaz de demonstrar que o grupo de Galois do polinômio é o grupo simétrico completo.)

9. Seja R um anel fatorial (veja a definição na próxima seção), e seja p um elemento primo em R. Seja d um inteiro ≥ 2 e seja

$$f(t) = t^d + c_{d-1}t^{d-1} + \cdots + c_0$$

um polinômio com coeficientes $c_i \in R$. Agora, considere n um inteiro ≥ 1 e

$$g(t) = f(t) + p/p^{nd}.$$

Demonstre que $g(t)$ é irredutível em $K[t]$, onde K é o corpo quociente de R.

IV, §6. Anéis principais e anéis fatoriais

Vimos uma analogia sistemática entre o anel dos números inteiros $\mathbb{Z}$ e o anel dos polinômios $K[t]$. Ambos têm um algoritmo euclidiano; ambos têm uma fatoração única em certos elementos, que são chamados **primos** em $\mathbb{Z}$ ou **polinômios irredutíveis** em $K[t]$. Mostramos aqui que a propriedade mais importante não é o algoritmo euclidiano, mas uma outra propriedade que agora axiomatizamos.

Seja R um anel de integridade. Dizemos que R é um **anel principal** se todo ideal de R é principal.

Exemplos. Se $R = \mathbb{Z}$ ou $R = K[t]$, então R é principal. No caso de $\mathbb{Z}$, isso já foi provado no teorema 3.1 no capítulo I, e para polinômios este fato foi demonstrado no teorema 2.1 deste capítulo.

Quase todas as propriedades que foram demonstradas para $\mathbb{Z}$ ou para $K[t]$ são também válidas para os anéis principais. A seguir, faremos uma lista delas.

Seja R um anel de integridade e seja $p \in R$, com $p \neq 0$. Definimos p como **primo**, se p não é uma unidade e se tem por fatoração

$$p = ab \qquad \text{com} \quad a,\, b \in R$$

então a ou b é uma unidade.

Um elemento $a \in R$, $a \neq 0$ tem uma **fatoração única** no conjunto dos elementos primos se existe uma unidade u e existem elementos primos p_i $(i = 1, \ldots, r)$ em R (não necessariamente distintos) tais que

$$a = up_1 \cdots p_r\,;$$

além disso, dadas duas fatorações nos elementos primos

$$a = up_1 \cdots p_r = u'q_1 \cdots q_s,$$

então $r = s$ e após uma permutação dos índices i, temos $p_i = u_i q_i$, onde u_i é uma unidade, para $i = 1, \ldots, r$.

Notamos que se p é primo e u é uma unidade, então up também é primo; de modo que a multiplicação por unidades é admitida na fatoração. No anel de inteiros $\mathbb{Z}$, a ordenação nos permite selecionar um elemento primo representativo, isto é, um número primo que a partir de dois possíveis, $\pm p$, diferindo de uma unidade, é escolhido o positivo. De forma clara, isso é impossível em anéis mais gerais. Para esta impossibilidade excetuamos o anel de polinômios sobre um corpo, pois nele podemos selecionar o elemento primo para ser o polinômio irredutível com coeficiente dominante igual a 1.

Um anel é chamado **fatorial**, ou um **anel de fatoração única**, se ele for de integridade e se todo elemento $\neq 0$ tiver uma fatoração única nos primos.

Seja R um anel de integridade, e sejam a, $b \in R$, $a \neq 0$. Dizemos que a **divide** b e escrevemos $a \mid b$ se existe $c \in R$ tal que $ac = b$. Dizemos que $d \in R$, $d \neq 0$, é um **máximo divisor comum** de a e b se $d \mid a$, $d \mid b$ e se qualquer elemento c de R, $c \neq 0$, dividir a e b. Então c também divide d. Notemos que um *m.d.c.* não se altera pela sua multiplicação por uma unidade.

Proposição 6.1. *Seja R um anel principal e sejam a e $b \in R$ com $ab \neq 0$. Consideremos que $(a, b) = (c)$, ou seja, c é um gerador do ideal (a, b). Então, c é um máximo divisor comum de a e b.*

Demonstração. Desde que b pertence ao ideal (c), então podemos escrever $b = xc$ para algum $x \in R$; de forma que $c \mid b$. De forma similar, $c \mid a$. Suponhamos que d divida a e b; assim, $a = dy$ e $b = dz$ com y, $z \in R$. Como c pertence a (a, b), podemos escrever

$$c = wa + tb$$

para alguns $w \in R$. Logo, $c = wdy + tdz = d(wy + tz)$, isto é, $d \mid c$, e assim nossa proposição está demonstrada.

Teorema 6.2. *Seja R um anel principal. Então, R é fatorial.*

Demonstração. Primeiro vamos demonstrar que todo elemento não-nulo de R tem uma fatoração no conjunto dos elementos irredutíveis. Consideremos $a \in R$, $a \neq 0$. Se a é primo, não há o que demonstrar. Em caso contrário, temos $a = a_1 b_1$ onde a_1 e b_1 são distintos da unidade. Assim, $(a) \subset (a_1)$. Afirmamos que

$$(a) \neq (a_1).$$

De fato, se $(a) = (a_1)$ então $a_1 = ax$ para algum $x \in R$. Logo, $a = axb_1$, isto é, $xb_1 = 1$, portanto x e b_1 são ambos unidades, contrariando a hipótese. Se a_1 e b_1 são primos, não há o que demonstrar. Suponhamos que a_1 não seja primo. Assim, $a_1 = a_2b_2$ com a_2 e b_2 distintos da unidade. Então $(a_1) \subset (a_2)$, e pelo que acabamos de ver $(a_1) \neq (a_2)$. Com este procedimento obtemos a seguinte cadeia de ideais:

$$(a_1) \subsetneqq (a_2) \subsetneqq (a_3) \subsetneqq \ldots \subsetneqq (a_n) \subsetneqq \ldots$$

Afirmamos que na verdade esta cadeia deverá parar em algum inteiro n. Seja

$$J = \bigcup_{n=1}^{\infty} (a_n).$$

Assim, J é um ideal. Por hipótese, J é principal, isto é, $J = (c)$ para algum elemento $c \in R$. Porém, c pertence ao ideal (a_n) para algum n, e dessa forma temos a dupla inclusão

$$(a_n) \subset (c) \subset (a_n),$$

ou seja, $(c) = (a_n)$. Portanto, $(a_n) = (a_{n+1}) = \ldots$, e a cadeia de ideais não pode ter inclusões para cada etapa. Logo, a pode ser expresso como um produto

$$a = p_1 \cdots p_r \qquad \text{onde } p_1, \ldots, p_r \text{ são primos.}$$

A seguir, vamos demonstrar a unicidade.

Lema 6.3. *Seja R um anel principal e seja p um elemento primo. Consideremos a e $b \in R$. Se $p \mid ab$, então $p \mid a$ ou $p \mid b$.*

Demonstração. Suponhamos que $p \nmid a$. Então o máximo divisor comum de p e a é 1; além disso, (p, a) é o ideal unitário. Daí, podemos escrever

$$1 = xp + ya$$

para alguns x e $y \in R$. Assim, $b = bxp + yab$ e como $p \mid ab$, concluímos que $p \mid b$. Isto conclui a demonstração do lema.

Para finalizar, suponhamos que a admita duas decomposições

$$a = p_1 \cdots p_r = q_1 \cdots q_s$$

no conjunto de elementos primos. Como p_1 divide o produto que está mais a sua direita, segue-se pelo lema que p_1 divide um dos fatores que, após uma reordenação desses fatores, assumimos ser o q_1. Assim, existe uma unidade u_1 tal que $q_1 = u_1 p_1$. Dessa forma, podemos agora cancelar p_1 nas duas fatorações e escrever

$$p_2 \cdots p_r = u_1 q_2 \cdots q_s.$$

Por indução, completa-se o argumento demonstrando o teorema 6.2.

Para dar ênfase, estabeleceremos separadamente o próximo resultado.

Proposição 6.4. *Seja R um anel fatorial. Um elemento $p \in R$, $p \neq 0$ é primo se, e somente se, o ideal (p) for primo.*

Notemos que para qualquer anel R, temos a implicação

$$a \in R,\ a \neq 0 \text{ e } (a) \text{ primo} \quad \Rightarrow \quad a \text{ é primo.}$$

De fato, se escrevermos $a = bc$ com $b, c \in R$, então $b \in (a)$ ou $c \in (a)$, por definição de um ideal primo. Digamos que seja possível escrever $b = ad$ com algum $d \in R$. Assim, $a = acd$ e conseqüentemente $cd = 1$; daí, c e d são unidades e portanto a é primo.

Em um anel fatorial, devido à fatoração única, também temos a recíproca. Para um anel principal o passo chave foi o lema 6.3 que caracteriza, de forma precisa, (p) como um ideal primo.

Em um anel fatorial, podemos fazer as mesmas definições que são feitas para os inteiros ou polinômios. Se

$$a = up_1^{m_1} \cdots p_r^{m_r}$$

for uma fatoração com uma unidade e primos distintos $p_1, \ldots, p_r$, então definiremos

$$m_i = \text{ord}_{p_i}(a) = \textbf{ordem de } a \textbf{ em } p_i.$$

Se a e $b \in R$ são elementos não-nulos, dizemos que a e b são **primos entre si** se o m.d.c. de a e b for uma unidade. Por analogia, os elementos $a_1, \ldots, a_m$ são **primos entre si** se não existir um primo p que divida todos eles.

Seja R *um anel principal.* Dizer que a e b são primos entre si é equivalente a afirmar que o ideal (a, b) é o ideal unitário.

Outros teoremas, demonstrados para o conjunto dos inteiros $\mathbb{Z}$, são também válidos para os anéis fatoriais. Vamos, agora, fazer uma lista e comentar sobre as demons-trações, que são, na sua essência, idênticas as dos resultados prévios do §5. Assim, nesta seção, daqui para a frente vamos estudar os anéis fatoriais.

Seja R fatorial e seja $f(t) \in R[t]$ um polinômio. Como no caso em que $R = Z$, dizemos que f é **primitivo** se não existe um primo em R que divida todos os coeficientes de f, isto é, se os coeficientes de f são primos entre si.

Lema 6.5. *Seja R um anel fatorial e seja K seu corpo quociente. Consideremos um polinômio $f \in K[t] \neq 0$. Então existe um elemento $a \in K$, $a \neq 0$ tal que af é primitivo.*

Demonstração. Basta seguir passo a passo a demonstração do lema 5.1. Nenhuma outra propriedade será usada além do fato do anel ser fatorial.

Lema 6.6 (Gauss). *Sejam f e g dois polinômios primitivos sobre o anel fatorial R. Então fg é primitivo.*

Demonstração. Segue passo a passo a demonstração do lema 5.2.

Teorema 6.7. *Seja R um anel fatorial e seja K seu corpo quociente. Considere um polinômio primitivo $f \in R[t]$, de forma que $\operatorname{gr} f \geq 1$. Se f é fatorável sobre K, então f também o é sobre R. De forma mais precisa, se $f = gh$ com g e $h \in K[t]$, $\operatorname{gr} g \geq 1$ e $\operatorname{gr} h \geq 1$, então existem elementos a e $b \in K$ tais que se tomarmos $g_1 = ag$ e $h_1 = bh$, então g_1 e h_1 têm coeficientes em R e $f = g_1 h_1$.*

Demonstração. Segue-se passo a passo a demonstração do teorema 5.3. De forma clara, no final da demonstração encontramos ab igual a uma unidade. Quando $R = \mathbb{Z}$, uma unidade é ± 1, geralmente podemos dizer que se ab é uma unidade, então a é uma unidade ou b é uma unidade. Essa é a única diferença na demonstração.

Se R é um anel principal, nem sempre é verdade que $R[t]$ também é um anel principal. Discutiremos isto de forma sistemática quando considerarmos polinômios em várias variáveis. Contudo, vamos demonstrar que $R[t]$ é fatorial, e muito mais.

Primeiro, faremos uma observação que será utilizada nas demonstrações que se seguem.

Lema 6.8. *Consideremos R um anel fatorial e K seu corpo quociente. Sejam*

$$g = g(t) \in R[t] \qquad e \qquad h = h(t) \in R[t],$$

polinômios primitivos em R e seja $b \in K$ tal que $g = bh$. Então b é uma unidade de R.

Demonstração. Toma-se $b = a/d$, onde a e d são elementos primos entre si de R, ou seja, a é um numerador e d é um denominador para b. Assim,

$$dg = ah.$$

Consideremos $h(t) = c_m t^m + \cdots + c_0$. Se p um elemento primo que divide d, então p divide ac_j para $j = 0, \ldots, m$. Como $c_0, \ldots, c_m$ são primos entre si, segue que p divide a, o que contraria a nossa suposição de serem a e d primos entre si em R. Da mesma forma, nenhum primo pode dividir d. Portanto, b é uma unidade de R como queríamos provar.

Teorema 6.9. *Seja R um anel fatorial. Então $R[t]$ é um fatorial. As unidades de $R[t]$ são as unidades de R. Os elementos primos de $R[t]$ são também os primos de R ou os polinômios primitivos e irredutíveis em $R[t]$.*

Demonstração. Seja p um primo em R. Se $p = ab$ em $R[t]$, então

$$\operatorname{gr} a = \operatorname{gr} b = 0,$$

ou seja, a e $b \in R$ e por hipótese a ou b é uma unidade. Desta forma, p também é um primo de $R[t]$.

Seja $p(t) = p$ um polinômio primitivo em $R[t]$ e irredutível em $K[t]$. Suponhamos que $p = fg$ com f e $g \in R[t]$, então, a partir da unicidade da fatoração em $K[t]$, concluímos que $\operatorname{gr} f = \operatorname{gr} p$ ou $\operatorname{gr} g = \operatorname{gr} p$. Digamos que $\operatorname{gr} f = \operatorname{gr} p$. Então, $g \in R$. Devido ao fato dos coeficientes de $p(t)$ serem primos entre si, segue-se que g é uma unidade de R. Logo, $p(t)$ é um elemento primo de $R[t]$.

Seja $f(t) \in R[t]$. Podemos escrever $f = cg$, onde c é o m.d.c. dos coeficientes de f e g tem coeficientes primos entre si. Sabemos que por hipótese, c tem fatoração única em R. Seja

$$g = q_1 \cdots q_r$$

uma decomposição de g nos polinômios irredutíveis $q_1, \ldots, q_r$ de $K[t]$. Sabemos que a existência desta decomposição está garantida pelo fato de $K[t]$ ser fatorial. Pelo Lema 6.5 existem elementos $b_1, \ldots, b_r \in K$ tais que se considerarmos $p_i = b_i q_i$, então p_i tem coeficientes primos entre si em R. Tomemos o produto deles,

$$u = b_1 \cdots b_r.$$

Assim,

$$ug = p_1 \cdots p_r.$$

Pelo lema de Gauss, o lado direito dessa igualdade é um polinômio em $R[t]$ com coeficientes primos entre si. Como assumimos que g é um polinômio em $R[t]$ com coeficientes primos entre si, segue-se que $u \in R$ e u é uma unidade em R. Assim,

$$f = cu^{-1}p_1 \cdots p_r$$

é um elemento de R e uma decomposição de f em $R[t]$ no conjunto de elementos primos de $R[t]$. Logo, existe uma fatoração.

Ainda falta demonstrar a unicidade (a menos de fatores que são unidades, é claro). Suponhamos que

$$f = cp_1 \cdots p_r = dq_1 \cdots q_s,$$

onde $c, d \in R$, e $p_1, \ldots, p_r$, $q_1, \ldots, q_s$ sejam polinômios irredutíveis em $R[t]$ com coeficientes primos entre si. Se considerarmos essa relação em $K[t]$ e utilizarmos o fato de que $K(t)$ é fatorial e o teorema 6.7, concluiremos, após uma permutação de índices, que $r = s$ e que existem elementos $b_i \in K$, $i = 1, \ldots, r$, tais que

$$p_i = b_i q_i \qquad \text{para} \quad i = 1, \ldots, r.$$

Como p_i e q_i têm coeficientes primos entre si em R, por meio do lema 6.8 concluímos que de fato b_i é uma unidade em R. Isto demonstra a unicidade.

Teorema 6.10 (Critério de Eisenstein). *Seja R um anel fatorial e seja K seu corpo quociente. Seja*

$$f(t) = a_n t^n + \cdots + a_0$$

um polinômio de grau $n \geq 1$ com coeficientes em R. Seja p um elemento primo e suponhamos que:

$$a_n \not\equiv 0 \pmod p, \qquad a_i \equiv 0 \pmod p \quad \textit{para todo} \quad i < n,$$
$$a_0 \not\equiv 0 \pmod{p^2}.$$

Então, f é irredutível sobre K.

Demonstração. Basta seguir os passos da demonstração do teorema 5.4.

Exemplo. Seja F um corpo qualquer. Seja $K = F(t)$ o corpo quociente do anel de polinômios e seja $R = F[t]$. Assim, R é um anel fatorial. Observemos que o próprio t é um elemento primo neste anel. Para qualquer elemento $c \in F$, o polinômio $t - c$ também é um elemento primo.

Seja X uma variável. Assim, para todo inteiro positivo n, o polinômio

$$f(X) = X^n - t$$

é irredutível em $K[X]$. Isto é uma conseqüência do critério de Eisenstein. De fato, tomamos $p = t$ e encontramos:

$$a_n = 1 \not\equiv 0 \mod t, \qquad a_0 = -t, \qquad a_i = 0 \quad \text{para} \quad 0 < i < n.$$

Desta forma, as hipóteses para o critério de Eisenstein são satisfeitas.

De forma semelhante, o polinômio

$$X^4 - (t-1)X^3 + (t-1)^8X^2 + t(t-1)^4X - (t-1)$$

é irredutível em $K[X]$. Neste caso, tomamos $p = t - 1$.

A analogia entre o anel de inteiros $\mathbb{Z}$ e o anel de polinômios $F[t]$ é uma das mais frutíferas na matemática.

Teorema 6.11 (Critério de Redução). *Seja R um anel fatorial e seja K seu corpo quociente. Seja $f(t) \in R[t]$ um polinômio primitivo onde o coeficiente dominante a_n não é divisível por um elemento* *primo p de R. Consideremos a redução $R \to R/pR$ $\mathrm{mod}\, p$ e denotemos a imagem de f por $\bar{f}$. Seja F o corpo quociente de R/pR. Se $\bar{f}$ é irredutível em $F[t]$, então f é irredutível em $K[t]$.*

Demonstração. A demonstração na sua essência é semelhante a que foi feita para o teorema 5.5, mas há o acréscimo de um detalhe técnico devido ao fato de R/pR não ser necessariamente um corpo. Para lidar com esse detalhe, temos que utilizar o anel $R_{(p)}$ do exercício 3, como se você já tivesse feito aquele exercício. Assim, o anel $R_{(p)}$ é principal, e $R_{(p)}/pR_{(p)}$ é um corpo. Além disso, $F = R_{(p)}/pR_{(p)}$. Agora, exatamente o mesmo argumento do teorema 5.5 mostra que se $\bar{f}$ é irredutível em $F[t]$, então f é irredutível em $R_{(p)}[t]$ e assim f é irredutível em $K[t]$, pois K também é o corpo quociente de $R_{(p)}$. Isto conclui a demonstração.

IV, §6. Exercícios

1. Seja p um número primo. Seja R o anel de todos os números racionais m/n, onde m e n são primos entre si, e $p \nmid n$.

   (a) Quais são as unidades de R?

   (b) Mostre que R é um anel principal. Quais são os elementos primos de R?

2. Sejam F um corpo e p um polinômio irredutível no anel $F[t]$. Seja R o anel de todas as funções racionais $f(t)/g(t)$, tais que f e g são polinômios primos entre si em $F[t]$, e $p \nmid g$.

   (a) Quais são as unidades de R?

   (b) Mostre que R é um anel principal. Quais são os elementos primos de R?

3. Se você está atento, então já deve ter pensado em generalizar os dois primeiros exer-cícios no seguinte: considere R um anel fatorial

e p um elemento primo. Seja $R_{(p)}$ o conjunto de todos os quocientes a/b com a, $b \in R$ e b não divisível por p. Então:

(a) As unidades de $R_{(p)}$ são os quocientes a/b tais que a, $b \in R$ e $p \nmid ab$.

(b) O anel $R_{(p)}$ tem um único ideal maximal, definido por $pR_{(p)}$, e constituído por todos elementos a/b tais que $p \nmid b$ e $p|a$.

(c) O anel $R_{(p)}$ é principal, e todo ideal de $R_{(p)}$ é da forma $p^m R_{(p)}$ para algum inteiro $m \geq 0$.

(d) O anel quociente $R_{(p)}/pR_{(p)}$ é um corpo, e "é" o corpo quociente de R/pR.

Se ainda não o fez então demonstre as afirmações acima.

4. Considere $R = \mathbb{Z}[t]$. Seja p um número primo. Mostre que $t - p$ é um elemento primo em R. $t^2 - p$ é um elemento primo em R? O que se pode dizer sobre $t^3 - p$? E sobre $t^n - p$ onde n é um inteiro positivo?

5. Seja p um número primo. Mostre que o ideal (p, t) não é principal no anel $\mathbb{Z}[t]$.

6. **Polinômios trigonométricos.** Seja R o anel de todas as funções f da forma

$$f(x) = a_0 + \sum_{k=1}^{n}(a_k \cos kx + b_k \operatorname{sen} kx),$$

onde a_0, a_k e b_k são números reais. Esse tipo de função é chamado **polinômio trigonométrico**.

(a) Prove que R é um anel.

(b) Se $a_n \neq 0$ ou $b_n \neq 0$, defina n como o **grau (trigonométrico)** de f. Prove que se f e g são polinômios trigonométricos, então

$$\operatorname{gr}(fg) = \operatorname{gr} f + \operatorname{gr} g.$$

Deduza que R não tem divisores de zero, e dessa forma é um domínio de integridade.

(c) Mostre que as funções $\operatorname{sen} x$, $1+\cos x$, $1-cosx$ são elementos primos no anel. Como Hale Trotter observou (*Math. Monthly*, em abril de 1988), a relação

$$\operatorname{sen}^2 x = (1+\cos x)(1-\cos x)$$

é um exemplo de fatoração que não é única sobre os elementos primos.

7. Seja R o subconjunto do anel polinomial $\mathbb{Q}[t]$ constituído por todos os polinômios $a_0 + a_2t^2 + a_3t^3 + \cdots + a_nt^n$ (que não possuem os termos de grau 1), com $a_i \in \mathbb{Q}$.

   (a) Mostre que R é um anel, e que o ideal (t^2, t^3) não é principal.

   (b) Mostre que R não é fatorial.

8. Seja R o conjunto de números da forma

$$a + b\sqrt{-5} \qquad \text{com} \quad a,\ b \in \mathbb{Z}.$$

   (a) Mostre que R é um anel.

   (b) Mostre que a aplicação $a + b\sqrt{-5} \mapsto a - b\sqrt{-5}$ de R nele próprio, é um automorfismo.

   (c) Mostre que as únicas unidades de R são ± 1.

   (d) Mostre que 3, $2+\sqrt{-5}$ e $2-\sqrt{-5}$ são elementos primos, dos quais podemos obter uma fatoração não única tal como

$$3^2 = (2+\sqrt{-5})(2-\sqrt{-5}).$$

   (e) De forma similar, mostre que 2, $1+\sqrt{-5}$ e $1-\sqrt{-5}$ são elementos primos, dos quais pode se obter a fatoração não única

$$2 \cdot 3 = (1+\sqrt{-5})(1-\sqrt{-5}).$$

9. Seja d um inteiro positivo e que não exista inteiro do qual d seja a raiz quadrada. Assim, em particular, $d \geq 2$. Seja R o anel formado por todos $a + b\sqrt{-d}$ com $a, b \in \mathbb{Z}$. Sejam $\alpha = a + b\sqrt{-d}$ e $\overline{\alpha}$ o seu conjugado complexo.

   (a) Demonstre que α é uma unidade em R se, e somente se, $\alpha\overline{\alpha} = 1$,

   (b) Se $\alpha\overline{\alpha} = p$, onde p é um número primo, demonstre que α é um elemento primo de R.

10. Seja p um número primo ímpar, e suponha que $p = \alpha\overline{\alpha}$, com $\alpha \in \mathbb{Z}[\sqrt{-1}]$. Demonstre que $p \equiv 1 \bmod 4$. (A recíproca também é verdadeira, mas a demonstração é mais difícil. Assim, se $p \equiv 1 \bmod 4$, então $p = \alpha\overline{\alpha}$ com algum $\alpha \in \mathbb{Z}[\sqrt{-1}]$.)

11. Determine se $3 - 2\sqrt{2}$ é um número quadrado perfeito no anel $\mathbb{Z}[\sqrt{2}\,]$.

IV, §7. Polinômios em várias variáveis

Nesta seção estudaremos o exemplo mais comum de um anel fatorial, mas não principal.

Seja F um corpo. Sabemos que $F[t]$ é um anel principal. Sejam $F[t] = R$, $t = t_1$ e t_2 uma outra variável. Como $F[t]$ é fatorial, então a partir do teorema 6.9 segue-se que $R[t_2]$ é um anel fatorial. De forma similar,

$$F[t_1][t_2]\dots[t_n]$$

é um anel fatorial. Este anel, de forma usual, é denotado por

$$F[t_1, \dots, t_n],$$

e seus elementos são chamados **polinômios em n variáveis**. Todo elemento de $F[t_1, \ldots, t_n]$ pode ser escrito na soma

$$f(t_1, \cdots, t_n) = \sum_{i_n=0}^{d_n} \left(\sum_{i_1,\ldots,i_{n-1}} a_{i_1\ldots i_n} t_1^{i_1} \cdots t_{n-1}^{i_{n-1}} \right) t_n^{i_n}$$

e a partir daí vemos que f pode ser escrita como

$$f(t_1, \cdots, t_n) = \sum_{j=0}^{d_n} f_j(t_1, \cdots, t_{n-1}) t_n^j,$$

onde os f_j são polinômios em $n-1$ variáveis.

Para simplificar a notação usa-se

$$a_{i_1 \cdots i_n} = a_{(i)},$$

e, assim, escrevemos

$$f(t_1, \cdots, t_n) = \sum_{(i)} a_{(i)} t_1^{i_1} \cdots t_{n-1}^{i_n}.$$

A soma é feita, separadamente, sobre todos os índices

$$0 \leq i_1 \leq d_1, \quad \ldots, \quad 0 \leq i_n \leq d_n.$$

Algumas vezes ainda se abrevia mais, ou seja,

$$t_1^{i_1} \cdots t_{n-1}^{i_n} = t^{(i)}$$

e escreve-se o polinômio na forma

$$f(t) = \sum_{(i)} a_{(i)} t^{(i)}.$$

O anel $F[t_1, \cdots, t_n]$, definitivamente, *não* é um anel principal, para $n \geq 2$. Por exemplo, se $n = 2$, então o ideal

$$M(t_1, t_2)$$

gerado por t_1 e t_2 em $F[t_1, t_2]$ não é principal. (Demonstre isto como um exercício.) Este ideal (t_1, t_2) é um ideal maximal cujo corpo de classes residuais é o próprio F. Você pode demonstrar esta afirmação como um exercício. De forma similar, o ideal $(t_1, \ldots, t_n)$ é maximal em $F[t_1, \ldots, t_n]$ e seu corpo de classes residuais é F.

Considere um polinômio f em n variáveis, e escreva

$$f(t_1, \cdots, t_n) = \sum_{(i)} c_{(i)} t_1^{i_1} \cdots t_n^{i_n}, \qquad \text{onde} \qquad c_{(i)} = c_{i_1 \cdots i_n}.$$

Cada termo

$$c_{(i)} t_1^{i_1} \cdots t_n^{i_n}$$

é chamado de **monômio**, e se $c_{(i)} \neq 0$ definimos o **grau** deste monômio como sendo a soma dos expoentes, isto é,

$$\text{gr}\,(t_1^{i_1} \cdots t_n^{i_n}) = i_1 + \cdots + i_n.$$

Um polinômio f do tipo acima é chamado **polinômio homogêneo de grau** d se todos os termos com $c_{(i)} \neq 0$ têm a seguinte propriedade:

$$i_1 + \cdots + i_n = d.$$

Exemplo. O monômio $5t_1^3 t_2 t_3^4$ tem grau 8. O polinômio

$$7t_1^8 t_2 t_3^4 - \pi t_1^6 t_2 t_3$$

não é homogêneo. O polinômio

$$7t_1^4 t_2^3 t_3 - \pi t_1^2 t_2^4 t_3^2$$

é homogêneo de grau 8.

Dado um polinômio $f(t_1, \ldots, t_n)$ em n variáveis, podemos escrever f como a soma

$$f = f_0 + f_1 + \cdots + f_d$$

onde f_k é homogêneo de grau k ou é 0. Convencionaremos que o polinômio zero tem grau $-\infty$, pois algum dos seus termos f_k pode ser 0. Para escrever f no modo acima, tudo o que devemos fazer é reunir todos os monômios de mesmo grau, isto é

$$f_k = \sum_{i_1+\cdots+i_n=k} c_{(i)} t_1^{i_1} \cdots t_n^{i_n}.$$

Se $f_d \neq 0$ é o termo de grau homogêneo mais alto na soma de f acima, então dizemos que f tem **grau total** d, ou simplesmente **grau** d. Como nos polinômios em uma variável, temos a propriedade:

Teorema 7.1. *Sejam f e g polinômios em n variáveis, tais que $f \neq 0$ e $g \neq 0$. Então*

$$\operatorname{gr}(fg) = \operatorname{gr} f + \operatorname{gr} g.$$

Demonstração. Escrevendo-se $f = f_0 + \cdots + f_d$ e $g = g_0 + \cdots + g_e$ com $f_d \neq 0$ e $g_e \neq 0$, tem-se

$$fg = f_0 g_0 + \cdots + f_d g_e$$

e como o anel de polinômios é de integridade, $f_d g_e \neq 0$. Mas, $f_d g_e$ é a parte homogênea de f de maior grau, logo, $\operatorname{gr}(fg) = d + e$, como devia ser mostrado.

Observação. Não confunda o **grau** (isto é, o grau total) com o **grau de f em cada variável**. Se f puder ser escrito na forma

$$f(t_1, \ldots, t_n) = \sum_{k=0}^{d} f_k(t_1, \ldots, t_{n-1}) t_n^k$$

e $f_d \neq 0$ como um polinômio em $t_1, \ldots, t_{n-1}$, então diremos que f tem **grau d em t_n**. Por exemplo, o polinômio

$$\pi t_1^3 t_2 t_3^5 + t_1 t_2 t_3 + t_3^4$$

tem grau total 9, grau 3 em t_1, grau 1 em t_2 e grau 5 em t_3.

Pelo teorema 7.1, ou a partir do fato de que o anel de polinômios em várias variáveis é

$$K[t_1, \ldots, t_n] = K[t_1][t_2] \cdots [t_n],$$

concluímos que este anel é de integridade. Logo, podemos formar seu corpo quociente, da mesma forma que se faz no caso de uma variável. Denotamos esse corpo quociente por

$$K(t_1, \ldots, t_n)$$

e o chamamos de corpo das **funções racionais** (em várias variáveis).

Em nosso estudo de polinômios os resultados acima vão até onde desejarmos. Terminaremos esta seção com algumas observações sobre as funções polinomiais.

Seja $K^n = K \times \cdots \times K$. Como no caso de uma variável, um polinômio $f(t) \in K[t_1, \ldots, t_n]$ pode ser visto como uma função

$$f_{K^n} : K^n \to K.$$

De fato, seja $x = (x_1, \ldots, x_n)$ uma $n-$upla em K^n. Se

$$f(t_1, \ldots, t_n) = f(t) = \sum a_{(i)} t_1^{i_1} \cdots t_n^{i_n},$$

então definimos

$$f(x_1, \ldots, x_n) = f(x) = \sum a_{(i)} x_1^{i_1} \cdots x_n^{i_n}.$$

A aplicação $x \mapsto f(x)$ é uma função de K^n em K. Além disso, a aplicação

$$f \mapsto f(x)$$

é um homomorfismo de $K[t_1, \ldots, t_n]$ em K, chamado **avaliação em** x.

No caso geral, consideremos um subanel K de um anel comutativo A. Seja $f(t) \in K[t_1, \ldots, t_n]$ um polinômio. Se

$$x = (x_1, \ldots, x_n) \in A^n$$

é uma $n-$upla em A^n, então, mais uma vez, podemos definir $f(x)$ pela mesma expressão, e obtemos uma função

$$f_{A^n} : A^n \to A \quad \text{por} \quad x \mapsto f(x).$$

Como no caso de uma variável, polinômios diferentes podem representar uma mesma função. Demos um exemplo deste fenômeno no §1, dentro de um contexto para um corpo finito.

Teorema 7.2. *Seja K um corpo infinito, e $f(t) \in K[t_1, \ldots, t_n]$ um polinômio em n variáveis. Se a função correspondente*

$$x \mapsto f(x) \quad de \quad K^n \to K$$

é a função nula, então f é o polinômio nulo. Além disso, se f e g são dois polinômios que originam a mesma função de K^n em K, então $f = g$.

Demonstração. A segunda afirmação é uma conseqüência da primeira. Ou seja, considerando que f e g definem uma mesma função de K^n em K, tomemos $h = f - g$. Assim, h define a função nula, isto é, $h = 0$ e $f = g$. Agora, vamos provar a primeira por indução. Escreve-se

$$f(t_1, \ldots, t_n) = \sum_{j=1}^{d} f_j(t_1, \ldots, t_{n-1}) t_n^j.$$

Assim, f foi escrita como um polinômio em t_n, com coeficientes que são polinômios em $t_1, \ldots, t_{n-1}$. Sejam $(c_1, \ldots, c_{n-1})$ elementos arbitrários de K. Por hipótese, o polinômio

$$f(c_1, \ldots, c_{n-1}, t) = \sum_{j=1}^{d} f_j(c_1, \ldots, c_{n-1}) t^j$$

se anula quando substituímos qualquer elemento c de K por t. Em outras palavras, esse polinômio em uma variável t possui infinitas raízes em K e portanto, é identicamente nulo. Isto significa que

$$f_j(c_1, \ldots, c_{n-1}) = 0 \quad \text{para todo } j = 1, \ldots, d$$

e todas as $(n-1)-$uplas $(c_1, \ldots, c_{n-1})$ em K^{n-1}. Por indução, segue que para cada j o polinômio $f_j(t_1, \ldots, t_{n-1})$ é o polinômio nulo, e por fim $f = 0$. Assim sendo, concluímos a demonstração.

Seja R um subanel de um anel comutativo S. Sejam $x_1, \ldots, x_n$ elementos de S. Denotamos por

$$R[x_1, \ldots, x_n]$$

o anel formado por todos os elementos $f(x_1, \ldots, x_n)$ onde f atua sobre todos os polinômio em n variáveis com coeficientes em R. Dizemos que

$$R[x_1, \ldots, x_n]$$

é o anel **gerado por** $x_1, \ldots, x_n$ **sobre** R.

Exemplo. Seja $\mathbb{R}$ o conjunto de números reais, e sejam φ e ψ duas funções

$$\varphi(x) = \operatorname{sen} x \quad \text{e} \quad \psi(x) = \cos x.$$

Assim,

$$\mathbb{R}[\varphi, \psi]$$

é o subanel de todas as funções (incluindo o subanel de todas as funções diferenciáveis) geradas por φ e ψ. De fato, $\mathbb{R}[\varphi, \psi]$ é, de acordo com o exercício 6 do §6, o anel dos polinômios trigonométricos.

Seja K um subcorpo de um corpo E. Sejam $x_1, \ldots, x_n$ elementos de E. Como já foi visto, definimos um homomorfismo avaliação

$$K[t_1, \ldots, t_n] \to E \quad \text{por} \quad f(t_1, \ldots, t_n) \to f(x_1, \ldots, x_n) = f(x).$$

Se o núcleo deste homomorfismo é 0, isto é, a aplicação avaliação é injetiva, então dizemos que $x_1, \ldots, x_n$ são **algebricamente independentes**, ou que eles são **variáveis independentes** sobre K. Assim, o anel de polinômio $K[t_1, \ldots, t_n]$ é isomorfo ao anel $K[x_1, \ldots, x_n]$ gerado por $x_1, \ldots, x_n$ sobre K.

Exemplo. Pode-se mostrar que se $K = \mathbb{Q}$, então existem sempre infinitas $n-$uplas $(x_1, \ldots, x_n)$ algebricamente independentes no conjunto dos números complexos ou no conjunto dos números reais.

Na prática, é extremamente difícil determinar se dados dois números, eles são ou não algebricamente independentes em $\mathbb{Q}$. Por exemplo, seja e a base do logaritmos naturais. Não se sabe se e e π são algebricamente independentes; nem mesmo se sabe se e/π é irracional.

IV, §7. Exercícios

1. Seja F um corpo. Mostre que o ideal (t_1, t_2) não é um principal no anel $F[t_1, t_2]$. Analogamente, mostre que $(t_1, \ldots, t_n)$ não é um principal no anel $F[t_1, \ldots, t_n]$.

2. Mostre que o polinômio $t_1 - t_2$ é irredutível no anel $F[t_1, t_2]$.

3. Em relação ao teorema 7.2, pode-se perguntar até que ponto é necessário ter um corpo infinito? Sobre o corpo de números reais, tome S como um subconjunto de $\mathbb{R}^n$. Seja $f(t_1, \ldots, t_n)$ um polinômio em n variáveis. Suponha que $f(x) = 0$ para todo $x \in S$. Pode-se afirmar que $f = 0$? Nem sempre, nem mesmo se S é infinito e $n \geq 2$. Demonstre a afirmativa a seguir que estabelece um primeiro resultado nesta direção.

   Seja K um corpo, e sejam $S_1, \ldots, S_n$ subconjuntos finitos de K. Seja $f \in K[t_1, \ldots, t_n]$ e suponha que o grau de f na variável t_i é $\leq d_i$. Tome por hipótese que $\#(S_i) > d_i$ para $i = 1, \ldots, n$.

Suponha também que

$$f(x_1, \ldots, x_n) = 0 \qquad para\ todo \qquad x_i \in S_i,$$

ou seja, $f(x) = 0$ *para todo* $x \in S_1 \times \cdots \times S_n$. *Então,* $f = 0$.

A demonstração terá como modelo a que foi feita para o teorema 7.2.

Aplicação aos corpos finitos

4. Demonstre o resultado a seguir, que é análogo ao teorema 7.2 para corpos finitos.

   Seja K *um corpo finito com* q *elementos. Seja* $f(t) \in K[t_1, \ldots, t_n]$ *um polinômio em* n *variáveis, tal que o grau de* f *em cada variável* t_i *é* $< q$. *Considere por hipótese que*

   $$f(a_1, \ldots, a_n) = 0 \qquad para\ todo \qquad a_1, \ldots, a_n \in K.$$

   Então, f *é o polinômio nulo.*

   Seja K um corpo finito, e $f(t) \in K[t_1, \ldots, t_n]$ um polinômio. Se t_i^q ocorre em algum monômio em f, substitua t_i^q por t_i. Depois de fazer isto em um número finito de vezes, você obterá um polinômio $g(t_1, \ldots, t_n)$ onde o grau de g em cada variável t_i é $< q$. Como $x^q = x$ para todo $x \in K$, segue-se que f e g induzem a mesma função de K^n em K. Com a denominação de **polinômio reduzido associado a** f estaremos indicando um polinômio g tal que o grau de g em cada variável é $< q$, e tal que as funções induzidas por f e g sobre K^n são iguais. A existência de um polinômio reduzido foi provada acima.

5. Dado um polinômio $f \in K[t_1, \ldots, t_n]$, demonstre que um polinômio reduzido associado a f é único, isto é, existe apenas um.

6. **Teorema de Chevalley.** Seja K um corpo finito com q elementos. Seja

$$f(t_1, \ldots, t_n) \in K[t_1, \ldots, t_n]$$

um polinômio em n variáveis com grau total d. Suponha que o termo constante de f é 0, isto é, $f(0, \ldots, 0) = 0$. Suponha também que $n > d$. Então, existem elementos $a_1, \ldots, a_n \in K$, nem todos 0, tais que $f(a_1, \ldots, a_n) = 0$. [*Sugestão*: utilize os exercícios do §1. Compare os polinômios

$$1 - f^{q-1} \quad \text{e} \quad (1 - t_1^{q-1}) \cdots (1 - t_n^{q-1})$$

e seus graus.]

IV, §8. Polinômios simétricos

Seja R um anel integral, e $t_1, \ldots, t_n$ elementos algebricamente independentes sobre R. Seja X uma variável sobre $R[t_1, \ldots, t_n]$. Assim, formamos o polinômio

$$\begin{aligned} P(X) &= (X - t_1) \cdots (X - t_n) \\ &= X^n - s_1 X^{n-1} + \cdots + (-1)^n S_n \end{aligned}$$

onde cada $s_i = s_i(t_1, \ldots, t_n)$ é um polinômio em $t_1, \ldots, t_n$. Assim temos, por exemplo,

$$s_1 = t_1 + \cdots + t_n \quad \text{e} \quad s_n = t_1 \cdots t_n.$$

Os polinômios $s_1, \ldots, s_n$ são chamados **polinômios simétricos elementares** de $t_1, \ldots, t_n$.

Por ser um exercício fácil, deixamos para o leitor verificar que s_i **é homogêneo de grau** i **em** $t_1, \ldots, t_n$.

Seja σ uma permutação dos inteiros $(1, \ldots, n)$. Dado um polinômio $f(t) \in R[t] = R[t_1, \ldots, t_n]$, definimos σf da seguinte forma:

$$\sigma f(t_1, \ldots, t_n) = f(t_{\sigma(1)}, \ldots, t_{\sigma(n)}).$$

Se σ e τ são duas permutações, então $(\sigma\tau)f = \sigma(\tau f)$, e portanto o grupo simétrico G sobre n letras opera sobre o anel de polinômios $R[t]$. Um polinômio é chamado **simétrico** se $\sigma f = f$ para todo $\sigma \in G$. É claro que o conjunto de polinômios simétricos é um subanel de $R[t]$, que contém os polinômios constantes (isto é, o próprio $\mathbb{R}$) e também os polinômios simétricos elementares $s_1, \ldots, s_n$. A seguir, veremos que estes são geradores.

Sejam $X_1, \ldots, X_n$ variáveis. Definimos o **peso** de um monômio

$$X_1^{k_1} \cdots X_n^{k_n}$$

por meio da soma $k_1 + 2k_2 + \cdots + nk_n$. Definimos o **peso** de um polinômio $g(X_1, \ldots, X_n)$ como sendo o máximo dos pesos dos monômios que ocorrem em g.

Teorema 8.1. *Seja $f(t) \in R[t_1, \ldots, t_n]$ um polinômio simétrico de grau d. Então, existe um polinômio $g(X_1, \ldots, X_n)$ de peso $\leq d$ tal que*

$$f(t) = g(s_1, \ldots, s_n).$$

Demonstração. Façamos indução sobre n. O teorema é óbvio se $n = 1$, pois $s_1 = t_1$.
Suponhamos o teorema demonstrado para polinômios em $n-1$ variáveis.

Ao substituirmos $t_n = 0$ na expressão para $P(X)$, encontramos

$$(X - t_1) \cdots (X - t_{n-1})X = X^n - (s_1)_0 X^{n-1} + \cdots + (-1)^{n-1}(s_{n-1})_0 X,$$

onde $(s_i)_0$ é a expressão obtida por substituição de $t_n = 0$ em s_i. Vê-se que $(s_i)_0, \ldots, (s_{n-1})_0$ são precisamente os polinômios simétricos elementares em $t_1, \ldots, t_{n-1}$.

Façamos agora indução sobre d. Se $d = 0$ nossa afirmativa é trivial. Suponhamos que $d > 0$ e consideremos nossa afirmativa demonstrada para polinômios de grau $< d$. Seja $f(t_1, \ldots, t_n)$ com grau d. Existe um polinômio $g_1(X_1, \ldots, X_{n-1})$ de peso $\leq d$ tal que

$$f(t_1, \ldots, t_{n-1}, 0) = g_1((s_i)_0, \ldots, (s_{n-1})_0).$$

Observemos que $g_1(s_1, \ldots, s_{n-1})$ tem grau $\leq d$ em $(t_1, \ldots, t_n)$. O polinômio

$$f_1(t_1, \ldots, t_n) = f(t_1, \ldots, t_n) - g_1(s_1, \ldots, s_{n-1})$$

tem grau $\leq d$ (em $t_1, \ldots, t_n$) e é simétrico. Temos

$$f_1(t_1, \ldots, t_{n-1}, 0) = 0.$$

Desta forma, f_1 é divisível por t_n, isto é, contém t_n como fator; além disso, como f_1 é simétrico, $t_1, \ldots, t_n$ é um fator em f_1. Logo,

$$f_1 = s_n f_2(t_1, \ldots, t_n)$$

para algum polinômio f_2, que deve ser simétrico, e cujo grau é $\leq d - n < d$. Por indução, existe um polinômio g_2 em n variáveis e peso $\leq d - n$, tal que

$$f_2(t_1, \ldots, t_n) = g_2(s_1, \ldots, s_n).$$

Obtemos,

$$f(t) = g_1(s_1, \ldots, s_{n-1}) + s_n g_2(s_1, \ldots, s_n),$$

onde cada termo do lado direito tem peso $\leq d$. Com isto nosso teorema fica demonstrado.

Teorema 8.2. *Os polinômios simétricos elementares $s_1, \ldots, s_n$ são algebricamente independentes sobre $\mathbb{R}$.*

Demonstração. Se eles não são algebricamente independentes sobre $\mathbb{R}$, tomamos um polinômio $f(X_1, \ldots, X_n) \in R[X_1, \ldots, X_n]$ de grau mínimo, diferente de 0 e que satisfaça a condição

$$f(s_1, \ldots, s_n) = 0.$$

Escrevendo f como um polinômio em X_n com coeficientes em $R[X_1, \ldots, X_{n-1}]$,

$$f(X_1, \ldots, X_n) = f_0(X_1, \ldots, X_{n-1}) + \cdots + f_d(X_1, \ldots, X_{n-1})X_n^d.$$

Então, $f_0 \neq 0$. Em caso contrário, podemos escrever

$$f(X) = X_n h(X)$$

para algum polinômio h, e assim $s_n h(s_1, \ldots, s_n) = 0$. Com isto segue-se que $h(s_1, \ldots, s_n) = 0$, e h tem grau menor do que f.

Com a substituição de s_i por X_i na relação acima, obtemos

$$0 = f_0(s_1, \ldots, s_{n-1}) + \cdots + f_d(s_1, \ldots, s_{n-1})s_n^d.$$

Esta é uma relação em $R[t_1, \ldots, t_n]$, na qual substituímos 0 por t_n nessa relação. Assim, todos os termos, exceto o primeiro, se tornam 0 e isso nos fornece

$$0 = f_0((s_1)_0, \ldots, (s_{n-1})_0),$$

se usarmos a mesma notação da demonstração do teorema 8.1. Esta é uma relação não-trivial entre polinômios simétricos elementares em $t_1, \ldots, t_{n-1}$, ou seja uma contradição.

Exemplo. Consideremos o produto

$$\Delta(t_1, \ldots, t_n) = \Delta(t) = \prod_{i<j}(t_i - t_j).$$

Para qualquer permutação σ de $(1, \ldots, n)$, como no teorema 6.4 do capítulo II, vemos que

$$\sigma\Delta(t) = \pm\Delta(t).$$

Logo, $\Delta(t)^2$ é simétrico, e o chamamos **discriminante**:

$$D_f(s_1, \ldots, s_n) = D(s_1, \ldots, s_n) = \prod_{i<j}(t_i - t_j) = \Delta(t)^2.$$

Dessa forma, vemos o discriminante como um polinômio nas funções simétricas elementares.

Seja F um corpo, e seja

$$P(X) = (X - \alpha_1) \cdots (X - \alpha_n) = X^n - c_1 X^{n-1} + \cdots + (-1)^n c_n$$

um polinômio em $F[X]$ com raízes $\alpha_1, \ldots, \alpha_n \in F$. Logo, existe um único homomorfismo

$$\mathbb{Z}[t_1, \ldots, t_n] \to F \quad \text{que aplica} \quad t_i \mapsto \alpha_i.$$

Esse homomorfismo é a função composta

$$\mathbb{Z}[t_1, \ldots, t_n] \to F[t_1, \ldots, t_n] \to F,$$

onde a primeira aplicação é induzida pelo homomorfismo único $\mathbb{Z} \to F$, e a segunda aplicação é o homomorfismo avaliação que associa $t_i \mapsto \alpha_i$.

Com esse homomorfismo, vemos que

$$\Delta(t_1, \ldots, t_n)^2 \mapsto \Delta(\alpha_1, \ldots, \alpha_n)^2$$

e assim

$$D(s_1, \ldots, s_n) \mapsto D(c_1, \ldots, c_n).$$

Logo, para obter uma fórmula para o discriminante de um polinômio é suficiente encontrar a fórmula para um polinômio sobre os inteiros $\mathbb{Z}$, com raízes algebricamente independentes $t_1, \ldots, t_n$. Vamos agora a procura de uma tal fórmula para polinômios de grau 2 e 3.

Exemplo (Polinômios quadráticos). Seja

$$f(X) = X^2 + bX + c = (X - t_1)(X - t_2).$$

Assim, por um cálculo direto, você encontra

$$\boxed{D_f = b^2 - 4c.}$$

Exemplo (Polinômios cúbicos). Consideremos um polinômio cúbico

$$f(X) = X^3 - s_1X^2 + s_2X - s_3 = (X - t_1)(X - t_2)(X - t_3).$$

Queremos encontrar uma fórmula para o discriminante que, aqui, é mais complicado do que no caso quadrático. Essa fórmula existe, mas na prática, é melhor primeiro fazer uma mudança de variáveis e reduzir o problema ao caso de um polinômio cúbico onde não há o termo em X^2. Ou seja, consideremos

$$Y = X + \frac{1}{3}s_1 \quad \text{e assim} \quad X = Y - \frac{1}{3}s_1 = Y - \frac{1}{3}(t_1 + t_2 + t_3).$$

Assim, o polinômio $f(X)$ torna-se

$$f(X) = f^*(Y) = Y^3 + aY + b = (Y - u_1)(Y - u_2)(Y - u_3)$$

onde $a = u_1u_2 + u_2u_3 + u_1u_3$ e $b = -u_1u_2u_3$, com $u_1 + u_2 + u_3 = 0$. Temos

$$u_i = t_i + \frac{1}{3}s_1 \quad \text{para} \quad i = 1, 2, 3.$$

Observemos que o discriminante não se altera pois a translação por $s_1/3$ produz os cancelamentos. De fato,

$$u_i - u_j = t_i - t_j \quad \text{para todo } i \neq j.$$

Se podemos obter uma fórmula para o discriminante de um polinômio cúbico quando ele não possuir o termo do segundo grau, em função de a e b, sendo assim, podemos obter uma fórmula para o discriminante do polinômio cúbico geral por substituição dos valores de a e b por funções de s_1, s_2 e s_3. Você irá desenvolver isso no exercício 1.

Vamos agora considerar o polinômio cúbico sem o termo do segundo grau. Assim,

$$f(X) = X^3 + aX + b = (X - u_1)(X - u_2)(X - u_3)$$

onde u_1 e u_2 variáveis independentes, e $u_3 = -(u_1 + u_2)$. Então o discriminante é

$$D = (u_1 - u_2)^2(u_1 - u_3)^2(u_2 - u_3)^2.$$

Como uma função das funções simétricas elementares a e b, o discriminante é

$$\boxed{D = -4a^3 - 27b^2.}$$

Como um exercício, tente determinar isto autoritariamente. A seguir, daremos uma demonstração que eliminará a necessidade de ser obter a expressão dessa forma.

Observe primeiro que D é homogêneo e de grau 6 em u_1 e u_2. Além disso, a é homogêneo e de grau 2 e b é homogêneo e de grau 3. Pelo teorema 8.1, sabemos que existe algum polinômio

$$g(X_2, X_3) \qquad \text{de peso } 6$$

tal que $D = g(a, b)$. Os únicos monômios $X_2^m X_3^n$ de peso 6, isto é, tais que

$$2m + 3n = 6 \qquad \text{com inteiros } m \text{ e } n \geq 0$$

são aqueles para os quais $m = 3$ e $n = 0$ ou $m = 0$ e $n = 2$. Logo,

$$g(X_2, X_3) = vX_2^3 + wX_3^2$$

onde v e w são inteiros que agora devem ser calculados.

Observemos que os inteiros v e w são universais, no sentido pelo qual um determinado polinômio com valores particulares de a e b, seu discriminante será dado por

$$g(a, b) = va^3 + wb^2.$$

Consideremos o polinômio

$$f_1(X) = X(X - 1)(X + 1) = X^3 - X.$$

Dessa forma, $a = -1$, $b = 0$ e $D_{f_1} = -va^3 = -v$. Mas, também, obtemos $D_{f_1} = 4$ ao utilizarmos a definição de discriminante como o produto das diferenças da raízes, ao quadrado. Logo,

$$v = -4.$$

A seguir, consideremos o polinômio

$$f_2(X) = X^3 - 1.$$

Assim, $a = 0$, $b = -1$ e $D_{f_2} = wb^2 = w$. Mas, as três raízes de f_2 são as raízes cúbicas da unidade, isto é

$$1, \frac{-1 + \sqrt{-3}}{2} \text{ e } \frac{-1 - \sqrt{-3}}{2}.$$

Usando a definição de discriminante como o produto das diferenças das raízes, ao quadrado, encontramos o valor $D_{f_2} = -27$. Portanto, obtemos

$$w = -27.$$

Com isto, concluímos a demonstração da fórmula para o discriminante do polinômio cúbico.

IV, §8. Exercícios

1. Seja $f(X) = X^3 + a_1X^2 + a_2X + a_3$. Mostre que o discriminante de f é dado por

$$a_1^2a_2^2 - 4a_1^3a_3 - 27a_3^2 + 18a_1a_2a_3.$$

[Considere o problema para o caso de um polinômio $Y^3 + aY + b$, e use a fórmula para este caso especial.]

2. Tente encontrar a fórmula para o discriminante de $X^3 + aX + b$ autoritariamente.

3. Mostre que o discriminante de um polinômio é 0 se, e somente se, o polinômio tiver uma raiz com multiplicidade > 1. (Você pode supor que o polinômio tenha coeficientes em um corpo algebricamente fechado.)

4. Seja $f(X) = (X - \alpha_1) \cdots (X - \alpha_n)$. Mostre que

$$D_f = (-1)^{n(n-1)/2} \prod_{j=1}^{n} f'(\alpha_j).$$

IV, §9. Conjectura *abc*

Nesta seção descreveremos uma conjectura contemporânea muito importante. As referências bibliográficas estão listadas no final da seção.

Nos exercícios do §3, o leitor já teve contato com o teorema de Mason para polinômios. Uma das mais frutíferas analogias na matemática é a que existe entre o conjunto dos inteiros $\mathbb{Z}$ e o anel dos polinômios $F[t]$. A partir dos trabalhos científicos de Mason [Ma], Frey [Fr], Szpiro e outros, Masser e Oesterle formularam a conjectura *abc* para inteiros como expomos a seguir. Seja k um inteiro não-nulo. Definimos o **radical** de k por

$$N_0(k) = \prod_{p|k} p,$$

ou seja, é o produto de todos os primos que divide k, tomados com multiplicidade 1.

A conjectura *abc*. *Dado $\varepsilon > 0$ existe um número positivo $C(\varepsilon)$ com a seguinte propriedade: para quaisquer inteiros a, b e c, não-nulos e primos entre si, tais que $a + b = c$, temos*

$$\max(|a|, |b|, |c|) \leq C(\varepsilon) N_0(abc)^{1+\varepsilon}.$$

Observe que a desigualdade mostra que muitos fatores primos de a, b e c ocorrem elevados à primeira potência, e se ocorrem fatores primos "pequenos" com potências altas , então estes têm que ser compensados pela presença de fatores primos "grandes" com potência um. Por exemplo, pode-se considerar a equação

$$2^n \pm 1 = k.$$

Para n grande, a conjectura *abc* estabeleceria que k tem que ser, para a primeira potência, divisível por primos grandes. Este fenômeno pode ser visto nas tabelas de [BLSTW].

Stewart e Tijdeman [ST 86] mostraram que é necessário ter o ε na formulação da conjectura. Os exemplos que serão vistos a seguir me foram passados por Wojtek Jastrzebowski e Dan Spielman. Os exemplos são de forma que, para todo $C > 0$, existem números naturais a, b e c primos entre si tais que $a + b = c$ e $a \geq CN_0(abc)$. Mas, trivialmente,

$$2^n | (5^{2^n} - 1).$$

Consideremos as relações $a_n + b_n = c_n$ dadas por

$$(5^{2^n} - 1) + 1 = 5^{2^n}.$$

É claro que destas relações provêem os exemplos desejados. De forma similar, desde que os papéis de 5 e 2 na relação podem ser desempenhados por outros inteiros, outros exemplos podem construídos.

A conjectura abc implica o resultado que chamaremos **teorema assintótico de Fermat**, que afirma, a menos de um número finito de valores para n, a equação

$$x^n + y^n = z^n$$

não tem solução para inteiros x, y, z primos entre si. De fato, pela conjectura *abc* temos

$$\begin{aligned}|x^n| &\ll |xyz|^{1+\varepsilon},\\ |y^n| &\ll |xyz|^{1+\varepsilon},\\ |z^n| &\ll |xyz|^{1+\varepsilon},\end{aligned}$$

onde o sinal $\ll$ indica que o lado esquerdo é $\leq C(\varepsilon)$ vezes o lado direito. Ao efetuarmos o produto, resulta

$$|xyz|^n \ll |xyz|^{3+\varepsilon}$$

e isso implica em n limitado para $|xyz| > 1$. A extensão para a qual a conjectura *abc* é demonstrada, com uma constante explícita $C(\varepsilon)$ (ou, digamos, $C(1)$ para fixar as idéias), acarreta a correspondente determinação explícita do limite para o n que estiver em uso.

Veremos agora como a conjectura abc implica nas conjecturas de Hall, Szpiro e Lang-Waldschmidt.

A **conjectura original de Hall** afirma que se u e v são inteiros não-nulos, primos entre si e tais que $u^3 - v^2 \neq 0$, então

$$|u^3 - v^2| \gg |u|^{1/2-\varepsilon}.$$

Uma desigualdade como esta determina um limite inferior para a quantidade de cancelamentos que podem ocorrer na diferença $u^3 - v^2$.

Notemos que se $|u^3 - v^2|$ é pequeno, então $|u^3| \gg\ll |v^2|$, isto é, $|v| \gg\ll |u|^{3/2}$. No caso geral, de acordo com Lang-Waldschmidt, fixemos A e B e consideremos u, v, k, m e n variáveis com $mn > m + n$. Assim sendo, escreve-se:

$$Au^m + Bv^n = k.$$

Pela conjectura *abc*, obtemos

$$\begin{aligned}|u|^m &\ll |uvN(k)|^{1+\varepsilon},\\ |v|^n &\ll |uvN(k)|^{1+\varepsilon}.\end{aligned}$$

Se, digamos, $|Au^m| \leq |Bv^n|$, então

$$|v|^n \ll |v^{1+n/m}N_0(k)|^{1+\varepsilon}$$

e assim

$$(4) \qquad |v| \ll N_0(k)^{\frac{m}{mn-(m+n)}(1+\varepsilon)} \qquad \text{e} \qquad |u| \ll N_0(k)^{\frac{n}{mn-(m+n)}(1+\varepsilon)}$$

A situação é simétrica em u e v. Novamente, pela conjectura abc, temos $|k| \ll |uvN_0(k)|^{1+\varepsilon}$; assim, por (4), encontramos

$$(5) \qquad \boxed{|k| \ll N_0(k)^{\frac{mn}{mn-(m+n)}(1+\varepsilon)}}$$

Damos a seguir um exemplo significativo.

Exemplo. Tomemos $m = 3$ e $n = 2$. De (4), obtemos a conjectura de Hall por enfraquecimento do limite superior ao substituirmos $N_0(k)$ por k. Observe também que, se quisermos um limite para as soluções inteiras e primas entre si de $y^2 = x^3 + b$, onde b é inteiro, então encontramos $|x| \ll |b|^{2+\varepsilon}$. Logo, a conjectura abc tem uma relação direta com as soluções das equações diofantinas do tipo clássico.

Mais uma vez, tomemos $m = 3$ e $n = 2$ e consideremos $A = 4$ e $B = -27$. Neste caso, escreve-se D no lugar de k; e para

$$D = 4u^3 - 27v^2,$$

encontramos

$$(6) \qquad |u| \ll N_0(D)^{2+\varepsilon}, \qquad |v| \ll N_0(D)^{3+\varepsilon}$$

É suposto que estas desigualdades se verifiquem primeiro para u e v primos entre si. Se admitirmos *a priori* um fator comum limitado, então (6), neste caso, se verifica. Chamamos (6) de **conjectura generalizada de Szpiro**.

A conjectura original de Szpiro era

$$|D| \ll N_0(D)^{6+\varepsilon},$$

mas a conjectura generalizada, na verdade, limita $|u|$ e $|v|$ em termos da potência
"à direita" de $N_0(D)$, e não apenas do próprio D.

A tendência atual do que se pensa nessa direção foi iniciada por Frey [Fr], que associou cada solução de $a + b = c$ ao polinômio

$$f(x) = x(x - 3a)(x + 3b).$$

O discriminante do lado direito desta igualdade é o produto das diferenças ao quadrado das raízes, e assim,

$$D = 3^6(abc)^2.$$

Faz-se uma translação, indicada por $\xi = x + b - a$ para nos livrarmos do termo x^2 e reescrever nossa equação na forma

$$\eta^2 = \xi^3 - \gamma_2\xi - \gamma_3,$$

onde γ_2 e γ_3 são homogêneos em a e b com pesos apropriados. Desta forma,

$$D = 4\gamma_2^3 - 27\gamma_3^2.$$

A utilização de (6) no polinômio de Frey foi feita de forma que γ_2 e γ_3 tornem-se inteiros. Você deveria verificar que quando a, b e c são primos entre si, então γ_2 e γ_3 são primos entre si ou o máximo divisor comum entre eles é igual a 9. (Faça o exercício 1.)

A conjectura de Szpiro implica no teorema assintótico de Fermat. De fato, suponhamos que

$$a = u^n, \qquad b = v^n, \qquad \text{e} \qquad c = w^n.$$

Então,

$$4\gamma_2^3 - 27\gamma_3^2 = 3^6(uvw)^{2n},$$

e obtemos um limite para n a partir da conjectura de Szpiro $|D| \ll N_0(D)^{6+\varepsilon}$. Naturalmente, qualquer expoente faria isso, por exemplo, $|D| \ll N_0(D)^{100}$ para o teorema assintótico de Fermat.

Já vimos que a conjectura *abc* implica a Szpiro generalizada.

Reciprocamente, a conjectura generalizada de Szpiro implica a abc. De fato, a corres-pondência entre

$$(a, b) \leftrightarrow (\gamma_2, \gamma_3)$$

é "invertível", e tem um peso "apropriado". Uma simples manipulação algébrica mostra que a Szpiro generalizada estimada sobre γ_2 e γ_3, implica na estimativa desejada sobre $|a|$ e $|b|$. (Faça o exercício 2.)

Com essa equivalência, pode-se utilizar os exemplos dados no início para mostrar que o épsilon é necessário na conjectura de Szpiro.

Hall formulou sua conjectura em 1971, sem o épsilon; mais tarde ela teve de ser ajustada. Os ajustes finais das demonstrações no contexto simples da conjectura *abc* apresentados anteriormente tiveram que esperar Mason e uma década mais tarde a conjectura *abc*.

Retornemos ao caso polinomial e ao teorema de Mason. As demonstrações para o fato da conjectura *abc* implicar outras conjecturas aplicam-se bem neste caso; assim, as conjecturas de Hall, Szpiro e Lang-Waldschmidt são também demonstradas no caso polinomial. De fato, já foi conjecturado em [BCHS] que se f e g são polinômios não-nulos tais que $f^3 - g^2 \neq 0$, então

$$\text{gr}(f(t)^3 - g(t)^2) \geq \tfrac{1}{2} \text{ gr } f(t) + 1.$$

Este resultado (e o seu análogo para graus superiores) foi demonstrado por Davenport[Dav] em 1965. Como foi feito para os inteiros, o ponto principal do teorema é determinar uma cota inferior para os cancelamentos que podem ocorrer, no caso mais simples, da diferença entre um cubo e um quadrado. Para polinômios o resultado é particularmente claro, pois, ao contrário do caso com inteiros, não existe uma constante estranha e indeterminada que oscila ao redor, e ainda existe $+1$ do lado direito.

O caso polinomial como está em Davenport e a conjectura de Hall para os inteiros não são naturalmente independentes. Exemplos do caso polinomial parametrizam os casos para os inteiros, quando substituímos a variável por inteiros. Podemos encontrar exemplos em [BCHS]; um deles, devido a Birch, é:

$$f(t) = t^6 + 4t^4 + 10t^2 + 6 \qquad \text{e} \qquad g(t) = t^9 + 6t^7 + 21t^5 + 35t^3 + \tfrac{63}{2}t,$$

e assim

$$\text{grau}(f(t)^3 - g(t)^2) = \tfrac{1}{2}\,\text{gr}f + 1.$$

Substituindo t por números inteiros grandes em $t \equiv 2 \bmod 4$ obtemos exemplos de enormes valores para $x^3 - y^2$. Uma construção mais geral é dada por Danilov [Dan].

IV, §9. Exercícios

1. Demonstre que se a, b e c são primos entre si e $a + b = c$, então γ_2 e γ_3 são primos entre si ou o m.d.c entre eles é 9.

2. Demonstre que a conjectura de Szpiro generalizada implica na conjectura *abc*.

3. **Conjectura.** Existe uma quantidade infinita de números primos p tais que $2^{p-1} \not\equiv 1 \bmod p^2$. (Certamente, você sabe que $2^{p-1} \equiv 1 \bmod p$ se p é um número primo impar.)

   (a) Seja S o conjunto de números primos tais que $2^{p-1} \not\equiv 1 \bmod p^2$. Se n é um inteiro positivo e p é um primo que satisfaz $2^n - 1 = pk$ para algum inteiro k que é primo com p, então demonstre que p pertence a S.

   (b) Demonstre que a conjectura *abc* implica na conjectura acima. (Silverman, *J. of Number Theory*, 1988.)

   Observação. Uma conjectura de Lang-Trotter diz que o número de primos $p \leq x$ tais que $2^{p-1} \equiv 1 \bmod p^2$ está limitado por

$C \log \log x$ para alguma constante $C > 0$. Sendo assim muitos primos deveriam satisfazer a condição $2^{p-1} \not\equiv 1 \bmod p^2$.

A lista de referências a seguir foi incluída no sentido de ajudar os leitores interessados nos tópicos desta seção.

[BCHS] B. Birch, S. Chowla, M. Hall, A. Schinzel, *On the difference* $x^3 - y^2$, Norske Vid. Selsk. Forrh. 38 (1965) pp. 65-69

[BLSTW] J. Brillhart, D. H. Lehmer, J. L. Selfridge, B. Tuckerman, and S. S. Wagstaff Jr., *Factorization of* $b^n \pm 1$, $b = 2, 3, 5, 6, 7, 10, 11$ *up to high powers*, Contemporary Mathematics Vol. 22, AMS, Providence, RI 1983

[Dan] L. V. Danilov, *The diophantine equation* $x^3 - y^2 = k$ *and Hall's conjecture*, Mat. Zametki Vol. 32 No. 3 (1982) pp. 273-275

[Dav] H. Davenport, *On* $f^3(t) - g^2(t)$, K. Norske Vod. Selskabs Farh. (Trondheim), 38 (1965) pp. 86-87

[Fr] G. Frey, *Links between stable elliptic curves and elliptic curves*, Number Theory, Lecture Notes Vol. 1380, Springer-Verlag, Ulm (1987) pp. 31-62

[Ha] M. Hall, *The diophantine equation* $x^3 - y^2 = k$, Computers in Number Theory, ed. by A. O. L. Atkin and B. Birch, Academic Press, London 1971 pp. 173-198

[La] S. Lang, *Old and new conjectured diophantine inequalities*, Bull. Amer. Math. Soc. (1990)

[StT 86] C. L. Stewart and R. Tijdeman, *On the Oesterle-Masser Conjecture*, Monatshefte fur Math. (1986) pp. 251-257

[Ti 89] R. Tijdeman, *Diophantine Equations and Diophantine Approximations*, Banff lecture in Number Theory and its Applications, ed. R. A. Mollin, Kluwer Academic Press, 1989 veja especialmente a pág. 234

Os leitores com conhecimento dos fatos básicos de teoria dos conjuntos e espaços vetoriais podem ir direto para a leitura do capítulo VII.

CAPÍTULO V

Espaços vetoriais e módulos

V, §1. Espaços vetoriais e bases

Seja K um corpo. Um **espaço vetorial** V **sobre o corpo** K é um grupo aditivo (abeliano), mais a operação de multiplicação de elementos de V por elementos de K, isto é, uma associação

$$(x, v) \mapsto xv$$

de $K \times V$ em V, que satisfaz às seguintes condições:

EV 1. *Se* 1 *é o elemento unidade de* K, *então* $1v = v$ *para todo* $v \in V$.

EV 2. *Se* $c \in K$ *e* $v, w \in V$, *então* $c(v + w) = cv + cw$.

EV 3. *Se* $x, y \in K$ *e* $v, \in V$, *então* $(x + y)v = xv + yv$.

EV 4. *Se* $x, y \in K$ *e* $v, \in V$, *então* $(xy)v = x(yv)$.

Exemplo 1. Seja V o conjunto das funções contínuas no intervalo $[0, 1]$ com valores reais. V é um espaço vetorial sobre $\mathbb{R}$. A adição de funções é definida da maneira usual: se f, g são funções, definimos

$$(f+g)(t) = f(t) + g(t) .$$

Se $c \in \mathbb{R}$ definimos $(cf)(t) = cf(t)$. Logo, é uma simples questão de rotina verificar que todas as quatro condições serão atendidas .

Exemplo 2. Seja S um conjunto não-vazio, e seja V o conjunto de todas as aplicações de S em K. Então V é um espaço vetorial sobre K, em que a adição de aplicações e a multiplicação por elementos de K são definidas como para as funções do exemplo precedente.

Exemplo 3. Denotemos por K^n o produto $K \times \cdots \times K$, isto é, o conjunto das $n-$uplas de elementos de K. (Se $K = \mathbb{R}$, tem-se o espaço euclidiano usual.) Definimos a adição de $n-$uplas componente a componente, isto é, se

$$X = (x_1, \ldots, x_n) \qquad \text{e} \qquad Y = (y_1, \ldots, y_n)$$

são elementos de K^n com x_i, $y_i \in K$, então definimos

$$X + Y = (x_1 + y_1, \ldots, x_n + y_n) .$$

Se $c \in K$, definimos

$$cX = (cx_1, \ldots, cx_n) .$$

Verifica-se facilmente que estas operações satisfazem todas as condições de um espaço vetorial.

Exemplo 4. Tomando-se $n = 1$ no exemplo 3, vê-se que K é um espaço vetorial sobre si mesmo.

Seja V um espaço vetorial sobre o corpo K. Seja $v \in V$. Então, $0v = 0$.

Demonstração. $0v + v = 0v + 1v = (0+1)v = 1v = v$. Logo, adicionando-se $-v$ a ambos os membros, mostra-se que $0v = 0$.

Se $c \in K$ e $cv = 0$, mas $c \neq 0$, então $v = 0$.

Para ver isto, multiplique por c^{-1} para obter $c^{-1}cv = 0$, e portanto $v = 0$.

Temos $(-1)v = -v$.

Demonstração.

$$(-1)v + v = (-1)v + 1v = (-1+1)v = 0v = 0\,.$$

Logo, $(-1)v = -v$.

Sejam V um espaço vetorial e W um subconjunto de V. Diremos que W é um **subespaço** de V se for um subgrupo (do grupo aditivo de V), e se, dados $c \in K$ e $v \in W$, cv for também um elemento de W. Em outras palavras, um subespaço W de V é um subconjunto que satisfaz às seguintes condições:

(i) Se v, w são elementos de W, então sua soma $v + w$ é também um elemento de W.

(ii) O elemento 0 de V é também um elemento de W.

(iii) Se $v \in W$ e $c \in K$, então $cv \in W$.

Portanto, W é, por sua vez, um espaço vetorial. De fato, como as propriedades **EV 1** a **EV 4**, são satisfeitas por todos os elementos de V, são satisfeitas *a fortiori* pelos elementos de W.

Seja V um espaço vetorial, e $w_1, \ldots, w_n$ elementos de V. Seja W o conjunto de todos os elementos

$$x_1w_1 + \cdots + x_nw_n$$

com $x_i \in K$. Então W é um subespaço de V, como se pode verificar sem dificuldades. Ele é chamado subespaço **gerado** por $w_1, \ldots, w_n$, e dizemos que $w_1, \ldots, w_n$ são **geradores** desse subespaço.

Seja V um espaço vetorial sobre um corpo K, e sejam $v_1, \ldots, v_n$ elementos de V. Diremos que $v_1, \ldots, v_n$ são **linearmente dependentes** sobre K se existirem elementos $a_1, \ldots, a_n$ em K, nem todos iguais a 0, tais que

$$a_1 v_1 + \cdots + a_n v_n = O.$$

Se não existirem tais elementos, então diremos que $v_1, \ldots, v_n$ são **linearmente independentes sobre** K. Freqüentemente, omitimos as palavras "sobre K".

Exemplo 5. Seja $V = K^n$ e consideremos os vetores

$$\begin{aligned} v_1 &= (1, 0, \ldots, 0) \\ &\vdots \\ v_n &= (0, 0, \ldots, 1). \end{aligned}$$

Então $v_1, \ldots, v_n$ são linearmente independentes. De fato, sejam $a_1, \ldots, a_n$ elementos de K tais que $a_1 v_1 + \cdots + a_n v_n = O$. Como

$$a_1 v_1 + \cdots + a_n v_n = (a_1, \ldots, a_n),$$

segue-se que todos os $a_i = 0$.

Exemplo 6. Seja V o espaço vetorial de todas as funções de uma variável t. Sejam $f_1(t), \ldots, f_n(t)$ n funções. Dizer que elas são linearmente dependentes é dizer que existem n números $a_1, \ldots, a_n$, não todos iguais a 0, tais que

$$a_1 f_1(t) + \cdots + a_n f_n(t) = O$$

para *todos* os valores de t.

As duas funções e^t e e^{2t} são linearmente independentes. Para prová-lo, suponhamos que existam números a e b tais que

$$ae^t + be^{2t} = 0$$

(para todos os valores de t). Diferenciando esta relação, obtemos

$$ae^t + 2be^{2t} = 0\,.$$

Subtraiamos a primeira relação da segunda. Resulta que $be^{2t} = 0$, e portanto $b = 0$. Da primeira expressão, segue-se que $ae^t = 0$, e assim $a = 0$. Logo, e^t e e^{2t} são linearmente independentes.

Consideremos, outra vez, um espaço vetorial V arbitrário sobre o corpo K. Sejam $v_1, \ldots, v_n$ elementos linearmente independentes de V. Sejam $x_1, \ldots, x_n$ e $y_1, \ldots, y_n$ números. Suponhamos que temos

$$x_1v_1 + \cdots + x_nv_n = y_1v_1 + \cdots + y_nv_n\,.$$

Em outras palavras, que duas combinações lineares de $v_1, \ldots, v_n$ sejam iguais. Então, deve-se ter $x_i = y_i$ para cada $i = 1, \ldots, n$. Com efeito, subtraindo o segundo membro do primeiro, obtemos

$$x_1v_1 - y_1v_1 + \cdots + x_nv_n - y_nv_n = 0\,.$$

Podemos escrever essa relação na forma

$$(x_1 - y_1)v_1 + \cdots + (x_n - y_n)v_n = 0\,.$$

Por definição, devemos ter $x_i - y_i = 0$ para todo $i = 1, \ldots, n$, demonstrando, assim, a nossa afirmação.

Definimos uma **base** de V sobre K como uma seqüência de elementos $\{v_1, \ldots, v_n\}$ de V que geram V, e que são linearmente independentes.

Os vetores $v_1, \ldots, v_n$ do exemplo 5 formam uma base de K^n sobre K.

Seja W o espaço vetorial gerado, sobre $\mathbb{R}$, pelas duas funções e^t e e^{2t}. Então $\{e^t, e^{2t}\}$ é uma base de W sobre $\mathbb{R}$.

Seja V um espaço vetorial, e seja $v_1, \ldots, v_n$ uma base de V. Os elementos de V podem ser representados por n−uplas relativas a essa base, da seguinte maneira: se um elemento v de V é escrito como uma combinação linear

$$v = x_1 v_1 + \cdots + x_n v_n$$

dos elementos da base, chamamos $(x_1, \ldots, x_n)$ as **coordenadas** de v com respeito à nossa base, e dizemos que x_i é a $i-$ésima coordenada. Dizemos também que a $n-$upla $X = (x_1, \ldots, x_n)$ é o **vetor-coordenada** de v com respeito 'a base $\{v_1, \ldots, v_n\}$.

Seja V, por exemplo, o espaço vetorial gerado pelas duas funções e^t, e^{2t}. Então, as coordenadas da função

$$3e^t + 5e^{2t}$$

com respeito à base $\{e^t, e^{2t}\}$ são $(3, 5)$.

Exemplo 7. Mostre que os vetores $(1, 1)$ e $(-3, 2)$ são linearmente independentes sobre $\mathbb{R}$.

Sejam a e b dois números tais que

$$a(1, 1) + b\,(-3, 2) = O.$$

Escrevendo esta equação em termos de suas componentes, encontramos

$$a - 3b = 0,$$
$$a + 2b = 0.$$

Esse é um sistema de duas equações que resolvemos para a e b. Subtraindo a segunda da primeira, obtemos $-5b = 0$, e assim $b = 0$. Substituindo em qualquer das duas equações, resulta $a = 0$. Portanto a e b são ambos iguais a 0, e nossos vetores são linearmente independentes.

Exemplo 8. Encontre as coordenadas de $(1, 0)$ com respeito aos dois vetores $(1, 1)$ e $(-1, 2)$.

Devemos achar números a e b tais que

$$a(1, 1) + b\,(-1, 2) = (1, 0).$$

Escrevendo esta equação em termos de suas coordenadas, obtemos

$$a - b = 1,$$
$$a + 2b = 0.$$

Resolvendo para a e b da maneira usual, resulta $b = -\frac{1}{3}$ e $a = \frac{2}{3}$. Logo, as coordenadas de $(1, 0)$ com respeito a $(1, 1)$ e $(-1, 2)$ são $(\frac{2}{3}, -\frac{1}{3})$.

Seja $\{v_1, \ldots, v_n\}$ um conjunto de elementos de um espaço vetorial V sobre um corpo K. Seja r um inteiro positivo $\leq n$. Diremos que $\{v_1, \ldots, v_r\}$ é um subconjunto **maximal** de elementos linearmente independentes, se $v_1, \ldots, v_r$ forem linearmente independentes, e se, além disto, dado qualquer v_i com $i > r$, os elementos $v_1, \ldots, v_r, v_i$ serão linearmente dependentes.

O próximo teorema fornece um critério prático para decidir se um conjunto de elementos de um espaço vetorial é uma base.

Teorema 1.1 *Seja $\{v_1, \ldots, v_n\}$ o conjunto de geradores de um espaço vetorial V. Seja $\{v_1, \ldots, v_r\}$ um subconjunto maximal de elementos linearmente independentes. Então $\{v_1, \ldots, v_r\}$ é uma base de V.*

Demonstração. Devemos provar que $v_1, \ldots, v_r$ geram V. Provaremos inicialmente que cada v_i (para $i > r$) é uma combinação linear de $v_1, \ldots, v_r$. Por hipótese, dado v_i, existem números $x_1, \ldots, x_r, y \in K$, não todos nulos, tais que

$$x_1 v_1 + \cdots + x_r v_r + y v_i = O.$$

Além disso, $y \neq 0$, pois de outra forma, obteríamos uma relação de dependência linear para $v_1, \ldots, v_r$. Portanto, podemos resolver para v_i, ou seja,

$$v_i = \frac{x_1}{-y} v_1 + \cdots + \frac{x_r}{-y} v_r,$$

mostrando, assim, que v_i é uma combinação linear de $v_1, \ldots, v_r$.

Em seguida, seja v um elemento qualquer de V. Existem $c_1, \ldots, c_n \in K$ tais que

$$v = c_1 v_1 + \cdots + c_n v_n.$$

Nesta relação, podemos substituir cada v_i $(i > r)$ por uma combinação linear de $v_1, \ldots, v_r$. Fazendo isto, e depois agrupando os termos semelhantes, conseguimos expressar v como uma combinação linear de $v_1, \ldots, v_r$. Isto prova que $v_1, \ldots, v_r$ geram V, formando, assim uma base de V.

Sejam V, W espaços vetoriais sobre K. Uma aplicação

$$f : v \longrightarrow W$$

é chamada **aplicação K-linear**, ou **homomorfismo de espaços vetoriais**, se f satisfizer às seguintes condições: Para todos $x \in K$ e v, $v' \in V$ temos

$$f(v + v') = f(v) + f(v'), \qquad f(xv) = xf(v)\,.$$

Assim, f é um homomorfismo de V em W se estes conjuntos forem vistos como grupos aditivos, e satisfizerem à condição adicional de que $f(xv) = xf(v)$. Dizemos, usualmente, "aplicação linear"em vez de "aplicação K-linear".

Sejam $f : V \longrightarrow W$ e $g : W \longrightarrow U$ aplicações lineares. Então a composição $g \circ f : V \longrightarrow U$ é uma aplicação linear.

A verificação é imediata, e será deixada para o leitor.

Teorema 1.2. *Sejam V e W dois espaços vetoriais, e $v_1, \ldots, v_n$ uma base de V. Sejam $w_1, \ldots, w_n$ elementos de W. Então, existe uma única aplicação linear $f : V \longrightarrow W$ tal que $f(v_i) = w_i$ para todo i.*

Demonstração. A aplicação $K-$linear é determinada de modo único, pois se

$$v = x_1v_1 + \cdots + x_nv_n$$

é um elemento de V, com $x_i \in K$, então devemos ter necessariamente

$$\begin{aligned} f(v) &= x_1f(v_1) + \cdots + x_nf(v_n) \\ &= x_1w_1 + \cdots + x_nw_n. \end{aligned}$$

A aplicação f existe, pois, dado um elemento v como acima, *definimos* $f(v)$ como $x_1w_1 + \cdots + x_nw_n$. Devemos assim verificar se f é uma aplicação linear. Seja

$$v' = y_1v_1 + \cdots + y_nv_n$$

um elemento de V com $y_i \in K$. Então

$$v + v' = (x_1 + y_1)v_1 + \cdots + (x_n + y_n)v_n.$$

Portanto,

$$\begin{aligned} f(v + v') &= (x_1 + y_1)w_1 + \cdots + (x_n + y_n)w_n \\ &= x_1w_1 + y_1w_1 + \cdots + x_nw_n + y_nw_n \\ &= f(v) + f(v'). \end{aligned}$$

Se $c \in K$, então $cv = cx_1v_1 + \cdots + cx_nv_n$, e assim

$$f(cv) = cx_1w_1 + \cdots + cx_nw_n = cf(v).$$

Isto prova que f é linear, e concluindo a demonstração do teorema.

O **núcleo** de uma aplicação linear é definido como o núcleo dessa aplicação quando é vista como um homomorfismo de grupos aditivos. Logo, $\mathrm{Nuc}\, f$ é o conjunto dos $v \in V$ tais que $f(v) = 0$. Deixamos para o leitor provar o seguinte:

O núcleo e a imagem de uma aplicação linear são subespaços.

Seja $f : V \to W$ uma aplicação linear. Então f é injetiva se, e somente se, $\mathrm{Nuc}\, f = 0$.

Demonstração. Suponhamos que f é injetiva. Se $f(v) = 0$, então pela definição e o fato de $f(0) = 0$, devemos ter $v = 0$. Logo, $\operatorname{Nuc} f = 0$. De forma recíproca, suponhamos que $\operatorname{Nuc} f = 0$. Consideremos $f(v_1) = f(v_2)$. Assim, $f(v_1 - v_2) = 0$; conseqüentemente $v_1 - v_2 = 0$ e $v_1 = v_2$. Portanto, f ínjetiva. Isso demonstra nossa afirmação.

Seja $f : V \to W$ uma aplicação linear. Se f é bijetiva, isto é, injetiva e sobrejetiva, então f tem uma aplicação inversa

$$g : W \to V .$$

Se f é linear e bijetiva, então a aplicação inversa $g : W \to V$ também é linear.

Demonstração. Sejam w_1, $w_2 \in W$. Como f é sobrejetiva, existem v_1, $v_2 \in V$ tais que $f(v_1) = w_1$ e $f(v_2) = w_2$. Então, $f(v_1 + v_2) = w_1 + w_2$. Pela definição de aplicação inversa,

$$g(w_1 + w_2) = v_1 + v_2 = g(w_1) + g(w_2) .$$

Deixamos para o leitor a demonstração de $g(cw) = cg(w)$ para $c \in K$ e $w \in W$. Com isto concluímos a demonstração.

Como foi feito para os grupos, dizemos que uma aplicação linear $f : V \to W$ é um **isomorfismo** (isto é, um isomorfismo de espaços vetoriais) se existir uma aplicação linear $g : W \to V$ tal que $g \circ f$ seja a aplicação identidade de V, e $f \circ g$ seja a aplicação identidade de W. A observação precedente mostra que uma aplicação linear é um isomorfismo se, e somente se, ela for bijetiva.

Sejam V e W espaços vetoriais sobre o corpo K. Indicamos por

$$\operatorname{Hom}_K(V, W) = \text{conjunto de todas as aplicações lineares de } V \text{ em } W.$$

Sejam f, $g : V \to W$ aplicações lineares. Assim, podemos definir a **soma** $f + g$ da mesma forma como foi definida a soma de aplicações de um conjunto em W. Logo, por definição

$$(f+g)(v) = f(v) + g(v).$$

Se $c \in K$, então definimos cf como sendo a aplicação tal que

$$(cf)(v) = cf(v).$$

Com estas definições, é fácil verificar que

$$\mathrm{Hom}_K(V, W) \textit{ é um espaço vetorial sobre } K.$$

Deixamos para o leitor a verificação dos passos. No caso $V = W$, chamamos os homomorfismos (ou $K-$aplicações lineares) de V em si mesmo de **endomorfismos** de V, e os indicamos por

$$\mathrm{End}_K(V) = \mathrm{Hom}_K(V, V).$$

V, §1. Exercícios

1. Mostre que os seguintes vetores são linearmente independentes (sobre $\mathbb{C}$ ou $\mathbb{R}$).

   (a) (1,1,1) e (0,1,-1)

   (b) (1,0) e (1,1)

   (c) (-1,1,0) e (0,1,2)

   (d) (2,-1) e (1,0)

   (e) (π,0) e (0,1)

   (f) (1,2) e (1,3)

   (g) (1,1,0), (1,1,1) e (0,1,-1)

   (h) (0,1,1), (0,2,1) e (1,5,3)

2. Expresse o vetor X como uma combinação linear dos vetores A e B e encontre as coordenadas de X em relação a A e B.

   (a) $X = (1,0)$, $A = (1,1)$, $B = (0,1)$

   (b) $X = (2,1)$, $A = (1,-1)$, $B = (1,1)$

(c) $X = (1, 1)$, $A = (2, 1)$, $B = (-1, 0)$

(d) $X = (4, 3)$, $A = (2, 1)$, $B = (-1, 0)$

(Você pode interpretar os vetores acima como elementos de $\mathbb{R}^2$ ou $\mathbb{C}^2$. As coordenadas serão as mesmas.)

3. Encontre as coordenadas de X em relação a A, B e C.

   (a) $X = (1, 0, 0)$, $A = (1, 1, 1)$, $B = (-1, 1, 0)$, $C = (1, 0, -1)$

   (b) $X = (1, 1, 1)$, $A = (0, 1, -1)$, $B = (1, 1, 0)$, $C = (1, 0, 2)$

   (c) $X = (0, 0, 1)$, $A = (1, 1, 1)$, $B = (-1, 1, 0)$, $C = (1, 0, -1)$

4. Sejam (a, b) e (c, d) dois vetores no plano. Se $ad - bc = 0$, mostre que eles são linearmente dependentes. Se $ad - bc \neq 0$, mostre que eles são linearmente independentes.

5. Prove que 1 e $\sqrt{2}$ são linearmente independentes sobre o conjunto dos números racionais.

6. Prove que 1 e $\sqrt{3}$ são linearmente independentes sobre o conjunto dos números racionais.

7. Seja α um número complexo. Mostre que α é racional se, e somente se, 1 e α forem linearmente dependentes sobre o conjunto dos números racionais.

V, §2. Dimensão de um espaço vetorial

O resultado principal desta seção é que duas bases quaisquer de um espaço vetorial têm o mesmo número de elementos. Para provar isso, teremos antes que obter um resultado intermediário.

Teorema 2.1 *Seja V um espaço vetorial sobre um campo K e considere $\{v_1, \ldots, v_m\}$ uma base de V sobre $\mathbb{K}$. Sejam $w_1, \ldots, w_n$*

elementos de V, e suponha que $n > m$. Então $w_1, \ldots, w_n$ são linearmente dependentes.

Demonstração. Suponhamos que $w_1, \ldots, w_n$ sejam linearmente independentes. Sendo $\{v_1, \ldots, v_m\}$ uma base, existem elementos $a_1, \ldots, a_m \in \mathbb{K}$ tais que

$$w_1 = a_1 v_1 + \cdots + a_m v_m .$$

Por hipótese, sabemos que $w_1 \neq 0$, e portanto existe algum $a_i \neq 0$. Após renumerar $v_1, \ldots, v_m$, se necessário for, podemos supor, sem perda de generalidade que $a_1 \neq 0$. Podemos então resolver para v_1, e chegar a

$$\begin{aligned} a_1 v_1 &= w_1 - a_2 v_2 - \cdots - a_m v_m \\ v_1 &= a_1^{-1} w_1 - a_1^{-1} a_2 v_2 - \cdots - a_1^{-1} a_m v_m . \end{aligned}$$

O subespaço de V gerado por $w_1, v_2 \ldots, v_m$ contém v_1, e portanto deve coincidir com V, pois $v_1, \ldots, v_m$ geram V. A idéia agora é continuar neste processo passo a passo, e substituir sucessivamente $v_2, v_3, \ldots$ por $w_2, w_3, \ldots$ até que se esgotem todos os elementos $v_1, \ldots, v_m$, e $w_1, \ldots, w_m$ gerem V. Suponhamos agora por indução que exista um número inteiro r, $1 \leq r < m$, tal que, após uma adequada reordenação de $v_1, \ldots, v_m$, os elementos $w_1, \ldots, w_r, v_{r+1}, \ldots, v_m$ gerem V. Por outro lado, existem elementos

$$b_1, \ldots, b_r, c_{r+1}, \ldots, c_m$$

em $\mathbb{K}$, tais que

$$w_{r+1} = b_1 v_1 + \cdots + b_r w_r + c_{r+1} v_{r+1} + \cdots + c_m v_m .$$

Não podemos ter $c_j = 0$ para $j = r+1, \ldots, m$, pois neste caso encontraríamos uma relação de dependência linear entre $w_1, \ldots, w_{r+1}$, contradizendo nossa afirmação. Após reordenarmos $v_{r+1}, \ldots, v_m$ se necessário for , podemos supor, sem perda de generalidade, que $c_{r+1} \neq 0$. Obtemos então

$$c_{r+1} v_{r+1} = w_{r+1} - b_1 w_1 - \cdots - b_r w_r - c_{r+2} v_{r+2} - \cdots - c_m v_m .$$

Dividindo por c_{r+1}, concluimos que v_{r+1} está no subespaço gerado por

$$w_1, \ldots, w_{r+1}, v_{r+2}, \ldots, v_m .$$

Pela nossa hipótese de indução, segue-se que $w_1, \ldots, w_{r+1}, v_{r+2}, \ldots, v_m$ geram V. Assim, por indução, provamos que $w_1, \ldots, w_m$ geram V. Se escrevermos

$$w_{m+1} = x_1 w_1 + \cdots + x_m w_m$$

com $x_i \in K$, obtemos uma relação de dependência linear

$$w_{m+1} - x_1 w_1 - \cdots - x_m w_m = 0$$

como era para ser mostrado.

Teorema 2.2 *Seja V um espaço vetorial e suponhamos que uma bases tenha n elementos, e uma outra m elementos. Então $m = n$.*

Demonstração. Aplicamos o teorema 2.1 e encontramos $n \leq m$ e $m \leq n$, e portanto $m = n$.

Se um espaço tem uma base, então qualquer outra base tem o mesmo número de elementos. Este número é a **dimensão** de V (sobre $\mathbb{K}$), ou que V é n-dimensional. Se V é contituido apenas pelo elemento O, então dizemos que V tem **dimensão** 0.

Corolário 2.3 *Seja V um espaço vetorial e seja W um subespaço contendo n elementos linearmente independentes. Então $W = V$.*

Demonstração. Sejam $v \in V$ e $w_1, \ldots, w_n$ elementos linearmente independentes de W. Então $w_1, \ldots, w_n, v$ são linearmente dependentes, e assim existem $a, b_1, \ldots, b_n \in \mathbb{K}$ nem todos nulos, tais que

$$av + b_1 v_1 + \cdots + b_n w_n = O.$$

Não podemos ter $a = 0$ pois se assim fosse, $w_1, \ldots, w_n$ seriam linearmente dependentes. Logo,

$$v = -a^{-1} b_1 w_1 - \cdots - a^{-1} b_n w_n$$

é um elemento de W. Isto prova que $V \subset W$ e portanto $V = W$.

Teorema 2.4. *Seja $f : V \to W$ um homomorfismo de espaços vetoriais sobre $\mathbb{K}$. Suponhamos que V e W tenham dimensão finita e que* $\dim V = \dim W$. *Se* $\operatorname{Nuc} f = 0$ *ou se* $\operatorname{Im} f = W$, *então f é um isomorfismo.*

Demonstração. Supondo-se que $\operatorname{Nuc} f = 0$. Seja $\{v_1, \dots, v_n\}$ uma base de V. Então $f(v_1), \dots, f(v_n)$ são linearmente independentes, pois considerando $c_1, \dots, c_n \in \mathbb{K}$, tais que

$$c_1 f(v_1) + \cdots + c_n f(v_n) = 0.$$

Ou

$$f(c_1 v_1 + \cdots + c_n v_n) = 0,$$

e como f é injetiva, temos $c_1 v_1 + \cdots + c_n v_n = 0$. Logo, como $\{v_1, \dots, v_n\}$ é uma base de V, $c_i = 0$ para $i = 1, \dots, n$. Portanto $\operatorname{Im} f$ é um subespaço de W de dimensão n, e pelo corolário 2.3. $\operatorname{Im} f = W$. Logo, f é também sobrejetiva e portanto um isomorfismo.

Seja V um espaço vetorial. Definimos um **automorfismo** de V como sendo uma aplicação linear invertível

$$f : V \to V$$

de V em si mesmo. Denotamos o conjunto de automorfismo de V por

$$\operatorname{Aut}(V) \quad \text{ou} \quad \operatorname{LG}(V)$$

As letras LG representam "**Linear Geral**".

Teorema 2.5. *O conjunto* $\operatorname{Aut}(V)$ *é um grupo.*

Demonstração. A multiplicação é a composição de aplicações. Esta composição é associativa; além disso já vimos que a inversa de uma aplicação é linear, e a identidade também. Logo, todos os axiomas de grupo se verificam.

O grupo $\operatorname{Aut}(V)$ é um dos mais importantes na matemática. No próximo capítulo faremos um estudo sobre ele, quando abordarmos espaços vetoriais de dimensão finita em termos de matrizes.

V, §2. Exercícios

1. Sejam V um espaço vetorial de dimensão finita sobre o corpo K e W um subespaço. Seja $\{w_1, \dots, w_m\}$ uma base de W. Mostre que existem elementos $w_{m+1}, \dots, w_m$ em V tais que $\{w_1, \dots, w_n\}$ é uma base de V.

2. Se f é uma aplicação linear, $f : V \to V'$, demonstre que
$$\dim V = \dim \operatorname{Im} f + \dim \operatorname{Nuc} f\,.$$

3. Sejam U, W subespaços de um espaço vetorial V.
   (a) Mostre que $U + W$ é um subespaço.
   (b) Defina $U \times W$ como o conjunto de todos os pares (u, w) tais que $u \in U$ e $w \in W$. Mostre que $U \times W$ é um espaço vetorial. Se U, W têm dimensão finita, mostre que
$$\dim (U \times W) = \dim U + \dim W.$$
   (c) Demonstre que $\dim U + \dim W = \dim (U + W) + \dim (U \cap W)$. [*Sugestão*: considere a aplicação linear $f : U \times W \to U + W$ dada por $f(u, w) = u - w$.]

V, §3. Matrizes e aplicações lineares

Para esta seção pressupomos que o leitor já tenha estudado alguns tópicos da álgebra linear elementar; recordaremos aqui rapidamente alguns desses resultados básicos para manter este livro independente.

Uma **matriz** $A = (a_{ij})$ $m \times n$, é uma família de elementos a_{ij} num corpo K, duplamente indexada, com $i = 1, \ldots, m$ e $j = 1, \ldots, n$. Uma matriz é usualmente escrita como um arranjo retangular, isto é,

$$A = \begin{pmatrix} a_{11} & a_{12} & \cdots & a_{1n} \\ a_{21} & a_{22} & \cdots & a_{2n} \\ \vdots & \vdots & & \vdots \\ a_{m1} & a_{m2} & \cdots & a_{mn} \end{pmatrix}.$$

Os elementos a_{ij} são chamados **componentes** de A. Se $m = n$, então A é chamada **matriz quadrada**.

Como forma de notação temos:

$$\begin{aligned} \mathrm{Mat}_{m\times n}(K) &= \text{ conjunto das } m \times n \text{ matrizes em } K, \\ \mathrm{Mat}_n(K) \text{ ou } M_n(K) &= \text{ conjunto das } n \times n \text{ matrizes em } K. \end{aligned}$$

Sejam $A = (a_{ij})$ e $B = (b_{ij})$ matrizes $m \times n$ em K. A **soma** dessas matrizes é a matriz cuja componente ij é dada por

$$a_{ij} + b_{ij}.$$

Desta forma, a soma é feita entre as componentes correspondentes. Logo $\mathrm{Mat}_{m\times n}(K)$ é um grupo aditivo com essa operação. A verificação disso é imediata.

Seja $c \in K$. Definimos $cA = (ca_{ij})$, pela multiplicação de cada componente de A por c. Assim, também, verifica-se imediatamente que $\mathrm{Mat}_{m\times n}(K)$ é um espaço vetorial sobre K. O elemento zero é a matriz

$$\begin{pmatrix} 0 & \cdots & 0 \\ \vdots & & \vdots \\ 0 & \cdots & 0 \end{pmatrix},$$

onde todas as componentes são iguais a 0.

Sejam $A = (a_{ij})$ e $B = (b_{ij})$ matrizes $m \times n$ e $n \times r$, respectivamente. Definimos o **produto** AB como sendo a matriz $m \times r$, cuja componente ik é dada por

$$\sum_{j=1}^{n} a_{ij} b_{jk}.$$

É fácil verificar que a multiplicação assim definida satisfaz a lei distributiva:

$$A(B+C) = AB + AC \qquad \text{e} \qquad (A+B)C = AC + BC$$

desde que as fórmulas façam sentido. Para a primeira delas, B e C devem ter a mesma ordem; além disto os produtos AB e AC têm que estar definidos.

Dado n, definimos a matriz $n \times n$ **unidade** ou **identidade**, como sendo

$$I_n = \begin{pmatrix} 1 & 0 & \cdots & 0 \\ 0 & 1 & \cdots & 0 \\ \vdots & \vdots & & \vdots \\ 0 & 0 & \cdots & 1 \end{pmatrix}.$$

Em outras palavras, I_n é uma matriz quadrada $n \times n$, com componentes iguais a 1 sobre a diagonal, e componentes iguais a 0 em caso contrário. Pela definição de multiplicação de matrizes, se A é $m \times n$, obtemos

$$I_m A = A \qquad \text{e} \qquad A I_n = A.$$

Denotemos por $M_n(K)$ o conjunto de todas as matrizes $n \times n$ com componentes em K. Então, $M_n(K)$ com as operações de soma e multiplicação definidas acima para matrizes, é uma anel.

Esta afirmação é simplesmente um resumo das propriedades anteriormente listadas.

Existe uma aplicação natural de K em $M_n(K)$. De fato,

$$c \mapsto cI_n = \begin{pmatrix} c & 0 & \cdots & 0 \\ 0 & c & \cdots & 0 \\ \vdots & \vdots & & \vdots \\ 0 & 0 & \cdots & c \end{pmatrix},$$

que associa um elemento $c \in K$ a uma matriz diagonal que tem componentes iguais a c na diagonal e iguais a 0 fora dela. Chamamos cI_n de **matriz escalar**. A aplicação

$$c \mapsto cI_n$$

é um isomorfismo do corpo K sobre o $K-$espaço vetorial das matrizes escalares.

Vamos agora descrever a correspondência entre matrizes e aplicações lineares.

Seja $A = (a_{ij})$ uma matriz $m \times n$ num corpo K. Então A dá origem a uma aplicação linear

$$L_A : K^n \to K^m \qquad \text{definida por} \qquad X \mapsto AX = L_A(X).$$

Teorema 3.1. *A associação $A \mapsto L_A$ é um isomorfismo entre o espaço vetorial das matrizes $m \times n$ e o espaço das aplicações lineares de K^n em K^m.*

Demonstração. Se A e B são matrizes $m \times n$ e $L_A = L_B$, então $A = B$, pois se E^j é o $j-$ésimo vetor unitário

$$E^j = \begin{pmatrix} 0 \\ 0 \\ \vdots \\ 1 \\ \vdots \\ 0 \end{pmatrix}$$

sendo 1 a $j-$ésima componente e 0 as demais, então $AE^j = A^j$ é a $j-$ésima coluna de A. Assim, se $AE^j = BE^j$ para todo $j = 1, \ldots, n$ concluímos que $A = B$.

Em seguida demonstraremos que $A \mapsto L_A$ é sobrejetiva. Seja $L : K^n \to K^m$ uma aplicação linear arbitrária. Sejam $\{U^1, \ldots, U^m\}$ vetores unitários em K^m. Então existem elementos $a_{ij} \in K$ tais que

$$L(E^j) = \sum_{i=1}^{m} a_{ij} U^i.$$

Seja $A = (a_{ij})$. Se

$$X = \sum_{j=1}^{n} x_j E^j,$$

então

$$\begin{aligned} L(X) = \sum_{j=1}^{m} x_j L(E^j) &= \sum_{j=1}^{n} \sum_{i=1}^{m} x_j a_{ij} U^i \\ &= \sum_{i=1}^{m} \left(\sum_{j=1}^{n} a_{ij} x_j \right) U^i. \end{aligned}$$

Isto implica $L = L_A$ o que conclui a demonstração do teorema.

Daremos agora uma outra formulação com pequenas diferenças. Seja V um espaço vetorial com dimensão n sobre K. Seja $\{v_1, \ldots, v_n\}$ uma base de V. Lembremos que temos um isomorfismo

$$K^n \to V \qquad \text{dado por} \qquad (x_1, \ldots, x_n) \mapsto x_1 v_1 + \cdots + x_n v_n\,.$$

Consideremos agora, V e W espaços vetoriais sobre K de dimensões n e m, respectivamente. Seja

$$L : V \to W$$

uma aplicação linear. Sejam $\{v_1, \ldots, v_n\}$ e $\{w_1, \ldots, w_m\}$ bases de V e W, respectivamente. Seja $a_{ij} \in K$ tal que

$$L(v_j) = \sum_{i=1}^{m} a_{ij} w_i.$$

Deste modo, a matriz $A = (a_{ij})$ é denominada **associada a L com respeito à base dada**.

Teorema 3.2. *A associação da matriz definida acima com a aplicação L, é um isomorfismo, denotado por $Hom_k(V, W)$, entre o espaço das matrizes $m \times n$ e o espaço das aplicações lineares .*

Demonstração. É semelhante à demonstração do teorema 3.1 e a deixamos a cargo do leitor.

Basicamente, o que ocorre é que quando representamos um elemento de V como uma combinação linear

$$v = x_1 v_1 + \cdots + x_n v_n ,$$

e consideramos

$$X = \begin{pmatrix} x_1 \\ x_2 \\ \vdots \\ x_n \end{pmatrix}$$

como seu vetor de coordenadas, então $L(v)$, em termos de coordenadas, é representado por AX.

V, §3. Exercícios

1. Exiba uma base para cada um dos espaços vetoriais:

   (a) O espaço das matrizes $m \times n$.

   (b) O espaço das matrizes $n \times n$ simétricas . Uma matriz $A = (a_{ij})$ é dita **simétrica** se $a_{ij} = a_{ji}$, para todo i, j.

   (c) O espaço das matrizes $n \times n$ triangulares. Uma matriz $A = (a_{ij})$ é dita **triangular superior** se $a_{ij} = 0$ sempre que $j < i$.

2. Se $\dim V = n$ e $\dim W = m$, então qual é a $\dim \mathrm{Hom}_k(V, W)$? Justifique sua resposta.

3. Seja R um anel. Definimos o **centro** Z de R, como o subconjunto de todos os elementos $z \in R$ tais que $zx = xz$ para todos $x \in R$.

   (a) Mostre que o centro de um anel R é um subanel.

   (b) Seja $R = \mathrm{Mat}_{n \times n}(K)$ o anel das matrizes $n \times n$ sobre o corpo K. Mostre que o centro desse anel é o conjunto das matrizes cI, com $c \in K$.

V, §4. Módulos

Consideraremos agora uma generalização da noção de espaço vetorial sobre um corpo; essa noção é a de módulo sobre um anel. Seja R um anel. Entende-se por **módulo** (à esquerda) sobre R, ou $R-$**módulo**, um grupo aditivo M juntamente com uma aplicação $R \times M \to M$, que, a cada par (x, v), com $x \in R$ e $v \in M$, associa um elemento xv de M, satisfazendo às quatro condições:

MOD 1. *Se e é o elemento unidade de R, então $ev = v$ para todo $v \in M$.*

MOD 2. *Se $x \in R$ e v, $w \in M$, então $x(v + w) = xv + xw$.*

MOD 3. *Se x, $y \in R$ e $v \in M$, então $(x + y)v = xv + yv$.*

MOD 4. *Se x, $y \in R$ e $v \in M$, então $(xy)v = x(yv)$.*

Exemplo 1. Todo ideal à esquerda de R é um módulo. O grupo aditivo que consiste apenas no 0 é um $R-$módulo para todo anel R.

Como acontece para os espaços vetoriais, temos $Ov = 0$ para todo $v \in M$. (Note que o 0 em $0v$ é o elemento zero de R, enquanto que o 0 do segundo membro da equação é o elemento zero do grupo aditivo M. Contudo, não se corre o risco de fazer confusão utilizando o símbolo 0 para denotar o elemento zero, qualquer que seja o conjunto em questão.) Temos, também, $(-e)v = -v$, o que demonstra da mesma forma como foi feito para os espaços vetoriais.

Seja M um módulo sobre R e seja N um subgrupo de M. Dizemos que N é um **submódulo** de M se, quando $v \in N$ e $x \in R$ implicar que $xv \in N$. Assim, segue-se que o próprio N é um módulo.

Exemplo 2. Seja M um módulo, e $v_1, \ldots, v_n$ elementos de M. Seja N o subconjunto de M que consiste de todos os elementos

$$x_1v_1 + \cdots + x_nv_n$$

com $x_i \in R$. Então N é um submódulo de M. De fato,

$$0 = 0v_1 + \cdots + 0v_n$$

e assim $0 \in N$. Se $y_1, \ldots, y_n \in R$, então

$$x_1v_1 + \cdots + x_nv_n + y_1v_1 + \cdots + y_nv_n = (x_1 + y_1)v_1 + \cdots + (x_n + y_n)v_n$$

está em N. Finalmente, se $c \in R$, então

$$c(x_1v_1 + \cdots + x_nv_n) = cx_1v_1 + \cdots + cx_nv_n$$

pertence a N, e assim provamos que N é um submódulo. Ele é chamado submódulo **gerado** por $v_1, \ldots, v_n$; dizemos que $v_1, \ldots, v_n$ são **geradores** de N.

Exemplo 3. Seja M um grupo aditivo (abeliano), e seja R um subanel de $\mathrm{End}(M)$. [Definimos $\mathrm{End}(M)$ no capítulo III, como o anel dos homomorfismos de M em si mesmo.) Então, se a cada $f \in R$ e $v \in M$ associarmos o elemento $fv = f(v) \in M$, dotaremos M de uma estrutura de $R-$módulo. Verifica-se de modo trivial que valem as quatro condições a que deve satisfazer um módulo.

Reciprocamente, dados um anel R e um $R-$módulo M, a cada $x \in R$ associaremos a aplicação $\lambda_x : M \to M$ tal que $\lambda_x(v) = xv$ para $v \in M$. Então, a associação

$$x \mapsto \lambda_x$$

é um homomorfismo de anéis de R em $\text{End}(M)$, onde $\text{End}(M)$ é o anel dos endomorfismos de M, visto como um grupo aditivo. Isto nada mais é do que uma outra maneira de formular as condições **MOD** 1, 2, 3, 4. A condição **MOD** 4, por exemplo, pode ser escrita, na presente notação, como

$$\lambda_{xy} = \lambda_x \lambda_y \qquad \text{ou} \qquad \lambda_{xy} = \lambda_x \circ \lambda_y$$

desde que a multiplicação em $\text{End}(M)$ seja a composição de aplicações.

Aviso. Pode ocorrer do homomorfismo de anéis $x \mapsto \lambda_x$ não ser injetor. De um modo geral, quando lidamos com um módulo não podemos considerar R como um subanel de $\text{End}(M)$.

Exemplo 4. Denotemos por K^n o conjunto de *vetores-coluna*, isto é, $n-$uplas em colunas

$$X = \begin{pmatrix} x_1 \\ x_2 \\ \vdots \\ x_n \end{pmatrix} \qquad \text{com componentes} \quad x_i \in K\,.$$

Então, K^n é um módulo sobre o anel $M_n(K)$. De fato, pois podemos definir a aplicação multiplicação

$$M_n(K) \times K^n \to K^n$$

por meio da multiplicação matricial

$$(A, X) \mapsto AX.$$

Esta multiplicação satisfaz aos quatro axiomas para um módulo, isto é, **MOD 1, 2, 3, 4**. Este é um dos mais importantes exemplos de módulos na matemática.

Seja R um anel, e sejam M, M' $R-$módulos. Por uma aplicação $R-$**linear** (ou $R-$**homomorfismo**) $f : M \to M'$ entende-se uma aplicação tal que, para todos $x \in R$ e $v,\ w \in M$ temos

$$f(xv) = xf(v), \qquad f(v+w) = f(v) + f(w)\,.$$

Assim, uma aplicação $R-$**linear** é a generalização de uma aplicação $K-$linear quando o módulo é um espaço vetorial sobre um corpo.

O conjunto de todas as aplicações $R-$lineares de M em M' será denotado por $\mathrm{Hom}_R(M, M')$.

Exemplo 5. Sejam M, M' e M'' $R-$módulos. Se

$$f : M \to M' \qquad \text{e} \qquad g : M' \to M''$$

forem aplicações $R-$lineares, com isto a aplicação composta $g \circ f$ é $R-$linear

Mantendo a analogia com as definições anteriores, dizemos que um $R-$homomorfismo $f : M \to M'$ é um **isomorfismo** se existe um $R-$homomorfismo $g : M' \to M$ tal que $g \circ f$ e $f \circ g$ sejam respectivamente as aplicações identidade de M e de M'. Deixamos para o leitor a tarefa de verificar que:

Um $R-$homomorfismo é um isomorfismo se, e somente se, ele for bijetor.

Como ocorre com os espaços vetoriais e com os grupos aditivos, lidamos, muito freqüentemente, com o conjunto das aplicações $R-$lineares de um módulo M em si mesmo, sendo conveniente, assim, dar um nome a essas aplicações. Elas são chamadas $R-$**endomorfismos** de M. O conjunto dos $R-$endomorfismos de M é denotado por

$$\mathrm{End}_R(M).$$

Freqüentemente suprimimos o prefixo $R-$, quando a referência ao anel é clara.

Seja $f : M \to M'$ um homomorfismo de módulos sobre R. Definimos o **núcleo** de f como o núcleo desta aplicação, quando for vista como um homomorfismo de grupos aditivos.

Em analogia com os resultados anteriores, temos:

Seja $f : M \to M'$ um homomorfismo de $R-$módulos. Então o núcleo e a imagem de f serão respectivamente submódulos de M e de M'.

Demonstração. Seja E o núcleo de f. Sabemos que E é um subgrupo aditivo de M. Sejam $v \in E$ e $x \in R$. Então,

$$f(xv) = xf(v) = x0 = 0,$$

e assim $xv \in E$, provando que o núcleo de f é um submódulo de M. Já sabemos também, que a imagem de f é um subgrupo de M'. Seja v' um elemento da imagem de f, e seja $x \in R$. Seja v um elemento de M tal que

$$f(v) = v'.$$

Então $f(xv) = xf(v) = xv'$ também pertence à imagem de M, que, desta forma, é um submódulo de M', provando nossa afirmação.

Exemplo 6. Seja R um anel e M um ideal à esquerda. Seja $y \in M$. A aplicação

$$r_y : M \to M$$

tal que

$$r_y(x) = xy\,,$$

é uma aplicação $R-$linear de M em si mesmo. De fato, se $x \in M$, então $xy \in M$ e desde que $y \in M$, M é um ideal à esquerda e as condições de $R-$linearidade são reformulações das definições. Por exemplo,

$$\begin{aligned} r_y(x_1 + x_2) &= (x_1 + x_2)y = x_1y + x_2y \\ &= r_y(x_1) + r_y(x_2). \end{aligned}$$

Além disso, para $z \in R$ e $x \in M$,

$$r_y(zx) = zxy = zr_y(x).$$

Chamamos r_y de **multiplicação à direita** por y. Assim, r_y é um $R-$endomorfismo de M.

Observemos que qualquer grupo abeliano pode ser visto como um módulo sobre os inteiros. Assim, um $R-$módulo M é também um $\mathbb{Z}-$módulo, e qualquer $R-$endomorfismo de M é um endomorfismo de M, visto como um grupo abeliano. Desta maneira, $\mathrm{End}_R(M)$ é um subconjunto de $\mathrm{End}(M) = \mathrm{End}_{\mathbb{Z}}(M)$.

Na verdade, $\mathrm{End}_R(M)$ *é um subanel de* $\mathrm{End}(M)$*, e assim* $\mathrm{End}_R(M)$ *é ele próprio, um anel.* A demonstração é rotineira. Por exemplo, se $f,\ g \in \mathrm{End}_R(M)$, e $x \in R$, $v \in M$, então

$$\begin{aligned}
(f+g)(xv) &= (f)(xv) + (g)(xv) \\
&= xf(v) + xg(v) \\
&= x\,(f(v) + g(v)) \\
&= x\,(f+g)\,(v).
\end{aligned}$$

Desta forma, $f + g \in \mathrm{End}_R(M)$. Com a mesma facilidade,

$$(f \circ g)\,(xv) = f\,(g(xv)) = f\,((xg(v)) = xf\,(g(v))\,.$$

A identidade pertence a $\mathrm{End}_R(M)$. Isto demonstra que $\mathrm{End}_R(M)$ é um subanel de $\mathrm{End}_{\mathbb{Z}}(M)$.

Agora vemos, também, que M pode ser encarado como um módulo sobre $\mathrm{End}_R(M)$, desde que M é um módulo sobre $\mathrm{End}_{\mathbb{Z}}(M) = \mathrm{End}(M)$.

Denotemos $\mathrm{End}_R(M)$ por $R'(M)$, ou por R' para simplificar notação. Sejam $f \in R'$ e $x \in R$. Então, por definição,

$$f(xv) = xf(v),$$

e conseqüentemente,

$$f \circ \lambda_x(v) = \lambda_x \circ f(v).$$

Portanto, λ_x é uma aplicação $R'-$linear de M em si mesmo, isto é, um elemento de $\mathrm{End}_{R'}(M)$. A associação

$$\lambda : x \mapsto \lambda_x$$

é portanto, um homomorfismo de anéis de R em $\mathrm{End}_{R'}(M)$, e não somente em $\mathrm{End}(M)$.

Teorema 4.1. *Sejam R um anel e M um $R-$módulo. Seja J o conjunto dos elementos $x \in R$ tais que $xv = 0$ para todo $v \in M$. Então J é um ideal bilateral de R.*

Demonstração. Se $x,\ y \in J$, então $(x+y)v = xv + yv = 0$ para todo $v \in M$. Se $a \in R$, então

$$(ax)v = a(xv) = 0 \qquad \text{e} \qquad (xa)v = x(av) = 0$$

para todo $v \in M$. Isto demonstra o teorema.

Observemos que o ideal bilateral do teorema 4.1 é nada mais que o núcleo do homomorfismo de anéis

$$x \mapsto \lambda_x$$

descrito na discussão precedente.

Teorema 4.2 (Wedderburn-Rieffel). *Seja R um anel, e seja L um ideal à esquerda não-nulo, visto como um $R-$módulo. Sejam $R' = \mathrm{End}_R(L)$ e $R'' = \mathrm{End}_{R'}(L)$. Seja*

$$\lambda : R \to R''$$

o homomorfismo de anéis tal que $\lambda_x(y) = xy$ para $x \in R$ e $y \in L$. Suponhamos que R não possua ideais bilaterais além do 0 e do R. Então λ é um isomorfismo de anéis.

Demonstração (Rieffel). O fato de λ ser injetora segue do teorema 4.1, e da hipótese de que L é não-nulo. Assim, resta provar que λ é sobrejetiva. Pelo exemplo 6 do capítulo III, §2, sabemos que LR é um ideal bilateral, não-nulo, pois R tem um elemento unidade; logo, por hipótese, $LR = R$. Então,

$$\lambda(R) = \lambda(LR) = \lambda(L)\lambda(R).$$

Afirmamos, agora, que $\lambda(L)$ é um ideal à esquerda de R''. Para demonstrar isto, considere $f \in R''$ e $x \in L$. Para todo $y \in L$, sabemos, pelo exemplo 6, que r_y pertence a R', e assim que

$$f \circ r_y = r_y \circ f.$$

Isso significa que $f(xy) = f(x)y$. Podemos reescrever esta relação na forma

$$f \circ \lambda_x(y) = \lambda_{f(x)}(y).$$

Logo, $f \circ \lambda_x$ é um elemento de $\lambda(L)$, ou seja, $\lambda_{f(x)}$. Isso demonstra que $\lambda(L)$ é um ideal à esquerda de R''. Mas então

$$R''\lambda(R) = R''\lambda(L)\lambda(R) = \lambda(L)\lambda(R) = \lambda(R).$$

Como $\lambda(R)$ contém a aplicação identidade, denotada por e, segue-se que para todo $f \in R''$ a aplicação $f \circ e = f$ pertence a $\lambda(R)$, isto é, R'' está contido em $\lambda(R)$, e assim $R'' = \lambda(R)$, como se devia demonstrar.

A importância do teorema 4.2 é que ele representa R como um anel de endomorfismos de algum módulo, no caso o ideal à esquerda L. Isto é importante no caso seguinte.

Seja D um anel. Diremos que D é um **anel de divisão** se o conjunto de elementos não-nulos de D for um grupo multiplicativo (e assim, em particular, temos $1 \neq 0$). Note que um anel de divisão comutativo é o que chamamos de corpo.

Seja R um anel, e seja M um módulo sobre R. Diremos que M é um **módulo simples** se $M \neq \{0\}$, e se M não contiver submódulos além de $\{0\}$ e do próprio M.

Teorema 4.3 (Lema de Schur). *Seja M um módulo simples sobre o anel R. Então $End_R(M)$ é um anel de divisão.*

Demonstração. Sabemos que $\mathrm{End}_R(M)$ é um anel, logo só precisamos provar que todo elemento não-nulo admite um inverso. Desde que

$f \neq 0$, a imagem de f é um submódulo de $M \neq 0$, e assim é igual ao M todo, sendo, portanto, sobrejetiva. O núcleo de f é um submódulo de M e não é igual a M; de forma que, o núcleo de f se reduz ao 0, e, portanto, f é injetora. Assim, f tem uma inversa, se encarada como homomorfismo de grupos, e verifica-se facilmente que sua inversa é um $R-$homomorfismo, demonstrando, assim, nosso teorema.

Exemplo 7. Seja R um anel, e L um ideal à esquerda que, visto como módulo, é simples (dizemos então que L é um **ideal simples à esquerda**). Portanto, $\text{End}_R(M) = D$ é um anel de divisão. Se acontecer de D ser comutativo, podemos concluir pelo teorema 4.2, que $R = \text{End}_D(L)$ é o anel de todas as aplicações $D-$lineares de L em si mesmo, e que L é um espaço vetorial sobre o corpo D. Obteremos, assim, um retrato completo do anel R. Veja os exercícios 23 e 24.

Exemplo 8. No exercício 21 o leitor mostrará que o anel de endomorfismos de um espaço vetorial V com dimensão finita satisfaz a hipótese do teorema 4.2. Em outras palavras, $\text{End}_K(V)$ não possui ideal bilateral diferente de $\{0\}$ e de si mesmo. Além disto, V é simples, quando visto como um $\text{End}_K(V)-$módulo (exercício 18). O teorema 4.2 nos fornece, de alguma forma, a recíproca para este caso, mostrando que se trata de um exemplo típico.

Assim como acontece com os grupos, procura-se decompor um módulo sobre um anel, em partes simples. No capítulo II, §3, exercícios 15 e 16, foi pedido ao leitor para definir a soma direta de grupos abelianos. Como podemos ver a seguir, temos a mesma noção para módulos.

Sejam $M_1, \ldots, M_q$ módulos sobre R. Podemos formar o **produto direto**

$$\prod_{i=1}^{q} M_i = M_1 \times \cdots M_q$$

destes $q-$módulos, constituído por todas $q-$uplas $(v_1, \ldots, v_q)$ com $v_i \in M_i$. Este produto direto é o mesmo de $M_1, \ldots, M_q$ quando estes são vistos como grupos abelianos; além disto, podemos definir a multiplicação de um elemento $c \in R$ por cada uma das componentes, isto é,

$$c(v_1, \ldots, v_q) = (cv_1, \ldots, cv_q).$$

É imediato verificar que o produto direto é um R−módulo.

Por outro lado, seja M um módulo, e sejam $M_1, \ldots, M_q$ submódulos. Dizemos que M é a **soma direta** de $M_1, \ldots, M_q$ se todo elemento $v \in M$ for expresso de maneira única como a soma

$$v = v_1 + \cdots + v_r \qquad \text{com} \quad v_i \in M_i.$$

Se M é esta soma direta, então a denotamos por

$$M = M_1 \oplus \cdots \oplus M_q \qquad \text{ou} \qquad \bigoplus_{i=1}^{q} M_i.$$

Para qualquer módulo M com submódulos $M_1, \ldots, M_q$ existe um homomorfismo natural da soma direta em M, ou seja,

$$\prod_{i=1}^{q} M_i \to M \qquad \text{dado por} \qquad (v_1, \ldots, v_q) \mapsto v_1 + \cdots + v_q.$$

Proposição 4.4. *Seja M um módulo.*

(a) *Sejam M_1, M_2 submódulos. Temos $M = M_1 \oplus M_2$ se, e somente se $M = M_1 + M_2$ e $M_1 \cap M_2 = \{0\}$.*

(b) *O módulo M é uma soma direta dos submódulos $M_1, \ldots, M_q$ se, e somente se, o homomorfismo natural do produto $\prod M_i$ em M for um isomomorfismo.*

(c) *A soma $\sum M_i$ é a soma direta de $M_1, \ldots, M_q$ se, e somente se dada a igualdade*

$$v_1 + \cdots + v_q = 0 \qquad \textit{com} \quad v_i \in M_i,$$

temos $v_i = 0$ para $i = 1, \ldots, q$.

Demonstração. A demonstração será deixada, para o leitor, como um rotineiro exercício. Note que a condição (c) é semelhante à condição de independência linear.

No §7 você pode ver um exemplo de uma decomposição de módulos em anéis principais, similar à decomposição de um grupo abeliano.

V, §4. Exercícios

1. Seja R um anel. Mostre que R pode ser visto como um módulo sobre si mesmo e que admite um gerador.

2. Seja R um anel, e M um $R-$módulo. Mostre que $\mathrm{Hom}_R(R, M)$ e M, como grupos aditivos, são isomorfos sob a aplicação $f \mapsto f(1)$.

3. Sejam E, F dois $R-$módulos. Mostre que $\mathrm{Hom}_R(E, F)$ é um módulo sobre $End_R(F)$, em que a operação do anel $End_R(F)$ sobre o grupo aditivo $\mathrm{Hom}_R(E, F)$ é a composição de aplicações.

4. Seja E um módulo sobre o anel R, e seja L um ideal à esquerda de R. Seja LE o conjunto de todos os elementos $x_1v_1 + \cdots + x_nv_n$ com $x_i \in R$ e $v_i \in E$. Mostre que LE é um submódulo de E.

5. Seja R um anel, E um módulo e L um ideal à esquerda. Suponha que L e E sejam simples.

   (a) Mostre que $LE = E$ ou $LE = \{0\}$.

   (b) Suponha que $LE = E$. Defina a noção de isomorfismo de módulos. Demonstre que L é isomorfo a E como $R-$módulo. [*Sugestão*: Seja $v_0 \in E$ um elemento tal que $Lv_0 \neq \{0\}$. Mostre que a aplicação $x \mapsto xv_0$ estabelece um $R-$isomorfismo entre L e E.]

6. Seja R um anel e sejam E e F dois $R-$módulos. Seja $\sigma : E \to F$ um isomorfismo. Mostre que $End_R(E)$ e $End_R(F)$ são isomorfos

como anéis, sob a aplicação

$$f \mapsto \sigma \circ f \circ \sigma^{-1}$$

para $f \in \mathrm{End}_R(E)$.

7. Sejam E, F módulos simples sobre o anel R. Seja $f : E \to F$ um homomorfismo. Mostre que f é 0 ou f é um isomorfismo.

8. Verifique detalhadamente a última afirmação que foi feita na demonstração do teorema 4.3. Seja R um anel, e E um módulo. Dizemos que E é um módulo **livre** se existem elementos $v_1, \dots, v_n$ em E tais que todo elemento $v \in E$ admite a única expressão da forma

$$v = x_1 v_1 + \cdots + x_n v_n$$

com $x_i \in R$. Se este for o caso, então $\{v_1, \dots, v_n\}$ é chamado **base** de E (sobre R).

9. Seja E um módulo livre sobre o anel R, com base $\{v_1, \dots, v_n\}$. Seja F um módulo, e $w_1, \dots, w_n$ elementos de F. Mostre que existe um único homomorfismo $f : E \to F$ tal que $f(v_i) = w_i$ para $i = 1, \dots, n$.

10. Seja R um anel, e S um conjunto que consiste de n elementos, digamos $s_1, \dots, s_n$. Seja F o conjunto das aplicações de S em R.

    (a) Mostre que F é um módulo.

    (b) Se $x \in R$, denote por xs_i a função de S em R que associa x a s_i e 0 a s_i para $j \neq i$. Mostre que F é um módulo livre, que $\{1s_1, \dots, 1s_n\}$ é uma base para F sobre R, e que todo elemento $v \in F$ admite uma única expressão da forma $xs_1 + \cdots + xs_n$ com $x_i \in R$.

11. Seja K um corpo, e $R = K[X]$ o anel de polinômios sobre K. Seja J o ideal gerado por X^2. Mostre que R/J é um $K-$espaço vetorial. Qual é a sua dimensão?

12. Seja K um corpo, e $R = K[X]$ o anel de polinômios sobre K. Seja $f(X)$ um polinômio de grau $d > 0$ em $K[X]$. Seja J o ideal gerado por $f(X)$. Qual é a dimensão de R/J sobre K? Exiba uma base de R/J sobre K. Mostre que R/J é um anel de integridade se, e somente se, f for irredutível.

13. Se R é um anel *comutativo*, e E, F são módulos, mostre que $\mathrm{Hom}_R(E, F)$ é dotado, de modo natural, de uma estrutura de $R-$módulo. Isto continuará verdadeiro se R não for comutativo?

14. Seja K um corpo, e R um espaço vetorial de dimensão 2 sobre K. Seja $\{e, u\}$ uma base de R sobre K. Se a, b, c, d são elementos de K, defina o produto

$$(ae + bu)(ce + du) = ace + (bc + ad)u.$$

Mostre que este produto transforma R em um anel. Qual é o elemento unidade? Mostre que esse anel é isomorfo ao anel $K[X]/(X^2)$ do exercício 11.

15. Com as notações do exercício precedente, seja $f(X)$ um polinômio em $K[X]$. Mostre que

$$f(ae + u) = f(a)e + f'(a)u,$$

onde f' é a derivada formal de f.

16. Seja R um anel e sejam E', E, F três $R-$módulos. Se $f : E' \to E$ for um $R-$homomorfismo, mostre que a aplicação $\phi \mapsto f \circ \phi$ será um $\mathbb{Z}-$homomorfismo

$$\mathrm{Hom}_R(F, E') \to \mathrm{Hom}_R(F, E),$$

e um $R-$homomorfismo se R for comutativo.

17. Uma seqüência de homomorfismos de grupos abelianos

$$A \xrightarrow{f} B \xrightarrow{g} C$$

é dita ser **exata** se $\operatorname{Im} f = \operatorname{Nuc} g$. Assim, dizer que $0 \to A \xrightarrow{f} B$ é exata significa que f é injetora. Seja R um anel. Se

$$0 \to E' \xrightarrow{f} E \xrightarrow{g} E''$$

for uma seqüência exata de $R-$módulos, mostre que, para todo $R-$módulo F

$$0 \to \operatorname{Hom}_R(F, E') \to \operatorname{Hom}_R(F, E) \to \operatorname{Hom}_R(F, E'')$$

será uma seqüência exata.

18. Seja V um espaço vetorial de dimensão finita sobre um corpo K. Seja $R = \operatorname{End}_K(V)$. Prove que V é um $R-$módulo simples. [*Sugestão*: Dados v, $w \in V$ com $v \neq 0$, $w \neq 0$, utilize o teorema 1.2 para mostrar que existe $f \in R$ tal que $f(v) = w$ e assim $Rv = V$.]

19. Seja R o anel das matrizes $n \times n$ sobre um corpo K. Mostre que o conjunto das matrizes do tipo

$$\begin{pmatrix} a_1 & 0 & \cdots & 0 \\ \vdots & \vdots & & \vdots \\ a_n & 0 & \cdots & 0 \end{pmatrix},$$

onde as componentes são iguais a 0, exceto possivelmente na primeira coluna, é um ideal à esquerda de R. Demonstre a afirmação similar para o conjunto das matrizes que têm componentes iguais a 0, exceto talvez na $j-$ésima coluna.

20. Sejam A e B matrizes $n \times n$ sobre um corpo K, do tipo em que todas as componentes são iguais a 0, exceto possivemente, aquelas que ocupam a primeira coluna. Assuma que $A \neq O$. Mostre que

existe uma matriz C $n \times n$ sobre K tal que $CA = B$. *Sugestão*: Considere primeiro um caso especial onde

$$A = \begin{pmatrix} 1 & 0 & \cdots & 0 \\ 0 & 0 & \cdots & 0 \\ \vdots & \vdots & & \vdots \\ 0 & 0 & \cdots & 0 \end{pmatrix}.$$

21. Seja V um espaço vetorial com dimensão finita sobre o corpo K. Seja R o anel das aplicações $K-$lineares de V em si mesmo. Mostre que R não tem, exceto o $\{O\}$ e o próprio R, anéis bilaterais. [*Sugestão*: Seja $A \in R$, $A \neq O$. Sejam $v_1 \in V$, $v_1 \neq 0$ e $Av_1 \neq 0$. Complete $\{v_1\}$ para obter uma base $\{v_1, \ldots, v_n\}$ de V. Seja $\{w_1, \ldots, w_n\}$ um conjunto arbitrário de elementos de V. Para cada $i = 1, \ldots, n$ existe $B_i \in R$ tal que

$$B_i v_i = v_1 \qquad \text{e} \qquad B_i v_j = 0 \quad \text{se} \quad j \neq i,$$

e existe $C_i \in R$ tal que $C_i A v_i = w_i$ (justifique, com detalhes, estas duas afirmações sobre existência). Seja $F = C_1 A B_1 + \cdots + C_n A B_n$. Mostre que $F(v_i) = w_i$ para todo $i = 1, \ldots, n$. Conclua que o ideal bilateral gerado por A é o próprio R.]

22. Seja V um espaço vetorial sobre um corpo K e seja R um subanel de $\mathrm{End}_K(V)$ contendo todas as aplicações lineares, isto é, todas as aplicações cI com $c \in K$. Seja L um ideal à esquerda de R. Seja LV o conjunto de todos os elementos $A_1 v_1 + \cdots + A_n v_n$ com $A_i \in L$ e $v_i \in V$, onde n percorre o conjunto de todos os inteiros positivos. Mostre que LV é um subespaço W de V tal que $RW \subset W$. Um subespaço que apresenta esta propriedade é chamado $R-$**invariante**.

23. Seja D um anel de divisão contendo um corpo K como um subcorpo. Suponha que K esteja contido no centro de D.

(a) Verifique que a adição e a multiplicação em D nos levam a vê-lo como um espaço vetorial sobre K.

(b) Suponha que D tenha dimensão finita sobre K. Seja $\alpha \in D$. Mostre que existe um polinômio $f(t) \in K[t]$ de grau ≥ 1 tal que $f(\alpha) = 0$. [*Sugestão*: Para algum n, as potências $1, \alpha, \alpha^2, \ldots, \alpha^n$ devem ser linearmente dependentes sobre K.] Para os exercícios a seguir, recorde o corolário 1.8 do capítulo IV.

(c) Suponha que K seja algebricamente fechado. Seja D um anel de divisão com dimensão finita sobre K, como nos itens (a) e (b). Demonstre que $D = K$, em outras palavras, mostre que todo elemento de D pertence a K.

24. Seja R um anel contendo um corpo K como um subcorpo, de modo que K esteja no centro de R. Suponha que K seja algebricamente fechado e que não tenha ideais bilaterais diferentes de $\{0\}$ e R. Assuma, também, que R tem dimensão finita > 0 sobre K. Seja L um ideal à esquerda de R, com a menor dimensão > 0 sobre K.

(a) Demonstre que $\text{End}_R(L) = K$ (isto é, as únicas aplicações $R-$lineares de L são as definidas por meio de multiplicação por elementos de K. [*Sugestão*: confira o lema de Schur e o exercício 23.]

(b) Demonstre que R é um anel isomorfo ao anel das aplicações $K-$lineares de L em si mesmo. [*Sugestão*: utilize Wedderburn-Rieffel, ou seja, o teorema 4.2.]

V, §5. Módulos quocientes

Já estudamos grupos quocientes, e anéis módulo em ideal bilateral. Passamos agora a estudar o conceito correspondente no caso de um módulo.

Seja R um anel, e M um $R-$módulo. Por um **submódulo** N entenderemos um subgrupo aditivo de M que é tal que para quaisquer $x \in R$ e $v \in N$, temos $xv \in N$. Assim, o próprio N é um módulo (isto é, um $R-$módulo).

Já sabemos como construir o grupo quociente M/N. Como M é um grupo abeliano, N é automaticamente normal em M, de maneira que a situação nos é familiar. Os elementos do grupo quociente são as classes laterais $v + N$, com $v \in M$. Vamos definir agora uma multiplicação dessas classes laterais por elementos de R. Faremos isto de maneira natural. Se $x \in R$, definimos $x(v + N)$ como sendo a classe lateral $xv + N$. Se v_1 é um outro representante da classe lateral $v + N$, então podemos escrever $v_1 = v + w$, com $w \in N$. Logo,

$$xv_1 = xv + xw,$$

e $xw \in N$. Conseqüentemente, $xv_1 + N = xv + N$. Portanto, nossa definição não depende da escolha do representante v da classe lateral $v+N$. Agora, é trivial verificar que todos os axiomas de módulo são satisfeitos por essa multiplicação. Chamamos M/N de **módulo quociente** de M por N, e também de M **módulo** N.

Também podemos empregar a linguagem de congruências. Se v e v' são elementos de M, escrevemos

$$v \equiv v' \pmod{N}$$

para indicar que $v - v' \in N$. Isso equivale a dizer que as classes laterais $v+N$ e $v'+N$ são iguais. Assim, uma classe lateral $v+N$ não é senão a classe de elementos de M que são congruentes a v mod N. Já afirmamos que a multiplicação de uma classe lateral por x está bem definida. Podemos reformular isto da seguinte maneira: Se $v \equiv v' \pmod{N}$, então, para todo $x \in R$, vale $xv \equiv xv' \pmod{N}$.

Exemplo 1. Seja V um espaço vetorial sobre o corpo K. Seja W um subespaço. Neste caso, o módulo quociente V/W é denominado

espaço quociente.

Sejam M um $R-$módulo, e N um submódulo. A aplicação

$$f : M \to M/N$$

que a cada $v \in M$ associa a sua classe de congruências $f(v) = v + N$, é obviamente um $R-$homomorfismo, pois por definição

$$f(xv) = xv + N = x(v + N).$$

Esta aplicação é chamada homomorfismo **canônico**. O seu núcleo é N.

Exemplo 2. Seja V um espaço vetorial sobre o corpo K. Seja W um subespaço. Então o homomorfismo canônico $f : V \to V/W$ é uma aplicação linear, e é obviamente sobrejetiva. Suponhamos que V tenha dimensão finita sobre K, e seja W' um subespaço de V tal que V seja a soma direta $V = W \oplus W'$. Se $v \in V$, e se escrevermos $v = w + w'$, com $w \in W$ e $w' \in W'$, então $f(v) = f(w) + f(w') = f(w')$. Consideremos, apenas, a aplicação f sobre W', e indiquemos esta aplicação por f'. Então, por definição, temos $f'(w') = f(w')$, para todo $w' \in W'$. Então f' aplica W' sobre V/W, e o núcleo de f' é $\{O\}$, pois $W \cap W' = \{O\}$. *Assim, $f' : W' \to V/W$ é um isomorfismo entre o subespaço complementar W' de W e o espaço quociente V/W.* Temos um isomorfismo semelhante para qualquer escolha do subespaço complementar W'.

V, §5. Exercícios

1. Seja V um espaço vetorial de dimensão finita sobre um corpo K, e W um subespaço. Considere $\{v_1, \dots, v_r\}$ como uma base de W, e a estenda para uma base $\{v_1, \dots, v_n\}$ de V. Seja $f : V \to V/W$ a aplicação canônica. Mostre que

$$\{f(v_{r+1}), ..., f(v_n)\}$$

é uma base de V/W.

2. Sejam V e W como no exercício 1. Seja
$$A : V \to V$$
uma aplicação linear tal que $AW \subset W$, isto é, $Aw \in W$ para todo $w \in W$. Mostre como definir a aplicação linear
$$\overline{A} : V/W \to V/W,$$
definindo
$$\overline{A}(v + W) = Av + W.$$
(Com a terminologia de congruências, se $v \equiv v'(\text{mod } W)$, então $Av \equiv Av'(\text{mod} W)$.) Escreva $\bar{v}$ no lugar de $v + W$. Chamamos $\overline{A}$ de aplicação linear induzida por A sobre o espaço quociente.

3. Seja V o espaço vetorial gerado sobre $\mathbb{R}$ pelas funções 1, t, t^2, e^t, te^t, t^2e^t. Seja W o subespaço gerado por 1, t, t^2, e^t, te^t. Seja D a aplicação derivada.
   (a) Mostre que D aplica W nele próprio.
   (b) Qual é a aplicação linear $\overline{D}$ induzida por D sobre o espaço quociente V/W?

4. Seja V o espaço vetorial sobre $\mathbb{R}$ formado por todos os polinômios de grau $\leq n$ (para algum inteiro $n \geq 1$). Seja W o subespaço formado por todos os polinômios de grau $\leq n - 1$. Qual é a aplicação linear $\overline{D}$ induzida pela aplicação derivada D sobre o espaço quociente V/W?

5. Sejam V e W como no exercício 1. Seja $A : V \to V$ uma aplicação linear, e suponhamos que $AW \subset W$. Seja $\{v_1, \ldots, v_n\}$ uma base de V como no exercício 1.
   (a) Mostre que a matriz de A com respeito a esta base é do tipo
$$\begin{pmatrix} M_1 & M_3 \\ O & M_2 \end{pmatrix},$$

onde M_1 é uma matriz quadrada $r \times r$, e M_2 é uma matriz quadrada $(n-r) \times (n-r)$.

(b) No exercício 2, mostre que a matriz de $\overline{A}$ com respeito à base $\{\bar{v}_1, \ldots, \bar{v}_n\}$ é precisamente a matriz M_2.

V, §6. Grupos abelianos livres

Em toda esta seção, vamos trabalhar com grupos comutativos. Queremos examinar sob que condições podemos definir o equivalente de uma base para tais grupos.

Seja A um grupo abeliano. Por uma **base** de A entenderemos um conjunto de elementos $\{v_1, \ldots, v_n\}$ $(n \geq 1)$ de A de modo que todo elemento de A possa ser escrito de modo único na soma

$$c_1 v_1 + \cdots + c_n v_n$$

com inteiros $c_i \in \mathbb{Z}$. Assim, uma base de um grupo abeliano é definida da mesma maneira que uma base de um espaço vetorial, com a ressalva de que os coeficientes $\{c_1, \ldots, c_n\}$ são agora obrigatoriamente inteiros.

Teorema 6.1. *Seja A um grupo abeliano com uma base $\{v_1, \ldots, v_n\}$. Seja B um grupo abeliano, e sejam elementos $w_1, \ldots, w_n$ de B. Então existe um único homomorfismo de grupos $f : A \to B$ tal que $f(v_i) = w_i$ para todo $i = 1, \ldots, n$.*

Demonstração. Transcreva a demonstração correspondente ao caso de espaços vetoriais, omitindo as constantes desnecessárias, etc.

Para evitar que se confundam bases de grupos abelianos, como anteriormente definidas, com bases de espaços vetoriais, chamamos as bases de grupos abelianos de $\mathbb{Z}-$**bases**.

Teorema 6.2. *Seja A um subgrupo não-trivial do $\mathbb{R}^n$. Suponha que em qualquer região limitada do espaço exista apenas um número fi-*

nito de elementos de A. Seja m o número máximo de elementos de A linearmente independentes sobre $\mathbb{R}$. Nestas condições, podemos escolher m elementos de A que sejam linearmente independentes sobre $\mathbb{R}$, e que formem uma $\mathbb{Z}-$base de A.

Demonstração. Seja $\{w_1, \ldots, w_m\}$ um conjunto maximal de elementos linearmente independentes de A, sobre $\mathbb{R}$. Seja V o espaço gerado por esses elementos, e seja V_{m-1} o espaço gerado por $w_1, \ldots, w_{m-1}$. Seja A_{m-1} a interseção de A com V_{m-1}. Assim, é evidente que em qualquer região limitada do espaço há somente um número finito de elementos de A_{m-1}. Portanto, se $m > 1$, podemos supor por indução que $\{w_1, \ldots, w_{m-1}\}$ seja uma $\mathbb{Z}-$base de A.

Consideremos agora o conjunto S de todos os elementos de A que podem ser colocados sob a forma

$$t_1w_1 + \cdots + t_mw_m,$$

com $0 \leq t_i < 1$ se $i = 1, \ldots, m-1$, e $0 \leq t_m \leq 1$. Certamente, esse conjunto S é limitado, e, portanto, contém apenas um número finito de elementos (dentre os quais está w_m). No conjunto S, escolhemos um elemento v_m cuja última coordenada t_m é a menor possível > 0. Vamos demonstrar que

$$\{w_1, \ldots, w_{m-1}, v_m\}$$

é uma $\mathbb{Z}-$base para A. Escrevemos v_m como uma combinação linear de $w_1, \ldots, w_m$, com coeficientes reais

$$v_m = c_1w_1 + \cdots + c_mw_m, \qquad 0 < c_m \leq 1.$$

Seja v um elemento de A; podemos escrever

$$v = x_1w_1 + \cdots + x_mw_m$$

com $x_i \in \mathbb{R}$. Seja q_m o inteiro tal que

$$q_mc_m \leq x_m < (q_m + 1)c_m.$$

Então, a última coordenada de $v - q_m v_m$, com respeito a $\{w_1, \ldots, w_m\}$, é igual a $x_m - q_m v_m$, e

$$\begin{aligned} 0 &\leq x_m - q_m c_m \\ &< (q_m + 1)c_m - q_m c_m = c_m \leq 1. \end{aligned}$$

Se $q_i (i = 1, \ldots, m-1)$ são inteiros tais que

$$q_i \leq x_i - q_m c_i < q_i + 1,$$

então

$$v - q_m v_m - q_1 w_1 - \cdots - q_{m-1} w_{m-1} \tag{1}$$

é um elemento de S. Se a última coordenada desse elemento for diferente de 0, então ele seria tal que sua última coordenada é inferior a c_m, o que é contrário à construção de v_m. Logo, sua última coordenada é 0, e portanto, o elemento de (1) pertence a V_{m-1}. Por indução, ele pode ser escrito como uma combinação linear de $w_1, \ldots, w_{m-1}$ com coeficientes inteiros, e disto segue-se logo que v pode ser escrito como uma combinação de $w_1, \ldots, w_{m-1}, v_m$ com coeficientes inteiros. Além disso, é óbvio que $w_1, \ldots, w_{m-1}, v_m$ são linearmente independentes sobre $\mathbb{R}$, e portanto satisfazem as exigências do nosso teorema.

Podemos agora aplicar nosso teorema a grupos mais gerais. Seja A um grupo aditivo, e seja $f : A \to A'$ um isomorfismo entre A e um grupo A'. Se A' admitir uma base, digamos $\{v'_1, \ldots, v'_n\}$, e se v_i for o elemento de A tal que $f(v_i) = v'_i$, então verifica-se imediatamente que $\{v_1, \ldots, v_n\}$ é uma base de A.

Teorema 6.3. *Seja A um grupo aditivo, tendo uma base com n elementos. Seja B um subgrupo $\neq \{0\}$. Então B tem uma base com $\leq n$ elementos.*

Demonstração. Sejam $\{v_1, \ldots, v_n\}$ uma base de A, e $\{e_1, \ldots, e_n\}$ a base usual de vetores unitários de $\mathbb{R}^n$. Pelo teorema 6.1, existe um homomorfismo

$$f : A \to \mathbb{R}^n$$

tal que $f(v_i) = e_i$, para $i = 1, \ldots, n$, e esse homomorfismo é obviamente injetivo. Logo, ele dá origem a um isomorfismo entre A e sua imagem em $\mathbb{R}^n$. Por outro lado, verifica-se trivialmente que dentro de qualquer região limitada de $\mathbb{R}^n$ existe apenas um número finito de elementos da imagem $f(A)$, pois em qualquer região limitada, os coeficientes de um vetor

$$(c_1, \ldots, c_n)$$

são limitados. Logo, pelo teorema 6.2, concluímos que $f(B)$ tem uma $\mathbb{Z}-$base, e que portanto B tem uma $\mathbb{Z}-$base, com um número de elementos $\leq n$.

Teorema 6.4. *Seja A um grupo aditivo, tendo uma base com n elementos. Então, todas as bases de A têm este mesmo número n de elementos.*

Demonstração. Vamos tomar o mesmo homomorfismo $f : A \to \mathbb{R}^n$ da prova do teorema 6.3, examinamos nosso homomorfismo $f : A \to \mathbb{R}^n$. Seja $\{w_1, \ldots, w_m\}$ uma base de A, onde cada v_i é uma combinação linear de $w_1, \ldots, w_m$, com coeficientes inteiros. Assim, $f(v_i) = e_i$ é uma combinação linear de $f(w_1), \ldots, f(w_m)$ com coeficientes inteiros. Logo, $e_1, \ldots, e_n$ pertencem ao espaço gerado por $f(w_1), \ldots, f(w_m)$. Fundamentados na teoria de bases para *espaços vetoriais*, concluímos que $m \geq n$, donde $m = n$.

Um grupo abeliano é dito **finitamente gerado** se ele possui um número finito de gera-dores, e é dito **livre** se ele tem uma base.

Corolário 6.5. *Seja $A \neq \{0\}$ um grupo abeliano finitamente gerado. Suponhamos que A não contenha, além do elemento unitário, qualquer elemento de período finito. Então A tem uma base.*

Demonstração. É deixada ao leitor como exercício; os exercícios 1 e 2 dão as principais idéias para a demonstração.

Observação. Temos posto em prática a teoria acima no espaço euclidiano, com o objetivo de enfatizar certos aspectos geométricos. Conceitos similares podem ser utilizados para demonstrar o corolário 6.5, sem recorrer ao espaço euclidiano. Veja, por exemplo, meu livro *Álgebra*.

Seja A um grupo abeliano. No capítulo II, §7, definimos o **subgrupo torsão** A_{tor} como sendo o subgrupo formado por todos os elementos de período finito em A. Recorremos ao capítulo II, teorema 7.1.

Teorema 6.6. *Suponhamos que A seja um grupo abeliano finitamente gerado. Então, A/A_{tor} é um grupo abeliano livre, e A é a soma direta*

$$A = A_{tor} \oplus F,$$

onde F é livre.

Demonstração. Seja $\{a_1, \dots, a_m\}$ o conjunto de geradores de A. Se $a \in A$, indique por $\bar{a}$ sua imagem no grupo quociente A/A_{tor}. Então $\bar{a}_1, \dots, \bar{a}_m$ são geradores de A/A_{tor}, que desta forma é finitamente gerado. Considere que $\bar{a} \in A/A_{tor}$, e suponha que $\bar{a}$ tenha ordem finita, digamos $d\bar{a} = 0$ para algum inteiro positivo d. Isto significa que $da \in A_{tor}$, assim existe um inteiro positivo d' tal que $d'da = 0$ e com isto o próprio a pertence a A_{tor}, isto é, $\bar{a} = 0$. Portanto, o subgrupo torsão de A/A_{tor} é trivial, e pelo corolário 6.5 concluímos que A/A_{tor} é livre.

Consideremos os elementos $b_1, \dots, b_r \in A$ tais que $\{\bar{b}_1, \dots, \bar{b}_r\}$ é uma base de A/A_{tor}. Assim sendo, $b_1, \dots, b_r$ são linearmente independentes sobre $\mathbb{Z}$. Além disto, suponha que $d_1, \dots, d_r$ sejam inteiros tais que

$$d_1 b_1 + \cdots + d_r b_r = 0\,.$$

Logo,

$$d_1 \bar{b}_1 + \cdots + d_r \bar{b}_r = 0\,,$$

e portanto $d_i = 0$ para todo i, pois, por hipótese, $\{\bar{b}_1, \ldots, \bar{b}_r\}$ é uma base de A/A_{tor}. Seja F o subgrupo gerado por $b_1, \ldots, b_r$. Assim, F é livre e, agora, temos como afirmar que

$$A = A_{tor} \oplus F.$$

De fato, seja $a \in A$. Então, existem inteiros $x_1, \ldots, x_r$ tais que

$$\bar{a} = x_1\bar{b}_1 + \cdots + x_r\bar{b}_r.$$

Assim, $\bar{a} - (x_1\bar{b}_1 + \cdots + x_r\bar{b}_r) = 0$ e portanto $a - (x_1 b_1 + \cdots + x_r b_r) \in A_{\text{tor}}$. Isto demonstra que

$$A = A_{tor} \oplus F.$$

Para completar a demonstração, suponha que $a \in A_{\text{tor}} \cap F$. O único elemento de ordem finita em um grupo livre, é o elemento 0. Então, $a = 0$. Isto prova o teorema.

V, §6. Exercícios

1. Seja A um grupo abeliano com um número finito de geradores. Suponha que em A o único elemento de período finito, seja o elemento unidade. Escreva A como um grupo aditivo. Seja d um inteiro positivo. Mostre que a aplicação $x \mapsto dx$ é um homomorfismo injetivo de A em si mesmo, cuja imagem é isomorfa a A.

2. Considere a notação do exercício 1. Seja $\{a_1, \ldots, a_m\}$ um conjunto de geradores de A. Suponha que $\{a_1, \ldots, a_r\}$ seja um subconjunto linearmente independente maximal sobre $\mathbb{Z}$. Seja B o subgrupo gerado por $a_1, \ldots, a_r$. Mostre que existe um inteiro positivo d tal que dx pertence a B, para todo x em A. Utilizando o teorema 6.3 e o exercício 1, conclua que A tem uma base.

V, §7. Módulos sobre anéis principais

Nesta seção R denotará sempre um anel principal.

Seja M um R–módulo tal que $M \neq \{0\}$. Se M é gerado por um elemento v, então dizemos que M é **cíclico**. Neste caso, temos $M = Rv$. A aplicação

$$x \mapsto xv$$

é um homomorfismo de R em M, sendo ambos, R e M, vistos como R–módulos. Seja J o núcleo deste homomorfismo. Então, J consiste de todos os elementos $x \in R$ tais que $xv = 0$. Como, por hipótese, R é principal, então $J = \{0\}$ ou existe algum elemento $a \in R$ que gera J. Podemos assim garantir a existência de um isomorfismo de R–módulos

$$R/J = R/aR \approx M.$$

O elemento a é, de forma única, determinado a menos de um múltiplo por uma unidade de R, e neste caso dizemos que a é **período** de v. Todo múltiplo da unidade por a será também chamado de período de v.

Seja M um R–módulo. Dizemos que M é um **módulo torsão** se dado $v \in M$, existir algum elemento $a \in R$, $a \neq 0$, tal que $av = 0$. Seja p um elemento primo de R. Denotamos por $M(p)$ o subconjunto de elementos $v \in M$ para os quais existe alguma potência p^r $(r \geq 1)$ satifazendo $p^r v = 0$. Notemos que estas definições são análogas as que foram feitas para grupos abelianos finitos, no capítulo II, §7. Dizemos que um módulo é **finitamente gerado** se ele tem um número finito de geradores. Como acontece com os grupos abelianos, dizemos que M tem **expoente** a se todo elemento de M tiver período divisor de a, ou de forma equivalente $av = 0$ para todo $v \in M$.

Observemos que se M é finitamente gerado e é um módulo torsão, então existe $a \in R$, $a \neq 0$, tal que $aM = \{0\}$. (Demonstração?)

As afirmações que se seguem são utilizadas apenas para grupos abelianos, e também têm o objetivo de ilustrar algumas das idéias mais gerais contidas em §4 e §5.

Seja p um elemento primo de R. Então R/pR é um módulo simples.

Sejam a, $b \in R$, primos entre si. Seja M um módulo tal que $aM = 0$. Então a aplicação

$$v \longmapsto bv$$

é um automorfismo de M

As demonstrações são deixadas como exercícios.

O próximo exercício é inteiramente análogo ao teorema 7.1 do capítulo II.

Teorema 7.1. *Seja M um módulo torsão gerado finitamente sobre o anel principal R. Então, M é a soma direta dos seus submódulos $M(p)$ para todos os elementos primos p tais que $M(p) \neq \{0\}$. De fato, seja $a \in R$ tal que $aM = 0$, e suponha que seja possível escrever*

$$a = bc \qquad \text{com } b \text{ e } c \text{ primos entre si.}$$

Seja M_b o subconjunto de M formado por todos os elementos v tais que $bv = 0$. De forma similar definimos M_c. Então

$$M = M_b \oplus M_c.$$

Demonstração. É suficiente copiar a demonstração do teorema 7.1 do capítulo II, pois todas as idéias que foram utilizadas para os grupos abelianos têm sido aplicadas para módulos sobre um anel principal. Esta transferência de idéias é apenas uma continuação do que fizemos no capítulo IV, §6, nos próprios anéis principais.

Teorema 7.2. *Seja M um módulo torsão gerado finitamente sobre o anel principal R. Suponha que exista um primo p tal que $p^r M = \{0\}$ para algum inteiro positivo r. Então, M é a soma direta de* *submódulos cíclicos*

$$M = \bigoplus_{i=1}^{q} Rv_i \qquad \text{onde} \qquad Rv_i \approx R/p^{r_i}R,$$

e portanto v_i *tem período* p^{r_i}. *Além disso, se ordenarmos esses módulos de forma que*

$$r_1 \geq r_2 \geq \cdots \geq r_s \geq 1,$$

então a seqüência de inteiros $r_1, \ldots, r_s$ *é determinada de maneira única.*

Demonstração. Mais uma vez, a demonstração é similar a do teorema 7.2 no capítulo II. Para comodidade do leitor, repetimos aqui a demonstração; desta forma, o leitor poderá ver como transladar para os anéis principais uma demonstração que no conjunto dos inteiros é ligeiramente mais complicada.

Começamos com uma observação. Seja $v \in M$, $v \neq 0$. Seja k um inteiro ≥ 0 tal que $p^k v \neq 0$ e p^m um período de $p^k v$. Então, v tem período p^{k+m}.

Demonstração: Temos, com certeza, $p^{k+m}v = 0$, e se $p^n v = 0$, então primeiro concluímos que $n \geq k$, e depois que $n \geq k+m$, pois do contrário o período de $p^k v$ dividiria p^m e não seria igual a p^m, contrariando a definição de p^m.

Demonstraremos agora o teorema, aplicando indução no número de geradores. Suponha-mos que M seja gerado por q elementos. Após, caso seja necessário, reordenarmos esses elementos, podemos assumir que um desses elementos, v_1, tem período maximal. Em outras palavras, v_1 tem período p^{r_1}, e se $v \in M$, então $p^r v = 0$ com $r \leq r_1$. Seja M_1 o módulo cíclico gerado por v_1.

Lema 7.3. *Seja* $\bar{v}$ *um elemento de* M/M_1*, de período* p^r. *Então, existe um representante* w *de* $\bar{v}$ *em* M *que também tem período* p^r.

Demonstração. Seja v um representante qualquer de $\bar{v}$ em M. Então, $p^r v$ pertence a M_1, digamos $p^r v = cv_1$ com $c \in R$. Observamos que o período de $\bar{v}$ divide o período de v. Tomamos $c = p^k t$ onde t e p são primos entre si. Então, tv_1 também é um gerador de M_1 (demonstração?), e portanto tem período p^{r_1}. Pela observação anterior, o elemento v tem período

$$p^{r+r_1-k},$$

e, por hipótese, $r + r_1 - k \leq r_1$ e $r \leq k$. Isto prova que existe um elemento $w_1 \in M_1$ tal que $p^r v = p^r w_1$. Seja $w = v - w_1$. Então, w é um representante de $\bar{v}$ em M e $p^r w = 0$. Como o período de w é no mínimo p^r, concluímos que w tem período igual a p^r. Isto demonstra o lema.

Neste ponto, retornamos à demonstração principal. O módulo quociente M/M_1 é gerado por $q - 1$ elementos, e por indução M/M_1 tem uma decomposição em soma direta dada por

$$M/M_1 = \bar{M}_2 \oplus \cdots \oplus \bar{M}_s$$

em módulos cíclicos com $M_i \approx R/p^{r_i}R$. Seja $\bar{v}_i$ um gerador para $\bar{M}_i$ ($i = 2, \ldots, s$), e denotemos por v_i um representante em M com o mesmo período de $\bar{v}_i$, de acordo com o lema. Seja M_i o módulo cíclico gerado por v_i. Afirmamos que M é a soma direta de $M_1, \ldots, M_s$ e a seguir provaremos.

Dado $v \in M$, denotamos por $\bar{v}$ sua classe residual em M/M_1. Assim, existem elementos $c_2, \ldots, c_s \in R$ tais que

$$\bar{v} = c_2\bar{v}_2 + \cdots + c_s\bar{v}_s.$$

Logo, $v - c_2v_2 + \cdots + c_sv_s$ pertence a M_1 e existe um elemento $c_1 \in R$ tal que

$$v = c_1v_1 + c_2v_2 + \cdots + c_sv_s.$$

Portanto, $M = M_1 + \cdots + M_s$.

De forma recíproca, suponhamos que $c_1, \ldots, c_s$ sejam elementos de R tais que

$$c_1 v_1 + \cdots + c_s v_s = 0 .$$

Como v_i tem período p^{r_i} $(i = 1, \ldots, s)$, se denotarmos $c_i =^{m_i} t_i$ com $p \nmid t_i$, então, podemos supor $m_i < r_i$. Colocando uma barra sobre esta equação, obtemos

$$c_2 \bar{v}_2 + \cdots + c_s \bar{v}_s = 0 .$$

Como $M/M_1 = \bar{M}$ é uma soma direta de $\bar{M}_2, \cdots, \bar{M}_s$ concluímos que $c_j \bar{v}_j = 0$ para $j = 2, \ldots, s$. (Veja o item (c) da proposição 4.4.) Assim, p^{r_j} divide c_j para $j = 2, \ldots, s$ e desta forma $c_j v_j = 0$ para $j = 2, \ldots, s$ pelo fato de v_j e $\bar{v}_j$ terem o mesmo período. Isto prova que M é a soma direta de $M_1, \ldots, M_q$ e conclui que a demonstração da parte do teorema relativa à existência.

A seguir, demonstraremos a unicidade. Se

$$M \approx R/p^{r_1}R \oplus \cdots \oplus R/p^{r_s}R ,$$

então, como fizemos para os grupos abelianos, dizemos que M tem **tipo** $(p^{r_1}, \ldots, p^{r_s})$. Suponhamos que M seja escrito de dois modos como um produto de submódulos cíclicos, digamos de tipos

$$(p^{r_1}, \ldots, p^{r_s}) \quad \text{e} \quad (p^{m_1}, \ldots, p^{m_k}) ,$$

com $r_1 \geq r_2 \geq \cdots \geq r_s \geq 1$ e $m_1 \geq m_2 \geq \cdots \geq m_k \geq 1$. Assim, pM também é um módulo torsão de tipo

$$(p^{r_1 - 1}, \ldots, p^{r_s - 1}) \quad \text{e} \quad (p^{m_1 - 1}, \ldots, p^{m_k - 1}).$$

Fica entendido que se algum expoente r_i ou m_j é igual a 1, então o fator correspondente a

$$p^{r_i - 1} \quad \text{ou} \quad p^{m_j - 1}$$

em pM é simplesmente o módulo trivial 0. Agora, fazemos uma indução sobre a soma $r_1 + \cdots + r_s$, que pode ser chamada **comprimento** do módulo. Se esse comprimento for 1 em alguma representação de M como uma soma direta, então esse comprimento será 1 em qualquer representação, devido ao fato de R/pR ser um módulo simples, visto que é imediato verificar que se o comprimento é > 1, então existe um submódulo $\neq 0$ e $\neq R$ de modo que o módulo não pode ser simples. Dessa forma, a unicidade está demonstrada para módulos de comprimento 1.

Por indução, a subseqüência de $(r_1 - 1, \ldots, r_s - 1)$ formada por inteiros ≥ 1 é determinada de forma única, e o mesmo ocorre com a subseqüência de $(m_1 - 1, \ldots, m_k - 1)$. Em outras palavras, temos $r_i - 1 = m_i - 1$ para os inteiros i tais que $r_i - 1$ e $m_i - 1$ são ≥ 1. Portanto, $r_i = m_i$ para todos esses inteiros i, e as duas seqüências

$$(p^{r_1}, \ldots, p^{r_s}) \quad \text{e} \quad (p^{m_1}, \ldots, p^{m_k})$$

podem diferir apenas nas suas últimas componentes que podem ser iguais a p. Estas componentes correspondem a fatores do tipo $(p, \ldots, p)$ que ocorrem, digamos, ν vezes na primeira seqüência e μ vezes na segunda seqüência. Devemos mostrar que $\nu = \mu$.

Seja M_p o submódulo de M formado por todos elementos $v \in M$ tais que $pv = 0$. Como por hipótese $pM_p = 0$, segue-se que M_p é um módulo sobre R/pR, que é um corpo, e assim M_p é um espaço vetorial sobre R/pR. Se N é um módulo cíclico, digamos $N = R/p^r R$, então $N_p = p^{r-1}R/p^r R \approx R/pR$ o que implica que N_p tem dimensão 1 sobre R/pR. Portanto,

$$\dim_{R/pR} M_p = s \quad \text{e também } = k\,,$$

isto é, $s = k$. Porém, foi visto no parágrafo precedente que

$$(p^{r_1}, \ldots, p^{r_s}) = (p^{r_1}, \ldots, p^{r_{s-\nu}}, \underbrace{p, \ldots, p}_{\nu \text{ vezes}}),$$

$$(p^{m_1}, \ldots, p^{m_k}) = (p^{r_1}, \ldots, p^{r_{k-\mu}}, \underbrace{p, \ldots, p}_{\mu \text{ vezes}}).$$

e que $s - \nu = k - \mu$. Como $s = k$, segue que $\nu = \mu$ e o teorema fica demonstrado.

Observação. No resultado análogo para grupos abelianos terminamos a demonstração considerando a ordem dos grupos. Aqui foi usado um argumento que tem a ver com a dimensão de um espaço vetorial sobre R/pR. Caso contrário, o argumento é completamente similar.

V, §7. Exercícios

1. Sejam a, b elementos de R, primos entre si. Seja M um $R-$módulo, e denote por $a_M : M \to M$ a multiplicação por a. Em outras palavras, $a_M(v) = av$ para $v \in M$. Suponhamos que $a_M b_M = 0$. Prove que
$$\text{Im } a_M = \text{Nuc } b_M\,.$$
2. Seja M um módulo torsão sobre R gerado por um número finito de elementos. Demons-tre que existe $a \in R$, $a \neq 0$, tal que $a_M = 0$.
3. Seja p um primo de R. Demonstre que R/pR é um $R-$módulo simples.
4. Seja $a \in R$ tal que $a \neq 0$. Supondo que a não seja um primo, prove que R/aR não é um $R-$módulo simples.
5. Sejam a, $b \in R$ primos entre si. Seja M um módulo tal que $a_M = 0$. Demonstre que a aplicação $v \mapsto bv$ é um automorfismo de M.

V, §8. Autovetores e autovalores

Seja V um espaço vetorial sobre um corpo $\mathbb{K}$, e consideremos
$$A : V \to V$$
um operador de V, isto é, uma aplicação linear de V nele próprio. Um elemento $v \in V$ é denominado **autovetor** de A se existe um número λ

tal que $Av = \lambda v$. *Se* $v \neq O$, *então* λ *é calculado de modo único*, pois $\lambda_1 v = \lambda_2 v$ acarreta $\lambda_1 = \lambda_2$. Neste caso, dizemos que λ é um **autovalor** de A associado ao autovetor v. Também dizemos que v é um autovetor com autovalor λ. Usa-se também, no lugar de autovetor e autovalor, os termos **vetor característico** e **valor característico**.

Se A é uma matriz quadrada $n \times n$, então um **autovetor** de A é, por definição, um autovetor da aplicação linear de K^n nele próprio representada por esta matriz A. Portanto, um autovetor X de A é um vetor (coluna) de K^n para o qual existe $\lambda \in K$ tal que $AX = \lambda X$.

Exemplo 1. Seja V o espaço vetorial sobre $\mathbb{R}$ formado por todas as funções infinitamente diferenciáveis. Seja $\lambda \in \mathbb{R}$. Então a função f tal que $f(t) = e^{\lambda t}$ é um autovetor da aplicação derivada d/dt pois $df/dt = \lambda e^{\lambda t}$.

Exemplo 2. Seja

$$A = \begin{pmatrix} a_1 & \cdots & 0 \\ \vdots & \ddots & \vdots \\ 0 & \cdots & a_n \end{pmatrix}$$

uma matriz diagonal. Então todo vetor unitário E^i $(i = 1, \ldots, n)$ é um vetor próprio de A. De fato, temos $AE^i = a_i E^i$:

$$\begin{pmatrix} a_1 & 0 & \cdots & 0 \\ 0 & a_2 & \cdots & 0 \\ \vdots & \vdots & & \vdots \\ 0 & 0 & \cdots & a_n \end{pmatrix} \begin{pmatrix} 0 \\ \vdots \\ 1 \\ \vdots \\ 0 \end{pmatrix} = \begin{pmatrix} 0 \\ \vdots \\ a_i \\ \vdots \\ 0 \end{pmatrix}.$$

Exemplo 3. Se $A : V \to V$ é uma aplicação linear, e se v é um autovetor de A, então para qualquer escalar $c \neq 0$, cv é também um autovetor de A, com o mesmo autovalor.

Teorema 8.1. *Seja* V *um espaço vetorial, e seja* $A : V \to V$ *um* *operador. Seja $\lambda \in K$. Seja V_λ o subespaço de V gerado por todos os autovetores de A tendo λ como autovalor. Então todo elemento não-nulo de V_λ é um autovetor de A tendo λ como autovalor.*

Demonstração. Sejam $v_1, v_2 \in V$ tais que $Av_1 = \lambda v_1$ e $Av_2 = \lambda v_2$. Então

$$A(v_1 + v_2) = Av_1 + Av_2 = \lambda v_1 + \lambda v_2 = \lambda(v_1 + v_2).$$

Se $c \in K$, então $A(cv_1) = cAv_1 = c\lambda v_1 = \lambda c v_1$. Isto demonstra nosso teorema.

O subespaço V_λ do teorema 1.1 é chamado o **autoespaço** de A associado a λ.

Nota . Se v_1, v_2 são autovetores de A com autovalores λ_1 e λ_2 tais que $\lambda_1 \neq \lambda_2$; então de forma clara $v_1 + v_2$ *não* é um autovetor de A. De fato, temos o seguinte teorema:

Teorema 8.2. *Seja V um espaço vetorial, e seja $A : V \to V$ um operador. Sejam $v_1, \ldots, v_m$ autovetores de A com, respectivamente, autovalores $\lambda_1, \ldots, \lambda_m$. Suponhamos que estes autovetores sejam distintos, isto é,*

$$\lambda_i \neq \lambda_j \qquad se \qquad i \neq j.$$

Então, nestas condições, $v_1, \ldots, v_m$ são linearmente independentes.

Demonstração. Por indução sobre m. Para $m = 1$, um elemento $v_1 \in V$, $v_1 \neq O$ é linearmente independente. Tomemos $m > 1$, e supondo que a seguinte relação se verifica

$$c_1 v_1 + \cdots + c_m v_m = O \tag{2}$$

com c_i escalares. Devemos mostrar que todo $c_i = 0$. Multiplicamos a relação (2) por λ_1 para obter

$$c_1 \lambda_1 v_1 + \cdots + c_m \lambda_1 v_m = O.$$

também aplicamos A à relação $(*)$. Por linearidade, obtemos

$$c_1\lambda_1v_1 + \cdots + c_m\lambda_mv_m = O.$$

Subtraindo agora a penúltima expressão desta última, obtemos

$$c_2(\lambda_2 - \lambda_1)v_2 + \cdots + c_m(\lambda_m - \lambda_1)v_m = O.$$

Como $\lambda_j - \lambda_1 \neq 0$ para $j = 2, \ldots, m$, concluimos por indução que

$$c_2 = \cdots = c_m = 0.$$

Voltando à relação inicial, vemos que $c_1v_1 = 0$, donde $c_1 = 0$, e está provado o teorema.

De uma forma geral, consideremos V um espaço vetorial de dimensão finita, e

$$L : V \to V$$

uma aplicação linear. Seja $\{v_1, \ldots, v_n\}$ uma base de V. Dizemos que esta base **diagonaliza** L se cada v_i é um autovetor de L, isto é, $Lv_i = c_iv_i$ para algum escalar c_i. Desta forma, a matriz que representa L com respeito a esta base, é a matriz diagonal

$$A = \begin{pmatrix} c_1 & 0 & \cdots & 0 \\ 0 & c_2 & \cdots & 0 \\ \vdots & \vdots & \ddots & \vdots \\ 0 & 0 & \cdots & c_n \end{pmatrix}.$$

Dizemos que a **aplicacão linear** L pode ser diagonalizada se existe uma base de V formada por autovetores. Dizemos que uma **matriz** $n \times n$ A pode ser **diagonalizada** se estiver associada à uma aplicação linear L_A que possa ser diagonalizada.

Vamos ver agora como se pode usar determinantes para encontrar os autovalores de uma matriz. Assumimos que os leitores estejam familiarizados com a teoria dos determinantes.

Teorema 8.3. *Seja V um espaço vetorial, e λ um número. Se $A : V \to V$ for uma aplicação linear, então λ é um autovalor de A se, e somente se, $A - \lambda I$ não for invertível.*

Demonstração. Admitamos que λ é um autovalor de A. Então existe um elemento $v \in V$, $v \neq O$ tal que $Av = \lambda v$. Logo, $Av - \lambda v = O$, e assim $(A - \lambda I)v = O$. Portanto, o núcleo de $A - \lambda I$ tem um elemento diferente de zero, o que implica $A - \lambda I$ não ser invertível. De forma recíproca, suponhamos que $A - \lambda I$ não seja invertível. Pelo teorema 2.4 vemos que $A - \lambda I$ deve ter no núcleo algum elemento diferente de zero, indicando assim que existe um elemento $v \in V$, $v \neq O$, tal que $(A - \lambda I)v = O$. Portanto $Av - \lambda v = O$, e $Av = \lambda v$. Logo, λ é um autovalor de A, e isto conclui a prova do teorema.

Seja A uma matriz $n \times n$, $A = (a_{ij})$. Definimos o **polinômio característico** P_A de A como sendo o determinante

$$P_A(t) = \text{Det}(tI - A),$$

ou escrito por extenso

$$P(t) = \begin{vmatrix} t - a_{11} & & \\ & & -a_{ij} \\ & \ddots & \\ -a_{ij} & & \\ & & t - a_{nn} \end{vmatrix}.$$

A matriz A também pode ser vista como uma aplicação linear de K^n em K^n, e também podemos dizer que $P_A(t)$ é o **polinômio característico desta aplicação linear**.

Exemplo 4. O polinômio característico da matriz

$$A = \begin{pmatrix} 1 & -1 & 3 \\ -2 & 1 & 1 \\ 0 & 1 & -1 \end{pmatrix}$$

é

$$\begin{vmatrix} t-1 & 1 & -3 \\ 2 & t-1 & -1 \\ 0 & -1 & t+1 \end{vmatrix}$$

que podemos expandir de acordo com a primeira coluna, para encontrar

$$P_A(t) = t^3 - t^2 - 4t + 6.$$

Para uma matriz arbitrária $A = (a_{ij})$, o polinômio característico pode ser determinado expandindo de acordo com a primeira coluna, e será sempre formado por uma soma

$$(t - a_{11}) \cdots (t - a_{nn}) + \cdots .$$

Cada um dos outros termos, além do que escrevemos, terá grau $< n$. Portanto, o polinômio característico é do tipo

$$P_A(t) = t^n + \text{ termos de grau inferior.}$$

Para o próximo teorema, assumimos que o leitor conheça a seguinte propriedade dos determinantes:

Uma matriz quadrada M sobre um corpo $\mathbb{K}$ é invertível se, e somente se seu determinante for $\neq 0$.

Teorema 8.4. *Seja A uma matriz $n \times n$. Um número λ é um autovalor de A se, e somente se, λ for uma raiz do polinômio característico de A. Se $\mathbb{K}$ é algebricamente fechado, então A tem um autovalor em $\mathbb{K}$.*

Demonstração. Suponhamos que λ é um autovalor de A. Então $\lambda I - A$ não é invertível pelo teorema 8.3, e portanto $\operatorname{Det}(\lambda I - A) = 0$. Conseqüentemente, λ é uma raiz do polinômio característico. De modo recíproco, se λ é uma raiz do polinômio característico, então

$$\operatorname{Det}(\lambda I - A) = 0,$$

e portanto, concluimos que $\lambda I - A$ não é invertível. Logo λ é um autovalor de A, conforme o teorema 8.3.

Teorema 8.5. *Sejam A e B duas matrizes $n \times n$, e suponhamos que B seja invertível. Então o polinômio característico de A é igual ao polinômio característico de $B^{-1}AB$.*

Demonstração. Por definição, e propriedades do determinante,

$$\begin{aligned}\mathrm{Det}(tI - A) &= \mathrm{Det}(B^{-1}(tI - A)B) = \mathrm{Det}(tB^{-1}B - B^{-1}AB) \\ &= \mathrm{Det}(tI - B^{-1}AB).\end{aligned}$$

Isto prova o teorema.

Seja

$$L : V \to V$$

uma aplicação linear de um espaço vetorial de dimensão finita sobre ele mesmo, isto é, L é um operador. Selecionamos uma base para V e supomos que

$$A = M_{\mathcal{B}}^{\mathcal{B}}(L)$$

seja a matriz associada a L com respeito a esta base. Definimos então o **polinômio ca-racterístico de** L como sendo o polinômio característico de A. Se mudarmos a base, então A muda para $B^{-1}AB$ onde B é uma matriz invertível. Pelo teorema 8.4, isto implica que o polinômio característico não depende da escolha da base.

O teorema 8.3 pode ser interpretado para o operador L da seguinte forma:

Seja $\mathbb{K}$ algebricamente fechado. Seja V um espaço vetorial de dimensão finita > 0 sobre $\mathbb{K}$. Seja $L : V \to V$ um endomorfismo. Então L tem autovetor não-nulo e um autovalor em $\mathbb{K}$.

V, §8. Exercícios

1. Considere um espaço vetorial de dimensão n e suponha que o polinômio característico de uma aplicação linear $A : V \to V$ possua n raízes distintas. Mostre que V possui uma base formada de autovetores de A.

2. Considere uma matriz invertível A. Mostre que se λ é autovalor, então $\lambda \neq 0$ e λ^{-1} é um autovalor de A^{-1}.

3. Suponha que V seja um espaço vetorial sobre $\mathbb{R}$ gerado pelas funções $\operatorname{sen} t$ e $\cos t$. A derivada (vista como uma aplicação linear de V nele próprio) possui autovetores não-nulos em V? Se for assim, quais serão estes autovetores?

4. Indique por D a derivada, que é vista como um operador linear sobre o espaço das funções diferenciáveis. Considere um número inteiro $k \neq 0$. Mostre que as funções $\operatorname{sen} kx$ e $\cos kx$ são autovetores para o operador D^2. Quais são os autovalores?

5. Suponha que $A : V \to V$ seja uma aplicação linear, e que $\{v_1, \ldots, v_n\}$ constitua uma base de V formada por autovetores com autovalores distintos $c_1, \ldots, c_n$. Mostre que qualquer autovetor v de A em V é um múltiplo escalar de algum v_i.

6. Sejam A e B duas matrizes quadradas do mesmo tipo. Mostre que os autovalores de AB são iguais aos autovalores de BA.

7. **(Teorema de Artin.)** Seja G um grupo, e sejam $f_1, \ldots, f_n : G \to \mathbb{K}^*$ diferentes homomorfismos de G no grupo multiplicativo de um corpo $\mathbb{K}$. Em particular, $f_1, \ldots, f_n$ são funções de G em $\mathbb{K}$. Prove que estas funções são linearmente independentes em $\mathbb{K}$. [*Sugestão* : use indução como se fez na prova do teorema 8.2.]

V, §9. Polinômios de matrizes e de aplicações lineares

Seja n um inteiro positivo. Denotamos por $\mathrm{Mat}_n(\mathbb{K})$ o conjunto de todas as matrizes $n \times n$ com coeficientes em um corpo $\mathbb{K}$. Então $\mathrm{Mat}_n(\mathbb{K})$ é um anel, que é um espaço vetorial de dimensão finita n^2 sobre $\mathbb{K}$. Seja $A \in \mathrm{Mat}_n(\mathbb{K})$. Então A gera um subanel, que é comutativo devido ao fato das potências de A comutarem entre si. Denotamos por $\mathbb{K}[t]$ o anel de polinômios sobre $\mathbb{K}$. Como um caso especial da aplicação valor, se $f(t) \in \mathbb{K}[t]$ for um polinômio, podemos encontrar o valor de f em A da seguinte forma:

$$\text{Se } f(t) = a_n t^n + \cdots + a_0 \text{ então } f(A) = a_n A^n + \cdots + a_0 I.$$

Sabendo-se que a aplicação valor é um homomorfismo de anel, temos as regras:

$$\begin{aligned} (f+g)(A) &= f(A) + g(A), \\ (fg)(A) &= f(A)g(A), \\ (cf)(A) &= cf(A); \end{aligned}$$

onde f, $g \in \mathbb{K}[t]$, e $c \in K$.

Exemplo. Sejam $\alpha_1, \ldots, \alpha_n$ elementos de $\mathbb{K}$. Se

$$f(t) = (t - \alpha_1) \cdots (t - \alpha_n),$$

então

$$f(A) = (A - \alpha_1 I) \cdots (A - \alpha_n I).$$

Consideremos um espaço vetorial V sobre K, e seja $A : V \to V$ um operador (isto é uma aplicação linear de V nele próprio). Então podemos formar $A^2 = A \circ A = AA$, e em geral, A^n =iteração de A tomada n vezes para qualquer inteiro positivo n. Definimos $A^0 = I$ (onde I denota a aplicação identidade). Temos

$$A^{m+n} = A^m A^n$$

para todos os inteiros $m, n \geq 0$. Se f for um polinômio em $\mathbb{K}[t]$, então podemos formar $f(A)$ da mesma maneira que o fizemos para matrizes. As mesmas regras são satisfeitas se empregarmos o fato de $f \mapsto f(A)$ ser um homomorfismo de anel. A imagem de $\mathbb{K}[t]$ em $\mathrm{End}_{\mathbb{K}}(V)$ por este homomorfismo é um subanel comutativo denotado por $\mathbb{K}[A]$.

Teorema 9.1. *Seja A uma matriz $n \times n$ num corpo $\mathbb{K}$, ou suponhamos que $A : V \to V$ seja um endomorfismo de um espaço vetorial V de dimensão n. Então existe um polinômio não -nulo $f \in \mathbb{K}[t]$ tal que $f(A) = O$.*

Demonstração. O espaço vetorial das matrizes $n \times n$ sobre K tem dimensão finita, sendo sua dimensão igual a n^2. Portanto, as potências

$$I,\ A,\ A^2, \ldots,\ A^N$$

são linearmente dependentes para $N > n^2$. Isto significa que existem números $a_0, \ldots, a_N \in K$ tais que, nem todos $a_i = 0$, e

$$a_N A^N + \cdots + a_0 I = O.$$

Toma-se $f(t) = a_N t^N + \cdots + a_0 = O$ para se obter a conclusão desejada. A mesma demonstração se aplica quando A é um endomorfismo de V.

Se dividirmos o polinômio f do teorema 9.1 por seu coeficiente dominante, obteremos um polinômio g com coeficiente dominante 1, tal que $g(A) = O$. Em geral, é conveniente trabalhar com polinômios cujo coeficiente dominante é 1, pois isto simplifica a notação.

O núcleo da aplicação $f \mapsto f(A)$ é um ideal principal em $K[t]$, e portanto gerado por um único polinômio mônico que é denominado **polinômio minimal** de A em $K[t]$. Como o anel gerado por A sobre K tem divisores de zero, é possível que esse polinômio minimal não seja irredutível. Esta é a primeira diferença básica que encontramos quando aplicamos polinômios nos elementos de um corpo. Vamos provar no fim desta seção que se P_A é o polinômio característico, então $P_A(A) = O$. Logo, $P_A(t)$ está no núcleo da aplicação $f \mapsto f(A)$, e assim, como o núcleo é um ideal principal, o polinômio minimal divide o polinômio característico.

Seja V um espaço vetorial sobre K, e seja $A : V \to V$ um endomorfismo. Desta forma, como mostramos a seguir, V pode ser visto como um módulo sobre o anel de polinômios $K[t]$. Se $v \in V$ e $f(t) \in K[t]$, então $f(A) : V \to V$ também é um endomorfismo de V, e assim **definimos**

$$f(t)v = f(A)v.$$

As propriedades necessárias para verificar que V é de fato um módulo sobre $K[t]$ podem ser verificadas trivialmente. A grande vantagem de trabalhar com V como sendo um módulo sobre $K[t]$ no lugar de $K[A]$, é que, por exemplo, $K[t]$ é um anel principal e dessa forma podermos aplicar os resultados do §7.

Aviso. A estrutura de $K[t]-$módulo depende, de forma clara, da escolha de A. Se selecionássemos outro endomorfismo para definir a operação de $K[t]$ sobre V, então esta estrutura também seria trocada. Desta forma, denotamos por V_A o módulo V sobre $K[t]$ que está determinado, como acima, pelo endomorfismo A. O teorema 9.1 pode agora ser interpretado como se segue:

O módulo V_A sobre $K[t]$ é um módulo torsão.

Por conseguinte, os teoremas 7.1 e 7.2 podem ser aplicados para nos dar uma descrição de V_A como um $K[t]-$módulo. Faremos esta descrição de uma forma mais explícita.

Seja W um subespaço de V. Diremos que W é um **subespaço invariante sob** A ou $A-$**invariante**, se Aw pertencer a W para todo $w \in W$, isto é, se AW estiver contido em W. Segue-se, diretamente das definições, que:

Um subespaço W é $A-$ invariante se, e somente se, W for um $K[t]-$submódulo.

Exemplo 1. Sejam v_1 um autovetor não-nulo de A e V_1 o espaço vetorial de dimensão 1 gerado por v_1. Então, V_1 é um subespaço invariante sob A.

Exemplo 2. Sejam λ um autovalor de A e V_λ o subespaço de V constituído por todos os elementos $v \in V$ tais que $Av = \lambda v$. Então V_λ é subespaço invariante sob A, chamado **autoespaço** de λ.

Exemplo 3. Sejam $f(t) \in K[t]$ um polinômio e W o núcleo de $f(A)$. Então W é um subespaço invariante sob A.

Demonstração. Suponha-se que $f(A)w = 0$. Como $tf(t) = f(t)t$, temos

$$Af(A) = f(A)A,$$

e portanto

$$f(A)(Aw) = f(A)Aw = Af(A)w = 0.$$

Assim Aw também está no núcleo de $f(A)$, e isto prova a nossa afirmação.

Transladando o teorema 7.1 para esta situação, obtemos:

Teorema 9.2. *Seja $f(t) \in K[t]$ um polinômio, e suponhamos que $f = f_1 f_2$, onde f_1, f_2 sejam polinômios com grau ≥ 1 e primos entre si. Suponha que $f(A) = O$. Sejam*

$$W_1 = \text{Núcleo de } f_1(A) \qquad e \qquad W_2 = \text{Núcleo de } f_2(A).$$

Então V é soma direta de W_1 e W_2. Em particular, considere o caso em que $f(t)$ tem uma fatoração do tipo

$$f(t) = (t - \alpha_1)^{r_1} \cdots (t - \alpha_m)^{r_m},$$

onde $\alpha_1, \ldots, \alpha_m \in K$ são raízes distintas. Seja W_i o núcleo de $(A - \alpha_i I)^{r_i}$. Então, V é a soma direta dos subespaços $W_1, \ldots, W_m$.

Observação. Se o corpo K for algebricamente fechado, então será sempre possível fatorar o polinômio $f(t)$ em fatores de grau 1, como foi visto anteriormente, onde as diferentes potências $(t-\alpha_1)^{r_1}, \ldots, (t-\alpha_m)^{r_m}$ são polinômios primos entre si. Este caso, de forma clara, verifica-se para o corpo dos números complexos. Isto é naturalmente o caso quando se trabalha com os números complexos.

Exemplo 4 (Equações Diferenciais). Seja V o espaço de soluções (infinitamente diferenciáveis) da equação diferencial

$$D^n f + a_{n-1}D^{n-1}f + \cdots + a_0 f = 0\,,$$

com coeficientes complexos a_i. Determinaremos uma base para V.

Teorema 9.3. *Seja*

$$P(t) = t^n + a_{n-1}t^{n-1} + \cdots + a_0.$$

$P(t)$ é fatorável como no teorema 9.2, ou seja,

$$P(t) = (t-\alpha_1)^{r_1} \cdots (t-\alpha_m)^{r_m}.$$

Então V é soma direta dos espaços das soluções das equações diferenciais

$$(D-\alpha_i I)^{r_i} f = 0\,,$$

para $i = 1, \ldots, m$.

Demonstração. é apenas uma aplicação direta do teorema 9.2.

Logo, o estudo da equação diferencial original reduz-se a estudar a equação mais simples

$$(D-\alpha I)^r f = 0\,.$$

As soluções de equações como esta são facilmente encontradas.

Teorema 9.4. *Seja α um número complexo. Seja W o espaço das soluções da equação diferencial*

$$(D-\alpha I)^r f = 0\,.$$

Então, W é o espaço gerado pelas funções

$$e^{\alpha t},\ te^{\alpha t}, \ldots, t^{r-1}e^{\alpha t};$$

além disso, estas funções formam uma base para o espaço W, que dessa forma tem dimensão r.

Demonstração. Para todo número complexo α, temos

$$(D-\alpha I)^r f = e^{\alpha t} D^r (e^{-\alpha t} f).$$

(A demonstração se resume a uma indução simples.) Conseqüentemente, f pertence ao núcleo de $(D-\alpha I)^r$ se, e somente se,

$$D^r(e^{-\alpha t} f) = 0\,.$$

As únicas funções que têm a $r-$ésima derivada igual a 0 são as funções polinomiais de grau $\leq r-1$. Assim, o espaço das soluções de $(D - \alpha I)^r f = 0$ é o espaço gerado pelas funções

$$e^{\alpha t},\ te^{\alpha t}, \ldots, t^{r-1}e^{\alpha t}\,.$$

Para concluir, verifiquemos que essas funções são linearmente independentes. Suponhamos que exista uma relação linear

$$c_0 e^{\alpha t} + c_1 t e^{\alpha t} + \cdots + c_{r-1} t^{r-1} e^{\alpha t} = 0$$

para todo t, com constantes $c_0, \ldots, c_{r-1}$. Seja

$$Q(t) = c_0 + c_1 t + \cdots + c_{r-1} t^{r-1}\,.$$

Então, $Q(t)$ é um polinômio não-nulo e temos

$$Q(t)e^{\alpha t} = 0 \quad \text{para todo } t.$$

Mas, $e^{\alpha t} \neq 0$ para todo t e assim $Q(t) = 0$ para todo t. Como Q é um polinômio, devemos ter $c_i = 0$ para $i = 0, \ldots, r-1$, e dessa forma concluímos a demonstração.

Finalizamos este capítulo atentando para o significado do teorema 7.2 quando é considerado um espaço vetorial V de dimensão finita sobre um corpo algebricamente fechado K. Seja

$$A : V \to V$$

um endomorfismo como antes. De forma explícita, primeiro faremos o caso cíclico.

Lema 9.5. *Seja $v \in V$ tal que $v \neq 0$. Suponhamos que exista $\alpha \in K$ tal que $(A - \alpha I)^r v = 0$ para algum inteiro positivo r; além disso, consideremos que esse tal r é o menor dentre os que existam. Então, os elementos*

$$v, \ (A - \alpha I)v, \ldots, (A - \alpha I)^{r-1}v$$

são linearmente independentes sobre K.

Demonstração. Para simplificar, seja $B = A - \alpha I$. Uma relação de dependência linear entre os elementos acima pode ser escrita como

$$f(B)v = 0\,,$$

onde f é um polinômio $\neq 0$ de grau $\leq r - 1$, ou seja,

$$c_0 v + c_1 Bv + \cdots + c_s B^s v = 0\,,$$

com $f(t) = c_0 + c_1 t + \cdots + c_s t^s$ e $s \leq r - 1$. Por hipótese, também temos $B^r v = 0$. Seja $g(t) = t^r$. Se h é o máximo divisor comum de f e g, então podemos escrever

$$h = f_1 f + g_1 g\,,$$

onde f_1 e g_1 são polinômios, e dessa forma $h(B) = f_1(B)f(B) + g_1(B)g(B)$. Daí, $h(B)v = 0$. Mas, $h(t)$ divide t^r e tem grau $\leq r - 1$; assim, $h(t) = t^d$ com $d < r$. Isto contradiz a hipótese de que r é o menor inteiro positivo e dessa forma provamos o lema.

O móduloV_A é cíclico sobre $K[t]$ se, e somente se, existir um elemento $v \in V$, $v \neq 0$, tal que todo elemento de V seja da forma $f(A)v$ para algum polinômio $f(t) \in K[t]$. Suponhamos que V_A seja cíclico e que além disto exista algum elemento $\alpha \in K$ e um inteiro positivo r tal que $(A - \alpha I)^r v = 0$. Consideremos também que r seja o menor inteiro positivo que satisfaça esta igualdade. Então, o polinômio minimal de A sobre V é precisamente $(t - \alpha)^r$. Assim, o lema 9.5 implica que

$$\{(A - \alpha I)^{r-1}v, \ldots, (A - \alpha I)v,\, v\} \tag{3}$$

é uma base para o espaço V sobre K. Com respeito a esta base, a matriz de A é particularmente simples. De fato, para cada k temos

$$A(A - \alpha I)^k v = (A - \alpha I)^{k+1} v + \alpha (A - \alpha I)^k v\,.$$

Por definição, segue-se que a matriz com respeito a esta base associada a A é igual a matriz triangular

$$\begin{pmatrix} \alpha & 1 & 0 & \cdots & 0 & 0 \\ 0 & \alpha & 1 & \cdots & 0 & 0 \\ 0 & 0 & \alpha & \cdots & 0 & 0 \\ \vdots & \vdots & \vdots & \ddots & \ddots & \vdots \\ 0 & 0 & 0 & \cdots & \alpha & 1 \\ 0 & 0 & 0 & \cdots & 0 & \alpha \end{pmatrix}$$

Esta matriz tem α sobre a diagonal, 1 acima da diagonal e 0 em todas as outras posições. O leitor observará que $(A - \alpha I)^{r-1}v$ é um autovetor de A, com autovalor α.

A base (3) é chamada uma **base de Jordan para V com respeito a A.** Assim, sobre um corpo algebricamente fechado, podemos encontrar uma base para um espaço vetorial cíclico, como o espaço acima, tal que a matriz com respeito a essa base é particularmente simples e quase diagonal. Se $r = 1$, isto é, se $Av = \alpha v$, então a matriz é uma matriz 1×1, que é diagonal.

Passamos agora a nos preocupar com o caso geral. Reformulamos o teorema 7.2 como segue.

Teorema 9.6. *Seja V um espaço de dimensão finita sobre o corpo algebricamente fechado K, com $V \neq \{0\}$. Seja $A : V \to V$ um endomorfismo. Então, V é uma soma direta de subespaços $A-$invariantes*

$$V = V_1 \oplus \cdots \oplus V_q,$$

onde cada V_i é cíclico e é gerado sobre $K[t]$ por um elemento $v_i \neq 0$; além disso, o núcleo da aplicação

$$f(t) \mapsto f(A)v_i$$

é uma potência $(t - \alpha_i)^{r_i}$ para algum inteiro positivo r_i e $\alpha_i \in K$.

Ao selecionarmos uma base de Jordan para cada V_i, então a seqüência dessas bases formará uma base para V, ainda chamada de **base de Jordan para V com respeito a A.** Com respeito a essa base, a matriz A apresenta-se dividida em blocos (Fig. 1).

Em cada bloco temos um autovalor α_i sobre a diagonal. Temos 1 acima da diagonal, e 0 em todas as outras posições. Esta matriz é chamada **forma normal de Jordan para A.**

Será entendido que se $r_i = 1$, então não existirá 1 acima da diagonal e o autovalor α_i será simplesmente repetido em um número de vezes igual à dimensão do autoespaço correspondente.

A forma normal de Jordan também nos induz a demonstrar o **teorema de Cayley-Hamilton** como um corolário, isto é:

Teorema 9.7. *Seja A uma matriz $n \times n$ sobre um corpo K, e consideremos o seu polinômio característico $P_A(t)$. Então $P_A(A) = O$.*

Demonstração. Para esta demonstração, consideraremos que o corpo K esteja contido em algum corpo algebricamente fechado. Assim, será

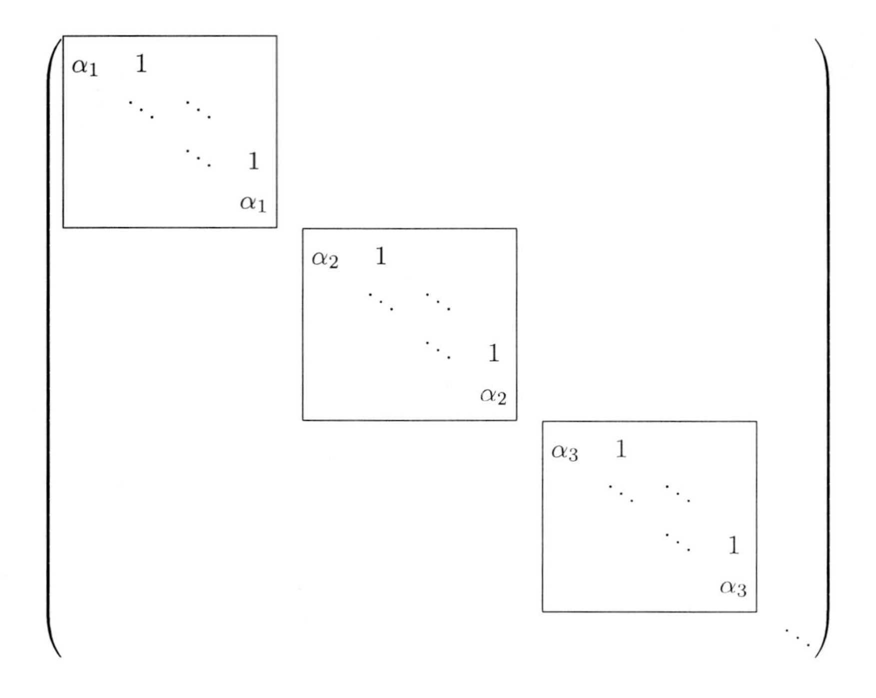

Figura 1:

suficiente provar o teorema sob a hipótese de K ser algebricamente fechado. Desta forma, A representa um endomorfismo de K^n, que tomamos por V. Denotamos o endomorfismo pela mesma letra A. Como no teorema 9.6, decompomos V em uma soma direta. Logo, o polinômio característico de A é dado por

$$P_A(t) = \prod_{i=1}^{q} (t - \alpha_i)^{r_i}$$

onde $r_i = \dim_k(V_i)$. Mas, $P_A(A) = \prod_{i=1}^{q}(A - \alpha_i I)^{r_i}$, e pelo teorema 9.6,

$$(A - \alpha_i I)^{r_i} v_i = 0.$$

Conseqüentemente, $P_A(A)v_i = 0$ para todo i. Todavia, V é gerado pelos elementos $f(A)v_i$ para todo i com $f \in K[t]$, e

$$P_A(A)f(A)v_i = f(A)P_A(A)v_i = 0.$$

Assim, $P_A(A)v = 0$ para todo $v \in V$ e portanto $P_A(A) = O$, como devia ser demonstrado.

V, §9. Exercícios

1. Seja M uma matriz diagonal $n \times n$ com autovalores $\lambda_1, \ldots, \lambda_r$. Suponha que λ_i tenha multiplicidade m_i. Escreva o polinômio minimal e o polinômio característico de M.

2. No teorema 9.2 mostre que a imagem de $f_1(A) =$ núcleo de $f_2(A)$.

3. Seja V um espaço vetorial de dimensão finita, e considere um endomorfismo $A : V \to V$. Suponha que $A^2 = A$. Mostre que existe uma base de V tal que a matriz A com respeito a essa base é diagonal, onde os elementos da diagonal são apenas 0 e 1. Ou, se você preferir, mostre que $V = V_0 \oplus V_1$, isto é, uma soma direta, onde $V_0 = \operatorname{Nuc} A$ e V_1 é o $(+1)-$autoespaço de A.

4. Seja $A : V \to V$ um endomorfismo, onde V tem dimensão finita. Suponha que $A^3 = A$. Mostre que V é a soma direta dada por

$$V = V_0 \oplus V_1 \oplus V_{-1},$$

onde $V_0 = \operatorname{Nuc} A$, V_1 é o $(+1)-$autoespaço de A, e V_{-1} é o $(-1)-$autoespaço de A.

5. Consirere V com dimensão finita e $A : V \to V$ um endomorfismo. Suponha que o polinômio característico de A se fatore em a fatoração

$$P_A(t) = (t - \alpha_1) \cdots (t - \alpha_n),$$

onde $\alpha_1, \ldots, \alpha_n$ sejam elementos distintos do corpo K. Mostre que V tem uma base formada por autovetores de A. *Nos exercícios a seguir, supusemos que $V \neq \{0\}$ e que V tenha dimensão finita sobre o corpo algebricamente fechado K. Também será considerado o endomorfismo $A : V \to V$.*

6. Demonstre que A é diagonalizável se, e somente se, todas as raízes do polinômio minimal tiverem multiplicidade 1.

7. Suponha que A seja diagonalizável. Seja W um subespaço de V tal que $AW \subset W$. Demonstre que a restrição de A a W é diagonalizável como um endomorfismo de W.

8. Seja B o endomorfismo de V tal que $BA = AB$. Demonstre que A e B têm em comum um autovetor não-nulo.

9. Seja B um outro endomorfismo de V. Suponha que $AB = BA$ e mais ainda, que A e B sejam diagonalizáveis. Demonstre que A e B são simultâneamente diagonalizáveis, isto é, V tem uma base formada por elementos que são autovetores para A e para B.

10. Mostre que A pode ser escrito na forma $A = D + N$, onde D é um homomorfismo diagonalizável, N é nilpotente e $DN = ND$.

11. Suponha que V_A seja cíclico e que tenha como anulador $(A - \alpha I)^r$ para $r > 0$ e $\alpha \in K$. Demonstre que o subespaço de V gerado pelos autovetores de A é unidimensional.

12. Demonstre que V_A é cíclico se, e somente se, o polinômio característico $P_A(t)$ for igual ao polinômio minimal de A em $K[t]$.

13. Suponha que V_A seja cíclico e possa ser anulado por $(A - \alpha I)^r$ para $r > 0$ para algum $r > 0$. Seja f um polinômio. Quais são os autovalores de $f(A)$ em termos dos de A? Considere a mesma pergunta para o caso em que V não é cíclico.

14. Seja P_A o polinômio característico de A. Escreva P_A como um produto
$$P_A(t) = \prod_{i=1}^{m} (t - \alpha_i)^{r_i},$$
onde $\alpha_1, \ldots, \alpha_m$ são distintos. Seja f um polinômio. Expresse o polinômio $P_{f(A)}$ como um produto de fatores de grau 1.

15. Se A é nilpotente e $A \neq O$, então mostre que A não é diagonalizável.

16. Suponha que A seja nilpotente. Demonstre que V tem uma base tal que a matriz de A com respeito à esta base tem a forma
$$\begin{pmatrix} N_1 & & 0 \\ & \ddots & \\ 0 & & N_r \end{pmatrix} \quad \text{onde } N_i = (0) \quad \text{ou} \quad N_i = \begin{pmatrix} 0 & 1 & 0 & \cdots & 0 \\ 0 & 0 & 1 & \cdots & 0 \\ 0 & 0 & 0 & \cdots & 0 \\ \vdots & \vdots & \vdots & \ddots & \vdots \\ 0 & 0 & 0 & \cdots & 0 \end{pmatrix}$$
A matriz do lado direito tem todas as componentes iguais a 0 exceto na diagonal, acima da diagonal principal, onde elas são iguais a 1.

Subespaços Invariantes

Seja S um conjunto de endomorfismos de V. Seja W um subespaço de V. Diremos que W será um $S-$**subespaço invariante** se $BW \subset W$ para todo $B \in S$. Diremos que V será um $S-$espaço **simples** se $V \neq \{0\}$ se, e somente se, os únicos subespaços $S-$invariantes forem o subespaço nulo e o próprio V. Com esses conceitos, demonstre:

17. Seja $A : V \to V$ um endomorfismo tal que $AB = BA$ para todo $B \in S$.

    (a) A imagem e o núcleo de A são subespaços $S-$invariantes.

(b) Seja $f(t) \in K[t]$. Então $f(A)B = Bf(A)$ para todo $B \in S$.

(c) Sejam U e W subespaços $S-$invariantes de V. Mostre que $U + W$ e $U \cap W$ são subespaços $S-$invariantes.

18. Suponha que V seja um $S-$espaço simples e que $AB = BA$ para todo $B \in S$. Demonstre que A é invertível ou A é a aplicação nula. Utilize o fato de V ter dimensão finita e K ser algebricamente fechado para mostrar que existe $\alpha \in K$ tal que $A = \alpha I$.

19. Seja V um espaço de dimensão finita sobre o corpo K, e seja S o conjunto de todas as aplicações de V em si mesmo. Mostre que V é um $S-$espaço simples.

20. Seja $V = \mathbb{R}^2$ e considere S formado pela matriz $\begin{pmatrix} 1 & a \\ 0 & 1 \end{pmatrix}$, que é vista como uma aplicação linear de V em si mesmo. Aqui, a denota um número real fixo e não-nulo. Determine todos os subespaços $S-$invariantes de V.

21. Seja V um espaço vetorial sobre um corpo K, e seja $\{v_1, \ldots, v_n\}$ uma base de V. Para cada permutação σ de $\{1, \ldots, n\}$ considere a aplicação linear $A_\sigma : V \to V$ tal que

$$A_\sigma(v_i) = v_{\sigma(i)}.$$

(a) Mostre que para duas quaisquer permutações σ e τ, temos

$$A_\sigma A_\tau = A_{\sigma\tau},$$

e $A_{\text{id}} = I$.

(b) Mostre que o subespaço gerado por $v = v_1 + \cdots + v_n$ é um subespaço invariante pelo conjunto S e é formado por todos os A_σ.

(c) Mostre que o elemento v da parte (b) é um autovetor de cada A_σ. Qual é o autovalor de A_σ que pertence a v?

(d) Seja $n = 2$ e considere a permutação diferente da identidade. Mostre que $v_1 - v_2$ gera um subespaço unidimensional que é invariante por A_σ. Mostre que $v_1 - v_2$ é um autovetor de A_σ. Qual é o autovalor correspondente?

22. Seja V um espaço vetorial sobre o corpo K, e seja $A : V \to V$ um endomorfismo. Suponha que $A^r = I$ para algum inteiro $r \geq 1$. Considere

$$T = I + A + \cdots + A^{r-1}.$$

Seja v_0 um elemento de V. Mostre que o espaço gerado por Tv_0 é um subespaço invariante por A, e que Tv_0 é um autovetor de A. Se $Tv_0 \neq 0$, qual é o autovalor associado?

23. Sejam (V, A) e (W, B) pares formados por um espaço vetorial e um endomorfismo, sobre um corpo K. Definimos um **morfismo**

$$f : (V, A) \to (W, B)$$

como um homomorfismo $f : V \to W$ de $K-$espaços vetoriais que satisfaz também a condição

$$B \circ f = f \circ A.$$

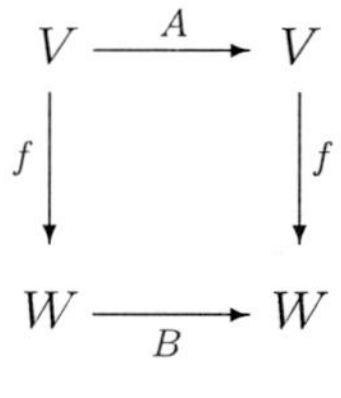

$$\begin{array}{ccc} V & \xrightarrow{A} & V \\ {\scriptstyle f}\downarrow & & \downarrow{\scriptstyle f} \\ W & \xrightarrow[B]{} & W \end{array}$$

Em outras palavras, para todo $v \in V$ temos $B(f(v)) = f(A(v))$. Um **isomorfismo** de pares é um morfismo que tem um inverso.

Demonstre que (V, A) é isomorfo a (W, B) se, e somente se, V_A e W_B forem isomorfos como $K[t]-$módulos. (A operação de $K[t]$ sobre V_A é a determinada por A, e a operação de $K[t]$ sobre W_B é a determinada por B.)

Este e o próximo são capítulos independentes. O leitor, que se interesse apenas pela teoria dos corpos, pode pular este capítulo.

CAPÍTULO VI

Alguns grupos lineares

VI, §1. Grupo linear geral

O objetivo desta primeira seção é levar o leitor a pensar na multiplicação de matrizes no contexto da teoria dos grupos, e trabalhar exemplos básicos em conformidade com os exercícios. Exceto pela forma de abordagem, esta seção poderia ser colocada como uma série de exercícios no capítulo I.

Seja R um anel qualquer. Lembramos que as **unidades** de R são aqueles elementos $u \in R$ tais que u tem um inverso u^{-1} em R. Por definição, as unidades no anel $M_n(\mathbb{K})$ são as **matrizes invertíveis**, isto é, as matrizes $n \times n$ que têm uma inversa A^{-1}. Essa inversa é uma matriz $n \times n$ satisfazendo

$$AA^{-1} = A^{-1}A = I_n.$$

O conjunto das unidades em um anel é um grupo, e portanto *as matrizes*

$n \times n$ invertíveis formam um grupo, que denotamos por

$$\mathrm{GL}_n(K).$$

Este grupo é conhecido pelo nome de **grupo linear geral** sobre K. Se o leitor conhece a teoria dos determinantes, então sabe que A é invertível se, e somente se $\det(A) \neq 0$. O cálculo do determinante mostra de forma efetiva se uma matriz é invertível ou não.

VI, §1. Exercícios

1. Sejam conhecidos $A \in \mathrm{GL}_n(K)$ e $C \in K^n$. A partir da **aplicação afim** determinada por (A, C), definimos

$$f_{A,C} : K^n \to K^n \qquad \text{tais que} \qquad f_{A,C}(X) = AX + C.$$

   (a) Mostre que o conjunto de todas as aplicações afins é um grupo, chamado **grupo afim**. Denotamos o grupo afim por G.

   (b) Mostre que $\mathrm{GL}_n(\mathbb{K})$ é um subgrupo. $\mathrm{GL}_n(K)$ é um subgrupo normal? Exponha a demonstração.

   (c) Seja $T_C : K^n \to K^n$ a aplicação definida por $T_C(X) = X + C$. Esta aplicação é chamada **translação**. Mostre que as translações formam um grupo, que, de forma natural, é um subgrupo do grupo afim. O grupo de translações é um subgrupo normal do grupo afim? Faça a demonstração.

   (d) Mostre que a aplicação $f_{A,C} \mapsto A$ é um homomorfismo de G sobre $\mathrm{GL}_n(K)$. Qual é o seu núcleo?

2. Calcule o período das seguintes matrizes:

$$\text{(a)} \begin{pmatrix} 0 & 1 & 0 \\ 0 & 0 & 1 \\ 1 & 0 & 0 \end{pmatrix} \qquad \text{(b)} \begin{pmatrix} 0 & 1 & 0 & 0 \\ 0 & 0 & 1 & 0 \\ 0 & 0 & 0 & 1 \\ 1 & 0 & 0 & 0 \end{pmatrix}$$

3. Sejam A, B matrizes $n \times n$ invertíveis. Mostre que A e BAB^{-1} têm o mesmo período.

4. Seja A uma matriz $n \times n$. Definimos um **autovetor** de A como sendo um elemento X tal que $X \in \mathbb{K}^n$ e existe $c \in \mathbb{K}$ satisfazendo $AX = cX$. Se $X \neq O$, c é chamado um **autovalor** de A.

   (a) Se X é um autovetor de A, com autovalor c, mostre que X é também autovetor das potências A^n, onde n é um inteiro positivo. Qual é o autovalor de A^n se $A^n X \neq O$?

   (b) Suponha que A tenha período finito (multiplicativo). Mostre que um autovalor c é necessariamente uma raiz da unidade, isto é, $c^n = 1$ para algum inteiro positivo n.

5. Mostre que o grupo aditivo de um corpo $\mathbb{K}$ é isomórfico ao grupo multiplicativo das matrizes do tipo

$$\begin{pmatrix} 1 & a \\ 0 & 1 \end{pmatrix} \qquad \text{com} \qquad a \in \mathbb{K}.$$

6. Seja G o grupo das matrizes

$$\begin{pmatrix} a & b \\ 0 & d \end{pmatrix}$$

com a, b, $d \in \mathbb{K}$ e $ad \neq 0$. Mostre que a aplicação

$$\begin{pmatrix} a & b \\ 0 & d \end{pmatrix} \longmapsto (a, d)$$

é um homomorfismo de G sobre o produto $\mathbb{K}^* \times \mathbb{K}^*$ (onde $\mathbb{K}^*$ é o grupo multiplicativo de $\mathbb{K}$). Descreva o seu núcleo. Podemos ainda considerar que o homomorfismo aplica G no grupo das matrizes diagonais

$$\begin{pmatrix} a & 0 \\ 0 & d \end{pmatrix}$$

que é isomorfo a $\mathbb{K}^* \times \mathbb{K}^*$.

7. Uma matriz $N \in M_n(\mathbb{K})$ é chamada **nilpotente** se existir um inteiro positivo n tal que $N^n = O$. Se N é nilpotente, mostre que a matriz $I + N$ é invertível. [*Sugestão*: pense a partir da série geométrica.]

8. (a) Seja $\mathbb{K}$ um corpo, e seja $G = G_0$ o grupo das matrizes 3×3 triangulares superiores em $\mathbb{K}$, formado por todas as matrizes triangulares superiores invertíveis

$$T = \begin{pmatrix} a_{11} & a_{12} & a_{13} \\ 0 & a_{22} & a_{23} \\ 0 & 0 & a_{33} \end{pmatrix},$$

onde $a_{11}a_{22}a_{33} \neq 0$. Seja G_1 o conjunto das matrizes

$$\begin{pmatrix} 1 & a_{12} & a_{13} \\ 0 & 1 & a_{23} \\ 0 & 0 & 1 \end{pmatrix}.$$

Mostre que G_1 é um subgrupo de G, e que é o núcleo do homomorfismo que a cada matriz triangular T associa a matriz diagonal formada pelos elementos diagonais de T.

(b) Seja G_2 o conjunto das matrizes

$$\begin{pmatrix} 1 & 0 & c \\ 0 & 1 & 0 \\ 0 & 0 & 1 \end{pmatrix}.$$

Mostre que G_2 é um subgrupo de G_1.

(c) Generalize o exercício do item anterior para o caso das matrizes $n \times n$.

(d) Mostre que a aplicação

$$\begin{pmatrix} 1 & a_{12} & a_{13} \\ 0 & 1 & a_{23} \\ 0 & 0 & 1 \end{pmatrix} \longmapsto (a_{12}, a_{23})$$

é um homomorfismo do grupo G_1 sobre o produto direto

$$\mathbb{K} \times \mathbb{K} = \mathbb{K}^2.$$

Qual é o seu núcleo?

(e) Mostre que o grupo G_2 é isomorfo a K.

9. Seja V um espaço vetorial de dimensão n sobre um corpo K. Seja $\{V_1, \ldots, V_n\}$ uma seqüência de subespaços tais que $\dim V_i = i$, e tais que $V_i \subset V_{i+1}$. Considere a aplicação linear $A : V \to V$. Se $AV_i \subset V_i$, dizemos que esta seqüência de subespaços é um **leque para** A.

   (a) Seja G o conjunto de todas as aplicações lineares invertíveis de V para os quais $\{V_1, \ldots, V_n\}$ é um leque. Mostre que G é um grupo.

   (b) Seja G_i o subconjunto de G constituído de todas as aplicações lineares A tais que $Av = v$, para todo $v \in V_i$. Mostre que G_i é um grupo.

   (c) **Bases de leque** são bases $\{v_1, \ldots, v_n\}$ de V tais que $\{v_1, \ldots, v_i\}$ é uma base de V_i. Descreva a matriz associada a um elemento de G, com respeito a uma base de leque. Descreva também a matriz associada a um elemento de G_i.

10. Seja F um corpo finito com q elementos. Qual é a ordem do grupo das matrizes diagonais abaixo?

   (a) $\begin{pmatrix} a & 0 \\ 0 & d \end{pmatrix}$ com $a, d \in F, \quad ad \neq 0$

   (b) $\begin{pmatrix} a_1 & 0 & \ldots & 0 \\ 0 & a_2 & \ldots & 0 \\ \vdots & \vdots & & \vdots \\ 0 & 0 & \ldots & a_n \end{pmatrix}$ com $a_1, \ldots, a_n \in F, a_i \neq 0$ para todo i.

11. Seja F um corpo finito com q elementos. Seja G o grupo de matrizes triangulares superiores

$$\text{(a)} \begin{pmatrix} a_{11} & a_{12} \\ 0 & a_{22} \end{pmatrix} \quad \text{e} \quad \text{(b)} \begin{pmatrix} a_{11} & a_{12} & a_{13} \\ 0 & a_{22} & a_{23} \\ 0 & 0 & a_{33} \end{pmatrix}$$

com $a_{ij} \in F$ e $a_{11}a_{22}a_{33} \neq 0$. Qual é a ordem de G em (a), e em (b)?

12. Seja F um corpo finito com q elementos. Mostre que a ordem de $\mathrm{GL}_2(F)$ é $q(q^2-1)(q-1)$.

13. Seja F um corpo finito com q elementos. Mostre que a ordem de $\mathrm{GL}_n(F)$ é

$$(q^n - 1)(q^n - q) \cdots (q^n - q^{n-1}) = q^{n(n-1)/2} \prod_{i=1}^{n} (q^i - 1).$$

[*Sugestão*: seja $\{v_1, \ldots, v_n\}$ uma base de F^n. Todo elemento de $\mathrm{GL}_n(F)$, visto como uma aplicação linear de F^n em si mesmo, é determinado pelo seu efeito sobre essa base (teorema 1.2 do capítulo V); desta forma, a ordem de $\mathrm{GL}_n(F)$ é igual ao número de todas as possíveis bases. Suponhamos que $A \in \mathrm{GL}_n(F)$ e $Av_i = w_i$. Para w_1 podemos selecionar qualquer um dos $(q^n - 1)$ vetores não-nulo em F^n. De forma indutiva, suponhamos que já tenham sido escolhidos $w_1, \ldots, w_r$ com $r < n$. Estes vetores geram um subespaço de dimensão r, com q^r elementos. Para w_{r+1} podemos selecionar qualquer um dos $(q^n - q^r)$ elementos não pertencentes a esse subespaço. Tal procedimento nos leva à fórmula que aparece.]

VI, §2. Estrutura de $\mathrm{GL}_2(\mathbf{F})$

Seja

$$\alpha = \begin{pmatrix} a & b \\ c & d \end{pmatrix}$$

uma matriz 2×2 com componentes em um corpo F. Definimos o **determinante**

$$det(\alpha) = ad - bc\,.$$

O leitor certamente já foi apresentado aos determinantes, mas aqui, só usaremos propriedades que possam ser demonstradas por cálculos fáceis. Por exemplo, fazendo os cálculos, o leitor pode verificar que se α e β são duas matrizes 2×2, então

$$\det(\alpha\beta) = \det(\alpha)\det(\beta).$$

Também pode-se verificar que:

Uma matriz α 2×2 é invertível se, e somente se, $\det(\alpha) \neq 0$.

Para mostrar isto, encontre a matriz inversa de α por meio da equação:

$$\begin{pmatrix} a & b \\ c & d \end{pmatrix}\begin{pmatrix} x & y \\ z & w \end{pmatrix}=\begin{pmatrix} 1 & 0 \\ 0 & 1 \end{pmatrix}.$$

Serão encontrados dois sistemas formados por duas equações lineares, tendo cada um duas incógnitas; os quais só poderão ser resolvidos de forma precisa, se $ad - bc \neq 0$.

Seja $G = \mathrm{GL}_2(F)$ o grupo das matrizes 2×2 invertíveis sobre F.

Pelo que foi visto, temos que

$$\det : \mathrm{GL}_2(F) \to F^*$$

é um homomorfismo e seu núcleo será investigado na próxima seção. Deve-se notar que esse homomorfismo é sobrejetivo, pois o elemento genérico $a \in F^*$ é a imagem da matriz

$$\begin{pmatrix} a & 0 \\ 0 & 1 \end{pmatrix}.$$

Lembre que para qualquer grupo G, o **centro** de G é o subgrupo Z, constituído de todos os elementos $\gamma \in G$ tais que $\gamma\alpha = \alpha\gamma$ para todo $\alpha \in G$.

Lema 2.1. *O centro de* $\mathrm{GL}_2(F)$ *é o grupo das matrizes escalares*

$$\begin{pmatrix} a & 0 \\ 0 & a \end{pmatrix} \quad \textit{com} \quad a \in F^* .$$

Demonstração. Cada matriz escalar aI comuta com qualquer matriz 2×2. De forma recíproca, se α comuta com qualquer matriz, mostra-se que α é uma matriz escalar. Por exemplo, use a comutatividade com as matrizes

$$\begin{pmatrix} 1 & 1 \\ 0 & 1 \end{pmatrix}, \quad \begin{pmatrix} 1 & 0 \\ 1 & 1 \end{pmatrix}, \qquad \text{e assim por diante.}$$

Deixamos os detalhes como exercício.

Seja Z o centro de $\mathrm{GL}_2(F)$. O **grupo linear projetivo** é definido por

$$\mathrm{PGL}_2(F) = \mathrm{GL}_2(F)/Z = G/Z .$$

Portanto, $\mathrm{PGL}_2(F)$ é o grupo quociente de $\mathrm{GL}_2(F)$ por seu centro.

Decomposição de Bruhat

Consideremos (de forma padronizada) o subgrupo de $\mathrm{GL}_2(F)$, denominado **subgrupo B de Borel**, de todas as matrizes

$$\begin{pmatrix} a & b \\ 0 & d \end{pmatrix} \quad \text{com} \quad ad \neq 0 .$$

Lema 2.2. *O subgrupo* B *de Borel é um subgrupo maximal de* G*. Isto é, se* H *é um subgrupo com* $B \subset H \subset G$*, então* $H = B$ *ou* $H = G$*.*

A demonstração deste lema, como será visto a seguir, depende de uma análise sobre G. Seja

$$\tau = \begin{pmatrix} 0 & 1 \\ -1 & 0 \end{pmatrix} .$$

Seja $B\tau B$ o conjunto de todos os elementos $\alpha\tau\beta$ com α, $\beta \in B$.

Lema 2.3. *Existe uma decomposição*

$$G = B \cup B\tau B\,,$$

com B e $B\tau B$ sem elementos em comum.

Demonstração. Sejam α, $\beta \in B$. Então, um cálculo direto mostra que

$$\alpha\tau\beta \begin{pmatrix} 1 \\ 0 \end{pmatrix} = \begin{pmatrix} * \\ x \end{pmatrix},$$

onde $x \neq 0$. Desde que para todo $\alpha \in B$, tenha-se

$$\alpha \begin{pmatrix} 1 \\ 0 \end{pmatrix} = \begin{pmatrix} * \\ 0 \end{pmatrix}.$$

Logo, $\alpha\tau\beta$ não pode ser um elemento de B; de forma recíproca, não existe elemento de B que pertença a $B\tau B$. Portanto, $B \cap B\tau B$ é vazio. Além disso, dado $\gamma \in G$,

$$\gamma = \begin{pmatrix} a & b \\ c & d \end{pmatrix},$$

temos: se $c = 0$, então $\gamma \in B$, e se $c \neq 0$, então para algum $x \in \mathbb{K}$ obtemos

$$\begin{pmatrix} 1 & x \\ 0 & 1 \end{pmatrix}\begin{pmatrix} a & b \\ c & d \end{pmatrix} = \begin{pmatrix} 0 & b' \\ c & d \end{pmatrix}.$$

Seja $\begin{pmatrix} 1 & x \\ 0 & 1 \end{pmatrix}$. Logo, $\beta \in B$ e portanto

$$\tau\beta\gamma = \begin{pmatrix} c & d \\ 0 & -b' \end{pmatrix} \in B\,.$$

Como $\tau^2 = -I$ segue-se que $\tau^{-1} = -\tau$ e $-I \in B$. Então,

$$\gamma \in \beta^{-1}\tau^{-1}B \subset B\tau B\,.$$

Assim, fica demonstrado que $G = B \cup B\tau B$. Isto conclui a demonstração do lema 2.3.

A seguir faremos a demonstração do lema 2.2, isto é, que B é um subgrupo maximal de G. Seja $B \subset H \subset G$, tal que $B \neq H$. Pelo lema 2.3 existe um elemento $\gamma \in H$ tal que

$$\gamma = \alpha\tau\beta, \qquad \text{com} \quad \alpha, \beta \in B.$$

Como H contém B, segue-se que H também contém

$$B\gamma B = B\tau B.$$

Então, pelo lema 2.3, $H = G$. Isto conclui a demonstração do lema 2.2.

VI, §2. Exercícios

1. Seja F um corpo finito. Qual é a ordem de $\mathrm{PGL}_2(F)$?

2. Mostre que o centro de $\mathrm{GL}_n(F)$ é o grupo de matrizes escalares não-nulas.

3. Seja Z o centro de $\mathrm{GL}_n(F)$. Qual é a ordem de $\mathrm{PGL}_n(F)$, definido por $\mathrm{GL}_n(F)/Z$?

4. Seja $F = \mathbb{F}_2 = \mathbb{Z}/2\mathbb{Z}$ o corpo com 2 elementos. Você já encontrou algum grupo isomorfo a $\mathrm{GL}_2(F)$? Qual? O que você pode dizer sobre $\mathrm{PGL}_2(F)$?

5. Seja $F = \mathbb{F}_3 = \mathbb{Z}/3\mathbb{Z}$. Você já encontrou algum grupo isomorfo a $\mathrm{PGL}_2(F)$? Identifique-o.

6. Seja ζ uma raiz $n-$ésima primitiva da unidade, por exemplo $\zeta = e^{2\pi i/n}$, no conjunto dos números complexos. Seja G o subgrupo de todas as matrizes 2×2 geradas pelas matrizes

$$\alpha = \begin{pmatrix} 0 & 1 \\ 1 & 0 \end{pmatrix} \qquad \text{e} \qquad z = \begin{pmatrix} \zeta & 0 \\ 0 & \zeta^{-1} \end{pmatrix}.$$

Mostre que G tem ordem $2n$. Qual é a matriz $\alpha z \alpha^{-1}$?

7. Seja ζ uma raiz n–ésima primitiva da unidade, onde n é um inteiro ímpar. Seja G o subgrupo de todas as matrizes 2×2 geradas pelas matrizes
$$w = \begin{pmatrix} 0 & -1 \\ 1 & 0 \end{pmatrix} \quad \text{e} \quad z = \begin{pmatrix} \zeta & 0 \\ 0 & \zeta^{-1} \end{pmatrix}.$$
Mostre que G tem ordem $4n$. Qual é a matriz wzw^{-1}?

VI, §3. $\mathbf{EL_2(F)}$

Denotamos por $\mathrm{EL}_2(F)$ o núcleo da aplicação determinante
$$\det\colon \mathrm{GL}_2(F) \to F^*.$$
Logo, $\mathrm{EL}_2(F)$ é constituído pelas matrizes com determinante igual a 1. É um subgrupo normal de $\mathrm{GL}_2(F)$. O E aparece na notação para indicar "especial"; assim $\mathrm{EL}_2(F)$ é chamado de **grupo linear especial**.

Lema 3.1. *O centro* $\mathrm{EL}_2(F)$ *é* $\pm I$.

A demonstração desse resultado é semelhante a que é feita para o centro de $\mathrm{GL}_2(F)$, usando a comutatividade para matrizes apropriadas, como por exemplo
$$\begin{pmatrix} 1 & x \\ 0 & 1 \end{pmatrix} \quad \text{ou} \quad \begin{pmatrix} 1 & 0 \\ y & 1 \end{pmatrix}.$$
Deixamos os cálculos para o leitor.

Consideremos $\mathrm{PEL}_2(F) = \mathrm{EL}_2(F)/Z$, onde Z denota o centro de $\mathrm{EL}_2(F)$. O grupo $\mathrm{PEL}_2(F)$ é chamado de **grupo linear projetivo especial**. O objetivo principal desta seção será mostrar que se F tem no mínimo quatro elementos, então $\mathrm{PEL}_2(F)$ é um grupo simples.

Lema 3.2. *Para* $x, y \in F$, *consideremos*
$$u(x) = \begin{pmatrix} 1 & x \\ 0 & 1 \end{pmatrix} \quad e \quad v(y) = \begin{pmatrix} 1 & 0 \\ y & 1 \end{pmatrix}.$$

Então o conjunto das matrizes $u(x)$ e $v(y)$, para $x, y \in F$, gera $\mathrm{EL}_2(F)$.

Demonstração. A multiplicação, pela esquerda, de $u(x)$ por uma matriz A, tem como resultado uma matriz cuja primeira linha é a soma da primeira linha de A com x vezes a segunda linha de A. A multiplicação, pela direita, de $u(x)$ por uma matriz A, apresenta como resultado uma matriz, cuja segunda coluna é a soma da segunda coluna de A com x vezes a primeira coluna de A. Com as multiplicações de $v(y)$ ocorrem fatos semelhantes. Assim, a multiplicação entre os elementos de $u(x)$ e $v(y)$ realiza operações entre linhas e colunas. A partir de tais operações, uma dada matriz em $\mathrm{EL}_2(F)$ pode ser levada à forma diagonal, isto é

$$\begin{pmatrix} a & 0 \\ 0 & d \end{pmatrix},$$

e $ad = 1$, o que implica em $d = a^{-1}$. Seja $w(a) = u(a)v(-a^{-1})$. Então

$$v(-a^{-1})w(a)w(-1)u(-1) = \begin{pmatrix} a & 0 \\ 0 & a^{-1} \end{pmatrix},$$

e isto conclui a demonstração de que os elementos $u(x)$ e $v(y)$ geram $\mathrm{EL}_2(F)$.

Como foi feito para $\mathrm{GL}_2(F)$, consideremos o **subgrupo de Borel** B_s de $\mathrm{EL}_2(F)$, ou seja, B_s é o grupo das matrizes

$$\begin{pmatrix} a & b \\ 0 & a^{-1} \end{pmatrix}$$

com $a \in F^*$ e $b \in F$. Dito de uma outra forma,

$$B_S = B \cap \mathrm{EL}_2(F).$$

Lema 3.3. $\mathrm{EL}_2(F) = B_S \cup B_S \tau B_S$; *além disso B_S e $B_S \tau B_S$ são disjuntos.*

Demonstração. É similar à demonstração do lema 2.3 e será deixada para o leitor.

Lema 3.4. *O subgrupo de Borel B_S é um subgrupo maximal de* $\mathrm{EL}_2(F)$.

Demonstração. É similar à demonstração do lema 2.2.

Lema 3.5. *A interseção de todos os subgrupos conjugados a B_S, ou seja, todos os subgrupos $\alpha B_S \alpha^{-1}$ com $\alpha \in \mathrm{EL}_2(F)$, é o centro de* $\mathrm{EL}_2(F)$.

Demonstração. Notemos que

$$\tau = \begin{pmatrix} 0 & 1 \\ -1 & 0 \end{pmatrix}$$

é um elemento de $\mathrm{EL}_2(F)$. Efetuando os cálculos, o leitor poderá verificar que

$$\tau B \tau^{-1} = \overline{B}$$

é o grupo das matrizes triangulares inferiores

$$\begin{pmatrix} x & 0 \\ y & z \end{pmatrix},$$

e portanto

$$B_S \cap \tau B_S \tau^{-1} \subset \text{subgrupo das matrizes em } \mathrm{EL}_2(F) \text{ que são, ao mesmo tempo, triangular superior e inferior.}$$

Uma matriz em $\mathrm{EL}_2(F)$ que é, ao mesmo tempo, triangular superior e inferior, tem a forma

$$\begin{pmatrix} a & 0 \\ 0 & a^{-1} \end{pmatrix}.$$

Se conjugarmos esta matriz por $\begin{pmatrix} 1 & 1 \\ 0 & 1 \end{pmatrix}$, obtemos

$$\begin{pmatrix} 1 & -1 \\ 0 & 1 \end{pmatrix} \begin{pmatrix} a & 0 \\ 0 & a^{-1} \end{pmatrix} \begin{pmatrix} 1 & 1 \\ 0 & 1 \end{pmatrix} = \begin{pmatrix} a & a - a^{-1} \\ 0 & a^{-1} \end{pmatrix}.$$

Se a matriz obtida pela conjugação pertencer à interseção de todos os conjugados de B_S, então deveremos ter $a - a^{-1} = 0$, isto é, $a = a^{-1}$ e $a^2 = 1$. Isto implica que a matriz é $\pm I$, e assim fica demonstrado o lema.

Seja G um grupo. Por **grupo comutador** G^c, denotamos o grupo gerado por todos os elementos da forma

$$\alpha\beta\alpha^{-1}\beta^{-1} \qquad \text{com} \qquad \alpha\,\beta \in G.$$

Lema 3.6. *Se F tiver pelo menos quatro elementos, então* $\mathrm{EL}_2(F)$ *será igual ao seu próprio grupo comutador.*

Demonstração. Seja

$$s(a) = \begin{pmatrix} a & 0 \\ 0 & a^{-1} \end{pmatrix} \quad \text{para} \quad a \in F^*.$$

Temos a relação comutadora

$$s(a)u(b)s(a)^{-1}u(b)^{-1} = u(ba^2 - b) = u(b(a^2 - 1))$$

para todo $a \in F^*$ e $b \in F$. Seja $G = \mathrm{EL}_2(F)$. Seja G^c seu grupo comutador, e seja B_S^c o grupo comutador de B_S. A partir da hipótese de que F tenha no mínimo quatro elementos, podemos encontrar um elemento $a \neq 0$ em F tal que $a^2 \neq 1$ e desta maneira, a relação comutadora mostra que B_S^c é o grupo de todas as matrizes

$$\begin{pmatrix} 1 & b \\ 0 & 1 \end{pmatrix} \quad \text{com} \quad b \in F.$$

Denotamos este grupo por U. Segue-se que $G^c \supset U$, e como G^c é normal (demonstre isto como exercício), obtemos

$$G^c \supset \tau U \tau^{-1} = \overline{U},$$

onde $\overline{U}$ é o grupo de todas as matrizes

$$\begin{pmatrix} 1 & 0 \\ c & 1 \end{pmatrix} \quad \text{com} \quad c \in F.$$

Pelo lema 3.2 concluímos que $G^c = G$, e isto demonstra o de número 3.6.

Lema 3.7. *Seja* $G = \mathrm{EL}_2(F)$. *Se* H *for um subgrupo normal de* G, *então uma das seguintes afirmações se verificará:* $H \subset Z$ *(onde* Z *é o centro) ou* $H \supset G^c$.

Demonstração. Por simplicidade vamos escrever B no lugar de B_S. Sendo B maximal, devemos ter:

$$HB = B \qquad \text{ou} \qquad HB = G.$$

Se $HB = B$, então $H \subset B$. Como H é normal, concluímos que H está contido em todo conjugado de B, e pelo lema 3.5 ele está no centro. Por outro lado, supondo que $HB = G$, escreve-se

$$\tau = h\beta \qquad \text{com} \qquad \text{e} \qquad \beta \in B.$$

Assim,

$$\tau U \tau^{-1} = \overline{U} = h\beta U \beta^{-1} h^{-1} = hUh^{-1} \subset HU$$

pois H é normal e, portanto, $HU = UH$. Como $\overline{U} \subset HU$ e além disso U e $\overline{U}$ geram G, então pelo lema 3.2, segue-se que $HU = G$. Seja

$$f : G = HU \to G/H = HU/H$$

o homomorfismo canônico. Assim, $f(h) = 1$ para todo $h \in H$. Desde que U é comutativo, segue-se que $f(G) = f(U)$ e que G/H é uma imagem homomorfa do grupo comutativo U, e portanto G/H é abeliano. Isto implica que H contém G^c, como queríamos demonstrar.

Teorema 3.8. *Seja* F *um corpo com pelo menos quatro elementos. Seja* Z *o centro de* $EL_2(F)$. *Então* $EL_2(F)/Z$ *é um grupo simples.*

Demonstração. Sejam $G = \mathrm{EL}_2(F)$ e

$$g : G \to G/Z$$

o homomorfismo canônico. Seja $\overline{H}$ um subgrupo normal de G/Z, e seja

$$H = g^{-1}(\overline{H}).$$

Logo H é um subgrupo de G que contém o centro Z. Se $H = Z$, então $\overline{H}$ é apenas o elemento unidade de G/Z. Se $H \neq Z$, então, pelo lema 3.7 e o lema 3.6, onde é dito que $G^c = G$, temos $H = G$. Portanto, $\overline{H} = G/Z$. Isto conclui a demonstração.

VI, §3. EXERCÍCIOS

Nos exercícios 1, 2, 3 consideraremos $G = EL_2(\mathbb{R})$ onde $\mathbb{R}$ é o corpo de números reais.

1. Seja $\mathbb{H}$ a metade superior do plano xy, isto é, o conjunto de todos os números complexos

$$z = x + iy$$

com $y > 0$. Seja

$$\alpha = \begin{pmatrix} a & b \\ c & d \end{pmatrix} \in G.$$

Defina

$$\alpha(z) = \frac{az + b}{cz + d}.$$

Demonstre, explicitando seus cálculos, que $\alpha(z) \in \mathbb{H}$ e que:

(a) Se $\alpha,\ \beta \in G$ então $\alpha(\beta(z)) = (\alpha\beta)(z)$.

(b) Se $\alpha = \pm I$ então $\alpha(z) = z$.
Em outras palavras, de acordo com a definição do §8 no capítulo II, definimos uma operação de $G = EL_2(\mathbb{R})$ sobre $\mathbb{H}$.

2. Dado um número real θ, considere

$$r(\theta) = \begin{pmatrix} \cos\theta & \operatorname{sen}\theta \\ -\operatorname{sen}\theta & \cos\theta \end{pmatrix}.$$

(a) Mostre que $\theta \mapsto r(\theta)$ é um homomorfismo de $\mathbb{R}$ em G. Denotemos por K o conjunto de todas as matrizes $r(\theta)$. Assim, K é um subgrupo de G.

(b) Mostre que se $\alpha = r(\theta)$, então $\alpha(i) = i$, onde $i = \sqrt{-1}$.

(c) Mostre que se $\alpha \in G$, e $\alpha(i) = i$, então existe algum θ tal que $\alpha = r(\theta)$.

Na terminologia sobre a operação de um grupo, notamos que K é o grupo isotrópico de i em G.

3. Seja A o subgrupo de G formado por todas as matrizes

$$s(a) = \begin{pmatrix} a & 0 \\ 0 & a^{-1} \end{pmatrix} \quad \text{com} \quad a > 0.$$

(a) Mostre que a aplicação $a \mapsto s(a)$ é um homomorfismo de $\mathbb{R}^+$ em G. Como, de forma óbvia, este homomorfismo é injetivo, então por meio dele obtemos uma imersão de $\mathbb{R}^+$ em G.

(b) Seja U o subgrupo de G constituído por todos os elementos

$$u(x) = \begin{pmatrix} 1 & x \\ 0 & 1 \end{pmatrix} \quad \text{com} \quad x \in \mathbb{R}.$$

Desta forma, $u \mapsto u(x)$ nos dá uma imersão de $\mathbb{R}$ em G. Logo UA é um subconjunto de G. Mostre que UA é um subgrupo. Como diferenciá-lo do subgrupo de Borel do grupo G? Mostre que U é normal em UA.

(c) Mostre que a aplicação

$$UA \to \mathbb{H}$$

dada por

$$\beta \mapsto \beta(i)$$

nos fornece uma bijeção de UA em $\mathbb{H}$.

(d) Mostre que todo elemento de $EL_2(\mathbb{R})$ é expresso de maneira única como um produto

$$u(x)s(a)r(\theta),$$

e assim, em particular, $G = UAK$.

4. Seja $G = GL_2(F)$, onde $F = \mathbb{Z}/3\mathbb{Z}$, e seja $V = F \times F$ o espaço vetorial de pares de elementos de F, com dimensão 2 sobre F.

   (a) Mostre que G opera como um grupo de permutação de subespaços de V de dimensão 1. Quantos desses subespaços existem?

   (b) A partir de (a), estabeleça um isomorfismo do tipo $G/\pm 1 \approx S_4$ (onde S_4 é o grupo simétrico de 4 elementos).

   (c) Estabeleça um isomorfismo do tipo $EL_2(\mathbb{Z}/3\mathbb{Z})/ \pm 1 \approx A_4$, onde A_4 é o grupo alternado de S_4.

5. Seja F um corpo finito de característica p. Seja T o subgrupo de $GL_n(F)$ constituído pelas matrizes triangulares superiores cujos elementos diagonais são todos iguais a 1. Demonstre que T é um $p-$subgrupo de Sylow de $GL_n(F)$.

6. Mais uma vez, seja F um corpo finito de característica p. Demonstre que o $p-$subgrupo de Sylow de $EL_n(F)$ e $GL_n(F)$ são os mesmos.

CAPÍTULO VII

Teoria dos corpos

VII, §1. Extensões algébricas

Seja F um subcorpo de um corpo E. Dizemos também que E é uma **extensão** de F e denotamos esta extensão por E/F. Seja F um corpo. Um elemento α, em alguma extensão de F, é dito **algébrico** sobre F se existir um polinômio não-nulo $f \in F[t]$ tal que $f(\alpha) = 0$, isto é, se α satisfizer a uma equação polinomial

$$a_n\alpha^n + \cdots + a_0 = 0$$

com coeficientes em F, nem todos nulo. Se F é um subcorpo de E, e todo elemento de E é algébrico sobre F, dizemos que E é **algébrico** sobre F.

Exemplo 1. Se α^2, isto é, se α for uma das possíveis raízes quadradas de 2, então α será algébrico sobre os números racionais $\mathbb{Q}$. De modo semelhante, uma raiz cúbica de 2 será algébrica. Qualquer um dos números $e^{2\pi i/n}$ (com n inteiro ≥ 1) será algébrico sobre $\mathbb{Q}$, pois será uma raiz de $t^n - 1$. É conhecido (mas difícil de demonstrar) o fato de que nem e nem π são algébricos sobre $\mathbb{Q}$.

Seja E uma extensão de F. Podemos encarar E como um espaço vetorial sobre F. Diremos que E é uma **extensão finita** se E for um espaço vetorial de dimensão finita sobre F.

Exemplo 2. $\mathbb{C}$ é uma extensão finita de $\mathbb{R}$, e $\{1, i\}$ é uma base de $\mathbb{C}$ sobre $\mathbb{R}$. Os números reais não são uma extensão finita de $\mathbb{Q}$.

Teorema 1.1. *Se E é uma extensão finita de F, então todo elemento de E será algébrico sobre F.*

Demonstração. As potências de um elemento α de E, isto é, $1, \alpha$, $\alpha^2, \ldots, \alpha^n$ não podem ser linearmente independentes sobre F, se $n >$ $\dim E$. Então existem elementos $a_0, \ldots, a_n \in F$, não todos nulos, tais que $a_n\alpha^n + \cdots + a_0 = 0$. Isso significa que α é algébrico sobre F.

Proposição 1.2. *Seja α um número algébrico sobre F. Seja J o ideal de polinômios em $F[t]$ dos quais α é uma raiz, isto é, polinômios f tais que $f(\alpha) = 0$. Seja $p(t)$ um gerador de J, com coeficiente dominante 1. Então p é irredutível.*

Demonstração. Suponhamos que $p = gh$, com gr $g <$ gr p e gr $h <$ gr p. Como $p(\alpha) = 0$, temos $g(\alpha) = 0$, ou $h(\alpha) = 0$. Digamos que $g(\alpha) = 0$. Desde que gr $g <$ gr p, isto é impossível, pela hipótese sobre p.

O polinômio irredutível p (com coeficiente dominante 1) é determinado de modo único por α em $F[t]$, e será chamado **polinômio irredutível de α sobre F**. Seu grau será chamado **grau** de α sobre F. Daremos imediatamente uma outra interpretação para esse grau.

Teorema 1.3. *Seja α algébrico em F, e seja n o grau de seu po-*

linômio irredutível sobre F. Então o espaço vetorial gerado sobre F por 1, α, ..., α^{n-1} será um corpo, e a dimensão desse espaço vetorial será n.

Demonstração. Seja f um polinômio qualquer de $F[t]$. Podemos encontrar q, $r \in F[t]$ tais que $f = qp + r$, e $\text{gr}\, r < \text{gr}\, p$. Então

$$f(\alpha) = q(\alpha)p(\alpha) + r(\alpha) = r(\alpha).$$

Portanto, se denotamos por E o espaço vetorial gerado por $1, \alpha, \ldots, \alpha^{n-1}$, verificamos que o produto de dois elementos de E pertence a E. Suponhamos que $f(\alpha) \neq 0$. Então, f não é divisível por p. Assim, existem polinômios g, $h \in F[t]$ tais que

$$gf + hp = 1.$$

Obtemos $g(\alpha)f(\alpha) + h(\alpha)p(\alpha) = 1$, e dessa forma $g(\alpha)f(\alpha) = 1$. Logo, todo elemento não-nulo de E é invertível, e E é um corpo.

O corpo gerado pelas potências de α sobre F, como no teorema 1.3, será denotado por $F(\alpha)$.

Se E é uma extensão finita de F, indicamos por

$$[E : F]$$

a dimensão de E visto como um espaço vetorial sobre F e a chamaremos de **grau** de E sobre F.

Observação. Se $[E : F] = 1$, então $E = F$. Demonstração?

Teorema 1.4. *Seja E_1 uma extensão finita de F, e seja E_2 uma extensão finita de E_1. Então E_2 será uma extensão finita de F, e*

$$[E_2 : F] = [E_2 : E_1][E_1 : F].$$

Demonstração. Seja $\{\alpha_1, \ldots, \alpha_n\}$ uma base de E_1 sobre F, e $\{\beta_1, \ldots, \beta_m\}$ uma base de E_2 sobre E_1. Demonstraremos que os elementos $\{\alpha_i\beta_j\}$ formam uma base de E_2 sobre F. Seja v um elemento de E_2. Podemos escrever

$$v = \sum_j w_j\beta_j = w_1\beta_1 + \cdots + w_m\beta_m$$

com alguns elementos $w_j \in E_1$. Exprimimos w_j como uma combinação linear de $\alpha_1, \ldots, \alpha_n$ com coeficientes em F, digamos

$$w_j = \sum_i c_{ij}\alpha_i.$$

Substituindo, encontramos

$$v = \sum_j \sum_i c_{ij}\alpha_i\beta_j,$$

e assim os elementos $\alpha_i\beta_j$ geram E_2 sobre F. Suponha que temos a relação

$$0 = \sum_j \sum_i x_{ij}\alpha_i\beta_j$$

com $x_{ij} \in F$. Então

$$\sum_j \left(\sum_i x_{ij}\alpha_i \right) \beta_j = 0.$$

Da indepência linear de $\beta_1, \ldots, \beta_m$ sobre E_1, concluímos que

$$\sum_i x_{ij}\alpha_i = 0$$

para cada j, e, da independência de $\alpha_1, \ldots, \alpha_n$ sobre F, concluímos que $x_{ij} = 0$ para todos i, j, como queríamos demonstrar.

Sejam α, β algébricos sobre F. Então, *a fortiori*, β é algébrico sobre $F(\alpha)$. Podemos formar o corpo $F(\alpha)(\beta)$.Qualquer corpo que contenha F e α, β conterá $F(\alpha)(\beta)$. Assim, $F(\alpha)(\beta)$ é o menor corpo que contém

F, α e β. Além disso, pelo teorema 1.4, $F(\alpha)(\beta)$ é finito sobre F, sendo decomposto nas inclusões

$$F \subset F(\alpha) \subset F(\alpha)(\beta).$$

Assim, pelo teorema 1.1, o corpo $F(\alpha)(\beta)$ é algébrico sobre F e, em particular, $\alpha\beta$ e $\alpha + \beta$ são algébricos sobre F. Além do mais, não importa se escrevemos $F(\alpha)(\beta)$ ou $F(\beta)(\alpha)$; passaremos então a denotar esse corpo por $F(\alpha, \beta)$.

Indutivamente, se $\alpha_1, \ldots, \alpha_r$ são algébricos sobre F, denotamos por $F(\alpha_1, \ldots, \alpha_r)$ o menor corpo que contém F e $\alpha_1, \ldots, \alpha_r$. Ele pode ser expresso como $F(\alpha_1), (\alpha_2) \cdots (\alpha_r)$. Repetidas aplicações do teorema 1.4 mostram que ele é algébrico sobre F. Ele é chamado corpo obtido por **adjunção** de $\alpha_1, \ldots, \alpha_r$ a F; dizemos que $F(\alpha_1, \ldots, \alpha_r)$ é **gerado por** $\alpha_1, \ldots, \alpha_r$ sobre F, ou que $\alpha_1, \ldots, \alpha_r$ são **geradores** sobre F.

Se S for um conjunto de elementos em algum corpo contendo F, então indicaremos por $F(S)$ o menor corpo contendo S e F. Se, por exemplo, S for formado pelos elementos $\alpha_1, \alpha_2, \alpha_3 \ldots$, então $F(S)$ será a união de todos os corpos

$$\bigcup_{r=1}^{\infty} F(\alpha_1, \ldots, \alpha_r).$$

Seja $\boldsymbol{\mu}_n$ o grupo das $n-$ésimas raízes da unidade em alguma extensão de F. Com freqüência consideraremos o corpo

$$F(\boldsymbol{\mu}_n).$$

Pelo fato de $\boldsymbol{\mu}_n$ ser cíclico, com o teorema 1.10 do capítulo IV concluímos que, se ζ for um gerador de $\boldsymbol{\mu}_n$, então

$$F(\boldsymbol{\mu}_n) = F(\zeta).$$

Observação. Uma extensão E de F pode ser algébrica sem ser finita. É claro que isto ocorre somente se E for gerado por um número infinito de elementos. Por exemplo, seja

$$E = \mathbb{Q}(2^{1/2}, 2^{1/3}, \ldots, 2^{1/n}, \ldots);$$

assim E será obtido quando juntarmos todas as raízes $n-$ésimas de 2, para todos os inteiros positivos n. Desta forma, E não será finito sobre $\mathbb{Q}$.

Aviso. Usamos a notação $2^{1/n}$ apenas para denotar uma $n-$ésima raiz de 2. É claro que estamos nos referindo a $n-$ésima raiz real de 2 e esta é a forma usual de representar uma raiz real. Você deve saber que entre os números complexos, existem outros elementos α tais que $\alpha^n = 2$, e esses também têm o direito de serem chamados de raízes $n-$ésimas de 2. Portanto, em geral, eu aconselho fortemente a não utilizar a notação $a^{1/n}$ para indicar uma $n-$ésima raiz de um elemento a em um corpo, pois esse elemento não é determinado de maneira única. Deve-se utilizar uma letra, por exemplo α, para denotar um elemento cuja $n-$ésima potência é α, isto é, $\alpha^n = a$. A totalidade de tais elementos pode ser denotada por $\alpha_1, \ldots, \alpha_n$.

Sempre que tivermos uma seqüência de corpos de extensão

$$F \subset E_1 \subset E_2 \subset \cdots \subset E_r,$$

ela será chamada de **torre de corpos**. O teorema 1.4 poderia ser dito da seguinte forma:

Nas torres de corpos, o grau é multiplicativo.

O corpo $E = \mathbb{Q}(2^{1/2}, 2^{1/3}, \ldots, 2^{1/n}, \ldots)$ poderia ser chamado de **torre infinita**, definida pela seqüência de corpos

$$\mathbb{Q} \subset \mathbb{Q}(2^{1/2}) \subset \mathbb{Q}(2^{1/2}, 2^{1/3}) \subset \mathbb{Q}(2^{1/2}, 2^{1/3}, 2^{1/4}) \subset \cdots .$$

Vamos retornar agora ao caso geral das possíveis extensões algébricas infinitas.

Seja A o conjunto de todos os números complexos algébricos sobre $\mathbb{Q}$. Então, A é um corpo algébrico sobre mQ, mas não é finito sobre $\mathbb{Q}$. (exercício 16).

Um corpo A é dito **algebricamente fechado** se todo polinômio de grau ≥ 1 com coeficientes em A tiver uma raiz em A. Assim, se f for um deste tipo, então f terá uma decomposição

$$f(t) = c(t - \alpha_1) \cdots (t - \alpha_n)$$

com $c \neq 0$ e $\alpha_1, \ldots, \alpha_n \in A$.

Seja F um corpo. Por **fecho algébrico** de F chamamos um corpo A que é algebricamente fechado e algébrico sobre F. Mais adiante vamos demonstrar que existe um fecho algébrico que, exceptuando os isomorfismos, é único.

Exemplo. Mais à frente, será demonstrado que o conjunto dos números complexos $\mathbb{C}$ é algebricamente fechado. O conjunto dos números em $\mathbb{C}$ que são algébricos sobre $\mathbb{Q}$ formam um subcorpo, que é um fecho algébrico de $\mathbb{Q}$.

Sejam E_1 e E_2 extensões de um corpo F. *Suponhamos também que E_1 e E_2 estejam contidas em algum corpo maior denotado por K.* O **composto** E_1E_2 denota o menor subcorpo de K que contém E_1 e E_2. Esse composto existe, e é a interseção de todos os subcorpos de K que contém E_1 e E_2. Como existe no mínimo um desses subcorpos, ou seja, o próprio K, a interseção não é vazia. Se $E_1 = F(\alpha)$ e $E_2 = F(\beta)$, então $E_1E_2 = F(\alpha, \beta)$.

Observação. Se as extensões E_1 e E_2 não estão contidas em um corpo maior, então a noção de corpo "composto" não faz sentido, e não vamos usá-la. Dada uma extensão finita E de um corpo F, podem existir diversas formas dessa extensão imersas em um corpo maior contendo F. Por exemplo, seja $E = \mathbb{Q}(\alpha)$, onde α é uma raiz do polinômio $t^3 - 2$. Existem três formas possíveis de se imergir E em $\mathbb{C}$, como será visto mais à frente. O elemento α pode ser associado a três raízes desse polinômio. Pelo fato de lidarmos com subcorpos de $\mathbb{C}$, então é claro que podemos formar a combinação deles em $\mathbb{C}$. Veremos no Capítulo IX que existem outros corpos naturais nos quais podemos imergir as extensões finitas de $\mathbb{Q}$, isto é, "completamentos $p-$ádicos" de $\mathbb{Q}$. A priori, não devemos esperar que haja uma interseção entre um completamento $p-$ádico e o conjunto de números reais, exceto se o completamento for o próprio $\mathbb{Q}$.

Sejam E_1 e E_2 extensões finitas de F, contidas em algum corpo maior. Estamos interessados no grau $[E_1E_2 : F]$. Suponhamos que $E_1 \cap E_2 = F$. Não segue necessariamente que $[E_1E_2 : E_2] = [E_1 : F]$.

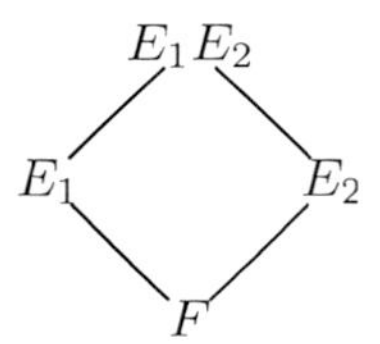

Exemplo. Considere α e β tais que: α é a raiz cúbica real de 2 e β uma raiz complexa cúbica de 2. Assim, $\alpha = \zeta\beta$, onde, por exemplo, $\zeta = e^{2\pi/3}$. Seja $E_1 = \mathbb{Q}(\alpha)$ e $E_2 = \mathbb{Q}(\beta)$. Logo,

$$E_1 \cap E_2 = \mathbb{Q}$$

pois pelo teorema 1.4, $[E_1 : E_1 \cap E_2]$ divide 3 e é diferente de 1 desde que $E_1 \neq E_2$. Conseqüentemente através do teorema 1.4, $[E_1 \cap E_2 : \mathbb{Q}] = 1$, assim $E_1 \cap E_2 : \mathbb{Q}$. O leitor pode verificar facilmente que

$$E_1E_2 = \mathbb{Q}(\alpha, \beta) = \mathbb{Q}(\alpha, \sqrt{-3})$$

se

$$\zeta = \frac{-1 + \sqrt{-3}}{2}.$$

Temos $[E_1 : \mathbb{Q}] = [E_2 : \mathbb{Q}] = 3$, e $[E_1E_2 : E_1] = 2$. No entanto, como o leitor verificará no exercício 12, essa diminuição de graus pode não ocorrer se $[E_1 : \mathbb{Q}]$ e $[E_2 : \mathbb{Q}]$ forem primos entre si. Mas, a queda dos graus está de acordo com um fato geral:

Proposição 1.5. *Sejam E/F uma extensão finita e F' uma extensão qualquer de F. Suponhamos que E e F' estejam contidas em algum corpo e considere a composição EF'. Então*

$$[EF' : F'] \leq [E : F].$$

Demonstração. Exercício 11. Escreve-se $E = F(\alpha_1, \ldots, \alpha_r)$ e usa-se indução. Abaixo, temos um diagrama de corpos que ilustra a proposição.

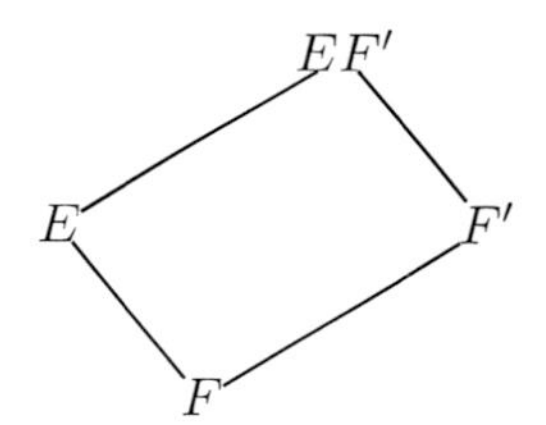

Em virtude da semelhança do diagrama com os usuais de elementos do plano geométrico, chama-se a extensão EF'/F' de **translação de E/F sobre F'**. Algumas vezes, F é chamado de **corpo básico** da extensão E/F, no qual a extensão EF'/F' também é chamada de **mudança básica** de E/F **sobre** F'.

Com o que foi visto, encontramo-nos agora diante de três construções básicas de extensões de corpos:

Translação de uma extensão.

Torre de extensões.

Composição de extensões.

Essas construções, que ocorrem sistematicamente pelo resto da teoria sobre corpos, podem ser encontradas em vários contextos.

Até aqui, temos lidado com corpos arbitrários. Agora vamos estabelecer um resultado, mas antes é essencial fazer algumas restrições. De fato, seja K um corpo, e seja $f(t) \in K[t]$ um polinômio. Já foi visto como definir a derivada $f'(t)$. Se K tem característica p, então essa derivada pode ser identicamente nula. Por exemplo, tomemos

$$f(t) = t^p.$$

Assim, f tem grau p e $f'(t) = pt^{p-1} = 0$, pois $p = 0$ em K. Um fenômeno desta ordem não pode ocorrer se a característica for igual a 0.

Teorema 1.6. *Seja F um subcorpo de um corpo A algebricamente fechado de característica 0. Seja f um polinômio irredutível em $F[t]$. Suponhamos ainda que $n = \text{gr}\, f \geq 1$. Então f tem n raízes diferentes em A.*

Demonstração. A partir das hipóteses podemos escrever

$$f(t) = a_n(t - \alpha_1) \cdots (t - \alpha_n)$$

com $\alpha_i \in A$. Seja α uma raiz de f. Será suficiente demonstrar que α tem multiplicidade 1. Observe que f é um polinômio irredutível de α sobre F. Observe também que a derivada formal f' tem grau $< n$. (Cf. o §3 do capítulo IV.) Logo, não podemos ter $f'(\alpha) = 0$, pois f' não é o polinômio identicamente zero (conseqüência imediata a partir da definição formal de derivada - o coeficiente dominante de f' é $na_n \neq 0$). Portanto, α tem multiplicidade 1. Isso conclui a demonstração do teorema.

Observação. A mesma demonstração se aplica ao que está dito na proposição a seguir, sob uma hipótese mais fraca do que característica zero.

Seja F um corpo qualquer e seja f um polinômio irredutível em $F[t]$, com grau $n \geq 1$. Se a característica de F for p e $p \nmid n$, então toda raiz de f terá multiplicidade 1.

VII, §1. Exercícios

1. Seja $\alpha^2 = 2$. Mostre que o corpo $\mathbb{Q}(\alpha)$ é de grau 2 sobre $\mathbb{Q}$.

2. Mostre que o polinômio $(t - a)^2 + b^2$ com a, b racionais, $b \neq 0$, é irredutível sobre os números racionais.

3. Mostre que o polinômio $t^3 - p$ é irredutível sobre os números racionais para todo número primo p.

4. Qual é o grau dos seguintes corpos sobre $\mathbb{Q}$? Justifique sua resposta.

   (a) $\mathbb{Q}(\alpha)$, onde $\alpha^3 = 2$.
   (b) $\mathbb{Q}(\alpha)$, onde $\alpha^3 = p$ (primo).
   (c) $\mathbb{Q}(\alpha)$, onde α é uma raiz de $t^3 - t - 1$.
   (d) $\mathbb{Q}(\alpha, \beta)$, onde α é uma raiz de $t^2 - 2$ e β é uma raiz de $t^2 - 3$.
   (e) $\mathbb{Q}(\sqrt{-1}, \sqrt{3})$.

5. Mostre que a raiz cúbica da unidade $\zeta = e^{2\pi i/3}$ é a raiz de um polinômio de grau 2 sobre $\mathbb{Q}$. Mostre que $\mathbb{Q}(\zeta) = \mathbb{Q}(\sqrt{-3})$.

6. Qual é o grau sobre $\mathbb{Q}$ do número $\cos(2\pi/6)$? Justifique sua resposta.

7. Seja F um corpo e sejam $a, b \in F$. Considere $\alpha^2 = a$ e $\beta^2 = b$. Suponha que α, β tenham grau 2 sobre F. Prove que $F(\alpha) = F(\beta)$ se, e somente se, existir $c \in F$ tal que $a = c^2 b$.

8. Sejam E_1, E_2 duas extensões de um corpo F. Suponha que $[E_2 : F] = 2$, e que $E_1 \cap E_2 = F$. Considere $E_2 = F(\alpha)$. Mostre que $E_1(\alpha)$ tem grau 2 sobre E_1.

9. Sejam α, ζ e β tais que $\alpha^3 = 2$, ζ é uma raiz complexa cúbica da unidade e $\beta = \zeta\alpha$. Qual é o grau de $\mathbb{Q}(\alpha, \beta)$ sobre $\mathbb{Q}$? Justifique sua resposta.

10. Suponha que E_1 e E_2 tenham, respectivamente, graus p e p' sobre F, onde p e p' são números primos. Mostre que uma das afirmativas se verifica: $E_1 = E_2$ ou $E_1 \cap E_2 = F$.

11. Demonstre a proposição 1.5.

12. Considere as extensões finitas E_1 e E_2 de um corpo F, e suponha que E_1 e E_2 estejam contidas em algum corpo. Se $[E_1 : F]$ e $[E_2 : F]$ são primos entre si, mostre que

$$[E_1E_2 : F] = [E_1 : F][E_2 : F] \qquad \text{e} \qquad [E_1E_2 : E_2] = [E_1 : F].$$

Nos exercícios 13 e 14, suponha que F tenha característica 0.

13. Seja E uma extensão, de grau 2, de um corpo F. Mostre que E pode ser escrito como $F(\alpha)$ para alguma raiz α de um polinômio $t^2 - a$, com $a \in F$. [*Sugestão*: Use a fórmula que lhe foi apresentada, no primeiro grau, para resolver uma equação quadrática.]

14. Seja $t^2 + bt + c$ um polinômio de grau 2 com b e c em F. Seja α uma raiz. Mostre que $F(\alpha)$ tem grau 2 sobre F se $b^2 - 4c$ não for um quadrado em F. Em caso contrário, mostre que $F(\alpha)$ tem grau 1 sobre F, isto é, $\alpha \in F$.

15. Seja $a \in \mathbb{C}$, e $a \neq 0$. Seja α uma raiz de $t^n - a$. Mostre que todas as raízes de $t^n - a$ são do tipo $\zeta\alpha$, onde ζ é uma $n-$ésima raiz da unidade, isto é,

$$\zeta = e^{2\pi ik/n}, \qquad k = 0, \ldots, n-1.$$

16. Seja A o conjunto dos números algébricos sobre $\mathbb{Q}$, no conjunto dos números complexos. Demonstre que A é um corpo.

17. Seja $E = F(\alpha)$, onde α é um número algébrico sobre F e E tem grau ímpar. Mostre que $E = F(\alpha^2)$.

18. Sejam α e β números algébricos sobre o corpo F. Seja f o polinômio irredutível de α sobre F, e seja g o polinômio irredutível de β sobre F. Suponha que $\operatorname{gr} f$ e $\operatorname{gr} g$ sejam primos entre si. Mostre que g é irredutível sobre $F(\alpha)$.

19. Sejam α e β números complexos tais que $\alpha^3 = 2$ e $\beta^4 = 3$. Qual é o grau de $\mathbb{Q}(\alpha, \beta)$ sobre $\mathbb{Q}$? Justifique sua resposta.

20. Seja $F = \mathbb{Q}[\sqrt{3}]$ o conjunto de todos os elementos $a + b\sqrt{3}$, onde a e b são números racionais.

    (a) Mostre que F é um corpo e que 1 e$\sqrt{3}$ é uma base de F sobre Q.

    (b) Seja
    $$M = \begin{pmatrix} 0 & 3 \\ 1 & 0 \end{pmatrix}.$$
    Mostre que $M^2 = \begin{pmatrix} 3 & 0 \\ 0 & 3 \end{pmatrix}$.

    (c) Seja $I = I_2$ a matriz unidade 2×2. Mostre que a aplicação
    $$a + b\sqrt{3} \mapsto aI + bM$$
    é um isomorfismo de F no subanel de $\mathrm{Mat}_2(\mathbb{Q})$ gerado por M sobre $\mathbb{Q}$.

21. Seja α uma raiz do polinômio $t^3 + t^2 + 1$ sobre o corpo $F = \mathbb{Z}/2\mathbb{Z}$. Qual é o grau de α sobre F. Justifique sua resposta.

22. Seja t uma variável, e $K = \mathbb{C}(t)$ o corpo das funções racionais em t. Considere $f(X) = X^n - t$ para algum inteiro positivo n, e seja α uma raiz de f em algum corpo contendo $\mathbb{C}(t)$. Qual é o grau de $K(\alpha)$ sobre K? Justifique sua resposta.

23. Seja F um corpo, e t transcendente sobre F. Considere $x \in F(t)$ e suponha $x \notin F$. Demonstre que $F(t)$ é algébrico sobre $F(x)$. Se você exprime x como um quociente de polinômios primos entre si, $x = f(t)/g(t)$, como você descreveria o grau de $[F(t) : F(x)]$ em termos dos graus de f e g? Demonstre todas as afirmativas.

24. Seja F um corpo, e $p(t)$ um polinômio irredutível em $F[t]$. Seja $g(t)$ um polinômio arbitrário em $F[t]$. Suponha que exista uma extensão E do corpo F e um elemento $\alpha \in E$ que é uma raiz de ambos os polinômios $p(t)$ e $g(t)$. Demonstre que $p(t)$ divide $g(t)$ em $F[t]$. Esta conclusão ainda será verdadeira mesmo assumindo que $p(t)$ é irredutível?

VII, §2. Imersões

Seja F um corpo, e seja L outro corpo. Por **imersão** vamos entender uma aplicação

$$\sigma : F \to L$$

que é um homomorfismo de anéis. Como $\sigma(1) = 1$, tem-se que σ não é a aplicação nula. Se $x \in F$ e $x \neq 0$, então

$$xx^{-1} = 1 \quad \Longrightarrow \quad \sigma(x)\sigma(x)^{-1} = 1\,,$$

de modo que σ úm homomorfismo tanto para o grupo aditivo de F quanto para o grupo multiplicativo dos elementos não-nulos de F. Além disto, o núcleo de σ, visto como um homomorfismo aditivo, é 0. Resulta que σ é injetivo, isto é $\sigma(x) \neq \sigma(y)$ se $x \neq y$. Essa é a razão pela qual σ é chamada de imersão. Freqüentemente escreveremos σx em vez de $\sigma(x)$, e σF em lugar de $\sigma(F)$.

Uma imersão $\sigma : F \to F'$ é dita um **isomorfismo** se a imagem de σ é F'. (Deveria ser especificado que se trata de um isomorfismo de **corpos**, mas o contexto sempre fará com que o significado da expressão fique claro.) Se $\sigma : F \to L$ é uma imersão, então a imagem σF de F sob σ é obviamente um subcorpo de L, e assim σ estabelece um isomorfismo entre F e σF. Se $\sigma : F \to F'$ é um isomorfismo, pode-se, da maneira usual, definir o isomorfismo inverso $\sigma^{-1} : F' \to F$.

Seja $f(t)$ um polinômio em $F[t]$. Seja $\sigma : F \to L$ uma imersão. Escreva-se

$$f(t) = a_n t^n + \cdots + a_0 \,.$$

Defina-se σf como o polinômio

$$\sigma f(t) = \sigma(a_n) t^n + \cdots + \sigma(a_0) \,.$$

Verifica-se facilmente que, dados dois polinômios f, g em $F[t]$, temos

$$\sigma(f + g) = \sigma f + \sigma g \qquad \text{e} \qquad \sigma(fg) = (\sigma f)(\sigma g) \,.$$

Se $p(t)$ é um polinômio irredutível em $F[t]$, então σp é irredutível sobre σF.

Este é um fato importante. Sua demonstração é fácil, pois se temos a fatoração

$$\sigma p = gh$$

sobre σF, então

$$p = \sigma^{-1} \sigma p = (\sigma^{-1} g)(\sigma^{-1} h)$$

tem-se uma fatoração sobre F.

Seja $f(t) \in F[t]$, e seja α algébrico sobre F. Seja $\sigma : F(\alpha) \to L$ uma imersão em algum corpo L. Então

$$(\sigma f)(\sigma \alpha) = \sigma(f(\alpha)).$$

Isso segue-se imediatamente da definição de imersão, pois, se $f(t)$ é como acima, então

$$f(\alpha) = a_n \alpha^n + \cdots + a_0,$$

e portanto

$$(1) \qquad \sigma(f(\alpha)) = \sigma(a_n)\sigma(\alpha)^n + \cdots + \sigma(a_0)$$

Em particular, obtivemos duas importantes propriedades das imersões:

Propriedade 1. *Se α é uma raiz de f, então $\sigma(\alpha)$ é uma raiz de σf.*

Propriedade 2. *Se σ é uma imersãode $F(\alpha)$ cujo efeito é conhecido sobre F e sobre α, então o efeito de σ sobre $F(\alpha)$ é determinado de modo único por (1).*

Seja $\sigma : F \to L$ uma imersão. Seja E uma extensão de F. Uma imersão $\tau : E \to L$ é dita uma **extensão** de σ se $\tau(x) = \sigma(x)$ para todo $x \in F$. Dizemos também que σ é uma **restrição** de τ a F, ou que τ é **sobre** σ.

Seja E uma extensão de F, e seja σ um isomorfismo, ou uma imersão de E que se restrinja à aplicação identidade em F. Dizemos então que σ é um isomorfismo ou uma imersão de E **sobre** F.

Teorema 2.1. *Seja $\sigma : F \to L$ uma imersão. Seja $p(t)$ um polinômio irredutível em $F[t]$. Seja α uma raiz de p em alguma extensão de F, e seja β uma raiz de σp em L. Então existe uma imersão $\tau : F(\alpha) \to L$ que é uma extensão de σ, e tal que $\tau\alpha = \beta$. Reciprocamente, toda extensão τ de σ a $F(\beta)$ é tal que $\tau\alpha$ é uma raiz de σp.*

Demonstração. A segunda afirmação decorre de uma observação que fizemos anteriormente. Para provar a existência de τ, seja f um polinômio qualquer de $F[t]$, e definamos τ no elemento $f(\alpha)$ como sendo $(\sigma f)(\beta)$. O mesmo elemento $f(\alpha)$ têm muitas representações como valores $g(\alpha)$, para muitos polinômios de $F[t]$. Devemos então mostrar que nossa definição de τ não depende da escolha de f. Suponhamos que $f,\ g \in F[t]$ sejam tais que $f(\alpha) = g(\alpha)$. Assim, $(f - g)(\alpha) = 0$. Desta forma, existe um polinômio h em $F[t]$ tal que $f - g = ph$. Logo,

$$\sigma f = \sigma g + (\sigma p)(\sigma h).$$

Portanto,

$$\begin{aligned}(\sigma f)(\beta) &= (\sigma g)(\beta) + (\sigma p)(\beta) \cdot (\sigma f)(\beta) \\ &= (\sigma g)(\beta).\end{aligned}$$

Isto prova que nossa aplicação está bem definida. A hipótese de p ser irredutível é essencial à demonstração! Agora, é trivial verificar que τ é uma imersão, e deixamos esta tarefa para o leitor.

Caso especial. Suponhamos que σ é a identidade sobre F e sejam α e β duas raízes de um polinômio irredutível em $F[t]$. Então existe um isomorfismo

$$\tau : F(\alpha) \to F(\beta)$$

que é a identidade de F e que associa α a β.

Existe uma outra forma de descrever o isomorfismo no teorema 2.1 ou o caso especial.

Seja $p(t)$ irredutível em $F[t]$. Seja α uma raiz de p em algum corpo. Então (p) é o núcleo do homomorfismo

$$F[t] \to F(\alpha)$$

que é a identidade sobre F e associa t a α. De fato, como $p(\alpha) = 0$ segue que $p(t)$ está no núcleo. Reciprocamente, se $f(t) \in F[t]$ e $f(\alpha) = 0$, então $p \mid f$; do contrário, o máximo divisor comum de p e f é 1, pois p é irredutível e 1 não se anula em α, e isso é impossível. Assim, obtivemos o isomorfismo

$$\sigma : F[t]/(p) \to F(\alpha)\,.$$

Similarmente, temos o isomorfismo $\sigma : F[t]/(p) \to F(\beta)$. O isomorfismo

$$\tau\sigma^{-1} : F(\alpha) \to F(\beta)$$

associa α a β e é a identidade sobre F, o que podemos representar por meio do seguinte diagrama

$$F(\alpha) \xleftarrow{\sigma} F[t]/(p) \xrightarrow{\tau} F(\beta)\,.$$

Até aqui, temos dado em algum corpo uma raiz do polinômio irredutível. O que já foi mostrado sugere como provar a existência de uma tal raiz.

Teorema 2.2. *Seja F um corpo e $p(t)$ um polinômio irredutível de grau ≥ 1 em $F[t]$. Então existe um corpo de extensão E de F no qual p tem uma raiz.*

Demonstração. O ideal (p) em $F[t]$ é maximal e o anel de classes residuais

$$F[t]/(p)$$

é um corpo. De fato, se $f(t) \in F[t]$ e $p \nmid f$, então $(f,p) = 1$ e assim existem polinômios $g(t)$ e $h(t) \in F[t]$ tais que

$$gf + hp = 1\,.$$

Isso significa que $gf \equiv 1 \bmod p$ e conseqüentemente $f \bmod p$ é invertível em $F[t]/(p)$. Logo, todo elemento diferente de zero de $F[t]/(p)$ é invertível e assim, $F[t]/(p)$ é um corpo. Esse corpo contém a imagem de F pelo homomorfismo que a cada polinômio associa sua classe residual mod $p(t)$. Pelo fato de um corpo não possuir outros ideais diferentes de (0) e dele próprio, e como $1 \not\equiv 0 \bmod p(t)$, pois $\operatorname{gr} p \geq 1$, concluímos que o homomorfismo natural

$$\sigma : F \to F[t]/(p(t))$$

é injetivo. Logo, $F[t]/(p(t))$ é uma extensão finita de σF. Assim, se identificarmos F com σF, então podemos considerar $F[t]/(p(t))$ como uma extensão finita de F nele próprio; além disso o polinômio p tem uma raiz α nessa extensão que é igual à classe residual de t mod $p(t)$. Portanto, construímos uma extensão E de F na qual p tem uma raiz.

Na próxima seção, vamos mostrar como obter um corpo no qual, em um sentido apropriado, "todas" as raízes de um polinômio nele estejam contidas.

Teorema 2.3 (Teorema de eExtensão. *Seja E uma extensão finita de F e seja $\sigma : F \to A$ uma imersão de F sobre um corpo A algebricamente fechado. Então existe uma extensão de σ a uma imersão $\bar{\sigma} : E \to A$.*

Demonstração. Seja $E = F(\alpha_1, \ldots, \alpha_n)$. Pelo teorema 2.1 existe uma extensão σ_1 de σ a uma imersão $\sigma_1 : F(\alpha_1) \to A$. Por indução sobre o número de geradores, existe uma extensão de σ_1 a uma imersão $\bar{\sigma} : E \to A$, como devia ser demonstrado.

A seguir, analisamos de uma forma mais detalhada as imersões de um corpo $F(\alpha)$ sobre F.

Seja α um número algébrico sobre F e seja $p(t)$ o polinômio irredutível de α sobre F. Consideremos as raízes $\alpha_1, \ldots, \alpha_n$ de p. Estas raízes são chamadas **conjugadas** de α sobre F. Pelo teorema 2.1, para cada α_i, existe uma imersão σ_i de $F(\alpha)$ que associa α a α_i e é a identidade sobre F. Esta imersão é determinada de maneira única.

Exemplo 1. Consideremos uma raiz α do polinômio $t^3 - 2$. Tomemos α como sendo a raiz cúbica real de 2, ou seja, $\alpha = \sqrt[3]{2}$. Sejam 1, ζ e ζ^2 as três raízes cúbicas da unidade. O polinômio $t^3 - 2$ é irredutível sobre $\mathbb{Q}$, pois ele não tem raiz em $\mathbb{Q}$ (cf. exercício 2 do §3 do capítulo IV). Logo, existem três imersões de $\mathbb{Q}(\alpha)$ sobre $\mathbb{C}$, isto é, três imersões

σ_1, σ_2 e σ_3 tais que

$$\sigma_2 1\alpha = \alpha, \qquad \sigma_2\alpha = \zeta\alpha \quad \text{e} \quad \sigma_3\alpha = \zeta^2\alpha$$

Exemplo 2. Se $\alpha = 1 + \sqrt{2}$, então existem duas imersões de $\mathbb{Q}(\alpha)$ sobre $\mathbb{C}$, ou seja, imersões que associam α aos elementos $1 + \sqrt{2}$ e $1 - \sqrt{2}$, respectivamente.

Exemplo 3. Seja F um corpo de característica p e seja $a \in F$. Consideremos o polinômio $t^p - a$ e suponhamos que α seja uma raiz desse polinômio em algum corpo de extensão E. Assim, α será única. Não existe outra raiz, pois

$$(t - \alpha)^p = t^p - \alpha^p = t^p - a$$

e aplicamos a fatoração única no anel de polinômios $E[t]$. Logo, o único isomorfismo de E sobre F, em algum corpo contendo E, deverá associar α em α e portanto é a identidade sobre $F(\alpha)$.

Devido a explicação anterior, o restante desta seção estará sob hipóteses que impedem a ocorrência do fenômeno.

No restante desta seção, denotaremos por A um corpo algebricamente fechado de característica 0.

O motivo para essa hipótese encontra-se no corolário que veremos a seguir, onde se faz uso de um resultado chave, o teorema 1.6.

Corolário 2.4 *Seja E uma extensão finita de F. Seja n o grau de E sobre F. Se $\sigma : F \to A$ for uma imersão de F em A, então, o número de extensões de E sobre A será igual a n.*

Demonstração. Suponhamos primeiro que $E = F(\alpha)$ e que $f(t) \in F[t]$ seja o polinômio irredutível de grau n, de α sobre F. Assim, pelo teorema 1.6, σf tem n raízes distintas em A e desta forma a proposição segue a partir do teorema 2.1. Em geral, podemos escrever E na forma $E = F(\alpha_1, \ldots, \alpha_r)$. Consideremos a torre

$$F \subset F(\alpha_1) \subset F(\alpha_1, \alpha_2) \subset \cdots \subset F(\alpha_1, \ldots, \alpha_r).$$

Seja $E_{r-1} = F(\alpha_1, \ldots, \alpha_{r-1})$. Suponhamos que já exista a demonstração, por indução, de que o número de extensões de σ a E_{r-1} seja igual ao grau $[E_{r-1} : F]$. Sejam $\sigma_1, \ldots, \sigma_m$ as extensões de σ a E_{r-1}. Seja d o grau de α_r sobre E_{r-1}. Para cada $i = 1, \ldots, m$ podemos encontrar precisamente d extensões de σ_i a E, digamos $\sigma_{i1}, \ldots, \sigma_{id}$. Assim, de forma clara, o conjunto $\{\sigma_{ij}\}$ ($i = 1, \ldots, m$ e $j = 1, \ldots, d$) é o conjunto das extensões distintas de σ a E. Isso demonstra nosso corolário.

Teorema 2.5 (Teorema do Elemento Primitivo). *Seja F um corpo de característica 0 e seja E uma extensão finita de F. Então, existe um elemento γ de E tal que $E = F(\gamma)$.*

Demonstração. Será suficiente demonstrar que, se $E = F(\alpha, \beta)$, com dois elementos α e β algébricos sobre F, então podemos encontrar γ em E tal que $E = F(\gamma)$, pois nesse caso poderemos proceder indutivamente. Seja $[E : F] = n$. Sejam $\sigma_1, \ldots, \sigma_n$ as n imersões distintas de E em A que estendem a aplicação identidade de F. Demonstraremos primeiro que é possível determinar um elemento $c \in F$ tal que os elementos

$$\sigma_i\alpha + c\sigma_i\beta = \sigma_i(\alpha + c\beta)$$

sejam distintos, para $i = 1, \ldots, n$. Consideremos o polinômio

$$\prod_{i=1}^{n} \prod_{j \neq i} [\sigma_j\alpha - \sigma_i\alpha + t(\sigma_j\beta - \sigma_i\beta)].$$

Ele não é o polinômio nulo, pois cada fator é diferente de 0. Esse polinômio tem um número finito de raízes. Podemos, certamente, assim, achar um elemento c de F tal que ao substituirmos c por t não obteremos o valor 0. Esse elemento c faz o que desejamos.

Afirmamos, agora, que $E = F(\gamma)$, onde $\gamma = \alpha + c\beta$. De fato, por construção, temos n imersões distintas de $F(\gamma)$ em A que estendem a identidade de F; de maneira explícita, $\sigma_1, \ldots, \sigma_n$ restritas a $F(\gamma)$. Assim, pelo corolário 2.3, $[F(\gamma) : F] \geq n$. Como $F(\gamma)$ é um subespaço de E sobre F, e tem a mesma dimensão de E, segue que $F(\gamma) = E$, e nosso teorema está demonstrado.

Exemplo 4. Demonstre, como exercício, que se $\alpha^3 = 2$ e β é uma raiz quadrada de 2, então $\mathbb{Q}(\alpha, \beta) = \mathbb{Q}(\gamma)$, onde $\gamma = \alpha + \beta$.

Observação. Com características arbitrárias, os corolários 2.3, 2.4 e o teorema 2.5 não são necessariamente verdadeiros. Para obter uma teoria análoga, que resulte das propriedades das extensões que se encontram nos resultados citados, é necessário impor uma restrição sobre os tipos de extensões finitas que são consideradas. De forma explícita, definimos um polinômio $f(t) \in F[t]$ como **separável** se o número de raízes distintas de f for igual ao grau de f. Assim, se f tem grau d, então f tem d raízes distintas. Um elemento α de E é definido como **separável** em F, se o polinômio de α irredutível sobre F for separável, ou de forma equivalente, se α for a raiz de um polinômio separável em $F[t]$. Dizemos que uma extensão finita E de F é **separável**, se ela satisfizer a propriedade que conduz à conclusão do corolário 2.4, isto é: o número de extensões possíveis de uma imersão $\sigma : F \to A$ a uma imersão de E em A é igual ao grau $[E : F]$. O leitor, agora, pode demonstrar o seguinte:

Consideremos ser arbitrária a característica e seja E uma extensão finita de F.

(a) *Se E é separável sobre F e $\alpha \in E$, então o polinômio irredutível de α sobre F é separável e assim, todo elemento de E é separável sobre F.*

(b) *Se $E = F(\alpha_1, \ldots, \alpha_n)$ e se cada α_i é separável sobre F, então*

E é separável sobre F.

(c) *Se E é separável sobre F e F' é uma extensão qualquer de F tal que E e F' são subcorpos de algum corpo maior, então EF' é separável sobre F'.*

(d) *Se $F \subset E_1 \subset E_2$ é uma torre de extensões tais que E_1 é separável sobre F e E_2 é separável sobre E_1, então E_2 é separável sobre F.*

(e) *Se E é separável sobre F e E_1 é um subcorpo de E que contém F, então E_1 é separável sobre F.*

As demonstrações são fáceis e consistem simplesmente de aplicações adicionais das técnicas já vistas. Entretanto, na primeira leitura, pode ser psicologicamente preferível para o leitor, assumir a característica 0 e dessa forma entrar imediatamente nos principais teoremas da teoria de Galois. As complicações técnicas que surgem com a ausência de separabilidade podem, assim, serem absorvidas posteriormente. Portanto, omitimos a demonstração das afirmativas acima, que você pode encontrar, caso esteja interessado, em um texto mais avançado, por exemplo, no meu livro *Álgebra*.

Notemos que em geral o substituto para o teorema 2.5 pode ser formulado como segue:

Seja E uma extensão separável finita de F. Então existe um elemento γ de E tal que $E = F(\gamma)$.

A demonstração, exceto para corpos finitos, é feita como no teorema 2.5; apenas a separabi-lidade foi necessária. Para corpos finitos utilizamos o teorema 1.10 do capítulo IV. O mesmo princípio será aplicado mais tarde na teoria de Galois. Definiremos o corpo de decomposição de um polinômio. Quando a característica é arbitrária, definimos uma extensão de Galois como sendo o corpo de decomposição de um polinômio separável. Assim, as proposições e suas demonstrações na teoria de Galois permanecem inalteradas. Dessa forma, a hipótese de separabilidade substitui, por completo, a hipótese bastante restritiva de característica 0.

VII, §2. Exercícios

Todos os corpos dos exercícios seguintes são considerados como tendo característica 0.

1. Em cada caso, determine um elemento γ tal que $\mathbb{Q}(\alpha, \beta) = \mathbb{Q}(\gamma)$. Pede-se ao leitor que demonstre sempre todas as afirmações que fizer.

   (a) $\alpha = \sqrt{-5}$, $\beta = \sqrt{2}$ (b) $\alpha = \sqrt[3]{2}$, $\beta = \sqrt{2}$

   (c) $\alpha =$ raiz de $t^3 - t + 1$, $\beta =$ raiz de $t^2 - t - 1$.

   (d) $\alpha =$ raiz de $t^3 - 2t + 3$, $\beta =$ raiz de $t^2 + t + 2$.

   Determine os graus dos corpos $\mathbb{Q}(\alpha, \beta)$ sobre $\mathbb{Q}$ em cada um dos casos.

2. Suponha que β seja algébrico sobre F e não pertença a F. Suponha também que β esteja em algum A, fecho algébrico de F. Mostre que existe uma imersão de $F(\beta)$ em F diferente da identidade sobre β.

3. Seja E uma extensão finita de F de grau n. Sejam $\sigma_1, \ldots, \sigma_n$ todas as imersões distintas de E sobre F em A. Dado $\alpha \in E$, defina o **traço** e a **norma** de α (de E para F), respectivamente, por

$$\mathrm{Tr}_F^E(\alpha) = \sum_{i=1}^{n} \sigma_i\alpha = \sigma_1\alpha + \cdots + \sigma_n\alpha, N_F^E(\alpha) = \prod_{i=1}^{n} \sigma_i\alpha = \sigma_1\alpha \cdots \sigma_n\alpha$$

(a) Mostre que a norma e o traço de α pertencem a F.

(b) Mostre que o traço é um homomorfismo aditivo, e que a norma é um homomorfismo multiplicativo.

4. Seja α algébrico sobre o corpo F, e seja

$$p(t) = t^n + a_{n-1}t^{n-1} + \cdots + a_0$$

o polinômio irredutível de α sobre F. Mostre que

$$N(\alpha) = (-1)^n a_0 \qquad \text{e} \qquad \operatorname{Tr}(\alpha) = -a_{n-1}.$$

(A norma e o traço são tomados de $F(\alpha)$ para F.)

5. Seja E uma extensão finita de F, e seja a um elemento de F. Seja

$$[E : F] = n.$$

Qual é a norma e o traço de a de E para F?

6. Seja α algébrico sobre o corpo F. Seja $m_\alpha : F(\alpha) \to F(\alpha)$ a multiplicação por α, que é uma aplicação $F-$linear. Assumimos que o leitor conheça a teoria de determinantes nas aplicações lineares. Seja $D(\alpha)$ o determinante de m_α, e seja $T(\alpha)$ o traço de m_α. (O traço de uma aplicação linear é a soma dos elementos da diagonal numa matriz que representa a aplicação com respeito a uma base.) Mostre que

$$D(\alpha) = N(\alpha) \qquad \text{e} \qquad T(\alpha) = \operatorname{Tr}(\alpha),$$

onde N e Tr são a norma e o traço dos exercícios 2 e 3.

VII, §3. Corpos de decomposição

Nesta seção, os corpos considerados têm característica diferente de 0.

Seja E uma extensão finita de F. Seja σ uma imersão de F, e τ uma extensão de σ para uma imersão de E. Diremos também que τ é **sobre** σ. Se σ é a aplicação identidade, dizemos então que τ é uma imersão de E **sobre** F. Assim, dizer que τ é uma imersão de E sobre F, significa que $\tau x = x$ para todo $x \in F$. Dizemos ainda que τ deixa F **fixo**.

Se τ é imersão de E sobre F, então τ é chamada de aplicação conjugada e a imagem τE é chamada o **conjugado** de E sobre F. Notemos que se $x \in E$, então $\tau\alpha$ é um conjugado de α sobre F. Assim, o termo "conjugado" é usado tanto para elementos quanto para corpos. Pelo corolário 2.4, se F tem característica 0, então o número de aplicações conjugadas de E sobre F é igual ao grau de $[E : F]$.

Seja $f(t)$ um polinômio de grau $n \geq 1$. Por **corpo de decomposição** K para f, indicamos uma extensão finita de F tal que f tem uma decomposição em K com fatores de grau 1, isto é,

$$f(t) = c(t - \alpha_1) \cdots (t - \alpha_n),$$

onde $c \in F$ é o coeficiente dominante de f, e $K = F(\alpha_1, \ldots, \alpha_n)$. Assim, a grosso modo, podemos dizer que um corpo de decomposição é o corpo gerado por "todas" as raízes dos fatores de grau 1 do polinômio f.

A priori, poderíamos ter uma decomposição como acima em algum corpo K, e outra decomposição

$$f(t) = c(t - \beta_1) \cdots (t - \beta_n),$$

com β_i em algum corpo $L = F(\beta_1, \ldots, \beta_n)$. De qualquer maneira, surge a pergunta: existe relação entre K e L? A resposta é que esses corpos de decomposição devem ser isomorfos. Os próximos teoremas demonstram a existência e a unicidade, a menos de isomorfismo, do corpo de decomposição.

Teorema 3.1 *Seja $f(t) \in F[t]$ um polinômio de grau ≥ 1. Então existe um corpo de decomposição de f.*

Demonstração. É feita por indução sobre o grau de f. Seja p um fator irredutível de f. Pelo teorema 2.2, existe uma extensão $E_1 = F(\alpha_1)$ com alguma raiz α_1 de p, e portanto de f. Seja

$$f(t) = (t - \alpha_1)g(t)$$

uma decomposição de f em $E_1[t]$. Então $\operatorname{gr} g = \operatorname{gr} f - 1$. Assim, por indução existe um corpo $E = E_1(\alpha_2, \ldots, \alpha_n)$ tal que

$$g(t) = c(t - \alpha_2) \cdots (t - \alpha_n)$$

para algum elemento $c \in F$. Isso conclui a demonstração.

O corpo de decomposição de um polinômio é determinado de maneira única, a menos de isomorfismo. De forma mais precisa:

Teorema 3.2 *Seja $f(t) \in F[t]$ um polinômio de grau ≥ 1. Sejam K e L extensões de F que são corpos de decomposição de f. Então, existe um isomorfismo*

$$\sigma : K \to L$$

sobre F.

Demonstração. Sem perda de generalidade, podemos assumir que o coeficiente dominante de f é 1. Vamos demonstrar a seguir, por indução, uma proposição mais precisa.

Seja $\sigma : F \to \sigma F$ um isomorfismo. Seja $f(t) \in F[t]$ um polinômio com coeficiente dominante 1 e seja $K = F(\alpha_1, \ldots, \alpha_n)$ um corpo de decomposição para f com a decomposição

$$f(t) = \prod_{i=1}^{n}(t - \alpha_i).$$

Seja L um corpo de decomposição de σf, com $L = (\sigma f)(\beta_1, \ldots, \beta_n)$ e

$$\sigma f(t) = \prod_{i=1}^{n}(t - \beta_i).$$

Então, existe um isomorfismo $\tau : K \to L$ que se estendendo e é tal que, se for necessário, depois de uma permutação de $\beta_1, \ldots, \beta_n$, teremos $\tau\alpha_i = \beta_i$ para $i = 1, \ldots, n$.

Seja $p(t)$ um fator irredutível de f. Pelo teorema 2.1, dada uma raiz α_1 de p e uma raiz β_1 de σp, existe um isomorfismo

$$\tau_1 : F(\alpha_1) \to (\sigma F)(\beta_1)$$

que estende σ e associa α_1 a β_1. É possível fatorar

$$\begin{aligned} f(t) &= (t - \alpha_1)g(t) \text{ sobre } F(\alpha_1), \\ f(t) &= (t - \beta_1)\tau_1 g(t) \text{ sobre } \sigma F(\beta_1), \end{aligned}$$

pois $\tau_1\alpha_1 = \beta_1$. Por indução, aplicada aos polinômios g e $\tau_1 g$, obtemos o isomorfismo τ e assim concluímos a demonstração.

Observação. Embora tenhamos agrupado os teoremas relativos a corpos finitos em um capítulo subseqüente, o leitor pode antecipar a leitura desse capítulo para ver como corpos finitos são determinados, a menos de isomorfismo, como corpos de decomposição. Esses teoremas servem de bons exemplos para as considerações que serão feitas nesta seção.

Por **automorfismo** de um corpo K designaremos um isomorfismo $\sigma : K \to K$ de K nele próprio. O contexto sempre tornará claro que estaremos nos referindo a isomorfismos de corpos (e não a outro tipo de isomorfismo, como de grupos ou de espaços vetoriais).

Seja σ uma imersão de uma extensão finita K de F, sobre F. Suponhamos que $\sigma(K)$ esteja contido em K. Então $\sigma(K) = K$.

De fato, σ induz uma aplicação linear injetiva do espaço vetorial de K sobre F. O leitor sabe, da álgebra linear, que σ é sobrejetiva. De fato, $\dim_F(K) = \dim_F(\sigma K)$. Se um subespaço de um espaço vetorial de dimensão finita tem a mesma dimensão do espaço vetorial, então o subespaço é igual ao espaço inteiro. Logo, σ é um isomorfismo de corpos e portanto, um automorfismo de K.

Ressaltamos que o conjunto de todos os automorfismos de um corpo K é um grupo. A verificação é trivial. Vamos nos deter a certos subgrupos desse grupo.

Seja G um grupo de automorfismos de um corpo K. Seja K^G o conjunto de todos os elementos $x \in K$ tais que $\sigma x = x$ para todo $\sigma \in G$. Então, K^G é um corpo. De fato, K^G contém 0 e 1. Se x e y pertencem a K^G, então,

$$\sigma(x+y) = \sigma x + \sigma y = x + y,$$
$$\sigma(xy) = \sigma(x)\sigma(y) = xy,$$

e assim $x + y$ e xy estão em K^G. Além disso, $\sigma(x^{-1}) = \sigma(x)^{-1} = x^{-1}$, então x^{-1} pertence a K^G. Isto demonstra que K^G é um corpo, chamado **corpo fixo de G**.

Se G é um grupo de automorfismos de K sobre um subcorpo F, então F está contido no corpo fixo (por definição), mas o corpo fixo pode ser maior do que F. Por exemplo, G poderia ser constituído unicamente pela identidade, caso em que seu corpo fixo seria K.

Exemplo 1. O corpo dos números racionais não admite outro automorfismo que não a identidade. Demonstração?

Exemplo 2. Demonstre que o corpo $\mathbb{Q}(\alpha)$, onde $\alpha^3 = 2$, não admite outro automorfismo além da identidade.

Exemplo 3. Sejam F um corpo de característica $\neq 2$, e $a \in F$. Suponha que a não seja um quadrado em F, e seja $\alpha^2 = a$. Então $F(\alpha)$ tem precisamente dois automorfismos sobre F, ou seja, a identidade e o automorfismo que associa α a $-\alpha$.

Observação. O isomorfismo do teorema 3.2, entre os corpos de decomposição K e L não é determinado de maneira única. Se σ e τ são dois isomorfismos de K sobre L que deixam F fixo, então

$$\sigma\tau^{-1} : L \to L$$

é um automorfismo de L em F. Mais à frente, neste capítulo, iremos estudar o grupo desses automorfismos. Enfatizamos a necessidade de uma possível permutação de $\beta_1, \ldots, \beta_n$ para que tenhamos o resultado. Além disto, será um problema determinar quais as permutações, que, de verdade, possam ocorrer.

Uma extensão finita K de F em um corpo algebricamente fechado A será chamada **extensão normal** se toda imersão de K sobre F em A for um automorfismo de K.

Teorema 3.3 *Uma extensão finita de F é normal se, e somente se, ela for o corpo de decomposição de um polinômio.*

Demonstração. Seja K uma extensão normal de F. Façamos $K = F(\alpha)$ para algum elemento α. Seja $p(t)$ o polinômio de α sobre F. Para cada raiz α_i de p existe uma única imersão σ_i de K sobre F tal que $\sigma_i\alpha = \alpha_i$. Como cada imersão é um automorfismo, segue-se que α_i pertence a K. Logo,

$$K = F(\alpha) = F(\alpha_1, \ldots, \alpha_n)$$

e K é o corpo de decomposição de p.

Se F tem característica 0, então a conclusão decorre do teorema 2.5, pois sabemos que $K = F(\alpha)$ para algum α. Em geral, $K = F(\alpha_1, \ldots, \alpha_r)$, e como já foi feito, questionamos cada polinômio irredutível $p_i(t)$ com respeito a α_i. Dessa forma, consideramos $f(t)$ como sendo o produto

$$f(t) = p_1(t) \cdots p_r(t).$$

Supondo que K é normal sobre F, segue que K é o corpo de decomposição do polinômio $f(t)$ que neste caso não é irredutível.

Reciprocamente, suponhamos que K é o corpo de decomposição de um polinômio $f(t)$, não necessariamente irredutível, com raízes $\alpha_1, \ldots, \alpha_n$. Se σ é uma imersão de K sobre F, então $\sigma\alpha_i$ deve também ser uma raiz de f. Portanto, σ transforma K em si mesmo e assim é um automorfismo.

Teorema 3.4 *Seja K uma extensão normal de F. Se $p(t)$ é um polinômio em $F[t]$, é irredutível sobre F e possui uma raiz em K, então p tem todas suas raízes em K.*

Demonstração. Seja α uma raiz de p em K. Seja β outra raiz. Pelo teorema 2.1, existe uma imersão σ de $F(\alpha)$ em $F(\beta)$ que associa α a β, e que é igual à identidade de F. Estendamos essa imersão a K. Como uma imersão de K sobre F é um automorfismo, devemos ter $\sigma\alpha \in K$, e assim $\beta \in K$.

VII, §3. Exercícios

1. Seja F um corpo de característica p e seja $c \in F$. Considere

$$f(t) = t^p - t - c.$$

   (a) Mostre que todas as raízes de f estão em F ou f é irredutível em $F[t]$. [*Sugestão*: considere uma raiz α e $a \in \mathbb{Z}/p\mathbb{Z}$. O que você pode dizer sobre $\alpha + a$? Para a irredutibilidade, suponha que exista um fator g tal que $1 < \operatorname{gr} g < \operatorname{gr} f$. Olhe o coeficiente do termo próximo ao de maior grau. Esse coeficiente deve pertencer a F.]

   (b) Seja $F = \mathbb{Z}/p\mathbb{Z}$ e seja $c \in F$, com $c \neq 0$. Mostre que $t^p - t - c$ é irredutível em $F[t]$.

   (c) Mais uma vez, considere F como um corpo qualquer de característica p. Seja α uma raiz de f. Mostre que $F(\alpha)$ é um corpo de decomposição de f.

(d) Suponha que f seja irredutível. Demonstre que existe um grupo de automorfismos de $F(\alpha)$ em F, isomorfo a $\mathbb{Z}/pZ$ (e portanto, cíclico e de ordem p).

(e) Demonstre que não existem outros automorfismos de $F(\alpha)$ em F além daqueles encontrados em (d).

2. Seja F um corpo e seja n um inteiro positivo e não divisível pela característica de F, se esta for $\neq 0$. Seja $a \in F$ e seja ζ uma $n-$ésima raiz primitiva da unidade. Suponha também que α seja uma raiz de $t^n - a$. Demonstre que o corpo de decomposição de $t^n - a$ é $F(\alpha, \zeta)$.

3. (a) Seja p um número primo ímpar. Seja F um corpo de característica 0 e seja $a \in F$, $a \neq 0$. Suponha que a não seja uma $p-$ésima potência em F. Demonstre que $t^p - a$ é irredutível em $F[t]$. [*Sugestão*: suponha que $t^p - a$ possa ser fatorado em F. Olhe o termo constante de um dos fatores, expresso como um produto de algumas raízes e deduza que a é a $p-$ésima potência em F.]

   (b) Novamente, suponha que a não seja uma $p-$ésima potência em F. Demonstre que para todo inteiro positivo r, $t^{p^r} - a$ é irredutível em $F[t]$. [*Sugestão*: utilize indução. Distinga os casos nos quais uma raiz α de $t^{p^r} - a$ é uma $p-$ésima potência em $F(\alpha)$ ou não, e tome a norma de $F(\alpha)$ para F. A norma foi definida nos exercícios do §2.]

4. Seja F um corpo de característica 0 e seja $a \in F$, $a \neq 0$. Seja n um inteiro ímpar ≥ 3. Suponha que para todos números primos p tais que $p|n$, tenhamos $a \notin F^p$ (onde F^p é o conjunto das $p-$ésimas potências em F). Mostre que $t^n - a$ é irredutível em $F[t]$. [*Sugestão*: escreva $n = p^r m$ com $p \nmid m$. Suponha por indução que $t^m - a$ seja irredutível em $F[t]$. Mostre que α não é uma $p-$ésima

potência em $F(\alpha)$ e utilize o princípio de indução.]

Observação. Quando n é par, o resultado análogo é parcialmente verdeiro devido à fatoração de $t^4 + 4$. Essencialmente, essa é a única execeção, e o resultado geral pode ser estabelecido como segue.

Teorema. *Seja F um corpo, e n um inteiro ≥ 2. Consideremos ainda $a \in F$ e $a \neq 0$. Suponha que para todos os números primos p tais que $p|n$, tenha $a \notin F^p$; e se $4|n$, então $a \notin -4F^4$. Dessa forma, $t^n - a$ é irredutível em $F[t]$.*

É mais cansativo lidar com esse caso geral, mas você sempre pode ter uma experiência com ele. O ponto principal é que o número primo 2 causa dificuldade.

5. Seja E uma extensão finita de F. Se $E = E_1,\ E_2, \ldots, E_r$ são todos os conjugados distintos de E sobre F, então demonstre que a composição.

$$K = E_1 E_2 \cdots E_r$$

é a menor extensão normal de F que contém E. Podemos dizer, que essa menor extensão normal é a composição de E e todos os seus conjugados sobre F.

6. Seja A uma extensão algébrica de um corpo F de característica 0. Suponha que todo polinômio de grau ≥ 1 em $F[t]$ tenha pelo menos uma raiz em A. Demonstre que A é algebricamente fechado. [*Sugestão*: em caso contrário, existe algum elemento α numa extensão algébrica de A, que é algébrica sobre A, mas não está em A. Mostre que α é algébrico sobre F. Seja $f(t)$ um polinômio irredutível de α sobre F, e seja K o corpo de decomposição de f em algum fecho algébrico de A. Escreva $K = F(\gamma)$ e seja $g(t)$ o polinômio irredutível de γ sobre F. Agora, utilize a hipótese de que

g tenha uma raiz em A. *Observação*: o resultado desse exercício é válido mesmo que por hipótese a característica de F seja diferente de 0. No entanto, deve-se usar argumentos adicionais para lidar com a possibilidade de nem sempre ser possível aplicar o teorema do elemento primitivo.]

VII, §4. Teoria de Galois

Ao longo desta seção assumimos que todos os campos têm característica 0.

No caso da característica 0, uma extensão normal será também chamada extensão de **Galois**.

Teorema 4.1. *Seja K uma extensão de Galois de F e seja G o grupo de automorfismos de K sobre F. Então, F é o corpo fixo de G.*

Demonstração. Seja F' o corpo fixo. Assim, trivialmente $F \subset F'$. Suponhamos que $\alpha \in F'$ e $\alpha \notin F$. Logo, pelo teorema 2.1 existe uma imersão σ_0 de $F(\alpha)$ sobre F tal que $\sigma_0\alpha \neq \alpha$ e pelo teorema 2.3, estendemos σ_0 a uma imersão σ de K sobre F. Por hipótese, σ é um automorfismo de K sobre F, e $\sigma\alpha = \sigma_0\alpha \neq \alpha$, contradizendo, dessa forma, a suposição de $\alpha \in F'$ mas $\alpha \notin F$. Isso demonstra nosso teorema.

Dado que K é uma extensão de Galois de F, o grupo de automorfismos de K sobre F é chamado **grupo de Galois** de K sobre F e é denotado por $G_{K/F}$. Se K é o corpo de decomposição de um polinômio $f(t)$ em $F[t]$, então dizemos também que $G_{K/F}$ é o **grupo de Galois de** f.

Teorema 4.2. *Seja K uma extensão de Galois de F. Para cada corpo intermediário E, associamos o subgrupo $G_{K/E}$ de automorfis-*

mos de K que deixa E fixo. Então, K é de Galois sobre E. Além disso, a aplicação

$$E \mapsto G_{K/E},$$

do conjunto de corpos intermediários no conjunto de subgrupos de G é injetiva e sobrejetiva, e E é o corpo fixo de $G_{K/E}$.

Demonstração. Toda imersão de K sobre E é uma imersão sobre F, e dessa forma é um automorfismo de K. Daí, concluímos que K é de Galois sobre E. Além disso, pelo teorema 4.1, E é o corpo fixo de $G_{K/E}$. Em particular, isso mostra que a aplicação

$$E \mapsto G_{K/E}$$

é injetiva, isto é, se $E \neq E'$, então $G_{K/E} \neq G_{K/E'}$. Finalmente, seja H um subgrupo de G. Escreva $K = F(\alpha)$, para algum elemento α. Seja $\{\sigma_1, \ldots, \sigma_r\}$ os elementos de H., e considere

$$f(t) = (t - \sigma_1\alpha) \cdots (t - \sigma_r\alpha).$$

Para todo σ em H, note-se que $\{\sigma\sigma_1, \ldots, \sigma\sigma_r\}$ é uma permutação de $\{\sigma_1, \ldots, \sigma_r\}$. Da expressão

$$\sigma f(t) = (t - \sigma\sigma_1\alpha) \cdots (t - \sigma\sigma_r\alpha) = f(t),$$

vê-se, então, que f tem seus coeficientes no corpo fixo E de H. Além disso, $K = E(\alpha)$, e α é uma raiz de um polinômio de grau r sobre E. Logo, $[K : E] \leq r$. Mas, K tem r imersões distintas sobre E (os elementos de H), e pelo corolário 2.4, $[K : E] = r$ e $H = G_{K/E}$. Isto demonstra o teorema.

Seja $f(t) \in F(t)$, e seja

$$f(t) = (t - \alpha_1) \cdots (t - \alpha_n).$$

Seja $K = F(\alpha_1, \ldots, \alpha_n)$ e seja σ um elemento de $G_{K/F}$.
Então $\{\sigma\alpha_1, \ldots, \sigma\alpha_n\}$ é uma permutação de $\{\alpha_1, \ldots, \alpha_n\}$, que podemos

indicar por π_σ. Se $\sigma \neq \tau$, então $\pi_\sigma \neq \pi_\tau$, e, claramente,

$$\pi_{\sigma\tau} = \pi_\sigma \circ \pi_\tau.$$

Representamos, assim, o grupo de Galois $G_{K/F}$ como um grupo de permutações das raízes de f. De forma mais precisa, temos um homomorfismo injetivo do grupo de Galois $G_{K/F}$ no grupo simétrico S_n:

$$G_{K/F} \to S_n \qquad \text{dado por} \qquad \sigma \mapsto \pi_\sigma.$$

De forma clara, não é toda permutação de $\{\alpha_1, \ldots, \alpha_n\}$ que pode ser representada por um elemento de $G_{K/F}$, mesmo que f seja irredutível sobre F. Cf. os exemplos na seção seguinte. Em outras palavras, dada uma permutação π de $\{\alpha_1, \ldots, \alpha_n\}$; essa tal permutação é apenas uma aplicação bijetiva do conjunto das raízes em si mesmo. Não é sempre que existe um automomorfismo σ de K sobre F, cuja restrição a esse conjunto de raízes é igual a π. Ou, colocado de uma outra forma, não é sempre possível estender a permutação π a um automorfismo de K em F. Mais à frente, vamos perceber em que condições $G_{K/F} \approx S_n$.

Seja G o grupo de Galois de K sobre F. Daí, a aplicação

$$\sigma \mapsto \lambda \circ \sigma \circ \lambda^{-1}$$

estabelece um homomorfismo de G no grupo de Galois de λK sobre λF, cuja aplicação inversa é dada por

$$\lambda^{-1} \circ \tau \circ \lambda \leftarrow\!\shortmid \tau.$$

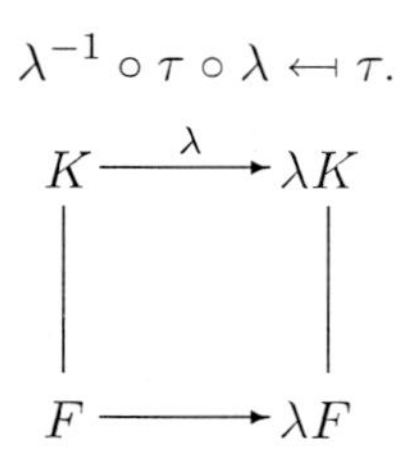

Logo, de acordo com a aplicação acima, $G_{\lambda K/\lambda F}$ é isomorfo a $G_{K/F}$; assim, podemos escrever

$$G_{\lambda K/\lambda F} = \lambda G_{K/F} \lambda^{-1}.$$

Isto é uma "conjugação", igual às conjugações da teoria de grupos no capítulo II.

Em particular, seja E um corpo intermediário, digamos

$$F \subset E \subset K.$$

Seja $\lambda : E \to \lambda E$ uma imersão de E em K, que, por hipótese, estende-se a um automorfismo de K. Assim, $\lambda K = K$. Portanto,

$$G_{K/\lambda E} = \lambda G_{K/E} \lambda^{-1}.$$

Teorema 4.3. *Seja K uma extensão de Galois de um corpo F, e seja E um corpo intermediário, $F \subset E \subset K$. Seja*

$$H = G_{K/E} \qquad e \qquad G = G_{K/F}.$$

Então, E é uma extensão de Galois de F se, e somente se, H for normal em G. Se este for o caso, então a aplicação restrição

$$\sigma \mapsto \mathrm{res}_E \sigma, \qquad de \qquad G \to G_{E/F}$$

induz um isomorfismo de G/H em $G_{E/F}$.

Demonstração. Consideremos que $G_{K/E}$ é normal em G. Seja λ_0 uma imersão de E sobre F. Basta provar que λ_0 é um automorfismo de E. Seja λ uma extensão de λ_0 a K. Como K é de Galois sobre F, segue-se que λ é um automorfismo de K sobre F, e por hipótese

$$G_{K/E} = \lambda G_{K/E} \lambda^{-1} = G_{K/\lambda E}.$$

Pelo teorema 4.2, segue que $\lambda E = E$, ou seja, λ é um automorfismo de E, e portanto E é normal sobre F.

De forma recíproca, suponhamos que E seja normal sobre F. Então a aplicação restrição

$$\sigma \mapsto \sigma|E \qquad \text{para} \qquad \sigma \in G_{K/F}$$

é um homomorfismo $G_{K/F} \to G_{E/F}$ cujo núcleo é, por definição, $G_{K/E}$. Assim, $G_{K/E}$ é normal. Esse homomorfismo é sobrejetivo, pois dado $\sigma_0 \in G_{K/F}$, podemos estender σ_0 a uma extensão σ de K sobre F, e como K é de Galois sobre F, temos, de fato, $\sigma \in G_{K/F}$ e σ_0 como a restrição de σ a E. Isso conclui a demonstração do teorema 4.3.

Uma extensão de Galois K/F é dita **abeliana** se seu grupo de Galois for abeliano. Ela é dita **cíclica** se seu grupo for cíclico.

Corolário 4.4. *Seja K/F uma extensão abeliana. Se E for um corpo intermediário, $F \subset E \subset K$, então E é de Galois sobre F e abeliano sobre F. Da mesma forma, se K/F for uma extensão cíclica, então E é cíclico sobre F.*

Demonstração. Isto é uma conseqüência imediata dos seguintes fatos: um subgrupo de um grupo abeliano é normal e abeliano; um grupo quociente de um grupo abeliano é abeliano. Da mesma forma, para subgrupos cíclicos e grupos quocientes.

O próximo resultado descreve o que acontece a uma extensão de Galois sob o efeito de uma translação.

Teorema 4.5. *Seja K/F uma extensão de Galois com um grupo G. Seja E uma extensão arbitrária de um corpo F. Suponhamos que K e E estejam contidos em um mesmo corpo, e seja KE o corpo composto. Então KE é de Galois sobre E. A aplicação*

$$G_{KE/E} \to G_{K/F} \qquad \textit{dada por} \qquad \sigma \mapsto \operatorname{res}_K(\sigma),$$

isto é, a restrição a K de um elemento de $G_{KE/E}$, estabelece um isomorfismo de $G_{KE/E}$ com $G_{K/(K\cap E)}$.

O diagrama de corpos para o teorema 4.5 é da seguinte forma:

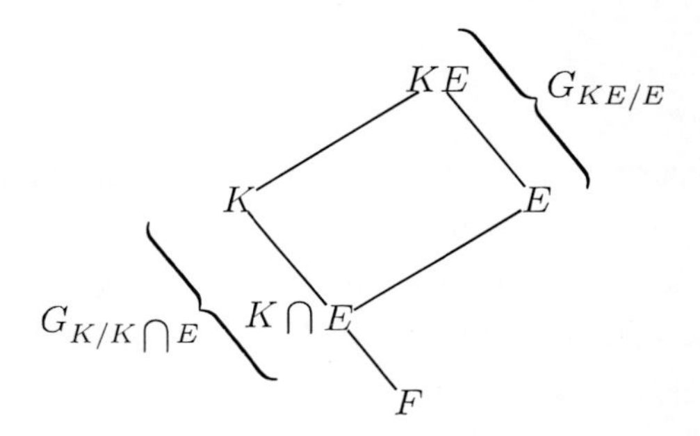

Demonstração. A extensão KE/E é claramente de Galois. A restrição aplica, a priori, $G_{KE/E}$ no conjunto das imersões de K sobre F. Mas, como assumimos que K é de Galois sobre F, a imagem da restrição pertence a $G_{K/F}$. A restrição é obviamente um homomorfismo

$$\text{res: } G_{KE/E} \to G_{K/F}\,.$$

O núcleo da restrição é a identidade, pois se $\sigma \in G_{KE/E}$ for a identidade sobre K, então σ é a identidade sobre KE, pois KE é gerado por elementos de K e de E. Assim, obtemos um homomorfismo injetivo de $G_{KE/E}$ em $G_{K/F}$. Desde que um elemento de $G_{KE/E}$ é a identidade sobre E, a restrição desse elemento a K é a identidade sobre $K \cap E$ e dessa forma a imagem da restrição encontra-se no grupo de Galois de $K/(K \cap E)$. Assim, obtemos um homomorfismo injetivo

$$G_{KE/E} \hookrightarrow G_{K/(K\cap E)}\,.$$

Devemos finalmente demonstrar que essa aplicação é sobrejetiva. Será suficiente demonstrar que

$$[K : K \cap E] = [KE : E],$$

pois se um subgrupo de um grupo finito tem a mesma ordem do grupo, então o subgrupo é o próprio grupo. Assim, escrevemos $K = F(\alpha)$ para algum gerador α. Seja

$$f(t) = \prod_{\sigma \in G_{KE/E}} (t - \sigma\alpha),$$

onde o produto é tomado sobre todos os elementos $\sigma \in G_{KE/E}$. Desta forma, os coeficientes de $f(t)$ encontrar-se-ão em E desde que estejam fixados sob todo elemento de $G_{KE/E}$ que permute as raízes de $f(t)$. Além disso, esses coeficientes estarão em K, pois cada $\sigma\alpha \in K$ pela hipótese de que K seja normal sobre F. Nesse caso, os coeficientes de f estarão em $K \cap E$. Portanto,

$$[K : K \cap E] \leq \text{gr} f = [KE : E] \leq [K : K \cap E],$$

onde esta última desigualdade, pela Proposição 1.5, é no sentido de que o grau não aumenta sob uma translação. Isso conclui a demonstração do teorema.

Corolário 4.6. *Consideremos K/F de Galois e E uma extensão arbitrária de F. Então,*

$$[KE : E] \quad \textit{divide} \quad [K : F].$$

Além disso, se $K \cap E = F$, então

$$[KE : E] = [K : F].$$

Demonstração. Temos

$$[K : F] = [K : K \cap E][K \cap E : F] = [KE : E][K \cap E : F].$$

Ambas as afirmativas seguem dessa relação.

Na proposição 1.5 e no exemplo que a precede, vimos que as relações que se encontram no corolário 4.6 não são necessariamente verdadeiras quando K/F não é de Galois.

Como um caso particular do corolário 4.6, suponhamos K/F de Galois e $K \cap E = F$. Seja $K = F(\alpha)$. A relação $[KE : E] = [K : F]$ mostra que o grau de α sobre F é igual ao grau de α sobre E. Isto é uma proposição sobre irredutibilidade, isto é, a irredutibilidade polinomial de α sobre F é a mesma de α sobre E. O exemplo que precede a proposição 1.5 mostra que se não é considerado por hipótese que $F(\alpha)$ é normal sobre F, mesmo que se $F(\alpha) \cap E = F$, então nem sempre podemos concluir que

$$[F(\alpha) : F] = [E(\alpha) : E].$$

Corolário 4.7. *Seja K/F uma extensão de Galois e seja E uma extensão finita. Se $K \cap E = F$, então*

$$[KE : K] = [E : F].$$

Demonstração. Exercício 6.

No que se segue, está demonstrado um teorema interessante, devido a Artin, no qual é mostrado como obter uma extensão de Galois a partir do topo, em vez de partir do fundo para cima como temos feito até agora. A técnica para demonstrar esse resultado é interessante, e similar à técnica utilizada para demonstrar o teorema 4.5 e também utiliza aspectos do teorema do elemento primitivo; assim, você vê a teoria de corpos sendo aplicada. Começamos com um lema.

Lema 4.8. *Seja E uma extensão do corpo F de modo que E é algébrico sobre F. Suponha que exista um inteiro $n \geq 1$ tal que todo elemento de E seja de grau $\leq n$ sobre F. Então E é uma extensão finita e $[E : F] \leq n$.*

Demonstração. Consideremos α um elemento de E tal que o grau $[F(\alpha) : F]$ seja máximo, digamos $m \leq n$. Afirmamos que $F(\alpha) = E$. Se isto não for verdade, então deve existir um elemento $\beta \in E$ tal que

$\beta \notin F(\alpha)$, e pelo teorema 2.5, existe um elemento $\gamma \in F(\alpha, \beta)$ tal que $F(\alpha, \beta) = F(\gamma)$. Mas, pela torre

$$F \subset F(\alpha) \subset F(\alpha, \beta)$$

vemos que $[F(\alpha, \beta) : F] > m$ e assim γ tem grau $> m$ sobre F, uma contradição que demonstra o lema.

Teorema 4.9 (Artin). *Seja K um corpo e seja G um grupo finito de automorfismos de K, de ordem n. Seja $F = K^G$ o corpo fixo. Então, K é uma extensão de Galois de F, seu grupo de Galois é G, e $[K : F] = n$.*

Demonstração. Seja $\alpha \in K$ e seja $\sigma_1, \ldots, \sigma_r$ um conjunto maximal de elementos de G tais que $\sigma_1\alpha, \ldots, \sigma_r\alpha$ sejam distintos. Se $\tau \in G$, então $(\tau\sigma_1\alpha, \ldots, \tau\sigma_r\alpha)$ difere de $\sigma_1\alpha, \ldots, \sigma_r\alpha$ por uma permutação, pois τ é injetiva, e todo $\tau\sigma_i\alpha$ pertence ao conjunto $\sigma_1\alpha, \ldots, \sigma_r\alpha$; caso contrário esse conjunto não é maximal. Assim, α é uma raiz do polinômio

$$f(t) = \prod_{i=1}^{r}(t - \sigma_i\alpha),$$

e para qualquer $\tau \in G$, $\tau f = f$. Logo, os coeficientes de f pertencem a $K^G = F$ e assim todo elemento α de K é uma raiz de um polinômio de grau $\leq n$ com coeficientes em F. Além disto, esse polinômio se decompõe em fatores lineares no corpo K. Pelo lema 4.8 e teorema 2.5, podemos escrever $K = F(\gamma)$ e assim K é de Galois sobre F. Pelo corolário 2.4, o grupo de Galois de K sobre F tem ordem $\leq [K : F] \leq n$. Como G é um grupo de automorfismos de K sobre F, segue-se que G é igual ao grupo de Galois e assim o teorema fica demonstrado.

Observação. Seja A um corpo algebricamente fechado e seja G um grupo finito e não-trivial de automorfismos de A. Por um teorema de Artin, G tem ordem 2 e essencialmente o corpo fixo é equivalente ao corpo dos números reais. Para ver uma afirmação precisa, consulte, por exemplo, meu livro *álgebra*.

Para os que leram a seção sobre grupos de Sylow, daremos a seguir uma aplicação da teoria de Galois.

Teorema 4.10. *O conjunto dos números complexos é algebricamente fechado.*

Demonstração. Os únicos fatos sobre os números reais usados na demonstração são:

1. Todo polinômio de grau ímpar com coeficientes reais tem uma raiz real.

2. Todo número real positivo é o quadrado de um número real.

Inicialmente, observemos que todo número complexo tem uma raiz quadrada nos números complexos. Se o leitor estiver disposto a utilizar a forma polar, então a fórmula para a raiz quadrada é fácil. De fato, se $z = re^{i\theta}$, então

$$r^{1/2}e^{i\theta/2}$$

é uma raiz quadrada de z. O leitor pode também escrever uma fórmula para a raiz quadrada de $x + iy$ (x e $y \in \mathbb{R}$), em termos de x e y, usando apenas o fato de um número real positivo ser o quadrado de um número real. Faça isso como exercício.

Agora, tome E como uma extensão finita de $\mathbb{R}$ que contenha $\mathbb{C}$. Seja K uma extensão de Galois de $\mathbb{R}$ contendo E. Sejam $G = G_{K/\mathbb{R}}$ e H um 2-subgrupo de Sylow de G. Seja F um corpo fixo. Como $[F : \mathbb{R}] = (G : H)$ segue-se que $[F : \mathbb{R}]$ é ímpar. Pelo teorema 2.5, podemos escrever $F = \mathbb{R}(\alpha)$ para algum elemento α. Seja $f(t)$ o polinômio irredutível de α sobre $\mathbb{R}$. Então, gr$f$ é ímpar e assim f tem uma raiz em $\mathbb{R}$. Daí, f tem grau 1 e isso implica em $F = \mathbb{R}$. Logo, G é um 2$-$grupo. Seja $G_0 = G_{K/\mathbb{C}}$. Suponhamos que $G_0 \neq \{1\}$, então, sendo um 2$-$grupo, G_0 tem, pelo teorema 9.1 do capítulo II, um subgrupo H_0 de índice 2. Dessa forma, o corpo fixo de H_0 é uma extensão de grau 2 de $\mathbb{C}$. Mas, toda extensão desse tipo é gerada pela raiz de um polinômio $t^2-\beta$, para algum $\beta \in \mathbb{C}$. Isso contradiz o fato de todo número complexo ser o quadrado de um número complexo. Dessa forma concluímos a demonstração.

Observação. A demonstração acima é uma variação, feita por Artin, de uma demons-tração feita por Gauss.

VII, §4. Exercícios

1. Uma raiz $n-$ésima **primitiva** da unidade é um número ζ cujo período é exatamente n. Por exemplo, $e^{2\pi i/n}$ é uma $n-$ésima raiz primitiva da unidade. Mostre que qualquer outra $n-$ésima primitiva raiz da unidade é igual a uma potência $e^{2\pi ir/n}$, onde r é um inteiro > 0 e primo com n.

2. Seja F um corpo, e seja $K = F(\zeta)$, onde ζ é uma $n-$ésima primitiva raiz da unidade. Mostre que K é de Galois sobre F, e que seu grupo de Galois é comutativo. [*Sugestão*: para cada imersão σ sobre F, note que $\sigma\zeta = \zeta^{r(\sigma)}$ para algum inteiro $r(\sigma)$.] Se τ é outra imersão o que são $\tau\sigma\zeta$, e $\sigma\tau\zeta$?

3. (a) Sejam K_1 e K_2 duas extensões de Galois de um corpo F. Digamos que $K_1 = F(\alpha_1)$ e $K_2 = F(\alpha_2)$. Seja $K = F(\alpha_1, \alpha_2)$. Mostre que K é de Galois sobre F. Seja G seu grupo de Galois. Defina uma aplicação entre G e o produto direto $G_{K_1/F} \times G_{K_2/F}$, associando a cada σ de G o par (σ_1, σ_2), onde σ_1 é a restrição de σ a K_1, e σ_2 a restrição de σ a K_2. Mostre que essa aplicação é um homomorfismo injetor. Se $K_1 \cap K_2 = F$, mostre que a aplicação é um isomorfismo.

   (b) Mais geralmente, sejam $K_1, \ldots, K_r$ extensões finitas de um corpo F, contido em algum corpo. Denote por $K_1 \cdots K_r$ o menor corpo que contém $K_1, \ldots, K_r$. Dessa forma, se $K_i = F(\alpha_i)$, então $K_1 \cdots K_r = F(\alpha_1, \ldots, \alpha_r)$. Seja $K = K_1 \cdots K_r$.

Chamamos K de **composição de corpos.** Suponha que $K_1, \ldots, K_r$ sejam extensões de Galois de um corpo F. Mostre que K é uma extensão de Galois de F. Mostre que a aplicação

$$\sigma \mapsto (res_{K_1}\sigma, \ldots, res_{K_r}\sigma)$$

é um homomorfismo injetor de $G_{K/F}$ em $G_{K_1/F} \times \cdots G_{K_r/F}$. Para terminar, suponha que para cada i,

$$(K_1 \cdots K_i) \cap K_{i+1} = F.$$

Mostre que a aplicação acima é um isomorfismo de $G_{K/F}$ com o produto cartesiano. [Isto, por indução, segue-se de (a).]

4. (a) Sejam K uma extensão abeliana de F, e E uma extensão qualquer de F. Demonstre que KE é abeliano sobre E.

   (b) Sejam K_1 e K_2 duas extensões abelianas de F. Prove que K_1K_2 é abeliana sobre F.

   (c) Seja K uma extensão de Galois do corpo F. Demonstre que existe uma subextensão abeliana maximal de K. Em outras palavras, existe um subcorpo K' de K contendo F tal que K' é abeliano, e se E é um subcorpo abeliano de K sobre F, então $E \subset K'$.

   (d) Demonstre que $G_{K/K'}$ é um grupo comutador de $G_{K/F}$, em outras palavras, $G_{K/K'}$ é o grupo gerado por todos elementos

$$\sigma\tau\sigma^{-1}\tau^{-1} \quad \text{com} \quad \sigma,\ \tau \in G_{K/F}.$$

5. (a) Sejam K uma extensão cíclica de F, e E uma extensão arbitrária de F. Prove que KE é cíclico sobre E.

   (b) Sejam K_1 e K_2 extensões cíclicas de F. K_1K_2 é cíclico sobre F? Justifique sua resposta.

6. Sejam K de Galois sobre F e E finito sobre F. Suponha que $K \cap E = F$. Demonstre que $[KE : K] = [E : F]$.

7. Seja F um corpo contendo $i = \sqrt{-1}$. Seja K um corpo de decomposição do polinômio $t^4 - a$ com $a \in F$. Mostre que o grupo de Galois de K sobre F é um subgrupo de um grupo cíclico de ordem 4. Se $t^4 - a$ é irredutível sobre F, mostre que esse grupo de Galois é cíclico de ordem 4. Se α é uma raiz de $t^4 - a$, espresse todas as outras raízes em termos de α e i.

8. Mais geralmente, seja F um corpo que contém todas as raízes $n-$ésimas da unidade. Seja K um corpo de decomposição da equação $t^n - a = 0$, com $a \in F$. Mostre que K é de Galois sobre F, e que seu grupo de Galois é um subgrupo de um grupo cíclico de ordem n. Se $t^n - a$ é irredutível, demonstre que o grupo de Galois é cíclico de ordem n.

9. Mostre que o grupo de Galois do polinômio $t^4 - 2$ sobre os números racionais tem ordem 8, e que ele contém um subgrupo cíclico de ordem 4 [*Sugestão*: demonstre inicialmente que o polinômio é irredutível sobre Q. Então, se α é uma raiz quarta de 2, considere $K = \mathbb{Q}(\alpha, i)$.]

10. Dê um exemplo de corpos de extensão $F \subset E \subset K$ tais que E/F é de Galois, K/E é de Galois, mas K/F não é de Galois.

11. Seja K/F uma extensão de Galois cujo grupo de Galois é o grupo simétrico de 3 elementos. Demonstre que K não contém uma extensão cíclica de F de grau 3. Quantas extensões não-cíclicas de grau 3, K contém?

12. (a) Seja K um corpo de decomposição de $t^4 - 2$ sobre os racionais. Demonstre que K não contém uma extensão cíclica de Q de grau 4.

(b) Seja K uma extensão de Galois de F com grupo G de ordem 8 gerado por dois elementos σ, τ tais que: $\sigma^4 = 1$, $\tau^2 = 1$ e $\tau\sigma\tau = \sigma^3$. Demonstre que K não contém um subcorpo cíclico sobre F de grau 4.

13. Seja K de Galois sobre F. Suponha que o grupo de Galois seja gerado por dois elementos σ, τ tais que: $\sigma^m = 1$, $\tau^n = 1$ e $\tau\sigma\tau^{-1} = \sigma^r$, onde $r - 1 > 0$ e m são primos entre si. Suponha que $[K : F] = mn$. Demonstre que o subcorpo maximal K' de K que é abeliano sobre F tem grau n sobre F.

14. Seja S_n o grupo simétrico das permutações de $\{1, \ldots, n\}$.

    (a) Mostre que S_n é gerado pelas transposições (12), (13, ..., (1n). [Sugestão: utilize conjugações.]

    (b) Mostre que S_n é gerado pelas transposições (12), (23), (34), ..., $((n-1)n)$.

    (c) Mostre que S_n é gerado pelos cíclicos (12) e $(123 \cdots n)$.

    (d) Seja p um número primo. Seja $i \neq 1$ um inteiro com $1 < i \leq p$. Mostre que S_p é gerado por $(1i)$ e $(123 \cdots p)$.

    (e) Seja $\sigma \in S_p$ uma permutação de período p. Mostre que S_p é gerado por σ e por qualquer outra transposição.

15. Seja $f(t)$ um polinômio irredutível de grau p sobre os racionais, onde p é um número primo ímpar. Suponha que f tem $p - 2$ raízes reais e duas raízes complexas. Demonstre que o grupo de Galois de f é S_p. [Utilize o exercício 14]. O exercício 8 do capítulo IV, §5, mostrou como construir tais polinômios. Os dois exercícios seguintes são devidos à Artin.

16. Seja F um corpo de característica 0, contido em seu fecho algébrico A. Seja $\alpha \in A$ tal que $\alpha \notin F$ mas toda extensão finita E de F com $E \neq F$ contém α. Em outras palavras, F é um subcorpo maximal

de A que não contém α. Demonstre que toda extensão finita de F é cíclica.

17. Novamente, seja F_0 um corpo de característica 0, contido em seu fecho algébrico A. Seja σ um automorfismo de A sobre F_0, e seja F o corpo fixo. Demonstre que toda extensão finita de F é cíclica. Os quatro exercícios a seguir lhe mostrarão como determinar os grupos de Galois de determinadas extensões abelianas.

18. Suponha que o corpo F contém todas as $n-$ésimas raízes da unidade. Seja B um subgrupo de F^* contendo F^{*n}. [Lembre-se que F^* é o grupo multiplicativo de F e portanto, F^{*n} é o grupo das $n-$ésimas potências de elementos em F^*.] Suponhamos que o grupo quociente B/F^{*n}é finitamente gerado.

    (a) Seja $K = F(B^{1/n})$, isto é, K é o menor corpo que contém F e todas as $n-$ésimas raízes de todos os elementos em B. Se $b_1, \ldots, b_r$ são classes laterais distintas, representantes de B/F^{*n}, então mostre que $K = F(b_1^{1/n}, \ldots, b_r^{1/n})$; logo K é, de fato, um corpo finito sobre F.

    (b) Demonstre que K é de Galois sobre F.

    (c) Dados $b \in B$ e $\sigma \in G_{K/F}$, considere $\beta \in K$ tal que $\beta^n = b$ e defina o **símbolo de Kummer**

    $$\langle b, \sigma \rangle = \sigma\beta/\beta.$$

    Demonstre que $\langle b, \sigma \rangle$ é uma $n-$ésima raiz da unidade que independe da escolha do β que satisfaz $\beta^n = b$.

    (d) Demonstre que o símbolo $\langle b, \sigma \rangle$ é **bimultiplicativo**, em outras palavras:

    $$\langle ab, \sigma \rangle = \langle a, \sigma \rangle \langle b, \sigma \rangle \qquad \text{e} \qquad \langle b, \sigma\tau \rangle = \langle b, \sigma \rangle \langle b, \tau \rangle.$$

    (e) Seja $b \in B$ tal que $\langle b, \sigma \rangle = 1$ para todo $\sigma \in G_{K/F}$. Demonstre que $b \in F^{*n}$.

(f) Seja $\sigma \in G_{K/F}$ tal que $\langle b, \sigma \rangle = 1$ para todo $b \in B$. Demonstre que $\sigma = \text{id}$.

Observação. Como no exercício 18, assuma que as $n-$ésimas raízes da unidade pertencem a F. Suponha que $a_1, \ldots, a_s \in F^*$. Há na maioria das pessoas um forte presentimento de que o grupo de Galois de $F(a_1^{1/n}, \ldots, a_s^{1/n})$ seria determinado somente por relações multiplicativas entre $a_1, \ldots, a_s$. O exercício 18 é o passo principal para estabelecermos, de forma precisa, essa idéia. Os próximos exercícios mostrarão como completar essa idéia. Note que os exercícios 19, 20, 21 dizem respeito apenas a grupos abelianos e não a corpos. A aplicação à teoria de corpos aparece no exercício 22.

19. (a) Sejam A e C dois grupos cíclicos de ordem n. Mostre que o grupo de homomorfismos de A em C é cíclico de ordem n. Denotamos por $\text{Hom}(A, C)$ o grupo de homomorfismos de A em C.

    (b) Considere A um grupo cíclico de ordem d, e suponha que $d|n$. Novamente, seja C um grupo cíclico de ordem n. Mostre que $\text{Hom}(A, C)$ é cíclico de ordem d.

20. Seja $A = A_1 \times \cdots \times A_r$ um produto de grupos cíclicos de ordens $d_1, \ldots, d_r$, respectivamente. Suponha que $d_i|n$ para todo i. Demonstre, que

$$\text{Hom}(A, C) \approx \prod_{i=1}^{r} \text{Hom}(A_i, C),$$

e portanto, utilizando o exercício 19(b), que $\text{Hom}(A, C)$ é isomorfo a A.

21. Sejam A e B dois grupos abelianos finitos tais que $x^n = 1$ para todos o $x \in A$ e para todo $x \in B$. Suponha que seja dada a aplicação bimultiplicativa

$$A \times B \to C, \qquad \text{denotada por} \qquad (a, b) \mapsto \langle a, b \rangle$$

em um grupo cíclico C de ordem n. O termo **Bimultiplicativa** indica que para todos a, $a' \in A$ e b, $b' \in B$, temos

$$\langle aa', \sigma \rangle = \langle a, b \rangle \langle a', b \rangle \quad \text{e} \quad \langle a, bb' \rangle = \langle a, b \rangle \langle a, b' \rangle.$$

Dizemos que a é **perpendicular a** b se $\langle a, b \rangle = 1$. *Assuma* que se $a \in A$ é perpendicular a todos os elementos de B, então $a = 1$; assuma também que se $b \in B$ é perpendicular a todos os elementos de A, então $b = 1$. *Demonstre* que existe um isomorfismo natural

$$A \approx \operatorname{Hom}(B, C),$$

e que, de acordo com o exercício 20, existe algum isomorfismo $A \approx B$.

22. No exercício 18, demonstre que $G_{K/F} \approx B/F^{*n}$.

VII, §5. Extensões quadráticas e cúbicas

Nesta seção continuamos a assumir que todos os corpos têm carcterística 0.

Polinômios quadráticos

Seja F um corpo. Todo polinômio irredutível $t^2 + bt + c$ sobre F tem um corpo de decomposição $F(\alpha)$, com

$$\alpha = \frac{-b \pm \sqrt{b^2 - 4c}}{2}.$$

Assim, $F(\alpha)$ é de Galois sobre F, e seu grupo de Galois é cíclico, de ordem 2. Se pusermos $d = b^2 - 4c$, então $F(\alpha) = F(\sqrt{d})$. Reciprocamente, o polinômio $t^2 - d$ será irredutível sobre F se, e somente se, d não for um quadrado perfeito em F.

Polinômios Cúbicos

Consideremos agora o caso cúbico. Seja

$$f(t) = (t - \alpha_1)(t - \alpha_2)(t - \alpha_3) \in F[t]$$

um polinômio cúbico com coeficientes em F. Suas raízes podem ou não pertencer a F. Definimos o **discriminante** de f como

$$D = [(\alpha_2 - \alpha_1)(\alpha_3 - \alpha_1)(\alpha_3 - \alpha_2)]^2.$$

Qualquer automorfismo de $F(\alpha_1, \alpha_2, \alpha_3)$ deixa D fixo, pois ele no máximo muda o sinal do produto

$$\Delta = (\alpha_2 - \alpha_1)(\alpha_3 - \alpha_1)(\alpha_3 - \alpha_2).$$

Este é um caso especial do capítulo II, §6.

Seja K o corpo de decomposição de f ; logo

$$K = F(\alpha_1, \alpha_2, \alpha_3).$$

Dado $\sigma \in G_{K/F}$, consideremos

$$\sigma\Delta = \varepsilon(\sigma)\Delta \qquad \text{com} \qquad \varepsilon(\sigma) = 1 \ \text{ ou } \ -1.$$

Assim, é imediato verificar que a aplicação

$$\sigma \mapsto \varepsilon(\sigma)$$

é um homomorfismo de $G_{K/F}$ no grupo cíclico com dois elementos. O núcleo desse homomorfismo é formado pelos σ que induz uma permutação par das raízes. Em qualquer caso, temos um homomorfismo injetor

$$G \to S_3$$

que a cada σ associa a permutação correspondente às raízes. Como a ordem de S_3 é igual a 6, segue-se que $G_{K/F}$ tem ordem que divide 6, assim $G_{K/F}$ tem ordem 1, 2, 3 ou 6. Consideremos o grupo alternado A_3, isto é, o subgrupo de todas as permutações pares em S_3. Uma pergunta natural é se $G_{K/F}$ é isomorfo a A_3 ou a S_3.

Notemos que $D = \Delta^2$ e $D \in F$. Isso decorre da teoria geral sobre discriminante, o qual é uma função simétrica das raízes, e portanto, um polinômio nos coeficientes de f; além disso, pelo capítulo IV, §8, os coeficientes desse polinômio são números inteiros. Como os coeficientes de f pertencem a F, então o discriminante pertence a F. Esse resultado também pode ser visto a partir da teoria de Galois, pois D é fixo sob o grupo de Galois $G_{K/F}$.

Teorema 5.1. *Seja f um polinômio, de grau 3, irredutível sobre F. Seja K seu corpo de decomposição e $G = G_{K/F}$. Então, G é isomorfo a S_3 se, e somente se, o discriminante D de f não for um quadrado em F. Se D é um quadrado em F, então K tem grau 3 sobre F e $G_{K/F}$ é cíclico de grau 3.*

Demonstração. Suponhamos que D seja um número quadrado em F. Como a raiz quadrada de D é determinada, a menos de sinal, de maneira única, segue-se que $\Delta \in F$. Assim, Δ está fixo sobre o grupo de Galois. Isto implica que $G_{K/F}$ seja isomorfo a um subgrupo do grupo alternado que tenha ordem 3. Como $[K : F] = 3$, pois f por hipótese é irredutível, concluímos que $G_{K/F}$ é isomorfo a A_3, e portanto $G_{K/F}$ é cíclico de ordem 3.

Suponhamos que D não seja um número quadrado em F. Logo,

$$[F(\Delta) : F] = 2.$$

Como por irredutibilidade $[F(\alpha) : F] = 3$, segue que $[F(\alpha, \Delta) : F] = 6$ e daí, $G_{K/F}$ tem no mínimo ordem igual a 6. Mas, $G_{K/F}$ é isomorfo a um subgrupo de S_3, ou seja, $G_{K/F}$ tem ordem exatamente igual a 6 e é isomorfo a S_3. Isso conclui aprova do teorema.

De fato, as demonstrações dos dois casos no teorema 5.1 também nos dão uma demons-tração para o resultado seguinte.

Teorema 5.2. *Seja $f(t) = t^3 + \cdots$ um polinômio de grau 3 e irredutível sobre o corpo F. Seja D o discriminante e seja α uma raiz. Então, o corpo de decomposição de f é $K = F(\sqrt{D}, \alpha)$.*

Depois de substituir a variável t por $t - c$, com uma adequada constante $c \in F$, caso seja necessário, um polinômio cúbico, com coeficiente dominante igual a 1, em $F[t]$ pode ser colocado na forma

$$f(t) = t^3 + at + b = (t - \alpha_1)(t - \alpha_2)(t - \alpha_3)$$

com $a, b \in F$. As raízes podem ou não estar em F. Se f não tem raiz em F, então f é irredutível. Achamos

$$\alpha_1 + \alpha_2 + \alpha_3 = 0, \qquad \alpha_1\alpha_2 + \alpha_1\alpha_3 + \alpha_2\alpha_3 = a, \qquad -\alpha_1\alpha_2\alpha_3 = b$$

Como no capítulo IV, §8, o discriminante tem a forma

$$\boxed{D = -4a^3 - 27b^2.}$$

Agora, por meio dos teoremas 5.1 e 5.2 da fórmula acima, você tem as ferramentas para determinar o grupo de Galois de um polinômio cúbico, desde que você tenha meios de determinar sua irredutibilidade.

Enfatizamos que, antes de fazer qualquer outra coisa, deve-se *sempre* determinar a irredutibilidade de f.

Exemplo. Consideremos o polinômio $f(t) = t^3 - 3t + 1$. Este polinômio não tem raiz inteira, e desta forma é irredutível sobre $\mathbb{Q}$. Seu discriminante é

$$D = -4a^3 - 27b^2 = 3^4.$$

O discriminante é um quadrado em $\mathbb{Q}$, e assim o grupo de Galois de f sobre Q é cíclico de ordem 3. O corpo de decomposição é $\mathbb{Q}(\alpha)$ para qualquer raiz α.

VII, §5. Exercícios

1. Determine os grupos de Galois dos seguintes polinômios sobre os números racionais.

   (a) $t^2 - t + 1$ (b) $t^2 - 4$

   (c) $t^2 + t + 1$ (d) $t^2 - 27$

2. Seja $f(t)$ um polinômio de grau 3 e irredutível sobre o corpo F. Demonstre que o corpo de decomposição K de f contém no máximo um subcorpo de grau 2 sobre F indicado por $F(\sqrt{D})$, onde D é o discriminante. Se D é um quadrado em F, então K não contém subcorpo de grau 2 sobre F.

3. Determine os grupos de Galois dos seguintes polinômios sobre os números racionais. Ache os discriminantes.

   (a) $t^3 - 3t + 1$ (b) $t^3 + 3$

   (c) $t^3 - 5$

   (d) $t^3 - a$, onde a é racional, $\neq 0$, e não é um cubo de um número racional

   (e) $t^3 - 5t + 7$ (f) $t^3 + 2t + 2$

   (g) $t^3 - t - 1$

4. Determine os grupos de Galois dos seguintes polinômios, sobre os corpos indicados.

   (a) $t^3 - 10$ sobre $\mathbb{Q}(\sqrt{2})$ (b) $t^3 - 10$ sobre $\mathbb{Q}$

   (c) $t^3 - t - 1$ sobre $\mathbb{Q}(\sqrt{-23})$ (d) $t^3 - 10$ sobre $\mathbb{Q}(\sqrt{-3})$

   (e) $t^3 - 2$ sobre $\mathbb{Q}(\sqrt{-3})$ (f) $t^3 - 9$ sobre $\mathbb{Q}(\sqrt{-3})$

   (g) $t^2 - 5$ sobre $\mathbb{Q}(\sqrt{-5})$ (h) $t^2 + 5$ sobre $\mathbb{Q}(\sqrt{-5})$

5. Seja F um corpo, e sejam

$$f(t) = t^3 + a_2t^2 + a_1t + a_0 \qquad \text{e} \qquad g(t) = t^2 - c$$

polinômios irredutíveis sobre F. Seja D o discriminante de f. Suponha que

$$[F(D^{1/2}) : F] = 2 \qquad \text{e} \qquad F(D^{1/2}) \neq F(c^{1/2}).$$

Seja α uma raiz de f e β uma raiz de g em um fecho algébrico. Demonstre que

(a) O corpo de decomposição de $f(t)g(t)$ sobre F tem grau 12.

(b) Seja $\gamma = \alpha + \beta$. Então $[F(\gamma) : F] = 6$.

6. Sejam f e g polinômios de grau 3, irredutíveis sobre o corpo F. Sejam D_f e D_g seus discriminantes. Suponha que D_f não seja um quadrado em F e que D_g seja um quadrado em F.

(a) Demonstre que o corpo de decomposição de fg sobre F tem grau 18.

(b) Seja S_3 o grupo simétrico definido sobre 3 elementos, e seja C_3 um grupo cíclicom de ordem 3. Demonstre que o grupo de Galois de fg sobre F é isomorfo a $S_3 \times C_3$.

7. Seja $f(t) = t^3 + at + b$. Seja α uma raiz, e seja β um número tal que

$$\alpha = \beta - \frac{a}{3\beta}.$$

Mostre que é possível encontrar β se $a \neq 0$. Mostre que

$$\beta^3 = -b/2 + \sqrt{-D/108}.$$

Desta forma, obtemos uma representação de α em termos de radicais.

Para os próximos exercícios você deve recordar o resultado a seguir, ou demonstrá-lo, se ainda não o fez.

Considere a, $b \in F$ *e suponha que* $F(\sqrt{a})$ *e* $F(\sqrt{b})$ *têm grau* 2 *sobre* F. *Logo,* $F(\sqrt{a}) = F(\sqrt{b})$ *se, e somente se, existe* $c \in F$ *tal que* $a = c^2 b$.

8. Considere $f(t) = t^4 + 30t^2 + 45$. Seja α uma raiz de f. Demonstre que $\mathbb{Q}(\alpha)$ é cíclico de grau 4 sobre $\mathbb{Q}$. [*Sugestão*: observe que para resolver a equação, você pode aplicar a fórmula para resolver equações quadráticas, duas vezes.]

9. Seja $f(t) = t^4 + 4t^2 + 2$.

   (a) Demonstre que $f(t)$ é irredutível sobre $\mathbb{Q}$.

   (b) Demonstre que o grupo de Galois sobre $\mathbb{Q}$ é cíclico.

10. Seja $K = \mathbb{Q}(\sqrt{2}, \sqrt{3}, \alpha)$, onde $\alpha^2 = (9 - 5\sqrt{3})(2 - \sqrt{3})$.

    (a) Demonstre que K é uma extensão de Galois de $\mathbb{Q}$.

    (b) Demonstre que $G_{K/\mathbb{Q}}$ não é cíclico mas contém um único elemento de ordem 2.

11. Seja $[E : F] = 4$. Demonstre que E contém um subcorpo L com $[L : F] = 2$ se, e somente se, $E = F(\alpha)$, onde α é uma raiz de um polinômio irredutível em $F[t]$, da forma $t^4 + bt^2 + c$.

VII, §6. Resolubilidade por radicais

Continuaremos a assumir que todos os corpos sejam de carcterística 0.

Uma extensão de Galois cujo grupo de Galois é abeliano é dita uma **extensão abeliana**. Seja K uma extensão de Galois de F, $K = F(\alpha)$.

Sejam σ, τ automorfismos de K sobre F. Para verificar que $\sigma\tau = \tau\sigma$ é suficiente demonstrar que $\sigma\tau\alpha = \tau\sigma\alpha$. De fato, qualquer elemento de K pode ser escrito na forma

$$x = a_0 + a_1\alpha + \cdots + a_{d-1}\alpha^{d-1}$$

se d for o grau de α sobre F. Como $\sigma\tau a_i = \tau\sigma a_i$ para todo i, segue-se que, se $\sigma\tau\alpha = \tau\sigma\alpha$, então $\sigma\tau\alpha^i = \tau\sigma\alpha^i$ para todo i, e então $\sigma\tau x = \tau\sigma x$. Descreveremos agora dois casos importantes.

Teorema 6.1. *Seja F um corpo e n um inteiro positivo. Seja ζ uma raiz $n-$ésima primitiva da unidade; ou seja, $\zeta^n = 1$, e toda raiz $n-$ésima da unidade pode ser escrita na forma ζ^r, para algum r, $0 \leq r < n$. Seja $K = F(\zeta)$. Demonstraremos que K é de Galois e é abeliano sobre F.*

Demonstração. Seja σ uma imersão de K sobre F. Então

$$(\sigma\zeta)^n = \sigma(\zeta^n) = 1.$$

Assim, $\sigma\zeta$ é também uma raiz $n-$ésima primitiva da unidade, e existe um inteiro r tal que $\sigma\zeta = \zeta^r$. Em particular, K é de Galois sobre F. Além disso, se τ é outro automorfismo de K sobre F, então $\tau\zeta = \zeta^s$ para algum s, e

$$\sigma\tau\zeta = \sigma(\zeta^s) = \sigma(\zeta)^s = \zeta^{rs} = \tau\sigma\zeta.$$

Portanto, $\sigma\tau = \tau\sigma$ e o grupo de Galois é abeliano, como queríamos demonstrar.

Teorema 6.2. *Seja F um corpo e suponhamos que as raízes $n-$ésimas da unidade pertençam a F. Seja $a \in F$. Seja α uma raiz do polinômio $t^n - a$, e assim $\alpha^n = a$, e seja $K = F(\alpha)$. Então, K é abeliano sobre F; na verdade K é cíclico sobre F, isto é, $G_{K/F}$ é cíclico.*

Demonstração. Seja σ uma imersão de K sobre F. Então

$$(\sigma\alpha)^n = \sigma(\alpha^n) = \sigma a = a.$$

Desta forma, $\sigma\alpha$ é também uma raiz de $t^n - a$, e

$$(\sigma\alpha/\alpha)^n = 1.$$

Assim, existe uma raiz $n-$ésima da unidade (não necessariamente primitiva) tal que

$$\sigma\alpha = \zeta_\sigma \alpha.$$

(Notemos que o fator ζ_σ denota sua dependência em relação índice σ.) Em particular, K é de Galois sobre F. Se τ é um automorfismo de K sobre F, então, de forma similar, existe uma raiz da unidade ζ_τ tal que

$$\tau\alpha = \zeta_\tau \alpha.$$

Além disso,

$$\sigma(\tau(\alpha)) = \sigma(\zeta_\tau \alpha) = \zeta_\tau \sigma(\alpha) = \zeta_\tau \zeta_\sigma \alpha,$$

pois as raízes da unidade estão em F, e são fixadas por σ. Desta forma, a associação

$$\sigma \mapsto \zeta_\sigma$$

é um homomorfismo do grupo de Galois $G_{K/F}$ no grupo cíclico das $n-$ésimas raízes da unidade. Se $\zeta_\sigma = 1$, então σ é a identidade sobre α, e portanto é a identidade sobre K. Assim, o núcleo deste homomorfismo é 1. Com tudo isso, concluimos que $G_{K/F}$ é isomorfo a um subgrupo do grupo cíclico das $n-$ésimas da unidade, e portanto é cíclico. Isso demonstra o que queríamos.

Observação. De forma clara, no teorema 6.2 podemos ter o grupo de Galois $G_{K/F}$ cíclico e com ordem menor que n. Por exemplo, a poderia ser uma $d-$ésima potência em F com d/n. Mas, se $t^n - a$ é irredutível, então $G_{K/F}$ tem ordem n.

De fato, por ser irredutível, $[K : F] \geq n$; assim $G_{K/F}$ tem n como ordem mínima, e pelo fato de ser um subgrupo de um grupo cíclico de ordem n, temos que $G_{K/F}$ tem ordem exatamente igual a n.

Para um exemplo concreto, tomemos $F = \mathbb{Q}(\zeta)$ onde ζ é uma raiz cúbica primitiva da unidade; assim $F = \mathbb{Q}(\sqrt{-3})$. Seja α uma raiz de $t^9 - 27$. Então,

$$[F(\alpha) : F] = 3.$$

Seja F um corpo, e f um polinômio de grau $n \geq 1$ sobre F. Diremos que f é **resolúvel por radicais** se seu corpo de decomposição estiver contido numa extensão de Galois K que admite uma seqüência de subcorpos

$$F = F_0 \subset F_1 \subset F_2 \subset \cdots \subset F_m = K$$

tais que

(a) K é Galois sobre F.

(b) $F_1 = F(\zeta)$ para alguma raiz $n-$ésima primitiva ζ da unidade.

(c) Para cada i, com $1 \leq i \leq m-1$, o corpo F_{i+1} pode ser escrito na forma $F_{i+1} = F_i(\alpha_{i+1})$, onde α_{i+1} é uma raiz de algum polinômio

$$t^{d_i} - a_i = 0,$$

em que d divide n e a_i é um elemento de F_i.

Observemos que, se d divide n, então $\zeta^{n/d}$ é uma raiz primitiva da unidade (demons-tração?), e então, pelo que vimos, a extensão F_{i+1} de F_i é abeliana. Vimos também que F_1 é abeliano sobre F. Dessa maneira K é decomposto em uma torre de extensões abelianas. Seja G_i o grupo de Galois de K sobre F_i. Obtemos, então, uma seqüência correspondente de grupos

$$G \supset G_1 \supset G_2 \subset \cdots \subset G_m = \{e\}$$

tais que G_{i+1} é normal em G_i, e o grupo quociente G_i/G_{i+1} é, pelo teorema 6.2, abeliano.

Teorema 6.3. *Se f é resolúvel por radicais, então seu grupo de Galois é resolúvel.*

Demonstração. Seja L o corpo de decomposição de f, e suponhamos que L esteja contido numa extensão de Galois K como acima. Pela definição de um grupo resolúvel, segue-se que $G_{K/F}$ é resolúvel. Mas, $G_{L/F}$ é um grupo quociente de $G_{K/F}$ e, portanto, $G_{L/F}$ é resolúvel. Isto demonstra o teorema.

Observação. Na definição de resolubilidade por radicais, desde o início, embutimos a hipótese de que K é de Galois sobre F. Nos exercícios, sem utilizar esta hipótese, o leitor pode desenvolver uma demonstração de um resultado ligeiramente mais forte. O motivo de se fazer essa hipótese foi o de exibir, de forma clara e breve, a parte essencial do argumento no qual a resolubilidade por radicais implica a resolubilidade do grupo de Galois. Os passos dados nos exercícios, serão os de rotina.

A recíproca também é verdadeira: se o grupo de Galois de uma extensão é solúvel, então a extensão é solúvel por radicais. Para demonstrar esse fato, precisamos de mais argumentos; você pode encontrar essa demonstração em um texto mais avançado, por exemplo, no meu livro *álgebra*.

Foi uma vez famoso, o problema onde se queria determinar se todo polinômio seria solúvel por radicais. Para mostrar que isso não é verdade, será suficiente exibir um polinômio cujo grupo de Galois é o grupo simétrico S_5 (ou S_n para $n \geq 5$), de acordo com o teorema 6.3 do §6 no capítulo II. Isso é fácil de ser feito:

Teorema 6.4. *Suponhamos que* $x_1, \ldots, x_n$ *sejam algebricamente independentes sobre um corpo* F_0, *e que*

$$f(t) = \prod_{i=1}^{n}(t - x_i) = t^n - s_1 t^{n-1} + \cdots + (-1)^n s_n,$$

onde

$$s_1 = x_1 + \cdots + x_n, \ldots, s_n = x_1 \cdots x_n$$

sejam os coeficientes de f. *Seja* $F = F_0(s_1, \ldots, s_n)$ *e seja* $K = F(x_1, \ldots, x_n)$. *Então* K *é de Galois sobre* F *e seu grupo de Galois é* S_n.

Demonstração. Certamente, K é uma extensão de Galois de F pois

$$K = F(x_1, \ldots, x_n)$$

é o corpo de decomposição de f. Seja $G = G_{K/L}$. Pela teoria geral de Galois, sabemos que existe um homomorfismo injetivo de G em S_n:

$$\sigma \mapsto \pi_\sigma$$

que a cada automorfismo σ de K sobre F associa uma permutação das raízes. Logo, devemos demonstrar que dada uma permutação π das raízes $x_1, \ldots, x_n$, existe um automorfismo de K sobre F que se restringe a esta permutação. No entanto, como $(\pi(x_1), \ldots, \pi(x_n))$ é uma permutação das raízes, os elementos $\pi(x_1), \ldots, \pi(x_n)$ são independentes algebricamente e pelo fato básico de polinômios de várias variáveis, existe um isomorfismo

$$F_0[x_1, \ldots, x_n] \overset{\approx}{\to} F_0[\pi(x_1), \ldots, \pi(x_n)]$$

que se estende a um isomorfismo dos corpos quocientes

$$F_0(x_1, \ldots, x_n) \overset{\approx}{\to} F_0\left(\pi(x_1), \ldots, \pi(x_n)\right),$$

que aplica x_i a $\pi(x_i)$ para $i = 1, \ldots, n$. Então, esse isomorfismo é um automorfismo de $F_0(x_1, \ldots, x_n)$ que mantém fixo o anel de polinômios simétricos $F_0[s_1, \ldots, s_n]$, e assim, deixa o corpo quociente $F_0(s_1, \ldots, s_n)$ fixo. Isto nos mostra que a aplicação $\sigma \mapsto \pi_\sigma$ é sobrejetiva sobre S_n e conclui a demonstração do teorema.

Na próxima seção, vamos mostrar que sempre é possível selecionar n números complexos, algebricamente independentes sobre $\mathbb{Q}$.

De certa forma, nos enganamos ao exibir uma extensão de Galois cujo grupo de Galois é S_n. Na verdade, gostaríamos de ver uma extensão de Galois dos números racionais cujo grupo de Galois seja S_n. Isso é algo mais difícil de se conseguir. Pode ser mostrado, por técnicas que estão acima do nível deste livro que, para valores muito especiais de $\bar{s}_1, \ldots, \bar{s}_n$ no conjunto de números racionais, o polinômio

$$\bar{f}(t) = t^n - \bar{s}_1 t^{n-1} + \cdots + (-1)^n \bar{s}_n$$

tem o grupo simétrico como o seu grupo de Galois.

O polinômio $t^5 - t - 1$ também tem o grupo simétrico como seu grupo de Galois. O leitor pode consultar um livro de álgebra avançada para ver como demonstrar tais afirmativas.

Observação. Os radicais são apenas o modo mais simples de expressar os números irracionais. No entanto, podem ser levantadas perguntas muito mais gerais como, por exemplo, as que estão nas linhas seguintes.

Seja α um **número algébrico**, ou seja, a raiz de um polinômio de grau ≥ 1 com coeficientes racionais. Comecemos com a seguinte pergunta: Existe uma raiz da unidade ζ tal que $\alpha \in \mathbb{Q}(\zeta)$?
Suponhamos que $\mathbb{Q}(\zeta)$ esteja imerso no conjunto dos números complexos. Desta forma, podemos escrever

$$\zeta = e^{2\pi i r/n},$$

onde r e n são inteiros positivos. Se definimos a função

$$f(z) = e^{2\pi i z},$$

então nossa pergunta importa em saber se $\alpha \in \mathbb{Q}(f(a))$ para algum número racional a. Agora a pergunta pode ser generalizada, ao considerarmos f como uma função clássica arbitrária e não apenas a função racional. Nos cursos de análise, você já deve ter ouvido falar da função de Bessel, da função gama, da função zeta e de várias outras funções que são soluções de diversas equações diferenciais. Desta forma, a pergunta passa rapidamente a problemas não solucionados, conduzindo à uma mistura de álgebra, teoria dos números e análise.

VII, §6. Exercícios

1. Sejam K_1 e K_2 extensões de Galois de F cujos grupos de Galois são resolúveis. Demons-tre que os grupos de Galois de K_1K_2 e $K_1 \cap K_2$ são resolúveis.

2. Seja K uma extensão de Galois de F, cujo grupo de Galois é resolúvel. Seja E uma extensão qualquer de F. Demonstre que KE/E tem um grupo de Galois resolúvel.

3. Por uma **torre de radicais** sobre um corpo F, entendemos uma seqüência de extensões finitas

$$F = F_0 \subset F_1 \subset \cdots \subset F_r,$$

tendo a seguinte propriedade: existem inteiros positivos d_i, elementos $a_i \in F_i$ e α_i com $\alpha_i^{d_i} = a_i$ tais que

$$F_{i+1} = F_i(\alpha_i).$$

Dizemos que E está **contido numa torre de radicais** se existe uma torre de radicais do tipo acima tal que $E \subset F_r$.

Seja E uma extensão finita de F. Demonstre que:

(a) Se E está contido numa torre de radicais e E' é um conjugado de E sobre F, então E' está contido numa torre de radicais.

(b) Suponha que E está contido numa torre de radicais. Seja L uma extensão de F. Então EL está contido numa torre de radicais de L.

(c) Se E_1 e E_2 são extensões finitas de F, cada uma contida numa torre de radicais, então a composição E_1E_2 está contida numa torre de radicais.

(d) Se E está contido numa torre de radicais, então a menor extensão normal de F contendo E está contida numa torre de radicais.

(e) Se $F_0 \subset \cdots \subset F_r$ é uma torre de radicais, e K a menor extensão de F_0 contendo F_r. Então K tem uma torre de radicais sobre F.

(f) Seja E uma extensão finita de F, e suponha que E esteja contida numa torre de radicais. Mostre que existe uma torre de radicais

$$F \subset E_0 \subset E_1 \subset \cdots \subset E_m$$

tal que:

E_m é Galois sobre F e $E \subset E_m$;

$E_0 = F(\zeta)$, onde ζ é uma $n-$ésima raiz primitiva da unidade;

Para cada i, $E_{i+1} = E_i(\alpha_i)$, onde $\alpha_i^{d_i} = a_i \in E_i$ e $d_i|n$. Assim, se E está contido numa torre de radicais, então E é resolúvel por radicais no sentido dado neste texto. Devemos notar que a propriedade de estar contido numa torre de radicais é próxima da idéia, simples, de um elemento algébrico ser expresso em termos de radicais. Desta forma, demos as diversas etapas deste exercício para mostrar que essa idéia, simples, é equivalente à que é dada no texto.

VII, §7. Extensões infinitas

Começamos com algumas afirmações a respeito de cardinalidade de corpos; utilizaremos, na presente situação, apenas conjuntos enumeráveis ou finitos, e tudo o que precisamos a respeito de tais conjuntos é a definição que está no §3 do capítulo X, e as seguintes proposições:

Se D é enumerável, então um produto finito $D\times\cdots\times D$ é enumerável.

A união enumerável de conjuntos enumeráveis é enumerável.

Um subconjunto infinito de um conjunto enumerável é enumerável.

Se D é enumerável e $D \to S$ é uma aplicação sobrejetiva sobre algum conjunto S que não é finito, então S é enumerável.

O leitor encontrará demonstrações simples e auto-suficientes no capítulo X (cf. teorema 3.2 e seus corolários), e para esses conjuntos enumeráveis, essas afirmações não passam de simples exercícios.

Sejam F um corpo e E uma extensão de F. Diremos que E é **algébrico** sobre F se todo elemento de E for algébrico sobre F. Seja A um corpo algebricamente fechado contendo F. Seja F^a o subconjunto de A formado por todos os elementos que são algébricos em F. O sobrescrito "a" indica o "**fecho algébrico**" de F em A. Desta forma, F^a é um corpo, pois vimos que se α e β são algébricos, então $\alpha+\beta$ e $\alpha\beta$ são algébricos, estando contidos na extensão finita $F(\alpha,\beta)$ de F.

Teorema 7.1. *Seja F um corpo enumerável. Então, F^a é enumerável.*

Demonstração. Procederemos por etapas. Seja P_n o conjunto de polinômios irredutíveis de grau $n \geq 1$ com coeficientes em F e com coeficiente dominante igual a 1. A cada polinômio $f \in P_n$,

$$f(t) = t^n + a_{n-1}t^{n-1} + \cdots + a_0,$$

associamos seus coeficientes $(a_{n-1},\ldots,a_0)$. Obtemos, assim, uma injeção de P_n em $F \times \cdots \times F = F^n$, o que nos leva a concluir que P_n é enumerável.

Em seguida, para cada $f \in P_n$, denotamos por $\alpha_{f,1}, \ldots, \alpha_{f,n}$ suas raízes, em uma ordem fixada. Seja $J_n = \{1, \ldots, n\}$, e consideremos

$$P_n \times \{1, \ldots, n\} \to A$$

a aplicação de $P_n \times J_n$ em A tal que

$$(f, i) \mapsto \alpha_{f,i}$$

para $i = 1, \ldots, n$ e $f \in P_n$. Essa aplicação é, então, uma sobrejeção de $P_n \times J_n$ sobre o conjunto de números de grau n sobre F, e portanto tal conjunto é enumerável. Tomando a união sobre todos os $n = 1, 2, \ldots$, concluímos que o conjunto de todos os números algébricos sobre F é enumerável. Isso demonstra nosso teorema.

Teorema 7.2. *Seja F um corpo enumerável. Então, o corpo das funções racionais $F(t)$ é enumerável.*

Demonstração. Será suficiente demonstrar que o anel de polinômios $F[t]$ é enumerável, pois dispomos de uma aplicação sobrejetora

$$F[t] \times F[t]_0 \to F(t),$$

onde $F[t]_0$ denota o conjunto de elementos não-nulos de $F[t]$. A aplicação é, naturalmente, dada por $(a, b) \mapsto a/b$. Para cada n, seja P_n o conjunto dos polinômios de grau $\leq n$ com coeficientes em F. Então, P_n é enumerável e assim, $F[t]$ é enumerável, sendo constituído pela união enumerável de $P_0, P_1, P_2, \ldots$, juntamente com o elemento 0.

Observação. Será demonstrado no corolário 4.4 do capítulo IX, o fato de $\mathbb{R}$ (e conseqüentemente $\mathbb{C}$) não ser enumerável.

Corolário 7.3. *Dado um inteiro $n \geq 1$, existem n números complexos algebricamente independentes sobre $\mathbb{Q}$.*

Demonstração. O corpo $\mathbb{Q}^a$ é enumerável, e $\mathbb{C}$ não. Portanto, existe $x_1 \in \mathbb{C}$ que é transcendente sobre $\mathbb{Q}^a$. Seja $F_1 = \mathbb{Q}^a(x_1)$. Então, F_1 é enumerável. Por indução, tomamos x_2 transcedente sobre F_1^a, e assim por diante. Dessa forma, achamos os elementos desejados $x_1, \ldots, x_n$.

Os números complexos formam um corpo algebricamente fechado, conveniente para muitas aplicações.

Teorema 7.4. *Seja F um corpo. Então existe um fecho algébrico de F, isto é, existe um corpo A algébrico sobre F tal que A é algebricamente fechado.*

Demonstração. No caso geral, enfrentamos um problema que na sua essência faz parte da teoria dos conjuntos. No exercício 9 do §3 no capítulo X, o leitor verá como demonstrar o resultado no caso geral. Dessa forma, aqui, vamos dar apenas a demonstração do caso especial mais importante, ou seja, quando F é não-enumerável. Chamamos a atenção para o fato de que todas as características básicas da demonstração já aparecem neste caso.

Como no teorema 7.1, enumeramos todos os polinômios de grau ≥ 1 sobre F; digamos $\{f_1, f_2, f_3, \ldots\}$. Por indução, podemos encontrar um corpo de decomposição K_1 de f_1 sobre F; daí, podemos encontrar um corpo de decomposição K_2 de $f_1 f_2$ sobre F, que contenha K_1 como um subcorpo; em seguida, encontrar um corpo de decomposição de $f_1 f_2 f_3$ que contenha K_2 e assim por diante. Ao generalizarmos, consideramos K_{n+1} como um corpo de decomposição de $f_1 f_2 \cdots f_{n+1}$ que contenha K_n. Com isso, formamos a união

$$A = \bigcup_{n=1}^{\infty} K_n.$$

Inicialmente, observamos que A é um corpo. Assim, dois elementos de A pertencem a algum K_n; conseqüentemente, a soma deles, o produto e o quociente (com divisor diferente de zero) estão definidos em K_n. Pelo fato de K_n ser um subcorpo de K_m para $m > n$, a soma, o produto e o quociente entre esses elementos independem da escolha de n. Além disso, A é algébrico sobre F, pois todo elemento de A pertence a algum K_n, que é finito sobre F. Afirmamos que A é algebricamente fechado. Com efeito, seja α algébrico sobre A. Assim, α é a raiz de um polinômio $f(t) \in A[t]$, e portanto os coeficientes de f pertencem a algum corpo K_n, ou seja, α é algébrico sobre K_n. Então, $K_n(\alpha)$ é algébrico e portanto finito sobre F; daí, α pertence a K_m, para algum m, e assim $\alpha \in A$. Com isso, concluímos a demonstração.

Em seguida, vamos lidar com a unicidade de um fecho algébrico.

Teorema 7.5. *Se A e B são fechos algébricos de F, então existe um isomorfismo $\sigma : A \to B$ sobre F (isto é, σ é a identidade de F).*

Demonstração. Mais uma vez, para o caso geral, nos deparamos com uma dificuldade relacionada com a teoria dos conjuntos, e que desaparece no caso não-enumerável. Assim, damos a demonstração para o caso em que F é não-enumerável.

Com um argumento similar ao que foi usado no teorema anterior, escrevemos A como a união

$$A = \bigcup_{n=1}^{\infty} K_n,$$

onde K_n é normal finito sobre F e $K_n \subset K_{n+1}$, para todo n. Pelo teorema de imersão para extensões finitas, existe uma imersão

$$\sigma_1 : K_1 \to B,$$

que é a identidade em F. Por indução, suponhamos ter obtido uma imersão

$$\sigma_n : K_n \to B$$

sobre F. Pelo teorema de imersão, existe uma imersão

$$\sigma_{n+1} : K_{n+1} \to B,$$

que é uma extensão de σ_n. Assim, podemos definir σ como segue: dado um elemento $x \in A$, existe algum n tal que $x \in K_n$. O elemento $\sigma_n x$ de B não depende da escolha de n, pois, pela condição de compatibilidade, se $m > n$, então a restrição de σ_m a K_n é σ_n. Definimos σx por $\sigma_n x$. Logo, σ é uma imersão de A em B, que restringe σ_n em K_n. Agora, será suficiente demonstrar o seguinte:

Se A e B são fechos algébricos de F e $\sigma : A \to B$ é uma imersão sobre F, então $B = \sigma A$, ou seja, σ é um isomorfismo.

Demonstração. Como A é algebricamente fechado, segue-se que σA é algebricamente fechado, e $\sigma A \subset B$. Como B é algébrico sobre F, segue-se que B é algébrico sobre σA. Suponhamos $y \in B$. Logo, y é algébrico sobre σA, e com isso, pertence a σA, assim, $B = \sigma A$ como queríamos mostrar. Isso conclui a demonstração do teorema 7.5.

Observação. O elemento σ na demonstração acima foi definido de uma forma que poderia ser chamado de limite de uma seqüência de imersões σ_n. O estudo de tais limites constitui um capítulo adicional na teoria dos corpos. Não entraremos nesse assunto, apenas daremos alguns exemplos como exercícios. O estudo de tais limites é análogo ao das considerações feitas no capítulo IX, onde lidaremos com completamentos.

Como no caso finito, podemos falar do grupo de automorfismos $\text{Aut}(A/F)$, e este grupo também é chamado **grupo de Galois** para a possível extensão infinita A de F.

De uma forma mais geral, seja

$$K = \bigcup_{n=1}^{\infty} K_n$$

uma união das extensões finitas de Galois, K_n de F, tais que $K_n \subset K_{n+1}$ para todo n. Assim, consideraremos

$$G_{K/F} = \text{Aut}(K/F),$$

o grupo de automorfismos de K sobre F. Cada um dos automorfismos neste grupo, restringe-se a uma imersão de K_n, que deve ser um automorfismo de K_n. Pelo teorema da extensão e uma definição indutiva como a que foi dada na demonstração da unicidade do fecho algébrico, concluímos que o homomorfismo restrição

$$\text{res}\colon G_{K/F} \to G_{K_n/F}$$

é sobrejetivo e seu núcleo é G_{K/K_n}. Um problema de grande importância é determinar $G_{K/F}$ para diversas extensões infinitas, e em especial quando $K = \mathbb{Q}^a$ é o fecho algébrico dos números racionais. Em um dos exercícios, você pode ver um exemplo para uma torre de extensões abelianas. A idéia é que automorfismos em $G_{K/F}$ são limites de seqüências de automorfismos $\{\sigma_n\}$ das extensões finitas de Galois K_n/F. Assim, a consideração de extensões infinitas nos leva ao estudo de limites de seqüências de elementos nos grupos de Galois e a tipos mais gerais de grupos. No próximo capítulo encontraremos dois exemplos básicos: as extensões de corpos finitos e as extensões geradas pelas raízes da unidade.

VII, §7. Exercícios

1. Seja $\{G_n\}$ uma seqüência de grupos multiplicativos, e para cada n suponha que é dado um homomorfismo sobrejetor

   $$h_{n+1} : G_{n+1} \to G_n.$$

   Seja G o conjunto de todas as seqüências

   $$(s_1, s_2, s_3, \ldots, s_n, \ldots) \qquad \text{com} \qquad s_n \in G_n$$

   que satisfazem à condição $h_n s_n = s_{n-1}$. Definimos a multiplicação dessas seqüências, componente a componente. Demonstre que G é um grupo, chamado de **limite projetivo** de $\{G_n\}$. Se os G_n são grupos aditivos, então, da mesma forma, G é grupo aditivo.

Exemplos. Seja p um número primo. Defina $\mathbb{Z}(n) = \mathbb{Z}/p^n\mathbb{Z}$ e considere o homomorfismo natural

$$h_{n+1} : \mathbb{Z}/p^{n+1}\mathbb{Z} \to \mathbb{Z}/p^n\mathbb{Z}\,.$$

O limite projetivo é chamado grupo de **inteiros p−ádicos**, e é denotado por $\mathbb{Z}_p$.

2. (a) Utilize o fato de h_{n+1} ser um homomorfismo sobrejetivo de anel e mostre que de forma natural, $\mathbb{Z}_p$ é um anel.

   (b) Demonstre que $\mathbb{Z}_p$ tem um único ideal primo, a saber $p\mathbb{Z}_p$.

   Consideremos mais uma vez um número primo p. No lugar de $\mathbb{Z}(n)$, como acima, tomemos o grupo de unidades no anel $\mathbb{Z}/p^n\mathbb{Z}$; assim, seja $G_n = (\mathbb{Z}/p^n\mathbb{Z})^*$. Podemos definir

$$h^*_{n+1} : (\mathbb{Z}/p^{n+1}\mathbb{Z})^* \to (\mathbb{Z}/p^n\mathbb{Z})^*$$

   como a restrição de h_{n+1}, e você pode, sem dificuldade, ver que h^*_{n+1} é sobrejetivo. Cf. os exercícios do §7 no capítulo II. O limite projetivo de $(\mathbb{Z}/p^n\mathbb{Z})^*$ é chamado grupo **p−ádico de unidades**, e é denotado por ${\mathbb{Z}_p}^*$. Desta forma, uma unidade p−ádica consiste da seqüência

$$(u_1, u_2, u_3, \ldots, u_n, \ldots)\,,$$

   onde cada $u_n \in (\mathbb{Z}/p^n\mathbb{Z})^*$ e

$$u_{n+1} \equiv u_n \bmod p^n.$$

   Cada elemento u_n pode ser representado por um inteiro primo com p, e é bem definido mod p^n.

   No §5 do capítulo VIII, você encontrará uma aplicação do limite projetivo de grupos $(\mathbb{Z}/p^n\mathbb{Z})^*$ para a teoria de Galois das raízes da unidade. Depois de ler o teorema 5.1 do capítulo

VIII, você pode imediatamente fazer, por meio da discussão acima, o exercício 12 no §5 do capítulo VIII. No entanto, você pode agora fazer o exercício seguinte que depende apenas das noções e resultados com os quais já lidamos.

3. Seja F um corpo e seja $\{K_n\}$ uma seqüência de extensões finitas de Galois que satisfazem $K_n \subset K_{n+1}$. Sejam

$$K = \bigcup_{n=1}^{\infty} K_n \qquad \text{e} \qquad G_n = \mathrm{Gal}(K_n/F).$$

Pela teoria finita de Galois, concluímos que o homomorfismo restritivo $G_{n+1} \to G_n$ é sobrejetivo. Defina uma aplicação natural

$$\lim G_n \to \mathrm{Aut}(K/F),$$

e demonstre que sua aplicação é um isomorfismo. O limite é o limite projetivo definido no exercício 1.

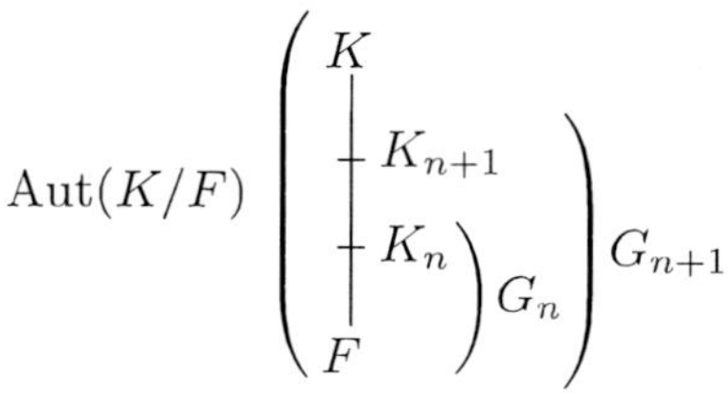

$$\mathrm{Aut}(K/F)\left(\begin{array}{l} K \\ | \\ K_{n+1} \\ | \\ K_n \\ | \\ F \end{array}\right) \quad K_n, F: G_n \qquad K_{n+1}, F: G_{n+1}$$

Os próximos exercícios dão uma outra versão para os limites que há pouco considera-mos. Essa outra versão, surge num contexto relacionado ao do capítulo IX. O leitor pode, caso queira, adiar a resolução desses exercícios até ler o capítulo IX.

4. Seja G um grupo e seja $\mathcal{F}$ a família de todos os subgrupos de índice finito. Seja $\{x_n\}$ uma seqüência em G. Dizemos que essa seqüência é de **Cauchy**, se dado $H \in \mathcal{F}$ existe n_0 tal que para $m, n \geq n_0$ se tenha $x_n x_m^{-1} \in H$. Se $\{x_n\}$ e $\{y_n\}$ são duas seqüências, então o produto delas é a seqüência $\{x_n y_n\}$.

(a) Mostre que o conjunto das seqüências de Cauchy formam um grupo.

(b) Dizemos que $\{x_n\}$ é uma **seqüência nula**, se dado $H \in \mathcal{F}$ existir n_0 tal que para $n \geq n_0$ se tenha $x_n \in H$. Mostre que as seqüências nulas formam um subgrupo normal.

O grupo quociente de todas as seqüências de Cauchy módulo seqüências nulas, é chamado **completamento** de G. Observe que não assumimos que G seja comutativo.

(c) Prove que a aplicação que associa um elemento x de G à classe da seqüência $(x, x, x, \ldots)$ módulo seqüências nulas, é um homomorfismo de G no completamento, e seu núcleo é a interseção

$$\bigcap_{H \in \mathcal{F}} H.$$

Pode lhe ser útil recorrer aos exercícios do §4 no capítulo II, onde você deveria ter demonstrado que um subgrupo H de índice finito sempre contém um subgrupo normal de índice finito.

5. No lugar da família $\mathcal{F}$ de todos os subgrupos de índice finito, considere um número primo p e a família $\mathcal{F}$ de todos os subgrupos normais cujo índice é uma potência de p. Defina de novo, definimos as seqüências de Cauchy, as seqüências nulas e demonstre as afirmativas análogas às de (a), (b) e (c) no exercício 4. Desta vez, o completamento é chamado $p-$**ádico completamento**.

6. Seja $G = \mathbb{Z}$ o grupo aditivo de inteiros e seja $\mathcal{F}$ a família de subgrupos $p^n\mathbb{Z}$, onde p é um número primo. Seja R_p o completamento de $\mathbb{Z}$, no sentido do exercício 5

   (a) Se $\{x_n\}$ e $\{y_n\}$ são seqüências de Cauchy, mostre que $\{x_n y_n\}$ é uma seqüência de Cauchy e que R_p é um anel.

(b) Demonstre que a aplicação que a cada $x \in \mathbb{Z}$ associa a classe de seqüência $(x, x, x, \ldots)$ módulo seqüências nulas estabelece uma imersão de $\mathbb{Z}$ em R_p.

(c) Demonstre que todo ideal de R_p é da forma $p^m R_p$ para algum inteiro m.

7. Seja $\{x_n\}$ uma seqüência em R_p e seja $x \in R_p$. Dizemos que $x = \lim x_n$ se, dado um inteiro positivo r, existir n_0 tal que para todo $n \geq n_0$ se tenha $x - x_n \in p^r R_p$. Mostre que todo elemento $a \in R_p$ tem uma expressão única, dada por

$$a = \sum_{i=0}^{\infty} m_i p^i \qquad \text{com} \qquad 0 \leq m_i \leq p - 1.$$

A soma infinita, por definição, é o limite das somas parciais, isto é,

$$\lim_{N \to \infty} (m_o + m_1 p + \cdots + m_N p^N).$$

8. Seja $G = \mathbb{Z}$ o grupo aditivo de inteiros e seja $\mathcal{F}$ a família de subgrupos $p^n\mathbb{Z}$, onde p é um número primo. Seja R_p o completamento de $\mathbb{Z}$, no sentido dos exercícios 5 e 6. Seja $\mathbb{Z}_p$ o limite projetivo de $\mathbb{Z}/p^n\mathbb{Z}$, no sentido do exercício 1. Demonstre que existe um isomorfismo $\mathbb{Z}_p \to R_p$. [Na prática, não se diferencia $\mathbb{Z}_p$ de R_p, e utiliza-se $\mathbb{Z}_p$ para indicar o completamento.]

CAPÍTULO VIII

Corpos finitos

É de extrema utilidade considerar, separadamente, os corpos finitos, para os quais podemos destacar características interessantes. Nesse sentido, com o objetivo de não ocultar as idéias básicas de um fenômeno especial que pode ocorrer, quando corpos finitos estão envolvidos, preferimos inicialmente, aplicar a teoria de Galois em corpos de característica 0. Por outro lado, corpos finitos ocorrem com tanta freqüência que passaremos agora a trabalhar com eles de uma forma mais sistemática.

VIII, §1. Estrutura geral

Seja F um corpo finito com q elementos. Seja e o elemento unidade de F. Como ocorre com qualquer anel, existe um único homomorfismo de anel

$$\mathbb{Z} \to F$$

tal que

$$n \mapsto ne = \underbrace{e + e + \cdots + e}_{n \text{ vezes}}.$$

O núcleo é um ideal de $\mathbb{Z}$; sabemos que esse ideal é principal e como a imagem é finita ele não pode ser 0. Seja p o menor inteiro positivo nesse ideal. Assim, p gera o ideal. Temos então um isomorfismo

$$\mathbb{Z}/(p) \to \mathbb{F}_p$$

entre $\mathbb{Z}/(p)$ e sua imagem em F. Essa imagem está denotada por F_p. Desde que $\mathbb{F}_p$ seja um subcorpo de F, ele não terá divisores de 0, e conseqüentemente o ideal (p) será primo. Logo, p é um número primo determinado, de forma única, pelo corpo F. Esse número primo p é denominado **característica** de F, e o subcorpo $\mathbb{F}_p$ é chamado **corpo primo**.

Como exercício, demonstre que $\mathbb{Z}/(p)$ não possui outro automorfismo além da identidade. Desta forma, identificamos $\mathbb{Z}/(p)$ com sua imagem $\mathbb{F}_p$. Existe uma única maneira de se fazer isto: escrevendo 1 no lugar de e.

Teorema 1.1. *O número de elementos de F é igual à potência de p.*

Demonstração. O corpo F pode ser visto como um espaço vetorial sobre $\mathbb{F}_p$. Como F tem somente um número finito de elementos, segue-se que a dimensão de F sobre $\mathbb{F}_p$ é finita. Seja n esta dimensão. Se $\{w_1, w_2, \ldots, w_n\}$ é uma base, então todo elemento x de F é expresso de maneira única, isto é,

$$x = a_1 w_1 + \cdots + a_n w_n,$$

onde os elementos a_i pertencem a $\mathbb{F}_p$. Como a escolha desses a_i é arbitrária, segue-se que o número de elementos possíveis em F é p^n; assim, fica demonstrado que $q = p^n$, como desejado.

O grupo multiplicativo F^* de elementos diferentes de zero tem $q-1$ elementos, e todos eles satisfazem a equação

$$x^{q-1} - 1 = 0 \qquad \text{se } x \in F^*.$$

Desta forma, todos os elementos de F satisfazem a equação

$$x^q - x = 0.$$

(Naturalmente, o único outro elemento é 0.)

No capítulo IV tratamos de polinômios sobre corpos arbitrários. Consideremos o polinômio

$$f(t) = t^q - t$$

sobre o corpo finito $\mathbb{F}_p$. Ele tem q raízes distintas no corpo F, ou seja, todos os elementos de F. A demonstração de que um polinômio de grau n tem no máximo n raízes tem uma boa aplicação neste caso. Assim, se K é um outro corpo finito contendo F, então $t^q - t$ não pode ter outras raízes em K além dos elementos de F.

Se utilizarmos a definição de um corpo de decomposição como no capítulo anterior, encontramos:

Teorema 1.2. *O corpo finito F com q elementos é o corpo de decomposição do polinômio $t^q - 1$ sobre o corpo $\mathbb{Z}/p\mathbb{Z}$.*

Pelo teorema 3.2 do capítulo VII, dois corpos finitos com o mesmo número de elementos são isomorfos. Denotamos o corpo com q elementos por $\mathbb{F}_q$. Em particular, vamos considerar o polinômio

$$t^p - t.$$

Ele tem p raízes, a saber, os elementos do corpo primo. Portanto, os elementos de $\mathbb{F}_p$ são exatamente as raízes de $t^p - t$ em $\mathbb{F}_q$.

No capítulo anterior, desde o início e por conveniência, utilizamos um corpo algebricamente fechado. Façamos a mesma coisa aqui e adiemos para a última seção a discussão sobre a existência de um tal corpo que contém nosso corpo F. Assim:

Assumimos que todos os nossos corpos estejam contidos em um corpo algebricamente fechado A que contém $\mathbb{F}_p = \mathbb{Z}/p\mathbb{Z}$.

No teorema 1.2 consideramos um corpo finito F com q elementos. Podemos perguntar pela recíproca: dados $q = p^n$, isto é, q igual a uma potência de p, qual é a natureza do corpo de decomposição de $t^q - t$ sobre o corpo $\mathbb{F}_p = \mathbb{Z}/p\mathbb{Z}$?

Teorema 1.3. *Dado $q = p^n$, então o conjunto de elementos $x \in A$ tais que $x^q = x$, é um corpo finito com q elementos.*

Demonstração. Primeiro, faremos algumas observações sobre coeficientes binomiais. Na expansão binomial usual

$$(x+y)^p = \sum_{i=0}^{p} \binom{p}{i} x^i y^{p-i},$$

vemos a partir da expressão

$$\binom{p}{i} = \frac{p!}{i!(p-i)!}$$

que todos os coeficientes binomiais são divisíveis por p, exceto o primeiro e o último. Assim, no corpo finito todos os coeficientes são 0 exceto o primeiro e o último, e dessa forma obtemos a fórmula básica:

Para quaisquer elementos x e $y \in A$, temos

$$(x+y)^p = x^p + y^p.$$

Por indução, concluímos que para qualquer inteiro positivo m, temos

$$(x+y)^{p^m} = x^{p^m} + y^{p^m}.$$

Seja K o conjunto dos elementos $x \in A$ tais que

$$x^{p^n} = x.$$

É fácil verificar que K é um corpo. De fato, a fórmula acima mostra que esse conjunto é fechado para a adição. Ele será fechado para a multiplicação, desde que tenhamos

$$(xy)^{p^n} = x^{p^n} y^{p^n}$$

em qualquer anel comutativo. Se $x \neq 0$ e $x^{p^n} = x$, então é imediato verificar que

$$(x^{-1})^{p^n} = x^{-1}.$$

Seja $f(t) = t^q - t$. Então K contém todas as raízes de f e é, obviamente, o menor corpo que contém $\mathbb{F}_p$ e todas as raízes de f. Conseqüentemente, K é um corpo de decomposição de f.

A teoria sobre a unicidade da fatoração no §3 do capítulo IV se aplica a polinômios sobre um corpo qualquer, e em particular pode ser aplicado o critério da derivada do teorema 3.6. Oberve o quanto é peculiar a derivada. Temos que

$$f'(t) = qt^{q-1} - 1 = -1\,,$$

pois $q = 0$ em $\mathbb{F}_p = \mathbb{Z}/p\mathbb{Z}$. Conseqüentemente o polinômio $f(t)$ não tem raízes múltiplas. Como ele tem no máximo q raízes em A, concluímos que ele tem exatamente q raízes em A. Portanto, K tem exatamente q elementos e desta forma concluimos a demonstração do teorema 1.3.

VIII, §1. Exercícios

1. Seja F um corpo finito com q elementos. Seja $f(t) \in F[t]$ irredutível.

   (a) Demonstre que $f(t)$ divide $t^{q^n} - t$ se, e somente se, o gr f divide n.

   (b) Mostre que
   $$t^{q^n} - t = \prod_{d|n} \prod_{f_d \text{ irr}} f_d(t)$$
   onde o produto mais à direita é tomado sobre todos os polinômios de grau d com coeficiente dominante igual a 1.

   (c) Seja $\psi(d)$ o número de polinômios irredutíveis de grau d sobre F. Mostre que
   $$q^n = \sum_{d|n} d\psi(d).$$

   (d) Seja μ a função de Moebius. Prove que
   $$n\psi(n) = \sum_{d|n} \mu(d) q^{n/d}.$$
   Ao dividirmos por n, encontramos uma fórmula explícita para o número de polinômios irredutíveis de grau n e com coeficiente dominante igual a 1 sobre F.

VIII, §2. Automorfismo de Frobenius

Teorema 2.1. *Seja F um corpo finito com q elementos. A aplicação*
$$\varphi : x \mapsto x^p$$
é um automorfismo de F.

Demonstração. Já sabemos que a aplicação $x \mapsto x^p$ é um homomorfismo de anel de F em si mesmo. Seu núcleo só tem o 0 como elemento, e pelo fato de F ser finito, essa aplicação é bijetiva e portanto é um automorfismo.

O automorfismo φ é chamado **automorfismo de Frobenius** de F (relativo ao corpo primo). Esse automorfismo gera um grupo cíclico, que é finito, porque F tem apenas um número finito de elementos. Seja $q = p^n$. Notemos que

$$\varphi^n = \mathrm{id}.$$

De fato, para qualquer inteiro positivo m,

$$\varphi^m x = x^{p^m}$$

para todo x em F. Portanto, o período de φ divide n, pois

$$\varphi^n x = x^{p^n} = x^q = x.$$

Teorema 2.2. *O período de φ é exatamente n.*

Demonstração. Suponhamos que o período seja m, com $m < n$. Então, todo elemento $x \in F$ satisfaz à equação

$$x^{p^m} - x = 0.$$

Mas, pelo que observamos na seção precedente, o polinômio

$$t^{p^m} - t$$

tem no máximo P^m raízes. Logo, não podemos ter $m < n$, e assim obtemos o resultado desejado.

Teorema 2.3. *Suponhamos que $\mathbb{F}_{p^m}$ seja um subcorpo de $\mathbb{F}_{p^n}$. Então, $m|n$. De forma recíproca, se $m|n$, então $\mathbb{F}_{p^m}$ é um subcorpo de $\mathbb{F}_{p^n}$.*

Demonstração. Seja F um subcorpo de $\mathbb{F}_q$, onde $q = p^n$. Logo, F contém o corpo primo $\mathbb{F}_p$ e assim F tem p^m elementos para algum m. Consideremos $\mathbb{F}_q$ como um espaço vetorial sobre F, digamos de dimensão d. Dessa forma, após representarmos os elementos de $\mathbb{F}_q$ como combinações lineares dos elementos da base e com coeficientes em F, vemos que $\mathbb{F}_q$ tem $(p^m)^d = p^{md}$ elementos, o que nos faz concluir que $n = md$ e $m|n$.

De forma recíproca, seja $n = md$, $m|n$. Consideremos F o corpo fixo de φ^m. Então F é o conjunto de todos os elementos $x \in \mathbb{F}_q$ tais que

$$x^{p^m} = x.$$

Pelo teorema 1.2, esse conjunto é precisamente o corpo $\mathbb{F}_{p^m}$. Mas,

$$\varphi^{md} = \varphi^n,$$

e assim $\mathbb{F}_{p^m}$ é fixo sob φ^n. Como $\mathbb{F}_{p^n}$ é o corpo fixo de φ^n, segue-se que

$$\mathbb{F}_{p^m} \subset \mathbb{F}_{p^n}.$$

Isto conclui a demonstração do teorema.

Com a hipótese $n = md$ vemos que a ordem de φ^m é precisamente igual a d. Logo, φ^m gera um grupo cíclico de automorfismos de $\mathbb{F}_q$, cujo corpo fixo é $\mathbb{F}_{p^m}$. A ordem desse grupo cíclico é exatamente igual ao grau

$$d = [\mathbb{F}_{p^n} : \mathbb{F}_{p^m}].$$

Na próxima seção provaremos que o grupo multiplicativo de $\mathbb{F}_q$ é cíclico. Com isto, agora, podemos provar o seguinte resultado:

Teorema 2.4. *Os únicos automorfismos de $\mathbb{F}_q$ são aqueles dados pelas potências do automorfismo de Frobenius, $1, \varphi, \ldots, \varphi^{n-1}$.*

Demonstração. Seja $\mathbb{F}_q = \mathbb{F}_p(\alpha)$, para algum elemento α (estamos assumindo esta hipótese agora). Desta forma, α é uma raiz de um polinômio de grau n, se $q = p^n$. Utilizando o teorema 2.1 do capítulo VII, podemos concluir que existem no máximo n automorfismos de $\mathbb{F}_q$ sobre o corpo primo $\mathbb{F}_p$. Como $1, \varphi, \ldots, \varphi^{n-1}$ constituem um conjunto de n automorfismos distintos, então não é possível haver outros. Isto conclui a demonstração.

Os teoremas acima põem em prática a teoria de Galois para corpos finitos. Obtivemos uma bijeção entre subcorpos de $\mathbb{F}_q$ e subgrupos do grupo de automorfismos de $\mathbb{F}_q$, onde cada subcorpo é o corpo fixo de um subgrupo.

VIII, §3. Elementos primitivos

Seja F um corpo finito com $q = p^n$ elementos. Nesta seção, vamos provar mais do que a igualdade $F = \mathbb{F}_p(\alpha)$ para algum α.

Teorema 3.1. *O grupo multiplicativo F^* de F, é cíclico.*

Demonstração. No teorema 1.10 do capítulo IV demos uma demonstração baseada no teorema de construção para grupos abelianos. Nesta seção, vamos dar uma demonstração baseada numa idéia semelhante mas independente. Iniciamos com uma observação. Seja A um grupo abeliano finito, escrito na forma aditiva. Seja a um elemento de A, de período d, e seja b um elemento de período d', com $(d, d') = 1$. Então

$$a + b$$

tem período dd'. A demonstração é fácil e a deixaremos como exercício.

Lema 3.2. *Seja z um elemento de A com período maximal d, isto é, d é $\geq$ ao período de qualquer outro elemento de A. Então, o período de qualquer elemento de A divide d.*

Demonstração. Suponhamos que w tenha período m que não divida d. Seja l um número primo tal que l^k divida o período de w, mas não divida d. Escrevamos,

$$m = l^k m', \qquad d = l^\nu d',$$

onde m' e d' não são divisíveis por l. Sejam

$$a = m'w \qquad \text{e} \qquad b = l^\nu z.$$

Então, a tem período l^k e b tem período d' e assim,

$$a + b$$

tem período $l^k d' > d$, o que é uma contradição.

Aplicamos essas observações ao grupo multiplicativo F^* que tem $q-1$ elementos. Consideremos α um elemento de F^* com período maximal d. Então, α é uma raiz do polinômio

$$t^d - 1.$$

Pelo lema, todas as potências

$$1, \alpha, \alpha^2, \ldots, \alpha^{d-1}$$

são distintas, e todas são raízes desse polinômio. Assim, elas constituem todas as raízes distintas do polinômio $t^d - 1$. Suponhamos que α não gere F^*; assim, existe um outro elemento x em F^* que não é uma potência de α. Pelo lema, esse elemento x também é uma raiz de $t^d - 1$. Isso mostra que $t^d - 1$ tem mais que d raízes, uma contradição que demonstra o teorema.

Exemplo. Consideremos o corpo $\mathbb{F}_p = \mathbb{Z}/p\mathbb{Z}$ primo em si mesmo. O teorema assegura a existência de um elemento $\alpha \in F_p^*$, tal que todo elemento de F_p^* é uma potência inteira de α. Em termos de congruências, isso significa que existe um inteiro a tal que todo inteiro x primo com p satisfaz a relação

$$x \equiv a^\nu \qquad \text{mod } p,$$

para algum inteiro positivo ν. Em textos clássicos esse inteiro a é chamado **raiz primitiva** mod p.

VIII, §3. Exercícios

1. Encontre o menor inteiro positivo que é raiz primitiva mod p em cada um dos seguintes casos: $p = 3$, $p = 5$, $p = 7$, $p = 11$, $p = 13$.

2. Faça uma lista de todos os números primos ≤ 100 para os quais 2 é uma raiz primitiva. Você está imaginando que a quantidade desses números primos é infinita? Artin, utilizando uma densidade, dentro de seus trabalhos científicos, conjecturou a resposta (sim).

3. Se α é um gerador cíclico de F^*, onde F é um corpo finito, mostre que α^p também é um gerador cíclico.

4. Seja p um número primo ≥ 3. Um inteiro $a \not\equiv 0$ mod p é chamado **resto quadrático** mod p, se existe um inteiro x tal que

$$a \equiv x^2 \mod p.$$

Ele é chamado um resto **não-quadrático** se não existe o inteiro x. Mostre que o número de restos quadráticos é igual ao número de restos não-quadráticos. [Sugestão: considere a aplicação $x \mapsto x^2$ definida sobre F_p^*.]

VIII, §4. Corpo de decomposição e fecho algébrico

No capítulo VII, §7, apresentamos um método geral para construir um fecho algébrico. Aqui, para o caso de corpos finitos, podemos dar uma demonstração mais simples. Seja g um polinômio de grau ≥ 1 sobre o corpo finito F. Foi mostrado no §3 do capítulo VII como construir um corpo de decomposição para g.

Para cada número inteiro positivo n, seja K_n o corpo de decomposição do polinômio

$$t^{p^n} - t$$

sobre o corpo primo $\mathbb{F}_p$. Pelo teorema 3.2 do capítulo VII, dados dois corpos de decomposição E e E' de um polinômio f, existe um isomorfismo

$$\sigma : E' \to E$$

que deixa o corpo F fixo. Em particular, se $m|n$, existe uma imersão

$$K_m \to K_n,$$

pois qualquer raiz de $t^{p^m} - t$ é também uma raiz de $t^{p^n} - t$. Logo, se considerarmos a união

$$A = \bigcup K_n$$

para $n = 1, 2, \ldots,$ então, de forma fácil, mostra-se que essa união é algebricamente fechada. Com efeito, seja f um polinômio de grau ≥ 1 com coeficientes em A. Então, os coeficientes de f estão em algum K_m, ou seja, f se decompõe em fatores de grau 1 em K_n, para algum n. Isto conclui a demonstração.

VIII, §5. Irredutibilidade dos polinômios ciclotômicos sobre $\mathbb{Q}$

No §6 do capítulo VII consideramos uma extensão $F(\zeta)$, onde ζ é uma $n-$ésima raiz primitiva da unidade. Quando $F = \mathbb{Q}$ é o conjunto dos números racionais, o grupo de Galois pode ser determinado de forma completa. Agora, faremos o mesmo, usando corpos finitos e nada do que precede este capítulo, apenas a intuição.

Seja σ um automorfismo de $F(\zeta)$ sobre F. Então existe pelo menos um inteiro $r(\sigma)$, tal que $r(\sigma)$ e n são primos entre si e

$$\sigma\zeta = \zeta^{r(\sigma)};$$

além disso, esse inteiro mod n é determinado por σ de forma única. Isso permite que definamos a aplicação

$$G_{F(\zeta)/F} \to (\mathbb{Z}/n\mathbb{Z})^* \quad \text{por} \quad \sigma \mapsto r(\sigma).$$

Essa aplicação é injetiva e também é um homomorfismo, pois

$$\sigma(\tau(\zeta)) = \sigma(\zeta^{r(\tau)}) = (\sigma\zeta)^{r(\tau)} = \zeta^{r(\sigma)r(\tau)},$$

e portanto $r(\sigma\tau) = r(\sigma)r(\tau)$. Desta forma, podemos olhar $G_{F(\zeta)/F}$ como estando imerso no grupo multiplicativo $(\mathbb{Z}/n\mathbb{Z})^*$.

Até agora, não utilizamos qualquer propriedade especial dos números racionais ou dos inteiros. No que segue, vamos usar.

Seja $f(t) \in \mathbb{Z}[t]$ um polinômio com coeficientes inteiros e seja p um número primo. Assim, podemos reduzir f mod p. Se

$$f(t) = a_n t^n + \cdots + a_0$$

com $a_0, \ldots, a_n \in \mathbb{Z}$, então consideremos a sua **redução** mod p

$$\bar{f}(t) = \bar{a}_n t^n + \cdots + \bar{a}_0$$

onde $\bar{a}_i$ é a redução mod p de a_i. A aplicação $f \mapsto \bar{f}$ é um homomorfismo

$$\mathbb{Z}[t] \to (\mathbb{Z}/p\mathbb{Z})[t] = \mathbb{F}_p[t].$$

Isso é facilmente verificado pela utilização da definição de adição e multiplicação de polinômios, como no §5 do capítulo IV.

Teorema 5.1. *A aplicação $\sigma \mapsto r(\sigma)$ é um isomorfismo entre $G_{\mathbb{Q}(\zeta)/\mathbb{Q}}$ e $((\mathbb{Z}/n\mathbb{Z})^*$.*

Demonstração. Seja m um inteiro positivo tal que m e n sejam primos entre si. Então, a aplicação $\zeta \mapsto \zeta^m$ poderá ser considerada como uma composição de aplicações

$$\zeta \mapsto \zeta^p,$$

onde p toma valores entre os números primos que dividem m. Logo, será suficiente provar o seguinte: se p é um número primo, $p \nmid n$ e $f(t)$ é o polinômio irredutível de ζ sobre $\mathbb{Q}$, então ζ^p também é uma raiz de $f(t)$. Desde que as raízes de $t^n - 1$ sejam todas as $n-$ésimas raízes da unidade, primitivas ou não, segue que $f(t)$ divide $t^n - 1$ e assim existe um polinômio $h(t) \in \mathbb{Q}[t]$ com coeficiente dominante 1 tal que

$$t^n - 1 = f(t)h(t).$$

Pelo lema de Gauss, segue que f e h têm coeficientes inteiros.

Suponhamos que ζ^p não seja uma raiz de f. Então, ζ^p é uma raiz de h e ζ é uma raiz de $h(t^p)$. Logo, $f(t)$ divide $h(t^p)$ e podemos escrever

$$h(t^p) = f(t)g(t).$$

Como $f(t)$ possui coeficientes inteiros e coeficiente dominante 1, segue-se, mais uma vez pelo lema de Gauss, que g tem coeficientes inteiros. Além disso, pelo fato de $a^p \equiv a \pmod{p}$ para qualquer inteiro a, concluímos que

$$h(t^p) \equiv h(t)^p \pmod{p},$$

e portanto,

$$h(t)^p \equiv f(t)g(t).$$

Em particular, se denotarmos por $\bar{f}$ e $\bar{h}$ os polinômios sobre $\mathbb{Z}/p\mathbb{Z}$, obtidos pelas respectivas reduções mod p de f e h, chegaremos à conclusão que $\bar{f}$ e $\bar{h}$ não são primos entre si, isto é, eles têm um fator comum. Mas $t^n - \bar{1} = \bar{f}(t)\bar{h}(t)$ e portanto $t^n - \bar{1}$ tem raízes múltiplas. Isso é impossível, como se pode ver por meio da derivada, e nosso teorema fica demonstrado.

Como conseqüência do teorema 5.1, segue-se que os polinômios ciclotômicos do exercício 13 no §3 do capítulo IV, são irredutíveis sobre $\mathbb{Q}$. Demonstre isto como exercício.

VIII, §5. Exercícios

1. Seja F uma extensão finita dos racionais. Mostre que existe somente um número finito de raízes da unidade em F.

2. (a) Determine as raízes da unidade que pertencem aos seguintes corpos: $\mathbb{Q}(i)$, $\mathbb{Q}(\sqrt{-2})$, $\mathbb{Q}(\sqrt{2})$, $\mathbb{Q}(\sqrt{-3})$, $\mathbb{Q}(\sqrt{3})$, $\mathbb{Q}(\sqrt{-5})$.

   (b) Seja ζ uma $n-$ésima raiz primitiva da unidade. Para que valor de n, teremos
   $$[\mathbb{Q}(\zeta) : \mathbb{Q}] = 2?$$
   É claro que você deve demonstrar a sua afirmação.

3. Seja F um corpo de característica 0 e seja n um inteiro ímpar ≥ 1. Seja ζ uma $n-$ésima raiz primitiva da unidade. Mostre que F também contém uma duonésima raiz primitiva da unidade.

4. Dados um número primo p e um inteiro positivo m, mostre que existe uma extensão cíclica de $\mathbb{Q}$ de grau p^m. [*Sugestão*: Utilize os exercícios do §7, no capítulo II.]

5. Seja n um inteiro positivo. Demonstre que existe uma quantidade infinita de extensões cíclicas de grau n, e que são independentes. Ou seja, se $K_1, \ldots, K_r$ são as tais extensões, então
   $$K_i \cap (K_1 K_2 \cdots K_{i-1}) = \mathbb{Q} \qquad \text{para todo} \quad i = 2, \ldots, r.$$
   (Neste exercício, você pode assumir que exista uma quantidade infinita de números primos tais que $p \equiv 1 \bmod n$. Mais uma vez, utilize o §7, do capítulo II, e seus exercícios.)

6. Seja G um grupo abeliano finito. Demonstre que existe uma extensão de Galois de $\mathbb{Q}$, cujo grupo de Galois é G. Com efeito, demonstre que existe uma quantidade infinita de tais extensões. [Você pode usar os exercícios precedentes.]

7. Sejam $\alpha^3 = 2$, $\beta^5 = 7$ e $\gamma = \alpha+\beta$. Demonstre que: $\mathbb{Q}(\alpha, \beta) = \mathbb{Q}(\gamma)$ e $[\mathbb{Q}(\alpha, \beta) : \mathbb{Q}] = 15$. Nos dois próximos exercícios, você verá um grupo linear não-abeliano que aparece como um grupo de Galois.

8. Descreva o corpo de decomposição de $t^5 - 7$ sobre os racionais. Qual é o seu grau? Mostre que o grupo de Galois é gerado por dois elementos σ e τ que satisfazem as relações

$$\sigma^5 = 1, \qquad \tau^4 = 1 \quad \text{e} \quad \tau\sigma\tau^{-1} = \sigma^2.$$

9. Seja p um número primo ímpar e seja a um número racional tal que a não é uma $p-$ésima potência em $\mathbb{Q}$. Seja K o corpo de decomposição de $t^p - a$ sobre os racionais.

   (a) Demonstre que $[K : \mathbb{Q}] = p(p-1)$. [Cf. exercício 3 do §3.]

   (b) Seja α uma raiz de $t^p - a$ e seja ζ uma $p-$ésima raiz primitiva da unidade. Seja $\sigma \in G_{K/\mathbb{Q}}$. Demonstre que existe um inteiro $b = b(\sigma)$, determinado de forma única por mod p, tal que

$$\sigma(\alpha) = \zeta^b \alpha.$$

   (c) Mostre que existe um inteiro $d = d(\sigma)$, primo com p, determinado de forma única por mod p, tal que

$$\sigma(\zeta) = \zeta^d.$$

   (d) Seja G o subgrupo de $\mathrm{GL}_2(\mathbb{Z}/p\mathbb{Z})$ formado por todas as matrizes

$$\begin{pmatrix} 1 & 0 \\ b & d \end{pmatrix} \qquad \text{com} \quad b \in \mathbb{Z}/p\mathbb{Z} \quad \text{e} \quad d \in (\mathbb{Z}/p\mathbb{Z})^*.$$

   Demonstre que a associação

$$\sigma \mapsto M(\sigma) = \begin{pmatrix} 1 & 0 \\ b(\sigma) & d(\sigma) \end{pmatrix}$$

   é um isomorfismo entre $G_{K/\mathbb{Q}}$ e G.

(e) Seja r uma raiz primitiva mod p, isto é, um inteiro positivo e relativamente primo com p que gera o grupo cíclico $(\mathbb{Z}/p\mathbb{Z})^*$. Mostre que existem elementos $\rho, \tau \in G_{K/\mathbb{Q}}$, que geram $G_{K/\mathbb{Q}}$ e satisfazem as relações:

$$\rho^p = 1, \qquad \tau^{p-1} = 1 \quad \text{e} \quad \tau\rho\tau^{-1} = \rho^r.$$

(f) Seja F um subcorpo de K tal que F é abeliano sobre $\mathbb{Q}$. Demonstre que $F \subset \mathbb{Q}(\zeta)$.

10. Sejam p e q números primos ímpares distintos. Sejam a e b números racionais tais que a não é uma $p-$ésima potência em $\mathbb{Q}$ e b não é uma $q-$ésima potência em $\mathbb{Q}$. Considere $f(t) = t^p - a$ e $g(t) = t^q - b$. Seja K_1 o corpo de decomposição de $f(t)$ e K_2 o corpo de decomposição de $g(t)$. Demonstre que $K_1 \cap K_2 = \mathbb{Q}$. Segue-se (do quê?) que se K é o corpo de decomposição de $f(t)g(t)$, então

$$G_{K/\mathbb{Q}} \approx G_{K_1/\mathbb{Q}} \times G_{K_2/\mathbb{Q}}.$$

11. Generalize o exercício 10, tanto quanto você puder.

12. Consulte os exercícios anteriores no §7 do capítulo VII. Seja p um número primo. Indique por $\boldsymbol{\mu}(p^n)$ o grupo das p^n-ésimas raízes da unidade.

$$\boldsymbol{\mu}(p^\infty) = \bigcup_{n=1}^{\infty} \boldsymbol{\mu}(p^n).$$

Seja $K_n = \mathbb{Q}(\boldsymbol{\mu}(p^n))$ o corpo de decomposição de $t^{p^n} - 1$ sobre os racionais, e seja

$$K_\infty = \bigcup_{n=1}^{\infty} K_n.$$

Demonstre:

Teorema. *Seja $\mathbb{Z}_p^*$ o limite projetivo dos grupos $(\mathbb{Z}/p^n\mathbb{Z})^*$, como no exercício 2 do §7 no capítulo VII. Existe um isomorfismo*

$$\mathbb{Z}_p^* \xrightarrow{\approx} \mathrm{Aut}(K_\infty/\mathbb{Q}),$$

que pode ser obtido do seguinte modo.

(a) Dado $a \in \mathbb{Z}_p^*$, demonstre que existe um automorfismo $\sigma_a \in \mathrm{Aut}(K_\infty/\mathbb{Q})$ com a propriedade enunciada a seguir. Seja $\zeta \in \boldsymbol{\mu}(p^\infty)$. Escolha n tal que $\zeta \in \boldsymbol{\mu}(p^n)$). Seja $u \in \mathbb{Z}$ tal que $u \equiv a \bmod p^n$. Então $\sigma_a \zeta = \zeta^u$.

(b) Demonstre que a aplicação $a \mapsto \sigma_a$ é um homomorfismo injetivo de $\mathbb{Z}_p^*$ em $\mathrm{Aut}(K_\infty/\mathbb{Q})$.

(c) Dado $\sigma \in \mathrm{Aut}(K_\infty/\mathbb{Q})$, demonstre que existe $a \in \mathbb{Z}_p^*$ tal que $\sigma = \sigma_a$.

VIII, §6. Para onde tudo isso vai? Ou melhor, para onde alguns deles vão?

Agora que você acabou de aprender alguns fatos sobre grupos de Galois, pensei em lhe passar alguma noção sobre o tipo de questões que permanecem sem resposta. Se lhe parecer que a iniciação nesses problemas é uma tarefa muito difícil, então procure apenas meditar sobre eles. Se isto ainda lhe parecer muito difícil, então, sem afetar a sua compreensão de qualquer outra parte do livro, você pode saltar toda esta seção. Eu incluí esta seção com o objetivo de estimular, e não de assustar.

Uma pergunta fundamental: se for dado um grupo finito G, então existe uma extensão de Galois K de $\mathbb{Q}$ cujo grupo de Galois é G? Este problema surgiu de forma explícita há pelo menos um século. Emmy Noether pensou numa possibilidade de solucioná-lo: construir uma extensão de Galois de uma extensão $\mathbb{Q}(u_1, \ldots, u_n)$ com o grupo de Galois dado, e em seguida considerar os parâmetros $u_1, \ldots, u_n$ como números racionais. Aqui, $u_1, \ldots, u_n$ são variáveis independentes. Você viu como é possível construir uma extensão $\mathbb{Q}(x_1, \ldots, x_n)$ de $\mathbb{Q}(s_1, \ldots, s_n)$, onde $s_1, \ldots, s_n$ são as funções elementares simétricas de $x_1, \ldots, x_n$. O grupo de Galois é o grupo simétrico S_n. Seja G um subgrupo de S_n. Por muito tempo, uma questão ficou sem resposta: o corpo fixo de G pode ser escrito na forma $\mathbb{Q}(u_1, \ldots, u_n)$? Swan mostrou que em geral isto não é possível, mesmo quando o grupo G é cíclico (*Inventiones Math., 1969*).

Já no século dezenove, muitos teóricos perceberam a diferença entre extensões abelianas e não-abelianas. Kronecker estabeleceu e deu, o que hoje são considerados como argumentos incompletos, a saber: toda extensão abeliana finita de $\mathbb{Q}$ está contida em alguma extensão $\mathbb{Q}(\zeta)$, onde ζ é uma raiz da unidade. Tais extensões são chamadas **ciclotômicas**. Uma demonstração completa foi dada por Weber no fim do século dezenove.

Se F é uma extensão finita de $\mathbb{Q}$, a situação é mais difícil de ser descrita, mas eu vou dar um exemplo significativo, procurando enfatizar o que nele há de melhor. O corpo F contém um subanel R_F, chamado anel de **inteiros algébricos** em F, formado por todos os elementos $\alpha \in F$ tais que o polinômio irredutível de α, com coeficientes racionais e coeficiente dominante 1, tenha, na verdade, todos os seus coeficientes no conjunto dos números inteiros $\mathbb{Z}$. É possível mostrar que o conjunto de todos esses elementos é um anel R_F, e que F é seu corpo quociente.

Seja P um ideal primo de R_F. É fácil mostrar que $P \cap \mathbb{Z} = (p)$ é gerado por um número primo p. Além disso, R_F/P é um corpo finito com q elementos. Seja K uma extensão de Galois finita de F. Pode-se mostrar que existe um ideal primo Q de R_K tal que $Q \cap R_F = P$. Além disso, existe um elemento $\sigma_Q \in G = \mathrm{Gal}(K/F)$ tal que $\sigma_Q(Q) = Q$ e para todo $\alpha \in R_K$, temos

$$\sigma_Q \alpha \equiv \alpha^q \mod Q.$$

Chamamos σ_Q de um **elemento de Frobenius** no grupo de Galois G associado a Q. De fato, pode-se mostrar que para todo, exceto um número finito de elementos de Q, existem dois desses elementos tais que cada um deles é conjugado do outro em G. Esses elementos são denotados por σ_p. Se G é abeliano, então existe apenas um elemento σ_Q

no grupo de Galois.

Teorema. *Existe uma única extensão abeliana* K *de* F *com a seguinte propriedade: se* P_1 *e* P_2 *são ideais primos de* R_F*, então* $\sigma_{P_1} = \sigma_{P_2}$ *se, e somente se, existir um elemento* α *de* K *tal que* $\alpha P_1 = P_2$.

De maneira similar, porém mais complicada, pode-se caracterizar todas as extensões abelianas de F. Este assunto é conhecido como a **teoria das classes de um corpo**, desenvolvida por Kronecker, Weber, Hilbert, Takagi e Artin. O resultado principal relacionado com o automorfismo de Frobenius é a **Lei de Reciprocidade** de Artin. O leitor pode encontrar um relato sobre a teoria das classes de um corpo em livros sobre a teoria dos números algébricos. Alguns resultados fundamentais já são conhecidos, mas isso não significa o conhecimento de todos.

O caso não-abeliano é muito difícil. Eu vou mostrar, de forma resumida, um caso especial que nos dá alguma orientação sobre o que ocorre no caso não-abeliano. O problema é fazer para as extensões não-abelianas o mesmo que Artin fez para as extensões abelianas na "teoria das classes de um corpo". Artin dizia que o problema não era dar as demonstrações, mas formular o que seria demonstrado. A perspicácia de Langlands e outros nos anos sessenta, mostrou que Artin estava enganado. O problema se apresenta tanto na formulação quanto na demonstração de uma proposição. Shimura fez vários cômputos nessa direção envolvendo "formas modulares", veja, por exemplo, o artigo *Uma lei de reciprocidade em extensões não-solúveis*, que se encontra no *Journal reine angew. Math.* **221**, *1966.* Langlands formulou várias conjecturas, relacionando grupos de Galois com "formas automórficas", que mostraram que a disposição de resposta em teorias mais profundas, onde as formulações não vêm acompanhadas das demonstrações, era difícil. Nos anos setenta, grandes progressos foram obtidos por Serre e Deligne que provaram um primeiro caso das conjeturas de Langland; veja, *Annales Ecole Normale Supéreure*, 1974.

O estudo de grupos de Galois não-abelianos é feito por meio das "representações" lineares. Por exemplo, seja l um número primo. Podemos perguntar se $\mathrm{GL}_n(\mathbb{F}_l)$, ou $\mathrm{GL}_2(\mathbb{F}_l)$ ou $\mathrm{PGL}_2(\mathbb{F}_l)$ ocorre como um grupo de Galois sobre $\mathbb{Q}$, e "de que maneira". O problema é encontrar objetos matemáticos naturais, nos quais um grupo de Galois opere como uma aplicação linear, tal que tenhamos, de forma natural, um isomorfismo desse grupo de Galois com um dos grupos lineares acima. As teorias que indicam a direção na qual podemos encontrar tais objetos, estão muito acima do nível deste livro. Novamente, escolho um caso especial para motivar.

Seja K uma extensão de Galois finita dos números racionais, com grupo de Galois $G = \mathrm{Gal}(K/\mathbb{Q})$. Seja

$$\rho : G \to GL_2(\mathbb{F}_l)$$

um homomorfismo de G no grupo das matrizes 2×2 sobre o corpo finito $\mathbb{F}_l$ para algum elemento primo l. Esse homomorfismo é chamado **representação** de G. Lembremos, da álgebra linear, que se

$$M = \begin{pmatrix} a & b \\ c & d \end{pmatrix}$$

é uma matriz 2×2, então seu **traço** é definido como sendo a soma dos elementos da diagonal, isto é

$$\mathrm{tr}\, M = a + d.$$

Assim, podemos determinar o traço e o determinante indicados por

$$\mathrm{tr}\, \rho(\sigma) \qquad \text{e} \qquad \det \rho(\sigma),$$

que são elementos do próprio corpo $\mathbb{F}_l$.

Consideremos o produto infinito

$$\begin{aligned}\Delta = \Delta(z) &= z\prod_{n=1}^{\infty}(1-z^n)^{24}\\ &= \sum_{n=1}^{\infty} a_n z^n.\end{aligned}$$

Os coeficientes a_n são números inteiros e $a_1 = 1$

Teorema. *Para cada número primo l existe uma única extensão de Galois K de $\mathbb{Q}$, com grupo de Galois G e um homomorfismo injetivo*

$$\rho : G \to \mathrm{GL}_2(\mathbb{F}_l)$$

com a seguinte propriedade: para todos os elementos de um conjunto finito de primos p, se a_p é o coeficiente de z^p em $\Delta(z)$, então, temos

$$\mathrm{tr}\ \rho(\sigma_p) \equiv a_p \bmod l \qquad e \qquad \det \rho(\sigma_p) \equiv p^{11} \bmod l.$$

Além disso, para todos os elementos de um conjunto finito de primos l (que podem ser determinados de forma explícita), o conjunto imagem $\rho(G)$ em $\mathrm{GL}_2(\mathbb{F}_l)$ é constituído pelas matrizes $M \in \mathrm{GL}_2(\mathbb{F}_l)$ tais que $\det M$ é uma potência de ordem décima primeira em $\mathbb{F}_l^*$.

O teorema acima foi conjecturado por Serre em 1968, no "Séminaire de Théorie des Nombres", Delange-Pisot-Poitou. Uma demonstração da existência do que está na primeira afirmação do teorema, foi dada por Deligne, no "Séminaire Bourbaki" em 1968 - 1969. A segunda afirmação que descreve como grande o grupo de Galois que na verdade está no grupo de matrizes $\mathrm{GL}_2(\mathbb{F}_l)$, é devida a Serre e Swinnerton - Dyer, no "Bourbaki Seminar", em 1972; veja também o artigo de Swinnerton - Dyer no *Springer Lecture Notes* 350 sobre "Funções Modulares de Uma Variável III".

Naturalmente, o produto e a série para $\Delta(z)$ não tiveram, aqui, mais do que uma simples menção. Para explicar onde tal produto e série aparecem, naturalmente, seria necessário um outro livro.

Um outro tipo de questão sobre $G_{\mathbb{Q}}$

Os teoremas acima envolvem a aritmética de ideais e automorfismos de Frobenius. Existe ainda uma outra possibilidade para descrever os grupos de Galois. Seja F um corpo, F^a um fecho algébrico, e seja

$$G_F = \mathrm{Gal}(F^a/F)$$

o grupo de automorfismos de seu fecho algébrico que deixam F fixo. A questão é: o que se parece com $G_{\mathbb{Q}}$?

Artin mostrou que os únicos elementos de ordem finita em $G_{\mathbb{Q}}$ são as conjugações complexas (para qualquer imersão de $\mathbb{Q}^a$ em $\mathbb{C}$) e todos os conjugados de conjugações complexas em $G_{\mathbb{Q}}$ (*Abhandlung Math. Seminar Hamburg*, 1924).

A estrutura de $G_{\mathbb{Q}}$ é complicada. Mas, agora, vamos desenvolver algumas noções que conduzem à conjectura de Shafarevich que nos dá a idéia para a possível formulação de uma resposta parcial.

Seja G um grupo qualquer e seja $\mathcal{F}$ a família de todos os seus subgrupos de índice finito. Seja $\{x_n\}$ uma seqüência em G. Dizemos que $\{x_n\}$ é uma **seqüência de Cauchy** se dado um subgrupo $H \in \mathcal{F}$, existir n_0 tal que, para m, $n \geq n_0$, tenhamos $x_n x_m^{-1} \in H$. Uma seqüência é chamada de **nula** se, dado $H \in \mathcal{F}$, existir n_0 tal que, para $n \geq n_0$, tenhamos $x_n \in H$. Como exercício (veja exercício 4 do §7 do capítulo VII), mostre que as seqüências de Cauchy formam um grupo, e as seqüências nulas formam um subgrupo normal. O grupo quociente é chamado **completamento de** G com respeito aos subgrupos de índice finito e esse completamento é denotado por $\bar{G}$.

Seja $X = \{x_1, x_2, \ldots\}$ uma seqüência enumerável de símbolos. Pode-se mostrar que existe um grupo G, chamado **grupo livre** em X que tem a seguinte propriedade: todo elemento de G pode ser escrito na forma

$$x_{i_1}^{m_1} \cdots x_{i_r}^{m_r},$$

onde $m_1 \dots m_r$ são inteiros, $x_{i_1} \dots x_{i_r}$ são elementos da seqüência X e $i_j \neq i_{j+1}$ para $j = 1, \dots, r-1$. Além disto, qualquer um destes elementos é igual a 1 se, e somente se, $m_1 = \dots = m_r = 0$. G também é chamado **grupo livre em um conjunto enumerável de símbolos**.

A conjectura a seguir é devida a Shafarevich, de acordo com o trabalho de Iwasawa (*Annals of Mathematics*, 1953) e Shafarevich (*Izvestia Akademia Nauk*, 1954)

Conjectura. *Seja* F_0 *a união de todos os corpos* $\mathbb{Q}(\zeta)$, *onde* ζ *percorre o conjunto de todas as raízes da unidade. Seja* F *uma extensão finita de* F_0. *Então,* G_F *é isomorfo ao completamento* $\bar{G}$, *onde* G *é o grupo livre sobre um conjunto enumerável de símbolos.*

Para obter um excelente relato histórico sobre essa conjectura e outras questões, consulte o trabalho de Matzat no *Jahresbericht Deutsche Math. Vereinigung*, 1986 - 1987.

CAPÍTULO IX

Números reais e complexos

IX, §1. Ordenação de anéis

Seja R um anel de integridade. Por uma **ordenação** de R entenderemos um subconjunto P de R satisfazendo às seguintes condições:

ORD 1. *Para todo $x \in \mathbb{R}$ temos $x \in P$, ou $x = 0$, ou $-x \in P$, e estas três possibilidades são mutuamente exclusivas.*

ORD 2. *Se x e $y \in P$, então $x + y \in P$ e $xy \in P$.*

Dizemos também que R está **ordenado** por P, e chamamos P o conjunto de elementos **positivos**.

Assumamos que R esteja ordenado por P. Como $1 \neq 0$, e $1 = 1^2 = (-1)^2$, vemos que 1 é um elemento de P, isto é, 1 é positivo. Por **ORD 2** e por indução, segue-se que $1 + \cdots + 1$ (a soma tomada n vezes) é positiva. Um elemento $x \in R$ tal que $x \neq 0$ e $x \notin P$ é chamado **negativo**. Se x

e y são elementos negativos de R, então xy é positivo (porque $-x \in P$, $-y \in P$, e assim $(-x)(-y) = xy \in P$). Se x é positivo e y negativo, então xy é negativo, porque $-y$ é positivo, e dessa forma $x(-y) = -xy$ é positivo. Para $x \in R$, $x \neq 0$, vemos que x^2 é positivo.

Suponhamos que R seja um corpo. Se x é positivo e $x \neq 0$, então $xx^{-1} = 1$, e assim, pelo que foi observado anteriormente, segue-se que x^{-1} é também positivo.

Consideremos, mais uma vez, R um arbitrário anel de integridade ordenado, e seja R' um subanel. Seja P o conjunto dos elementos positivos de R, e seja $P' = P \cap R'$. Assim, fica claro que P' define uma ordenação em R', chamada **ordenação induzida**.

Em um contexto mais geral, consideremos R e R' anéis ordenados, e sejam P, P', res-pectivamente, seus conjuntos de elementos positivos. Seja $f : R' \to R$ uma imersão (isto é, um homomorfismo injetor). Diremos que f **preserva a ordem** se, para todo $x \in R'$ tal que $x \in P'$, tenhamos $f(x) \in P$. Isso é equivalente a dizer que $f^{-1}(P) = P'$ [onde $f^{-1}(P)$ é o conjunto de todos os $x \in R'$ tais que $f(x) \in P$].

Sejam x e $y \in R$. Definimos $x < y$ (ou $y > x$) para indicar que $y - x \in P$. Assim, dizer que $x > 0$ é equivalente a dizer que $x \in P$; e dizer que $x < 0$ equivale a dizer que x é negativo, ou que $-x$ é positivo. Verificam-se facilmente as relações usuais das desigualdades. Se x, y, $z \in R$, temos:

DES 1. $x < y$ *e* $y < z$ *implicam* $x < z$.

DES 2. $x < y$ *e* $z > 0$ *implicam* $xz < yz$.

DES 3. $x < y$ *implica* $x + z < y + z$.

Se R é um corpo, então

DES 4. $x < y$ *e* $x, y > 0$ *implicam* $1/y < 1/x$.

Demonstraremos **DES 2**, como exemplo. Temos $y-x \in P$ e $z \in P$, e, por **DES 2**, $(y-x)z \in P$. Mas $(y-x)z = yz-xz$, e assim, por definição, $xz < yz$. Como outro exemplo, para provar **DES 4**, multiplicamos a desigualdade $x < y$ por x^{-1} e por y^{-1}. As demais são deixadas como exercícios.

Se x e $y \in R$, definimos $x \leq y$ para indicar que $x < y$ ou $x = y$. Resulta imediatamente que **DES 1, 2, 3** se verificam se substituirmos o sinal $<$ pelo sinal $\leq$ nas desigualdades envolvidas. Além disso, segue-se que, se $x \leq y$ e $y \leq x$ então $x = y$.

No teorema seguinte, veremos como uma ordenação de um anel de integridade pode ser estendida a uma ordenação de seu corpo quociente.

Teorema 1.1. *Seja R um anel de integridade, ordenado por P. Seja K seu corpo quociente. Seja P_K o conjunto dos elementos de K que podem ser rescritos na forma a/b, com a e $b \in R$, $b > 0$ e $a > 0$. Então, por extensão de P, P_K define uma ordenação em K.*

Demonstração. Seja $x \in K$, $x \neq 0$. Multiplicando o numerador e um denominador de x por -1, se necessário, podemos escrever x na forma $x = a/b$, com a e $b \in R$ e $b > 0$. Se $a > 0$, então $x \in P_K$. Se $-a > 0$, então $-x = -a/b \in P_K$. Não podemos ter x e $-x$ ambos pertencendo a P_K, pois, do contrário, poderíamos escrever

$$x = a/b \qquad \text{e} \qquad -x = c/d$$

com a, b, c e $d \in R$ e a, b, c e $d > 0$. Então,

$$-a/b = c/d\,,$$

e portanto $-ad = bc$. Mas $bc \in P$ e $ad \in P$, uma contradição. Isso demonstra que P_K satisfaz **ORD 1**. Em seguida, sejam x e $y \in P_K$ e escrevamos

$$x = a/b \qquad \text{e} \qquad y = c/d$$

com a, b, c e $d \in R$ e a, b, c e $d > 0$. Então, $xy = ac/bd \in P_K$. Também

$$x + y = \frac{ad + bc}{bd}$$

pertence a P_K. Isto prova que P_K satisfaz a **ORD 2**. Se $a \in R$, $a > 0$, então, $a = a/1 \in P_K$ e portanto $P \subset P_K$. Isso demonstra nosso teorema.

O Teorema 1.1 mostra, em particular, como se pode estender a ordenação usual sobre o anel $\mathbb{Z}$ dos inteiros ao corpo $\mathbb{Q}$ dos números racionais. A forma de definir os números inteiros e sua ordenação será discutida em um apêndice.

Seja, como antes, R um anel ordenado. Se $x \in R$, definimos

$$|x| = \begin{cases} x & \text{se } x \geq 0, \\ -x & \text{se } x < 0. \end{cases}$$

Temos, então, a seguinte caracterização da função $x \mapsto |x|$, que é chamada **valor absoluto**:

Para todo $x \in R$, $|x|$ é o único elemento $z \in R$ tal que $z \geq 0$ e $z^2 = x^2$.

Para demonstrar isto, observemos inicialmente que, certamente, $|x|^2 = x^2$ e $|x| \geq 0$ para todo $x \in R$. Por outro lado, dado $a \in R$, $a > 0$, existem no máximo dois elementos $z \in R$ tais que $z^2 = a$, pois o polinômio $t^2 - a$ tem no máximo duas raízes. Se $w^2 = a$, então $w \neq 0$, e também $(-w)^2 = w^2 = a$. Dessa maneira, existe no máximo um elemento positivo $z \in R$ tal que $z^2 = a$. Isto prova nossa afirmação.

Definimos o símbolo $\sqrt{a}$, com $a \geq 0$ em R, como o elemento $z \geq 0$ de R tal que $z^2 = a$, se tal elemento existe. Em caso contrário, $\sqrt{a}$ não é definido. É agora fácil ver que, se a e $b \geq 0$ e além disso $\sqrt{a}$ e $\sqrt{b}$ existem, então $\sqrt{ab}$ existe e

$$\sqrt{ab} = \sqrt{a}\sqrt{b}.$$

De fato, suponhamos que z e $w \geq 0$, com $z^2 = a$ e $w^2 = b$. Assim, $(zw)^2 = z^2w^2 = ab$. Dessa forma, podemos exprimir a definição do valor absoluto por meio da expressão $|x| = \sqrt{x^2}$.

O valor absoluto satisfaz às seguintes regras:

VA 1. *Para todo $x \in R$, temos $|x| \geq 0$, e $|x| > 0$ se $x \neq 0$.*

VA 2. *$|xy| = |x||y|$ para todo x e $y \in R$.*

VA 3. *$|x + y| \leq |x| + |y|$ para todo x e $y \in R$.*

A primeira é óbvia. Quanto a **VA 2**, temos

$$|xy| = \sqrt{(xy)^2} = \sqrt{x^2y^2} = \sqrt{x^2}\sqrt{y^2} = |x||y|.$$

Para **VA 3**, temos

$$\begin{aligned} |x + y|^2 = (x + y)^2 &= x^2 + xy + xy + y^2 \\ &\leq |x|^2 + 2|xy| + |y|^2 \\ &= |x|^2 + 2|x||y| + |y|^2 \\ &= (|x| + |y|)^2. \end{aligned}$$

Extraindo as raízes quadradas, resulta o que queríamos. (Utilizamos, implicitamente, duas propriedades das desigualdades, cf. exercício 1.)

IX, §1. Exercícios

1. Seja R um anel de integridade ordenado.

   (a) Demonstre que $x \leq |x|$ para todo $x \in R$.

   (b) Se a e $b \geq 0$ e $a \leq b$, e se $\sqrt{a}, \sqrt{b}$ existem, mostre que $\sqrt{a} \leq \sqrt{b}$.

2. Seja K um corpo ordenado. Seja P o conjunto dos polinômios

$$f(t) = a_n t^n + \cdots + a_0$$

   sobre K, com $a_n > 0$. Mostre que P define uma ordenação em $K[t]$.

3. Seja R um anel de integridade ordenado. Se x e $y \in R$, demonstre que $|-x| = |x|$,
$$|x - y| \geq |x| - |y|,$$
e também que
$$|x + y| \geq |x| - |y|.$$
Prove ainda que $|x| \leq |x + y| + |y|$.

4. Seja K um corpo ordenado e $f : \mathbb{Q} \to K$ uma imersão dos números racionais em K. Mostre que, necessariamente, f preserva a ordem.

IX, §2. Preliminares

Seja $\mathbb{K}$ um corpo ordenado. Do exercício 4 da seção precedente, sabemos que a imersão de $\mathbb{Q}$ em $\mathbb{K}$ preserva a ordem. Identificaremos $\mathbb{Q}$ como um subcorpo de $\mathbb{K}$.

Recordemos formalmente a definição: Seja S um conjunto. Uma **seqüência** de elementos de S é, simplesmente, uma aplicação

$$\mathbb{Z}^+ \to S$$

dos inteiros positivos em S. Denota-se usualmente uma seqüência com a notação

$$\{x_1, x_2, \ldots\}$$

ou

$$\{x_n\}_{n \geq 1}$$

ou simplesmente

$$\{x_n\}$$

se não houver perigo de fazer confusão com o conjunto que consiste somente no elemento x_n.

Uma seqüência é dita de **Cauchy** se dado um elemento $\varepsilon > 0$ de $\mathbb{K}$, existir um inteiro positivo N tal que, para quaisquer inteiros m e $n \geq N$, teremos

$$|x_n - x_m| \leq \varepsilon\,.$$

(Para simplificar, concordaremos em fazer com que N, n e m indiquem os inteiros positivos, a menos que se especifique o contrário. Concordaremos também que ε denote elementos de $\mathbb{K}$.)

Para evitar o uso excessivo de símbolos, diremos que uma certa afirmação, concernente a inteiros positivos, se verifica para qualquer inteiro **suficientemente grande**, se existir N tal que a afirmação $S(n)$ seja verdadeira para todos os $n \geq N$. É claro que, se $S_1, \ldots, S_r$ for um número finito de afirmações, cada qual verdadeira para todos os inteiros suficientemente grandes, então elas serão válidas simultaneamente para todos os inteiros suficientemente grandes. De fato, se

$$S_1(n) \text{ for válida para } n \geq N_1, \ldots, S_r(n) \text{ será válida para } n \geq N_r,$$

tomamos N como o máximo de $N_1, \ldots, N_r$, resultando que cada $S_i(n)$ será válida para $n \geq N$.

Diremos que uma afirmação é verdadeira para inteiros **arbitrariamente grandes** se, dado N, a afirmação se verificar para algum $n \geq N$.

Diz-se que uma seqüência $\{x_n\}$ de $\mathbb{K}$ **converge** se existir um elemento $x \in \mathbb{K}$ tal que, dado $\varepsilon > 0$, tenhamos

$$|x - x_n| \leq \varepsilon$$

para todos os n suficientemente grandes.

Um corpo ordenado em que toda seqüência de Cauchy converge é dito **completo**. Observemos que o número x definido acima, se existir, será determinado de modo único, pois, se $y \in \mathbb{K}$ é tal que

$$|y - x_n| \leq \varepsilon$$

para todos os n suficientemente grandes, então

$$|x - y| \leq |x - x_n + x_n - y| \leq |x - x_n| + |x_n - y| \leq 2\varepsilon\,.$$

Isso é verdadeiro para todo $\varepsilon > 0$ de $\mathbb{K}$, e segue-se que $x - y = 0$, ou seja, $x = y$. Chamamos o número x de **limite da seqüência** $\{x_n\}$.

Um corpo ordenado K é dito **arquimediano** se, dado $x \in \mathbb{K}$, existir um inteiro positivo n tal que $x \leq n$. Segue-se então que, dado $\varepsilon > 0$ em $\mathbb{K}$, podemos achar um inteiro $m > 0$ tal que $1/\varepsilon < m$, e portanto $1/m < \varepsilon$.

É fácil ver que o corpo dos racionais não é completo. Por exemplo, pode-se construir seqüências de Cauchy de números racionais cujos quadrados se aproximam de 2, sem que o limite pertença a $\mathbb{Q}$ (do contrário, $\sqrt{2}$ seria racional). Na seção seguinte, construiremos um corpo arquimediano completo, que será chamado de conjunto dos números reais. Provaremos aqui uma propriedade de tais corpos, que é o ponto de partida da análise matemática.

Seja S um subconjunto de $\mathbb{K}$. Por **majorante** de S entende-se um elemento $z \in \mathbb{K}$ tal que $x \leq z$ para todo $x \in S$. Por **supremo** de S entende-se um elemento $w \in \mathbb{K}$ tal que w é um majorante e tal que, se z for outro majorante, então $w \leq z$. Se w_1 e w_2 são supremos de S, então $w_1 \leq w_2$ e $w_2 \leq w_1$; assim $w_1 = w_2$: um supremo é determinado de modo único.

Teorema 2.1. *Seja $\mathbb{K}$ um corpo arquimediano ordenado completo. Então todo subconjunto não-vazio S de $\mathbb{K}$ que possui um majorante tem um supremo.*

Demonstração. Para cada inteiro positivo n consideremos o conjunto T_n que consiste de todos os inteiros y tais que, para todo $x \in S$, tenhamos $nx \leq y$ (e consequentemente, $x \leq y/n$). Então T_n é minorado por qualquer elemento nx (com $x \in S$), e é não vazio, pois se b é um majorante de S, então todo inteiro y tal que $nb \leq y$ pertencerá a T_n. (Empregamos a propriedade arquimediana.) Seja y_n o menor elemento de T_n. Então existe um elemento x_n de S tal que

$$y_n - 1 < nx_n \leq y_n$$

(do contrário, y_n não seria o menor elemento de T_n). Portanto,

$$\frac{y_n}{n} - \frac{1}{n} < x_n \leq \frac{y_n}{n}.$$

Seja $z_n = y_n/n$. Afirmamos que a seqüência $\{z_n\}$ é de Cauchy. Para demonstrar este fato, sejam m e n inteiros positivos, e consideremos que $y_n/n \leq y_m/m$. é certo que

$$\frac{y_m}{m} - \frac{1}{m} < \frac{y_n}{n} \leq \frac{y_m}{m}.$$

De outra forma,

$$\frac{y_n}{n} \leq \frac{y_m}{m} - \frac{1}{m}.$$

e

$$\frac{y_m}{m} - \frac{1}{m}$$

é um majorante de S, o que não é verdade, porque x_m é maior. Isso demonstra nossa afirmação, a partir da qual vemos que

$$\left|\frac{y_n}{n} - \frac{y_m}{m}\right| \leq \frac{1}{m}.$$

Para m e n suficientemente grandes, este número é arbitrariamente pequeno, e provamos que nossa seqüência $\{z_n\}$ é de Cauchy.

Seja w seu limite. Em primeiro lugar, vamos mostrar que w é um majorante de S. Supo-nhamos que exista $x \in S$ tal que $w < x$. Então existe um n tal que

$$|z_n - w| \leq \frac{x - w}{2}.$$

Então

$$\begin{aligned} x - z_n = x - w + w - z_n &\geq x - w - |w - z_n| \\ &\geq x - w - \frac{x-w}{2} \\ &\geq \frac{x-w}{2} > 0\,, \end{aligned}$$

e $x > z_n$, contradizendo o fato de que z_n é um majorante de S.

Mostraremos agora que w é um supremo de S. Seja $u < w$. Existe um n tal que

$$|z_n - x_n| \leq \frac{1}{n} < \frac{w-u}{4}.$$

(Basta escolher n suficientemente grande.) Podemos também escolher n suficientemente grande de modo que

$$|z_n - w| \leq \frac{w-u}{4}$$

desde que w é o limite de $\{z_n\}$. Agora,

$$\begin{aligned} x_n - u &= w - u + x_n - z_n + z_n - w \\ &\geq w - u - |x_n - z_n| - |z_n - w| \\ &\geq w - u - \frac{w-u}{4} - \frac{w-u}{4} \\ &\geq \frac{w-u}{2} > 0, \end{aligned}$$

de onde vem $u < x_n$. Portanto, u não é um majorante. Isto prova que w é o supremo, concluindo a demonstração do teorema.

IX, §3. Construção dos números reais

Começamos com os números racionais $\mathbb{Q}$ e sua ordenação, obtida da dos inteiros $\mathbb{Z}$, como no teorema 1.1 do §1. Desejamos definir os números reais. Nos cursos elementares, utilizam-se os números reais na forma de decimais infinitas, como

$$\sqrt{2} = 1,414....$$

Tal decimal infinita nada mais é que uma seqüência de números racionais,

$$1; \quad 1,4; \quad 1,41; \quad 1,414; \ldots.$$

Deve-se notar que existem outras seqüências que "se aproximam"de $\sqrt{2}$. Se alguém deseja *definir* $\sqrt{2}$, é então razoável tomar como definição uma classe de equivalência de seqüências de números racionais, a partir de um conceito adequado de equivalência. Faremos isto para todos os números reais.

Começaremos com nosso corpo ordenado $\mathbb{Q}$ e com seqüências de Cauchy em $\mathbb{Q}$. Seja $\gamma = \{c_n\}$ uma seqüência de números racionais. Dizemos que γ é uma **seqüência nula** se, dado um número racional $\varepsilon > 0$, tivermos

$$|c_n| \leq \varepsilon$$

para todo n suficientemente grande. A menos que se especifique o contrário, no que se segue lidaremos com ε racionais, e todas nossas seqüências serão de números racionais.

Se $\alpha = \{a_n\}$ e $\beta = \{b_n\}$ são seqüências de números racionais, definimos $\alpha + \beta$ como a seqüência $\{a_n + b_n\}$, isto é, a seqüência cujo $n-$ésimo termo é $a_n + b_n$. Definimos o produto $\alpha\beta$ como a seqüência cujo $n-$ésimo termo é $a_n b_n$. Assim, o conjunto das seqüências de números racionais nada mais é que o anel de todas as aplicações de $\mathbb{Z}^+$ em $\mathbb{Q}$. Veremos, em um momento, que as seqüências de Cauchy formam um subanel.

Lema 3.1. *Seja $\alpha = \{a_n\}$ uma seqüência de Cauchy. Existe um número racional positivo B tal que $|a_n| \leq B$ para todo n.*

Demonstração. Dado 1, existe N tal que, para todo $n \geq N$, temos

$$|a_n - a_N| \leq 1.$$

Então, para todo $n \geq N$,

$$|a_n| \leq |a_N| + 1\,.$$

O número B é, então, o máximo de $|a_1|$, $|a_2|, \ldots, |a_{N-1}|, |a_N| + 1$.

Lema 3.2. *As seqüências de Cauchy formam um anel comutativo.*

Demonstração. Sejam $\alpha = \{a_n\}$ e $\beta = \{b_n\}$ seqüências de Cauchy. Dado $\varepsilon > 0$, temos

$$|a_n - a_m| \leq \frac{\varepsilon}{2}$$

para todo m e n suficientemente grandes, e também

$$|b_n - b_m| \leq \frac{\varepsilon}{2}$$

para todo m e n suficientemente grandes. Logo, para todo m e n suficientemente grandes, temos

$$\begin{aligned} |a_n + b_n - (a_m + b_m)| &= |a_n - a_m + b_n - b_m| \\ &\leq |a_n - a_m| + |b_n - b_m| \\ &\leq \frac{\varepsilon}{2} + \frac{\varepsilon}{2} = \varepsilon \,. \end{aligned}$$

Assim, a soma $\alpha + \beta$ é uma seqüência de Cauchy. Vê-se imediatamente que

$$-\alpha = \{-a_n\}$$

é uma seqüência de Cauchy. Quanto ao produto, temos

$$\begin{aligned} |a_n b_n - a_m b_m| &= |a_n b_n - a_n b_m + a_n b_m - a_m b_m| \\ &\leq |a_n||b_n - b_m| + |a_n - a_m||b_m| \,. \end{aligned}$$

Pelo lema 3.1, existem $B_1 > 0$ tal que $|a_n| \leq B_1$ para todo n e $B_2 > 0$ tal que $|b_n| \leq B_2$ para todo n. Seja $b = \max(B_1, B_2)$. Quaisquer que sejam m e n suficientemente grandes, temos

$$|a_n - a_m| \leq \frac{\varepsilon}{2B} \qquad \text{e} \qquad |b_n - b_m| \leq \frac{\varepsilon}{2B}\,,$$

e, conseqüentemente,

$$|a_n b_n - a_m b_m| \leq \frac{\varepsilon}{2} + \frac{\varepsilon}{2} = \varepsilon \cdot$$

Assim, o produto $\alpha\beta$ é uma seqüência de Cauchy. É claro que a seqüência $e = \{1,\ 1,\ 1, \ldots\}$ é uma seqüência de Cauchy. Desta maneira, as seqüências de Cauchy formam um anel, e um subanel do anel de todas as aplicações de $\mathbb{Z}^+$ em $\mathbb{Q}$. Este anel é, obviamente, comutativo.

Lema 3.3. *As seqüências nulas formam um ideal no anel das seqüências de Cauchy.*

Demonstração. Sejam $\beta = \{b_n\}$ e $\gamma = \{c_n\}$ seqüências nulas. Dado $\varepsilon > 0$, temos, para todo n suficientemente grande:

$$|b_n| \leq \frac{\varepsilon}{2} \qquad \text{e} \qquad |c_n| \leq \frac{\varepsilon}{2}\,.$$

Portanto, para todo n suficientemente grande, temos

$$|b_n + c_n| \leq \varepsilon$$

e $\beta + \gamma$ é uma seqüência nula. É claro que $-\beta$ é uma seqüência nula.

De acordo com o lema 3.1, dada uma seqüência de Cauchy $\alpha = \{a_n\}$, existe um número racional $B > 0$ tal que $|a_n| \leq B$ para todo n. Para todo n suficientemente grande, temos

$$|b_n| \leq \frac{\varepsilon}{B}\,,$$

e daí

$$|a_n b_n| \leq B\frac{\varepsilon}{B} = \varepsilon\,,$$

resultando que $\alpha\beta$ é uma seqüência nula. Isso demonstra que as seqüências nulas formam um ideal, como era desejado.

Seja R o anel das seqüências de Cauchy e M o ideal das seqüências nulas. Obtemos, então, a noção de congruência, ou seja, se $\alpha,\ \beta \in R$, definimos $\alpha \equiv \beta \pmod{M}$, para indicar $\alpha - \beta \in M$, ou, em outras palavras $\alpha = \beta + \gamma$ para alguma seqüência nula γ. Definimos um **número real** como uma classe de congruência de seqüências de Cauchy. Como sabemos da construção de anéis quocientes arbitrários, o conjunto de tais classes de congruência é, por sua vez, um anel, denotado por R/M; nós o denotaremos por $\mathbb{R}$. A classe de congruência da seqüência α será denotada por enquanto por $\overline{\alpha}$. Então, por definição,

$$\overline{\alpha + \beta} = \overline{\alpha} + \overline{\beta}, \qquad \overline{\alpha\beta} = \overline{\alpha}\overline{\beta}\,.$$

O elemento unidade de $\mathbb{R}$ é a classe da seqüência de Cauchy $\{1,\ 1,\ 1, \ldots\}$.

Teorema 3.4. *O anel $R/M = \mathbb{R}$ dos números reais é de fato um corpo.*

Demonstração. Devemos provar que, se α é uma seqüência de Cauchy que não é uma seqüência nula, então existe uma seqüência de Cauchy β tal que $\alpha\beta \equiv e \,(\text{mod } M)$, onde $e = \{1,\ 1,\ 1, \ldots\}$. Precisamos de um lema sobre seqüências nulas.

Lema 3.5. *Seja α uma seqüência de Cauchy tal que α não é uma seqüência nula. Então existe N_0 e um número racional $c > 0$ tal que $|a_n| \geq c$ para todo $n \geq N_0$.*

Demonstração. Suponhamos que ocorra o contrário. Seja $\alpha = \{a_n\}$. Então, dado $\varepsilon > 0$, existe uma seqüência infinita $n_1 < n_2 < \cdots$ de inteiros positivos tal que

$$|a_{n_i}| < \frac{\varepsilon}{3}$$

para cada $i = 1,\ 2, \ldots$. Por definição, existe N tal que, para m e $n \geq N$, vale

$$|a_n - a_m| \leq \frac{\varepsilon}{3}\,.$$

Seja $n_i \geq N$. Para $m \geq N$, temos

$$|a_m| \leq |a_m - a_{n_i}| + |a_{n_i}| \leq \frac{2\varepsilon}{3}\,,$$

e, para m e $n \geq N$,

$$|a_n| \leq |a_m| + \frac{\varepsilon}{3} \leq \varepsilon\,.$$

Isto mostra que α é uma seqüência nula, o que contraria a hipótese, provando assim o nosso lema.

Voltemos à demonstração do teorema. Pelo lema 3.5, existe N_0 tal que, para $n \geq N_0$, temos $a_n \neq 0$. Seja $\beta = \{b_n\}$ a seqüência tal que $b_n = 1$ se $n < N_0$ e $b_n = a_n^{-1}$ se $n \geq N_0$. Então, $\beta\alpha$ difere de e em um número finito de termos, e assim $\beta\alpha - e$ é, certamente, uma seqüência nula. Resta provar que β é uma seqüência de Cauchy. Pelo lema 3.5, podemos escolher N_0 tal que, para todo $n \geq N_0$, temos $|a_n| \geq c > 0$. Segue-se que

$$\frac{1}{|a_n|} \leq \frac{1}{c}.$$

Dado $\varepsilon > 0$, existe N (que podemos tomar $\geq N_0$) tal que, para todo m e $n \geq N$, temos

$$|a_n - a_m| \leq \varepsilon c^2.$$

Então, para m e $n \geq N$, obtemos

$$\left|\frac{1}{a_n} - \frac{1}{a_m}\right| = \left|\frac{a_m - a_n}{a_m a_n}\right| \leq \frac{\varepsilon c^2}{c^2} = \varepsilon\,,$$

provando, assim, que β é uma seqüência de Cauchy, concluindo a demonstração de nosso teorema.

Acabamos de construir o corpo dos números reais.

Observes que dispomos de um homomorfismo natural de anéis de $\mathbb{Q}$ em $\mathbb{R}$, obtido por associação de cada número racional a com a classe da seqüência de Cauchy $\{a, a, a, \ldots\}$. Ele é composto de dois homomorfismos, o primeiro deles é a aplicação

$$a \mapsto \{a, a, a, \ldots\}$$

de $\mathbb{Q}$ no anel de seqüências de Cauchy, seguido pela aplicação

$$R \to R/M\,.$$

Como este não é o homomorfismo nulo, segue-se que é um isomorfismo de $\mathbb{Q}$ sobre sua imagem.

O lema seguinte é enunciado com o objetivo de definir uma ordenação sobre os números reais.

Lema 3.6. *Seja $\alpha = \{a_n\}$ uma seqüência de Cauchy. Então, ocorre exatamente uma das seguintes possibilidades:*

(1) *$\alpha = \{a_n\}$ é uma seqüência nula.*

(2) *Existe um número racional $c > 0$ tal que, para todo n suficientemente grande, $a_n \geq c$.*

(3) *Existe um número racional $c < 0$ tal que, para todo n suficientemente grande, $a_n \leq c$.*

Demonstração. É evidente que, se α satisfaz a uma das três possibilidades, não pode satisfazer a nenhuma das outras duas, isto é, as possibilidades são mutuamente exclusivas. O que precisamos mostrar é que ao menos uma das possibilidades se verifica. Suponhamos que α não seja uma seqüência nula. Pelo lema 3.5, existem N_0 e um número racional $c > 0$ tal que $|a_n| \geq c$ para todo $n \geq N_0$. Assim, $a_n \geq c$ se a_n é positivo, e $-a_n \geq c$ se a_n é negativo. Suponhamos que existam inteiros n arbitrariamente grandes tais que a_n é positivo, e inteiros m arbitrariamente grandes tais que a_m é negativo. Então, para tais m, n temos

$$a_n - a_m \geq 2c > 0\,,$$

contradizendo, desta maneira, o fato de que α é uma seqüência de Cauchy. Isto prova que (2) ou (3) deve ocorrer, concluindo a demonstração do lema.

Lema 3.7. *Seja $\alpha = \{a_n\}$ uma seqüência de Cauchy e seja $\beta = \{b_n\}$ uma seqüência nula. Se α satisfaz a propriedade (2) do lema 3.6, então $\alpha + \beta$ também satisfaz, e, se α satisfaz a propriedade (3) desse mesmo lema, então $\alpha + \beta$ tamém satisfaz.*

Demonstração. Suponhamos que α satisfaça a propriedade (2). Para todo n suficientemente grande, temos, pela definição de seqüência nula, que $|b_n| \leq c/2$. Logo, para n suficientemente grande,

$$a_n + b_n \geq |a_n| - |b_n| \geq c/2\,.$$

Um argumento semelhante demonstra o resultado análogo para a propriedade (3). Isso prova o lema.

Podemos agora definir uma ordenação para os números reais. Designamos por P o conjunto de números reais que podem ser representados por uma seqüência de Cauchy α dotada da propriedade (2); provemos que P define uma ordenação.

Seja α uma seqüência de Cauchy que representa um número real. Se α não é nula, e não satisfaz (2), então é óbvio que $-\alpha$ satisfaz (2). Pelo lema 3.7, toda seqüência de Cauchy que representa o mesmo número real α, também satisfaz (2). Dessa maneira, P satisfaz à condição **ORD 1**.

Sejam α e β seqüências de Cauchy que representam números reais de P, e que satisfaçam (2). Existe $c_1 > 0$ tal que $a_n \geq c_1$ para todo n suficientemente grande, e existe $c_2 > 0$ tal que $b_n \geq c_2$ para todo n suficientemente grande. Portanto $a_n + b_n \geq c_1 + c_2 > 0$ para n suficientemente grande, demonstrando, assim, que $\overline{\alpha + \beta}$ também pertence a P. Além disso,

$$a_n b_n \geq c_1 c_2 > 0$$

para todo n suficientemente grande, e portanto $\overline{\alpha\beta}$ está em P. Isso prova que P define uma ordenação para os números reais.

Recorde que obtivemos um isomorfismo de $\mathbb{Q}$ sobre um subcorpo de $\mathbb{R}$, dado pela aplicação

$$a \mapsto \overline{\{a,\, a,\, a, \ldots\}}.$$

De acordo com o exercício 4 do §1, esta aplicação preserva a ordem, mas este fato pode ser facilmente reconhecido a partir das nossas definições. Por enquanto, não identificaremos a com sua imagem em $\mathbb{R}$, e denotaremos por $\overline{a}$ a classe da seqüência de Cauchy $\{a, a, a, \ldots\}$.

Teorema 3.8. *A ordenação de $\mathbb{R}$ é arquimediana.*

Demonstração. Seja $\bar{\alpha}$ um número real, representado por uma seqüência de Cauchy $\alpha = \{a_n\}$. Pelo lema 3.1, podemos achar um número racional r tal que $a_n \leq r$ para todo n; multiplicando r por um denominador positivo, vê-se que existe um inteiro b tal que $a_n \leq b$ para todo n. Então, $\overline{b} - \overline{\alpha}$ é representado pela seqüência $\{b - a_n\}$, e $b - a_n \geq 0$ para todo n. Por definição, segue-se que

$$\overline{b} - \overline{\alpha} \geq 0\,,$$

resultando $\overline{\alpha} \leq \overline{b}$, como era desejado.

O lema seguinte fornece um critério para desigualdades entre números reais em termos de seqüências de Cauchy.

Lema 3.9. *Seja $\gamma = \{c_n\}$ uma seqüência de Cauchy de números racionais, e seja c um número racional > 0. Se $|c_n| \leq c$ para todo n suficientemente grande, então $|\overline{\gamma}| \leq \overline{c}$.*

Demonstração. Se $\overline{\gamma} = 0$, nossa afirmação é trivial. Suponhamos que $\overline{\gamma} \neq 0$, e digamos que $\overline{\gamma} > 0$. Então $|\overline{\gamma}| = \overline{\gamma}$, e então precisamos mostrar que $\overline{c} - \overline{\gamma} \geq 0$. Contudo, para todo n suficientemente grande, vale

$$c - c_n \geq 0\,.$$

Como $\overline{c} - \overline{\gamma} = \overline{\{c - c_n\}}$ segue-se, de nossa definição da ordenação em R que $\overline{c} - \overline{\gamma} \geq 0$. O caso em que $\overline{\gamma} < 0$ é demonstrado considerando $-\overline{\gamma}$.

Dado um número real $\epsilon > 0$, existe, pelo teorema 3.8, um número racional $\epsilon_1 > 0$ tal que $0 < \overline{\epsilon_1} < \epsilon$. Portanto, na definição de limite, não importa se tomamos ϵ real ou racional.

Lema 3.10. *Seja* $\alpha = \{a_n\}$ *uma seqüência de Cauchy de números racionais. Então,* $\overline{\alpha}$ *é o limite da seqüência* $\{\overline{a}_n\}$.

Demonstração. Dado um número racional $\epsilon > 0$, existe N tal que, para $m, n \geq N$, temos

$$|a_n - a_m| \leq \epsilon \,.$$

Então, para todo $m \geq N$ o lema 3.9 garante que, para todo $n \geq N$,

$$|\overline{\alpha} - \overline{a}_m| = |\overline{\{a_n - a_m\}}| \leq \overline{\epsilon}\,.$$

Isso prova nossa afirmativa.

Teorema 3.11. *O corpo dos números reais é completo.*

Demonstração. Seja $\{A_n\}$ uma seqüência de Cauchy de números reais. Para cada n, podemos encontrar, pelo lema 3.10, um número racional a_n tal que

$$|A_n - \overline{a}_n| \leq \frac{1}{n}\cdot$$

(Rigorosamente falando, deveríamos ainda escrever $1/\overline{n}$ no segundo membro!) Além disto, dado $\epsilon > 0$, existe N tal que, para todos $m, n \geq N$, temos

$$|A_n - A_m| \leq \frac{\epsilon}{3}\cdot$$

Seja N_1 um inteiro $\geq N$, e tal que $1/N_1 \leq \epsilon/3$. Então, para todos $m, n \geq N_1$, obtemos

$$\begin{aligned}
|\overline{a}_n - \overline{a}_m| &= |\overline{a}_n - A_n + A_n - A_m + A_m - \overline{a}_m| \\
&\leq |\overline{a}_n - A_n| + |A_n - A_m| + |A_m - \overline{a}_m| \\
&\leq \frac{\epsilon}{3} + \frac{\epsilon}{3} + \frac{\epsilon}{3} = \epsilon\,.
\end{aligned}$$

Isso demonstra que $\{\overline{a}_n\}$ é uma seqüência de Cauchy de números racionais. Seja A seu limite. Para todo n, temos

$$|A_n - A| \leq |A_n - \overline{a}_n| + |\overline{a}_n - A|\,.$$

Se tomarmos n suficientemente grande, veremos que A é também o limite da seqüência $\{A_n\}$, demonstrando, assim, nosso teorema.

O método que seguimos para construir um corpo completo a partir dos números racionais, pode ser generalizado em muitos contextos e aparece com freqüência na matemática. Nos exercícios o leitor encontrará exemplos teóricos numéricos, como o da construção dos corpos dos números $p-$ádicos para números primos p. Na análise, a construção é também aplicada aos espaços vetoriais, não necessariamente corpos. Por exemplo, seja V o espaço vetorial real de todas as funções contínuas sobre $\mathbb{R}$ que se anulam fora de algum intervalo limitado. Podemos, como se pode ver a seguir, definir sobre V uma norma. Seja $f \in V$. Definimos

$$\|f\|_1 = \int_{-\infty}^{\infty} |f(x)|\, dx\,.$$

Esta norma satisfaz propriedades análogas a **VA 1**, **VA 2** e **VA 3**, ou seja:

N 1. *Seja $f \in V$. Então $\|f\|_1 \geq 0$, e $= 0$ se, e somente se, $f = 0$.*

N 2. *Se $c \in \mathbb{R}$ e $f \in V$, então $\|cf\|_1 = |c|\,\|f\|_1$.*

N 3. *Se $f,\, g \in \mathbb{R}$, então $\|f + g\|_1 \leq \|f\|_1 + \|g\|_1$.*

Pode-se definir seqüências de Cauchy, seqüências nulas e construir o espaço quociente das seqüências de Cauchy módulo seqüências nulas, para obter um espaço vetorial $\overline{V}$. Assim, a norma pode ser estendida a $\overline{V}$ e pode-se demonstrar o teorema que $\overline{V}$ é completo. Na análise, estuda-se em detalhes esse completamento que em algum sentido é o maior espaço vetorial de funções cujo valor absoluto é integrável sobre $\mathbb{R}$.

No contexto de espaços vetoriais acima, não há dúvidas sobre a ordenação dos elementos de V. Assim, toda a parte da construção dos números reais dependente da ordenação dos seus elementos, está fora de consideração. O mesmo acontece com os exercícios relativos a completamentos, não há necessidade de nenhuma propriedade sobre ordenação. Os completamentos serão construídos apenas com o anel de seqüências de Cauchy e o ideal maximal de seqüências nulas.

IX, §3. Exercícios

1. Demonstre que todo número real positivo admite uma raiz quadrada em $\mathbb{R}$. Como o polinômio $t^2 - a$ tem no máximo duas raízes em um corpo, e desde que para toda raiz α, o número $-\alpha$ é também uma raiz, segue-se que, para todo $a \in \mathbb{R}$, $a \geq 0$, existe um único $\alpha \in \mathbb{R}$, $\alpha \geq 0$, tal que $\alpha^2 = a$. [*Sugestão*: para a demonstração acima, indique por α o supremo do conjunto dos números racionais b tais que $b^2 \leq a$.]

2. Mostre que a identidade é o único automorfismo dos números reais. [*Sugestão*: primeiro, mostre que um automorfismo preserva a ordem.]

3. Seja p um número primo. Se x é um número racional não-nulo, escrito na forma $x = p^r a/b$, onde r é um inteiro, a e b são inteiros não divisíveis por p, definimos

$$|x|_p = 1/p^r .$$

Defina $|0|_p = 0$. Mostre que, para quaisquer que sejam os racionais x, y, valem

$$|xy|_p = |x|_p |y|_p \qquad \text{e} \qquad |x + y|_p \leq |x|_p + |y|_p .$$

Ou melhor, demonstre a propriedade mais forte

$$|x + y|_p \leq \max(|x|_p, |y|_p) .$$

4. Seja F um corpo. **Valor absoluto** em F é uma função com valores reais, definida por $x \mapsto |x|$, que satisfaz as seguintes propriedades:

VA 1. *Temos* $|x| \geq 0$, *e* $|x| > 0$ *se, e somente se,* $x = 0$.

VA 2. *Para todos* x *e* $y \in F$, *vale* $|xy| = |x||y|$.

VA 3. $|x + y| \leq |x| + |y|$.

(a) Defina **seqüência de Cauchy** e **seqüência nula** com respeito a um valor absoluto v em um corpo F. Dê, para um corpo, a definição de **completo** com respeito a v.

(b) Considere, como acima, definido o valor absoluto. Demonstre que as seqüências de Cauchy formam um anel, que as seqüências nulas formam um ideal maximal e que o anel das classes de restos é um corpo. Mostre que o valor absoluto pode ser estendido a esse corpo, e que esse corpo é completo.

(c) Assuma que $F \subset E$ é um subcorpo. Suponha que o valor absoluto em E seja uma extensão do valor absoluto em F. Dizemos que F é **denso** em E se, dado $\varepsilon > 0$ e um elemento $\alpha \in E$, existir $a \in F$ tal que $|\alpha - a| < \varepsilon$. Demonstre que:

Existe um corpo E *que contém* F *como um subcorpo e tem um valor absoluto que é a extensão do valor absoluto em* F, *de forma que* F *é denso em* E, *e* E *é completo.*

Esse corpo E é chamado um **completamento** de F.

(d) Demonstre a unicidade de um completamento, no seguinte sentido. Sejam E, E' completamentos de F. Então existe um isomorfismo

$$\sigma : E \to E'$$

que se restringe à identidade em F tal que σ preserva o valor absoluto, isto é, para todo $\alpha \in E$, temos

$$|\sigma\alpha| = |\alpha|.$$

O completamento de um corpo F com respeito a um valor absoluto v, é usualmente denotado por F_v.

5. Uma função valor absoluto é dita **não-arquimediano** se em vez de **VA 3** ela satisfizer a propriedade mais forte

$$|x+y| \leq \max(|x|,\ |y|)\,.$$

A função $|\ |_p$ em $\mathbb{Q}$ é chamada **valor absoluto p-ádico**, e é não-arquimediana. Suponha que $|\ |$ seja um valor absoluto não-arquimediano em um corpo F. Demonstre que dado $x \in F$, $x \neq 0$, existe um número positivo r tal que, se $|y-x| < r$ então $|y| = |x|$.

6. Seja $|\ |$ um valor absoluto não-arquimediano em um corpo F. Seja R o subconjunto de elementos $x \in F$ tais que $|x| \leq 1$.

   (a) Mostre que R é um anel, e que para todo $x \in F$ temos $x \in R$ ou $x^{-1} \in R$.

   (b) Seja M o subconjunto de elementos $x \in R$ tais que $|x| < 1$. Mostre que M é um ideal maximal.

IX, §4. Representação decimal

Teorema 4.1. *Seja d um número inteiro ≥ 2, e seja m um inteiro ≥ 0. Então, m pode ser escrito de uma única maneira na forma*

$$m = a_0 + a_1 d + \cdots + a_n d^n \tag{1}$$

com inteiros a_i tais que $0 \leq a_i < d$.

Demonstração. Isto pode ser facilmente visto a partir do algoritmo euclidiano, e daremos a prova. Para a existência, se $m < d$, tomamos $a_0 = m$ e $a_i = 0$ para $i > 0$. Se $m \geq d$, escrevemos

$$m = qd + a_0$$

com $0 \leq a_0 < d$ usando o algorítmo euclidiano. Então, $q < m$, e, por indução, existem inteiros a_i $(0 \leq a_i < d$ e $i \geq 1)$ tais que

$$q = a_1 + a_2 d + \cdots + a_k d^k\,.$$

Substituindo q por este valor, resulta o que queríamos. Quanto à unicidade, suponhamos que

$$(2) \qquad m = b_0 + b_1 d + \cdots + b_n d^n$$

com inteiros b_i tais que $0 \leq b_i < d$. (Podemos usar o mesmo n, simplesmente adicionando, se necessário, termos com coeficientes $b_i = 0$ ou $a_i = 0$.) Digamos que $a_0 \leq b_0$. Então, $b_0 - a_0 \geq 0$, e $b_0 - a_0 < d$. Por outro lado, $b_0 - a_0 = de$ para algun inteiro e [como se pode ver subtraindo (2) de (1)]. Portanto, $b_0 - a_0 = 0$ e $b_0 = a_0$. Suponhamos que, por indução, tenhamos mostrado que $a_i = b_i$ para $0 \leq i \leq s$, com $s < n$. Então,

$$a_{s+1} d^{s+1} + \cdots + a_n d^n = b_{s+1} d^{s+1} + \cdots + b_n d^n \, .$$

Dividindo ambos os membros por d^{s+1}, obtemos

$$a_{s+1} + \cdots + a_n d^{n-s-1} = b_{s+1} + \cdots + b_n d^{n-s-1} \, .$$

Pelo que acabamos de ver, segue-se que $a_{s+1} = b_{s+1}$, e assim demonstramos a unicidade por indução, como desejávamos.

Seja x um número real positivo, e seja d um inteiro ≥ 2. Então, x admite uma única expressão da forma

$$x = m + \alpha \, ,$$

onde $0 \leq \alpha < 1$. De fato, designamos por m o maior inteiro $\leq x$. Então, $x < m + 1$, e desta forma $0 \leq x - m < 1$. Descreveremos agora uma expansão $d-$decimal para números reais entre 0 e 1.

Teorema 4.2. *Seja x um número real, $0 \leq x < 1$. Seja d um inteiro ≥ 2. Para cada inteiro positivo n existe uma única expressão*

$$(3) \qquad x = \frac{a_1}{d} + \frac{a_2}{d^2} + \cdots + \frac{a_n}{d^n} + \alpha_n$$

com inteiros a_i tais que $0 \leq a_i < d$ e $0 \leq \alpha_n < 1/d^n$.

Demonstração. Seja m o maior inteiro $\leq d^n x$. Então, $m \geq 0$, e

$$d^n x = m + \alpha_n$$

com algum número α_n tal que $0 \leq \alpha_n < 1$. Aplicamos a m o teorema 4.1, e dividimos por d^n para obter a expressão desejada. Reciprocamente, dada uma expressão do tipo (3), multiplicamô-la por d^n e aplicamos a parte da unicidade do teorema 4.1 para obter a unicidade de (3). Isso demonstra o teorema.

Quando $d = 10$, os números $a_1, a_2, \ldots$ no teorema 4.2 são precisamente os obtidos na expansão decimal de x, que é escrita

$$x = 0, a_1 a_2 a_3 \ldots$$

desde tempos imemoriais.

Reciprocamente:

Teorema 4.3. *Seja d um inteiro ≥ 2. Seja $a_1, a_2, \ldots$ uma seqüência de inteiros, $0 \leq a_i < d$ para todo i, e suponhamos que, dado um inteiro positivo N, exista algum $n \geq N$ tal que $a_n \neq d - 1$. Então, existe um número real x tal que, para cada $n \geq 1$, temos*

$$x = \frac{a_1}{d} + \frac{a_2}{d^2} + \cdots + \frac{a_n}{d^n} + \alpha_n\,,$$

onde α_n é um número satisfazendo $0 \leq \alpha_n < 1/d^n$.

Demonstração. Empregaremos livremente algumas propriedades simples de limites e de somas infinitas, tratadas em qualquer curso introdutório de análise. Seja

$$y_n = \frac{a_1}{d} + \frac{a_2}{d^2} + \cdots + \frac{a_n}{d^n}.$$

Então, a seqüência $y_1, y_2, \ldots$ é crescente, e, trivialmente, mostra-se que ela é limitada superiormente. Seja x seu supremo. Então x é um limite da seqüência, e

$$x = y_n + \alpha_n\,,$$

onde

$$\alpha_n = \sum_{\nu=n+1}^{\infty} \frac{a_\nu}{d^\nu}.$$

Seja

$$\beta_n = \sum_{\nu=n+1}^{\infty} \frac{d-1}{d^\nu}.$$

Por hipótese, temos $\alpha_n < \beta_n$, porque existe algum a_ν com $\nu \geq n+1$ tal que $a_\nu \neq d-1$. Por outro lado,

$$\beta_n = \frac{d-1}{d^{n+1}} \sum_{\nu=0}^{\infty} \frac{1}{d^\nu} = \frac{d-1}{d^{n+1}} \frac{1}{1-\dfrac{1}{d}} = \frac{1}{d^n}.$$

Assim $0 \leq \alpha_n < 1/d^n$, como se devia demonstrar.

Corolário 4.4. *O conjunto dos números reais não é enumerável.*

Demonstração. Consideremos o subconjunto dos números reais que consiste de todas as seqüências decimais

$$0.a_1 a_2 \ldots$$

com $0 \leq a_i \leq 8$, tomando $d = 10$ nos teoremas 4.2 e 4.3. Será suficiente provar que tal subconjunto não é enumerável. Suponhamos que seja e que se escreva

$$\begin{aligned} \alpha_1 &= 0, a_{11} a_{12} a_{13} \ldots, \\ \alpha_2 &= 0, a_{21} a_{22} a_{23} \ldots, \\ \alpha_3 &= 0, a_{31} a_{32} a_{33} \ldots, \\ &\ldots \end{aligned}$$

como uma enumeração deste subconjunto. Para cada inteiro positivo n, seja b_n um inteiro com $1 \leq b_n \leq 8$ tal que $b_n \neq a_{nn}$. Seja

$$\beta = 0.b_1 b_2 b_3 \ldots b_n \ldots .$$

Assim, β não é igual a α_n para todo n. Com isto fica demonstrado que não pode existir uma enumeração para os números reais. (Nota: os fatos simples relativos à terminologia dos conjuntos enumeráveis usados nesta demonstração serão abordados sistematicamente no próximo capítulo.)

IX, §5. Números complexos

Nosso propósito nesta seção é identificar o conjunto dos números reais como um subcorpo de algum corpo em que a equação $t^2 = -1$ tenha uma raiz. Procedendo de forma usual, definimos o corpo maior de modo que tal equação se torne óbvia, e a partir disso demonstramos todas as propriedades desejadas.

Definimos um **número complexo** como um par (x, y) de números reais. Define-se a adição como sendo a soma de componente com componente. Se $z = (x, y)$, definimos a multiplicação de z por um número real a como sendo

$$az = (ax, ay).$$

Assim, o conjunto dos números complexos, denotado por $\mathbb{C}$, é nada mais do que $\mathbb{R}^2$, e como tal pode ser encarado como um espaço vetorial sobre $\mathbb{R}$. Faz-se $e = (1, 0)$ e $i = (0, 1)$. Desta forma, todo número complexo pode ser expresso de modo único como uma soma $xe + yi$, com x e $y \in \mathbb{R}$. Devemos ainda definir a multiplicação de números complexos. Se $z = xe + yi$ e $w = ue + vi$ forem números complexos, com x, y, u e $v \in \mathbb{R}$, **definimos**

$$zw = (xu - yv)e + (xv + yu)i\,.$$

De imediato, devemos observar que $ez = ze = z$ para todo $z \in \mathbb{C}$, e $i^2 = -e$. Afirmamos, agora, que $\mathbb{C}$ é um corpo. Já sabemos que é um grupo aditivo (abeliano). Se $z_1 = x_1e + y_1i$, $z_2 = x_2e + y_2i$, e $z_3 = x_3e + y_3i$, então

$$\begin{aligned}(z_1z_2)z_3 &= ((x_1x_2 - y_1y_2)e + (y_1x_2 + x_1y_2)i)(x_3e + y_3i)\\ &= (x_1x_2x_3 - y_1y_2x_3 - y_1x_2y_3 - x_1y_2y_3)e\\ &\quad +(y_1x_2x_3 + x_1y_2x_3 + x_1x_2y_3 - y_1y_2y_3)i\end{aligned}$$

Um cálculo semelhante de $z_1(z_2z_3)$ mostra que se obtém o mesmo valor que o de $(z_1z_2)z_3$. Além disso, fazendo outra vez $w = u + iv$, temos

$$\begin{aligned} w(z_1 + z_2) &= (ue + vi)((x_1 + x_2)e + (y_1 + y_2)i) \\ &= (u(x_1 + x_2) - v(y_1 + y_2))\,e + (v(x_1 + x_2) + u(y_1 + y_2))i \\ &= (ux_1 - vy_1 + ux_2 - vy_2)e + (vx_1 + uy_1 + vx_2 + uy_2)i\,. \end{aligned}$$

Por cálculo direto de $wz_1 + wz_2$ consegue-se o mesmo resultado de $w(z_1 + z_2)$. Obviamente, temos também $wz = zw$, quaisquer que sejam w e $z \in \mathbb{C}$, e assim $(z_1 + z_2)w = z_1w + z_2w$. Isto mostra que os números complexos formam um anel comutativo.

Verifica-se imediatamente que a aplicação $x \mapsto (x,\, 0)$ é um homomorfismo injetor de $\mathbb{R}$ em $\mathbb{C}$, e, daqui por diante, identificaremos $\mathbb{R}$ com sua imagem em $\mathbb{C}$; isto é, escreveremos x no lugar de xe para $x \in \mathbb{R}$.

Se $z = x + iy$ é um número complexo, definimos seu **complexo conjugado**

$$\overline{z} = x - iy\,.$$

A partir de nossa regra de multiplicação, vemos então que

$$z\overline{z} = x^2 + y^2\,.$$

Se $z \neq 0$, então ao menos um dos números reais x ou y não é igual a 0, e se verifica que

$$\lambda = \frac{\overline{z}}{x^2 + y^2}$$

é tal que $z\lambda = \lambda z = 1$, pois

$$z\,\frac{\overline{z}}{x^2 + y^2} = \frac{z\overline{z}}{x^2 + y^2} = 1\,.$$

Desta maneira, todo elemento não-nulo de $\mathbb{C}$ possui inverso, e, conseqüentemente, $\mathbb{C}$ é um corpo que contém $\mathbb{R}$ como subcorpo [tomando em consideração nossa identificação de x com $(x,\, 0)$].

Definimos o **valor absoluto** de um número complexo $z = x + iy$ como

$$|z| = \sqrt{a^2 + b^2}$$

e, em termos do valor absoluto, podemos escrever o inverso de um número complexo não-nulo z na forma

$$z^{-1} = \frac{\overline{z}}{|z|^2}.$$

Se z e w são números complexos, mostra-se facilmente que

$$|z + w| \leq |z| + |w| \qquad \text{e} \qquad |zw| = |z|\,|w|\,.$$

Além disso, $\overline{z + w} = \overline{z} + \overline{w}$ e $\overline{zw} = \overline{z}\,\overline{w}$. Deixamos a verificação destas propriedades como exercício. Trouxemos, assim, a teoria dos números complexos até o ponto em que a análise começa a se sobrepor.

Em particular, empregando a função exponencial, demonstra-se que todo número real positivo r tem uma raiz $n-$ésima real e que, de fato, todo número complexo w admite uma raiz $n-$ésima, para qualquer inteiro positivo n. Faz-se isto utilizando a forma polar,

$$w = re^{i\theta}$$

com θ real, caso em que $r^{1/n}e^{i\theta/n}$ é a raiz $n-$ésima.

Ao lado desse fato, utilizaremos o resultado que diz que uma função real, definida num conjunto fechado e limitado de números complexos, tem um máximo. Tudo isso é demons-trado em cursos elementares de análise.

Empregando tudo isto, demonstraremos, agora, que:

Teorema 5.1. *Os números complexos são algebricamente fechados, ou, em outras palavras, que todo polinômio $f \in \mathbb{C}[t]$ de grau ≥ 1 tem uma raiz em $\mathbb{C}$.*

Podemos escrever

$$f(t) = a_n t^n + a_{n-1} t^{n-1} + \cdots + a_0$$

com $a_n \neq 0$. Para todo $R > 0$, a função $|f|$ tal que

$$t \mapsto |f(t)|$$

é contínua no disco fechado de raio R, e assim assume um valor mínimo nesse disco. Por outro lado, da expressão

$$f(t) = a_n t^n \left(1 + \frac{a_{n-1}}{a_n t} + \cdots + \frac{a_0}{a_n t^n}\right)$$

vemos que, quando $|t|$ se torna grande, então $|f(t)|$ também cresce, isto é, dado $C > 0$, existe $R > 0$ tal que, se $|t| > R$, então $|f(t)| > C$. Conseqüentemente, existe um número positivo R_0 tal que, se z_0 é um ponto de mínimo de $|f|$ no disco de raio R_0, então

$$|f(t)| \geq |f(z_0)|$$

para todo número complexo t. Em outras palavras, z_0 é um mínimo absoluto para $|f|$. Demonstraremos que $f(z_0) = 0$. Expressamos f na forma

$$f(t) = c_0 + c_1(t - z_0) + \cdots + c_n(t - z_0)^n$$

com constantes c_i. Se $f(z_0) \neq 0$, então $c_0 = f(z_0) \neq 0$. Seja $z = t - z_0$, e seja m o menor inteiro > 0 tal que $c_m \neq 0$. Esse inteiro m existe, pois f é suposta de grau ≥ 1. Podemos, então, escrever

$$f(t) = f_1(z) = c_0 + c_m z^m + z^{m+1} g(z)$$

para algum polinômio g, e para algum polinômiof_1 (obtido de f mudando a variável). Seja z_1 um número complexo tal que

$$z_1^m = -c_0/c_m\,,$$

e consideremos valores de z do tipo

$$z = \lambda z_1 ,$$

onde λ é um número real, $0 \leq \lambda \leq 1$. Temos

$$\begin{aligned} f(t) = f_1(\lambda z_1) &= c_0 - \lambda^m c_0 + \lambda^{m+1} {z_1}^{m+1} g(\lambda z_1) \\ &= c_0[1 - \lambda^m + \lambda^{m+1} {z_1}^{m+1} {c_0}^{-1} g(\lambda z_1)] . \end{aligned}$$

Existe um número $C > 0$ tal que para todo λ com $0 \leq \lambda \leq 1$, temos $|z_1^{m+1} c_0^{-1} g(\lambda z_1)| \leq C$, e assim

$$|f_1(\lambda z_1)| \leq |c_0|(1 - \lambda^m + C\lambda^{m+1}).$$

Se pudermos agora demonstrar que para todo λ suficientemente pequeno, com $0 < \lambda < 1$, é válido

$$0 < 1 - \lambda^m + C\lambda^{m+1} < 1 ,$$

então para tal λ obtemos $|f_1(\lambda z_1)| < |c_0|$, contradizendo assim a hipótese de que $|f(z_0)| \leq |f(t)|$ para todo número complexo t. A desigualdade da esquerda é, naturalmente, óbvia, pois $0 < \lambda < 1$. A desigualdade da direita leva a $C\lambda^{m+1} < \lambda^m$, ou, equivalentemente, $C\lambda < 1$, que certamente é satisfeita para λ suficientemente pequeno. Isso conclui a demonstração.

Observação. A idéia da demonstração é bastante simples. Temos o nosso polinômio

$$f_1(z) = c_0 + c_m z^m + z^{m+1} g(z) ,$$

e $c_m \neq 0$. Se $g = 0$, simplesmente ajustamos $c_m z^m$ de modo que a subtração de um termo na mesma direção de c_0, fará com que o polinômio se "encolha"em direção à origem. Isso é feito extraindo a raiz $n-$ésima adequada, como acima. Como em geral $g \neq 0$, temos que executar uma certa quantidade de artifícios analíticos para mostrar que o terceiro termo é muito pequeno quando comparado a $c_m z^m$, e que isto, de forma essencial, não perturbe a idéia geral da demonstração.

IX, §5. Exercícios

1. Usando o resultado sobre números complexos que acabamos de provar, demonstre que todo polinômio irredutível sobre os números reais tem grau 1 ou 2. [*Sugestão*: decomponha o polinômio sobre os números complexos e tome as suas raízes complexas conjugadas.]

2. Demonstre que um polinômio irredutível de grau 2 sobre $\mathbb{R}$, com coeficiente dominante igual a 1, pode ser escrito na forma

$$(t-a)^2 + b^2$$

com a, $b \in \mathbb{R}$, $b > 0$.

CAPÍTULO X

Conjuntos

X, §1. Mais terminologia

Este é o capítulo mais abstrato do livro, e é o que lida com os objetos dotados da estrutura menos complicada possível: os conjuntos. O importante é que se pode demonstrar fatos interessantes com tão pouco à mão.

Começaremos com alguns conceitos. Sejam S e I conjuntos. Por uma **família de elementos de S, indexada por I**, entende-se uma aplicação $f : I \to S$. Quando falamos de uma família, escrevemos f_i em vez de $f(i)$, e usamos também a notação $\{f_i\}_{i \in I}$ para denotá-la.

Exemplo 1. Seja S o conjunto constituído apenas pelo elemento 3. Seja $I = \{1, \ldots, n\}$ o conjunto dos inteiros de 1 a n. Uma família de elementos de S, indexada por I, pode então ser escrita $\{a\}_{i=1,\ldots,n}$ com cada $a_i = 3$. Note-se que uma família é diferente de um subconjunto: o mesmo elemento de S pode receber índices distintos.

Uma família de elementos de um conjunto S indexada por inteiros positivos, ou inteiros não negativos, também é chamada de **seqüência**.

Exemplo 2. Escreve-se freqüentemente uma seqüência de números reais na forma

$$\{x_1, x_2, \ldots\} \quad \text{ou} \quad \{x_n\}_{n \geq 1}$$

subentendo-se a aplicação $f : \mathbb{Z}^+ \to \mathbb{R}$ tal que $f(i) = x_i$. Como antes, devemos notar que uma seqüência pode ter todos os seus elementos iguais entre si, ou seja

$$\{1, 1, 1, \ldots\}$$

é uma seqüência de inteiros, com $x_i = 1$ para cada $i \in \mathbb{Z}^+$.

Definimos da mesma maneira uma **família de conjuntos indexada por um conjunto** I; isto é, uma família de conjuntos indexada por I é uma correspondência

$$i \mapsto S_i$$

que, a cada $i \in I$ associa um conjunto S_i. Os conjuntos S_i podem ou não possuir elementos em comum, e pode-se mesmo conceber que eles sejam todos iguais. Como antes, escrevemos a família $\{S_i\}_{i \in I}$.

Podemos definir a interseção e a união de famílias de conjuntos, exatamente como se faz para a interseção e a união de um número finito de conjuntos. Assim, se $\{S_i\}_{i \in I}$ é uma família de conjuntos, definimos a **interseção** desta família como o conjunto

$$\bigcap_{i \in I} S_i$$

que consiste em todos os elementos x que pertencem a todos os S_i. Definimos a **união**

$$\bigcup_{i \in I} S_i$$

como o conjunto que consiste de todos os x tais que x pertence a algum S_i.

Se S e S' são conjuntos, definimos $S \times S'$ como o conjunto de todos os pares (x, y) com $x \in S$ e $y \in S'$. De modo semelhante, podemos definir produtos finitos. Se S_1, S_2,... é uma seqüência de conjuntos, definimos o produto

$$\prod_{i=1}^{\infty} S_i$$

como o conjunto de todas as seqüências $(x_1, x_2, \ldots)$ com $x_i \in S_i$. De maneira análoga, se I é um conjunto indexador, e $\{S_i\}_{i \in I}$ uma família de conjuntos, definimos o produto

$$\prod_{i \in I} S_i$$

como o conjunto de todas as famílias $\{x_i\}_{i \in I}$ com $x_i \in S_i$.

Sejam X, Y e Z conjuntos. Temos a fórmula

$$(X \cup Y) \times Z = (X \times Z) \cup (Y \times Z)\,.$$

Para demonstrar isso, tomamos $(w, z) \in (X \cup Y) \times Z$ com $w \in X \cup Y$ e $z \in Z$. Então $w \in X$ ou $w \in Y$. Digamos que $w \in X$. Então $(w, z) \in X \times Z$. Logo

$$(X \cup Y) \times Z \subset (X \times Z) \cup (Y \times Z)\,.$$

Reciprocamente, $X \times Z$ está contido em $(X \cup Y) \times Z$, o mesmo acontecendo com $Y \times Z$. Portanto, sua união está contida em $(X \cup Y) \times Z$, demonstrando nossa afirmação.

Dizemos que dois conjuntos X e Y são **disjuntos** se sua interseção é vazia. Do mesmo modo, uma união $X \cup Y$ é **disjunta** se X e Y são disjuntos. Note-se que, se X e Y forem disjuntos, então $(X \times Z)$ e $(Y \times Z)$ serão disjuntos.

Podemos formar produtos com uniões de famílias arbitrárias. Se, por exemplo, $\{X_i\}_{i \in I}$ é uma família de conjuntos, então

$$\left(\bigcup_{i \in I} X_i\right) \times Z = \bigcup_{i \in I} (X_i \times Z).$$

Se a família $\{X_i\}_{i\in I}$ é disjunta (isto é, $X_i \cap X_j$ é vazia se $i \neq j$, para $i, j \in I$), então os conjuntos $X_i \times Z$ são, também, disjuntos.

Temos fórmulas semelhantes para interseções. Por exemplo,

$$(X \cap Y) \times Z = (X \cap Z) \times (Y \cap Z).$$

Deixamos a demonstração para o leitor.

Sejam X um conjunto e Y um subconjunto. O **complemento** de Y em X, denotado por $\mathcal{C}_X Y$ ou por $X - Y$, é o conjunto de todos os elementos $x \in X$ tais que $x \notin Y$. Se Y e Z são subconjuntos de X, então temos as seguintes fórmulas:

$$\mathcal{C}_X(Y \cup Z) = \mathcal{C}_X Y \cap \mathcal{C}_X Z,$$
$$\mathcal{C}_X(Y \cap Z) = \mathcal{C}_X Y \cup \mathcal{C}_X Z.$$

Estas afirmações são, essencialmente, reformulações de definições. Suponhamos, por exemplo, que $x \in X$ e $x \notin (Y \cup Z)$. Então $x \notin Y$ e $x \notin Z$. Logo, $x \in \mathcal{C}_X Y \cap \mathcal{C}_X Z$. Reciprocamente, se $x \in \mathcal{C}_X Y \cap \mathcal{C}_X Z$, então x não pertence nem a Y nem a Z, e portanto $x \in \mathcal{C}_X(Y \cup Z)$. Isto demonstra a primeira fórmula. Deixamos a prova da segunda para o leitor. Exercício: estabeleça fórmulas correspondentes para o complementar da união , e para o complementar da interseção de uma família de conjuntos.

Sejam A e B conjuntos e $f : A \to B$ uma aplicação. Se Y é um subconjunto de B, definimos $f^{-1}(Y)$ como o conjunto de todos os $x \in A$ tais que $f(x) \in Y$. Naturalmente, pode ocorrer de $f^{-1}(Y)$ ser vazio. Chamamos $f^{-1}(Y)$ de **imagem inversa de** Y (por f). Se f é injetiva, e Y consiste em único elemento y, então $f^{-1}(\{y\})$ é vazio ou então tem precisamente um elemento. Daremos algumas propriedades simples da imagem inversa como exercícios.

X, §1. Exercícios

1. Se $f : A \to B$ é uma aplicação, e Y e Z são subconjuntos de B,

demonstre as seguintes fórmulas:

$$f^{-1}(Y \cup Z) = f^{-1}(Y) \cup f^{-1}(Z),$$
$$f^{-1}(Y \cap Z) = f^{-1}(Y) \cap f^{-1}(Z),$$

2. Formule e demonstre as propriedades análogas às do exercício 1 para famílias de subconjuntos, isto é, se $\{Y_i\}_{i \in I}$ é uma família de subconjuntos de B, mostre que

$$f^{-1}\left(\bigcup_{i \in I} Y_i\right) = \bigcup_{i \in I} f^{-1}(Y_i).$$

3. Seja $f : A \to B$ uma aplicação sobrejetiva. Mostre que existe uma aplicação injetiva de B em A.

X, §2. Lema de Zorn

Para lidar simultaneamente com infinitos conjuntos, necessita-se de um axioma especial. Para estabelecê-lo, precisamos de mais alguma coisa de terminologia.

Seja S um conjunto. Uma **ordenação parcial** (também chamada uma ordenação) em S é uma relação, escrita $x \leq y$, entre alguns pares de elementos de S, dotada das seguintes propriedades:

OP 1. *Temos* $x \leq x$.

OP 2. *Se* $x \leq y$ *e* $y \leq z$, então $x \leq z$.

OP 3. *Se* $x \leq y$ *e* $y \leq x$, então $x = y$.

Note-se que não exigimos que a relação $x \leq y$ ou $y \leq x$ se verifique para todo par de elementos (x, y) de S. Alguns pares podem não ser comparáveis. Escrevemos, algumas vezes, $y \geq x$ ao invés de $x \leq y$.

Exemplo 1. Seja G um grupo. Seja S o conjunto dos subgrupos. Se H e H' são subgrupos de G, definimos

$$H \leq H'$$

se H é um subgrupo de H'. Verifica-se imediatamente que esta relação define uma ordenação parcial em S. Dados dois subgrupos, H e H', de G, não temos necessariamente $H \leq H'$ ou $H' \leq H$.

Exemplo 2. Seja R um anel, e seja S o conjunto dos ideais à esquerda de R. Definimos uma ordenação parcial em S de modo semelhante ao que foi feito acima; se L e L' são ideais à esquerda de R, definimos

$$L \leq L'$$

se $L \subset L'$.

Exemplo 3. Seja X um conjunto e S o conjunto dos subconjuntos de X. Se Y e Z são subconjuntos de X, definimos $Y \leq Z$ se Y é um subconjunto de Z. Isso define uma ordenação parcial em S.

Em todos esses exemplos, a relação de ordem parcial é dita de inclusão.

Num conjunto parcialmente ordenado, se $x \leq y$ e $x \neq y$, então escrevemos $x < y$.

Observação. Não definimos a palavra "relação". Isto pode ser feito em termos de conjuntos da seguinte maneira: definimos uma **relação** entre pares de elementos de um conjunto A como um subconjunto R do produto $A \times A$. Se x e $y \in A$ e $(x, y) \in R$, dizemos que x e y **satisfazem a nossa relação**. Utilizando tal reformulação, podemos estabelecer nossas condições para a relação de ordenação parcial da seguinte forma: para todos x, y e $z \in A$

OP 1. *Temos* $(x, x) \in R$.

OP 2. *Se* $(x, y) \in R$ *e* $(y, z) \in R$, então $(x, z) \in R$.

OP 3. *Se* $(x, y) \in R$ *e* $(y, x) \in R$, então $x = y$.

A notação que usamos previamente é, contudo, de emprego mais simples, e tendo-se mostrado como podendo ser expressa apenas em termos de conjuntos, continuaremos a utilizá-la como antes.

Seja A um conjunto parcialmente ordenado, e seja B um subconjunto. Podemos então definir uma ordenação parcial em B, dizendo que se verifica $x \leq y$ para $x, y \in B$ se, e somente se, $x \leq y$ em A. Em outras palavras, se $R \subset A \times A$ é o subconjunto de $A \times A$ que define nossa relação de ordenação parcial em A, pomos $R_0 = R \cap (B \times B)$, e então R_0 define uma relação de ordenação parcial em B. Diremos que R_0 é a ordenação parcial em B **induzida** por R, ou que é a **restrição** a B da ordenação parcial de A.

Seja S um conjunto parciamente ordenado. Por **menor** elemento de S (ou elemento **mínimo**) entende-se um elemento $a \in S$ tal que $a \leq x$ para todo $x \in S$. De modo semelhante, por **maior elemento** entende-se um elemento b tal que $x \leq b$ para todo $x \in S$.

Por **elemento maximal** m de S entende-se um elemento tal que se $x \in S$ e $x \geq m$, então $x = m$. Note que um elemento maximal não precisa ser um maior elemento. Podem existir muitos elementos maximais em S, enquanto que, se existe um maior elemento, então ele é único (demonstração?).

Seja S um conjunto parcialmente ordenado. Diremos que S é **totalmente ordenado** se, dados $x, y \in S$, tivermos necessariamente $x \leq y$ ou $y \leq x$.

Exemplo 4. Os inteiros $\mathbb{Z}$ são totalmente ordenados pela ordem usual. O mesmo acontece com os números reais.

Seja S um conjunto parcialmente ordenado e T um subconjunto. Um **majorante** de T (em S) é um elemento $b \in S$ tal que $x \leq b$ para todo $x \in T$. Um **supremo** de T em S é um majorante b tal que, se c é outro majorante, então $b \leq c$. Diremos que S é **indutivamente ordenado** se todo subconjunto não-vazio totalmente ordenado possuir um majorante.

Diremos que S é **indutiva e estritamente ordenado** se todo subconjunto não-vazio totalmente ordenado possuir supremo.

Em cada caso dos exemplos 1, 2 e 3, o conjunto é indutiva e estritamente ordenado. Para demonstrá-lo, tomemos o exemplo 1. Seja T um subconjunto não-vazio totalmente ordenado do conjunto dos subgrupos de G. Isto significa que, se H e $H' \in T$, então $H \subset H'$ ou $H' \subset H$. Seja U a união de todos os conjuntos em T. Então:

(1) U é um subgrupo. *Demonstração*: se x e $y \in U$, existem subgrupos H, $H' \in T$ tais que $x \in H$ e $y \in H'$. Se, digamos, $H \subset H'$, então ambos x e $y \in H'$ e assim $xy \in H'$. Logo, $xy \in U$. Da mesma forma, $x^{-1} \in H'$, e $x^{-1} \in U$. Assim, U é um subgrupo.

(2) U é um majorante para cada elemento de T. *Demonstração*: Todo $H \in T$ está contido em U, e assim $H \leq U$ para todo $H \in T$.

(3) U é um supremo de T. *Demonstração*: Qualquer subgrupo de G que contenha todos os subgrupos $H \in T$ deve conter sua união U.

A demonstração de que os conjuntos dos exemplos 2 e 3 são indutiva e estritamente ordenados é inteiramente análoga.

Podemos agora estabelecer o axioma mencionado no início da seção.

Lema de Zorn. *Seja S um conjunto não-vazio indutivamente ordenado. Então existe um elemento maximal em S.*

Veremos, em dois exemplos, como se aplica o lema de Zorn.

Teorema 2.1. *Seja R um anel comutativo com elemento unidade $1 \neq 0$. Então, existe um ideal maximal em R.*

(Recordemos que um ideal maximal é um ideal M tal que $M \neq R$ e, se J é um ideal tal que $M \subset J \subset R$, então $J = M$ ou $J = R$.)

Demonstração: Seja S o conjunto dos ideais próprios de R, isto é, ideais J tais que $J \neq R$. Então S é não-vazio, pois o ideal zero pertence a S. Além disto, S é indutivamente ordenado por inclusão. Para perceber isto, considere T um subconjunto não-vazio de S, totalmente ordenado. Seja U a união de todos os ideais de T. Então U é um ideal (a demonstração é semelhante ao que foi feito no exemplo 1). O ponto crucial aqui reside no fato de que U não é igual a R. De fato, se $U = R$, então $1 \in U$, e dessa forma existe algum ideal $J \in T$ tal que $1 \in J$, pois U é a união dos ideais J. Isso é impossível, pois S é um conjunto de ideais *próprios*. Assim, U pertence a S, e, obviamente, U é um majorante de T (em verdade, é um supremo); portanto S é indutivamente ordenado e assim o teorema fica demonstrado pelo lema de Zorn.

Seja V um espaço vetorial não-nulo sobre um corpo K. Seja $\{v_i\}_{i \in I}$ uma família de elementos de V. Se $\{a_i\}_{i \in I}$ é uma família de elementos de K, tal que $a_i = 0$ para todos a menos de um número finito de índices i, podemos formar a soma

$$\sum_{i \in I} a_i v_i.$$

Se $i_1, \ldots, i_n$ são os índices para os quais $a_i \neq 0$, então a soma acima é definida como

$$a_{i_1} v_{i_1} + \cdots + a_{i_n} v_{i_n}.$$

Diremos que a família $\{v_i\}_{i \in I}$ é **linearmente independente** se, sempre que tivermos uma família $\{a_i\}_{i \in I}$ com $a_i \in K$, e todos os a_i iguais a zero a menos de um número finito de índices i, e ainda

$$\sum_{i \in I} a_i v_i = 0,$$

então todos os $a_i = 0$. Por simplicidade, abreviaremos "todos a menos de um número finito" por "quase todos". Dizemos que uma família $\{v_i\}_{i \in I}$ de elementos de V **gera** V se todo elemento $v \in V$ puder ser escrito na forma

$$v = \sum_{i \in I} a_i v_i$$

para alguma família $\{a_i\}_{i \in I}$ de elementos de K, quase todos nulos. Uma família $\{v_i\}_{i \in I}$ que é linearmente independente e gera V é chamada uma

base de V.

Se U é um subconjunto de V, podemos ver U como uma família, indexada por seus próprios elementos. Assim, se para cada $v \in U$ atribuirmos um elemento $a_v \in K$, quase todos $a_v = 0$, podemos formar a soma

$$\sum_{v \in U} a_v v.$$

Desta maneira, podemos definir o que significa o fato de um subconjunto de V gerar V e ser linearmente independente. Podemos definir uma base de V como um subconjunto de V que gere V e que seja linearmente independente.

Teorema 2.2. *Seja V um espaço vetorial não-nulo sobre o corpo K. Então, existe uma base de V.*

Demonstração: Seja S o conjunto dos subconjuntos linearmente independentes de V. Então S é não-vazio, porque, para todo $v \in V$, $v \neq 0$, o conjunto $\{v\}$ é linearmente independente. Se B e B' são elementos de S, definimos $B \leq B'$ se $B \subset B'$. O conjunto S é então parcial e indutivamente ordenado, pois, se T é um subconjunto totalmente ordenado de S, então

$$U = \bigcup_{B \in T} B$$

é um majorante para T em S. É fácil verificar que U é linearmente independente. Pelo lema de Zorn, seja M um elemento maximal de S. Seja $v \in V$. Como M é maximal, se $v \notin M$ o conjunto $M \cup \{v\}$ não é linearmente independente. Logo, existem elementos $a_w \in K$ ($w \in M$) e $b \in K$, não todos nulos, mas quase todos iguais a 0, tais que

$$bv + \sum_{w \in M} a_w w = 0.$$

Se $b = 0$, contradizemos o fato de que M é linearmente independente.

Portanto, $b \neq 0$, e

$$v = \sum_{w \in M} -b^{-1} a_w w$$

é uma combinação linear de elementos de M. Se $v \in M$, então v é, trivialmente, uma combinação linear de elementos de M. Assim, M gera V, e é portanto a base desejada de V.

Observação. O lema de Zorn como axioma não é psicologicamente satisfatório, pois o que nele está estabelecido é muito intrincado, e não nos faz visualizar, de forma fácil, a existência do elemento maximal, nele assegurada. Pode-se mostrar que o lema de Zorn é decorrente da proposição seguinte, conhecida como **axioma da escolha**:

Seja $\{S_i\}_{i \in I}$ uma família de conjuntos, e suponha que cada S_i não seja vazio. Então existe uma família de elementos $\{x_i\}_{i \in I}$ com cada $x_i \in S_i$.

Para uma demonstração da implicação o leitor pode, por exemplo, consultar o apêndice 2 do meu livro *Álgebra.*

X, §2. Exercícios

1. Faça, com detalhes, a demonstração de que os conjuntos dos exemplos 2 e 3 são indutivamente ordenados.

2. Na demonstração do teorema 2.2, escreva detalhadamente a prova da afirmação: "Verifica-se facilmente que U é linearmente independente".

3. Seja R uma anel e seja E um módulo finitamente gerado sobre R, isto é, um módulo com um número finito de geradores $v_1, \ldots, v_n$. Suponha que E não seja o módulo zero. Mostre que E contém um submódulo maximal, isto é, um submódulo $M \neq E$ tal que, se N é um submódulo, $M \subset N \subset E$, então $M = N$ ou $N = E$.

4. Seja R uma anel comutativo e seja S um subconjunto não-vazio de R, com $0 \notin S$. Mostre que existe um ideal M cuja interseção com S é vazia, e é maximal com respeito a esta propriedade. Dizemos então que M é um ideal maximal que não encontra S.

5. Sejam A e B dois conjuntos não-vazios. Mostre que existe uma aplicação injetiva de A em B, ou existe uma aplicação bijetiva de um subconjunto de A em B. [*Sugestão*: utilize o lema de Zorn na família de aplicações injetivas de subconjuntos de A em B.]

X, §3. Números cardinais

Sejam A e B conjuntos. Diremos que a **cardinalidade de A é a mesma que a cardinalidade de B**, escrevendo

$$\text{card}(A) = \text{card}(B),$$

se existir uma bijeção de A sobre B.

Dizemos que $\text{card}(A) \leq \text{card}(B)$ se existe uma aplicação injetiva (uma injeção) $f : A \to B$. Neste caso, escrevemos também $\text{card}(B) \geq \text{card}(A)$. É claro que, se $\text{card}(A) \leq \text{card}(B)$ e $\text{card}(B) \leq \text{card}(C)$, então

$$\text{card}(A) \leq \text{card}(C).$$

Isto é o mesmo que dizer que a aplicação composta de aplicações injetivas é injetiva. De modo seme-lhante, se $\text{card}(A) = \text{card}(B)$ e $\text{card}(B) = \text{card}(C)$, então

$$\text{card}(A) = \text{card}(C).$$

Isto traduz a afirmação de que a composta de aplicações bijetivas é bijetiva. De modo claro $\text{card}(A) = \text{card}(A)$.

Finalmente, observe que o exercício 5 do §2 nos mostra que:

Se A e B são conjuntos não-vazios, então, temos:

$$\text{card}(A) \leq \text{card}(B) \quad \textit{ou} \quad \text{card}(B) \leq \text{card}(A).$$

Discutiremos inicialmente conjuntos enumeráveis. Um conjunto D é dito **enumerável** se existir uma bijeção de D sobre os inteiros positivos; tal bijeção é chamada uma **enumeração** do conjunto D.

Teorema 3.1. *Todo subconjunto infinito de um conjunto enumerável é enumerável.*

Isso é facilmente demonstrado por indução. (Esboçaremos a demonstração: é suficiente mostrar que qualquer subconjunto infinito dos inteiros positivos é enumerável. Seja $D = D_1$ um tal subconjunto. Então, D_1 tem um menor elemento a_1. Suponha que, indutivamente, definimos D_n para um inteiro $n \geq 1$. Seja D_{n+1} o conjunto de todos os elementos de D_n que são maiores que o menor elemento de D_n. Seja a_n omenor elemento de D_n. Podemos então obter uma aplicação injetiva

$$n \mapsto a_n$$

de $\mathbb{Z}^+$ em D, e vê-se imediatamente que tal aplicação é sobrejetiva.)

Teorema 3.2. *Seja D um conjunto enumerável. Então $D \times D$ é enumerável.*

Demonstração. É suficiente provar que $\mathbb{Z}^+ \times \mathbb{Z}^+$ é enumerável. Consideremos a aplicação

$$(m, n) \mapsto 2^m 3^n.$$

Ela é uma aplicação injetiva de $\mathbb{Z}^+ \times \mathbb{Z}^+$ em $\mathbb{Z}^+$, e assim $\mathbb{Z}^+ \times \mathbb{Z}^+$ tem a mesma cardinalidade que um subconjunto infinito de $\mathbb{Z}^+$; desta forma, $\mathbb{Z}^+ \times \mathbb{Z}^+$ é enumerável, como queríamos demonstrar.

Usamos, nesta demonstração, a fatoração de inteiros. Pode-se também dar uma demons-tração sem empregar esse fato. A idéia está ilustrada no seguinte diagrama:

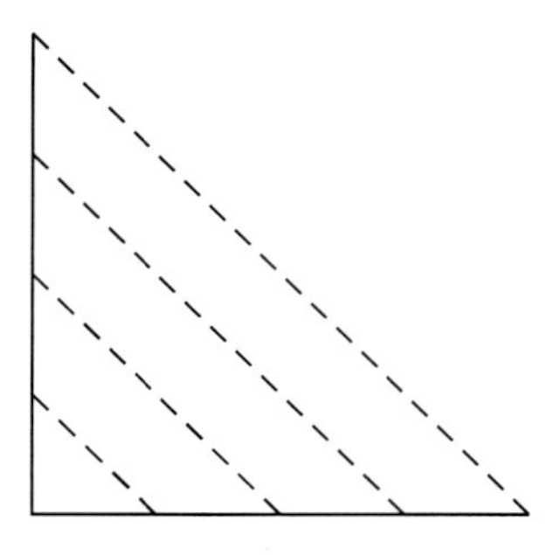

Devemos definir uma bijeção $\mathbb{Z}^+ \to \mathbb{Z}^+ \times \mathbb{Z}^+$. Associamos 1 a $(1, 1)$. Indutivamente, suponha que tenhamos definido uma aplicação injetiva

$$f : \{1, \ldots, n\} \to \mathbb{Z}^+ \times \mathbb{Z}^+$$

e quiséssemos definir $f(n + 1)$.

Se $f(n) = (1, k)$, escreve-se $f(n + 1) = (k + 1, 1)$.

Se $f(n) = (r, k)$, com $r \neq 1$, faz-se $f(n + 1) = (r - 1, k + 1)$.

Agora é uma simples questão de rotina verificar que obtivemos uma injeção de $\{1, \ldots, n + 1\}$ em $\mathbb{Z}^+ \times \mathbb{Z}^+$. Por indução, obtém-se uma aplicação de $\mathbb{Z}^+$ em $\mathbb{Z}^+ \times \mathbb{Z}^+$ que, também, rotineiramente, se mostra ser uma bijeção. No diagrama, nossa aplicação f pode ser descrita da seguinte maneira: a menor das diagonais passa pelo ponto $(1, 1)$ e as demais seguem paralelas em direção à expansão. Sendo assim, nos movemos em direção ao interior do quadrante, começando no eixo horizontal, deslocando-se para a esquerda até encontrarmos o eixo vertical; começamos de novo nossa caminhada a partir do eixo horizontal, desta vez dando um passo à frente, e repetimos o processo. Geometricamente, de forma clara, nossa aplicação passa por todos os pontos (i, j) de $\mathbb{Z}^+ \times \mathbb{Z}^+$.

Corolário 3.3. *Para todo inteiro positivo n, o produto $D \times \cdots \times D$ tomado n vezes é enumerável.*

Demonstração. Por indução.

Corolário 3.4. *Seja $\{D_1, D_2, \ldots\}$ uma seqüência de conjuntos enumeráveis, também escrita $\{D_i\}_{i \in \mathbb{Z}^+}$. Então, a união*

$$U = \bigcup_{i=1}^{\infty} D_i$$

é enumerável.

Demonstração. Para cada i, temos uma enumeração dos elementos de D_i, digamos

$$D_i = \{a_{i1}, a_{i2}, \ldots\}.$$

Então, a aplicação

$$(i, j) \mapsto a_{ij}$$

é uma aplicação de $\mathbb{Z}^+ \times \mathbb{Z}^+$ em U, e, de fato, é sobrejetiva. Seja

$$f : \mathbb{Z}^+ \times \mathbb{Z}^+ \to U$$

esta aplicação. Para cada $a \in U$, existe um elemento $x \in \mathbb{Z}^+ \times \mathbb{Z}^+$ tal que $f(x) = a$, e assim podemos escrever este elemento x na forma x_a. A associação $a \mapsto x_a$ é uma injeção de U em $\mathbb{Z}^+ \times \mathbb{Z}^+$, e podemos então aplicar o teorema para concluir a demonstração.

Na demonstração precedente, utilizamos um caso especial de um fato sobre cardinalidade que é útil estabelecer no caso geral.

Seja $f : A \to B$ uma aplicação sobrejetiva de um conjunto A sobre um conjunto B. Então,

$$\operatorname{card}(B) \leq \operatorname{card}(A).$$

Sem dificuldade pode-se verificar este fato, pois para cada $y \in B$ existe um elemento $x \in A$, denotado por x_y tal que $f(x_y) = y$. Então, a associação $y \mapsto x_y$ é uma aplicação injetiva de B em A, e assim, por definição,

$$\text{card}(B) \leq \text{card}(A).$$

Lidando com cardinalidades arbitrárias, necessita-se de um teorema que seja de algum modo menos trivial que no caso enumerável.

Teorema 3.5 (Schroeder-Bernstein). *Sejam A e B conjuntos, e suponha que* $\text{card}(A) \leq \text{card}(B)$ *e* $\text{card}(B) \leq \text{card}(A)$. *Então,*

$$\text{card}(A) = \text{card}(B).$$

Demonstração. Sejam $f : A \to B$ e $g : B \to A$ aplicações injetivas. Separamos A em dois conjuntos disjuntos A_1 e A_2. Faz-se com que A_1 consista de todos os $x \in A$ tais que, quando se traz x de volta por uma sucessão de aplicações inversas,

$$x, \quad g^{-1}(x), \quad f^{-1} \circ g^{-1}(x), \quad g^{-1} \circ f^{-1} \circ g^{-1}(x), \ldots,$$

então em algum estágio alcançamos um elemento de A que não pode ser levado de volta a B por intermédio de g^{-1}. Deixa-se A_2 ser o complementar de A_1; em outras palavras, A_2 é o conjunto dos $x \in A$ que podem ser movidos de volta indefinidamente, ou tais que, em algum estágio, nos encontramos parados em B (isto é, deparamos com um elemento de B que não possui imagem inversa em A por f^{-1}). Então, $A = A_1 \cup A_2$. Definiremos uma bijeção h de A em B.

Se $x \in A_1$, definimos $h(x) = f(x)$.

Se $x \in A_2$, definimos $h(x) = g^{-1}(x) =$ único elemento $y \in B$ tal que $g(y) = x$.

Trivialmente, h é injetiva. Devemos demonstrar que h é sobrejetiva. Seja $b \in B$. Se ao tentarmos trazer b de volta por meio de uma sucessão de aplicações

$$\cdots \circ f^{-1} \circ g^{-1} \circ f^{-1} \circ g^{-1} \circ f^{-1}(b)$$

concluirmos que podemos fazê-lo indefinidamente, ou que nosso processo é interrompido em B, então $f(b)$ pertence a A_2, e, consequentemente, $b = h(g(b))$, e b pertence à imagem de h. Por outro lado, se não pudermos trazer b de volta indefinidamente, e nos virmos parados em A, então $f^{-1}(b)$ pertence a A_1. Neste caso, $b = h(f^{-1}(b))$ estará também na imagem de h, como se devia mostrar.

Em seguida consideraremos teoremas a respeito de somas e produtos de cardinalidades.

Reduziremos o estudo de cardinalidades de produtos de conjuntos arbitrários ao caso enumerável, utilizando o lema de Zorn. Notemos inicialmente que um conjunto infinito A sempre contém um subconjunto enumerável. De fato, como A é infinito, podemos, em primeiro lugar, escolher um elemento $a_1 \in A$; o complementar de $\{a_1\}$ é infinito. Indutivamente, se selecionarmos elementos distintos $a_1, \ldots, a_n$ em A, o complementar de $\{a_1, \ldots, a_n\}$ é infinito, e podemos assim escolher a_{n+1} nesse complementar. Desta forma, obtivemos uma seqüência de elementos distintos de A, dando origem a um subconjunto enumerável de A.

Seja A um conjunto. Por uma **cobertura** de A entende-se um conjunto Γ de subconjuntos de A tal que a união

$$\bigcup_{C \in \Gamma} C$$

de todos os elementos de Γ é igual a A. Diremos que Γ é uma **cobertura disjunta** se, sempre que tivermos C e $C' \in \Gamma$, com $C \neq C'$, a interseção de C e C' for vazia.

Lema 3.6. *Seja A um conjunto infinito. Então existe uma cobertura disjunta de A formada por conjuntos enumeráveis.*

Demonstração. Seja S o conjunto cujos elementos são pares (B, Γ) formados a partir de um subconjunto B de A e de uma cobertura disjunta de B constituída por conjuntos enumeráveis. Então, S é não vazio. De fato, como A é infinito, A contém um conjunto enumerável D, e o par $(D, \{D\})$ pertencente a S. Se (B, Γ) e (B', Γ') são elementos de S, definimos

$$(B, \Gamma) \leq (B', \Gamma')$$

para indicar que $B \subset B'$ e $\Gamma \subset \Gamma'$. Seja T um subconjunto não vazio de S, totalmente ordenado.Podemos escrever $T = \{(B_i, \Gamma_i)\}_{i \in I}$, para algum conjunto indexador I. Sejam

$$B = \bigcup_{i \in I} B_i \quad \text{e} \quad \Gamma = \bigcup_{i \in I} \Gamma_i.$$

Se C, $C' \in \Gamma$, $C \neq C'$, então existem índices i e j tais que $C \in \Gamma_i$ e $C' \in \Gamma_j$. Como T é totalmente ordenado, temos, digamos,

$$(B_i, \Gamma_i) \leq (B_j, \Gamma_j).$$

Assim, na verdade C e C' são ambos elementos de Γ_j, e assim C e C' têm interseção vazia. Por outro lado, se $x \in B$, então $x \in B_i$ para algum i, e desta maneira existe algum $C \in \Gamma_i$ tal que $x \in C$. Logo, Γ é uma cobertura disjunta de B. Desde que os elementos de cada Γ_i são subconjuntos enumeráveis de A, segue-se que Γ é uma cobertura disjunta de B formada por conjuntos enumeráveis, e assim (B, Γ) pertence a S; obviamente, (B, Γ) é um majorante de T. Desta maneira, S é indutivamente ordenado.

Aplicando o lema de Zorn, seja (M, Δ) um elemento maximal de S. Suponhamos que $M \neq A$. Se o complementar de M em A for infinito, então existirá um conjunto enumerável D contido nesse complementar. Logo,

$$(M \cup D, \Delta \cup \{D\})$$

é um par maior que (M, Δ), contradizendo o fato de que (M, Δ) é maximal. Portanto, o complementar de M em A é um conjunto finito F. Seja D_0 um elemento de Δ. Seja $D_1 = D_0 \cup F$. Então, D_1 é enumerável. Seja Δ_1 o conjunto constituído por D_1 e por todos os elementos de Δ, com exceção de D_0. Então Δ_1 é uma cobertura disjunta de A formada por conjuntos enumeráveis, como se devia mostrar.

Teorema 3.7. *Seja A um conjunto infinito e seja D um conjunto enumerável. Então,*

$$\operatorname{card}(A \times D) = \operatorname{card}(A).$$

Demonstração. Pelo lema, podemos escrever

$$A = \bigcup_{i \in I} D_i$$

como uma união disjunta de conjuntos enumeráveis. Então,

$$A \times D = \bigcup_{i \in I} (D_i \times D).$$

Para cada $i \in I$ existe uma bijeção de $D_i \times D$ sobre D_i, como assegura o teorema 3.2. Desde que os conjuntos $D_i \times D$ são disjuntos, obtemos dessa maneira uma bijeção de $A \times D$ sobre A, como era desejado.

Corolário 3.8. *Se F é um conjunto não-vazio finito, então*

$$\operatorname{card}(A \times F) = \operatorname{card}(A).$$

Demonstração. Temos

$$\operatorname{card}(A) \leq \operatorname{card}(A \times F) \leq \operatorname{card}(A \times D) = \operatorname{card}(A).$$

Podemos agora usar o teorema 3.5 para obter o que desejamos.

Corolário 3.9. *Sejam A e B conjuntos não-vazios, A infinito, e suponhamos que* $\operatorname{card}(B) \leq \operatorname{card}(A)$. *Então,*

$$\operatorname{card}(A \cup B) = \operatorname{card}(A).$$

Demonstração. Podemos escrever $A \cup B = A \cup C$ para algum subconjunto C de B, tal que C e A sejam disjuntos. (Tomemos C como o conjunto de todos os elementos de B que não pertençam a A.) Então, $\text{card}(C) \leq \text{card}(A)$. Podemos assim construir uma injeção de $A \cup C$ no produto

$$A \times \{1, 2\}$$

de A com um conjunto formado por 2 elementos. Temos, de maneira óbvia, uma bijeção de A com $A \times \{1\}$, e também uma injeção de C em $A \times \{2\}$. Assim,

$$\text{card}(A \cup C) \leq \text{card}(A \times \{1, 2\}).$$

Concluímos a demonstração usando o corolário 3.8 e o teorema 3.5.

Teorema 3.10. *Seja A um conjunto infinito. Então,*

$$\text{card}(A \times A) = \text{card}(A).$$

Demonstração. Seja S o conjunto que consiste dos pares (B, f), onde B é um subconjunto infinito de A, e $f : B \to B \times B$ é uma bijeção de B sobre $B \times B$. Então S é não-vazio, porque se D é um subconjunto enumerável de A, podemos sempre achar uma bijeção de D sobre $D \times D$. Se (B, f) e (B', f') pertencem a S, definimos $(B, f) \leq (B', f')$ para indicar que $B \subset B'$ e que a restrição de f' a B é igual a f. Segue-se que S é parcialmente ordenado, e afirmamos que S é indutivamente ordenado. Seja T um subconjunto não-vazio de S, totalmente ordenado, e digamos que T consista dos pares (B_i, f_i) para i em algum conjunto indexador I. Seja

$$M = \bigcup_{i \in I} B_i.$$

Definiremos uma bijeção $g : M \to M \times M$. Se $x \in M$, então x pertence a algum B_i. Definamos $g(x) = f_i(x)$. O valor $f_i(x)$ independe da escolha do B_i ao qual x pertença. De fato, se $x \in B_j$ para algum $j \in I$, então diremos que

$$(B_i, f_i) \leq (B_j, f_j).$$

Por hipótese, $B_i \subset B_j$, e $f_j(x) = f_i(x)$, e assim g está bem definida. Para mostrar que g é sobrejetiva, sejam x e $y \in M$ e $(x, y) \in M \times M$. Então, $x \in B_i$ para algum $i \in I$, e $y \in B_j$ para algum $j \in I$. Como T é totalmente ordenado, diremos, outra vez, que $(B_i, f_i) \leq (B_j, f_j)$. Portanto, $B_i \subset B_j$ e x e $y \in B_j$. Existe um elemento $b \in B_j$ tal que $f_j(b) = (x, y) \in B_j \times B_j$. Por definição, $g(b) = (x, y)$, e assim g é sobrejetiva. Deixamos a demonstração de que g é injetiva para o leitor concluir a prova de que g é uma bijeção. Vemos, então, que (M, g) é um majorante para T em S, e, portanto, S é indutivamente ordenado.

Seja (M, g) um elemento maximal de S, e seja C o complementar de M em A. Se $\text{card}(C) \leq \text{card}(M)$, então, pelo corolário 3.9

$$\text{card}(M) \leq \text{card}(A) = \text{card}(M \cup C) = \text{card}(M)$$

e, pelo teorema de Bernstein, $\text{card}(M) = \text{card}(A)$. Como $\text{card}(M) = \text{card}(M \times M)$, neste caso terminamos com a demonstração. Se $\text{card}(M) \leq \text{card}(C)$, então existe um subconjunto M_1 de C com a mesma cardinalidade de M. Provaremos que isto não é possível. Consideremos

$$(M \cup M_1) \times (M \cup M_1) = (M \times M) \cup (M_1 \times M) \cup (M \times M_1) \cup (M_1 \times M_1).$$

Pela hipótese sobre M, e pelo corolário 3.9, a união dos três últimos conjuntos entre parênteses no segundo membro dessa equação tem a mesma cardinalidade de M. Assim,

$$(M \cup M_1) \times (M \cup M_1) = (M \times M) \cup M_2,$$

onde M_2 é disjunto de $M \times M$, e tem a mesma cardinalidade de M. Definimos agora uma bijeção

$$g_1 : M \cup M_1 \to (M \cup M_1) \times (M \cup M_1).$$

Faz-se $g_1(x) = g(x)$ se $x \in M$, e define-se o efeito de g_1 sobre M_1 como o de qualquer bijeção de M_1 sobre M_2. Dessa maneira, estendemos g a $M \cup M_1$, e o par $(M \cup M_1, g_1)$ pertence a S, contradizendo a maximalidade de (M, g) é maximal. Como o caso $\text{card}(M) \leq \text{card}(C)$ não pode ocorrer, nosso teorema está demonstrado.

Corolário 3.11. *Se A é um conjunto infinito, e $A^{(n)} = A \times \cdots \times A$ é o produto tomado n vezes, então*

$$\text{card}(A^{(n)}) = \text{card}(A).$$

Demonstração. Indução.

Corolário 3.12. *Se $A_1, \ldots, A_n$ são conjuntos não-vazios, e*

$$\text{card}(A_i) \leq \text{card}(A_n)$$

para $i = 1, \ldots, n$, então

$$\text{card}(A_1 \times \cdots \times A_n) = \text{card}(A_n).$$

Demonstração. Temos

$$\text{card}(A_n) \leq \text{card}(A_1 \times \cdots \times A_n) \leq \text{card}(A_n \times \cdots \times A_n)$$

e utilizando o corolário 3.11 e o teorema de Schroeder-Bernstein conclui-se a demons-tração.

Corolário 3.13. *Seja A um conjunto infinito, e seja Φ o conjunto dos subconjuntos finitos de A. Então,*

$$\text{card}(\Phi) = \text{card}(A).$$

Demonstração. Seja Φ_n o conjunto dos subconjuntos de A que possuem exatamente n elementos, para $n = 1, 2, \ldots$. Mostraremos inicialmente que $\text{card}(\Phi_n) \leq \text{card}(A)$. Se F é um elemento de Φ_n, ordenamos seus elementos de uma maneira qualquer, digamos

$$F = \{x_1, \ldots, x_n\},$$

e associamos a F o elemento $(x_1, \ldots, x_n) \in A^{(n)}$,

$$F \mapsto (x_1, \ldots, x_n).$$

Se G é outro subconjunto de A que possui n elementos, digamos $G = \{y_1, \ldots, y_n\}$, e $G \neq F$, então

$$(x_1, \ldots, x_n) \neq (y_1, \ldots, y_n).$$

Assim, nossa aplicação

$$F \mapsto (x_1, \ldots, x_n)$$

de Φ_n em $A^{(n)}$ é injetiva. Concluímos, pelo corolário 3.11, que

$$\text{card}(\Phi_n) \leq \text{card}(A).$$

Agora, Φ é a união disjunta dos Φ_n, para $n = 1, 2, \ldots$, e fica como exercício mostrar que $\text{card}(\Phi) \leq \text{card}(A)$ (cf. exercício 1). Desde que

$$\text{card}(A) \leq \text{card}(\Phi),$$

pois, em particular, $\text{card}(\Phi_1) = \text{card}(A)$, vemos que nosso corolário está demonstrado.

No próximo teorema, veremos que, dado um conjunto, sempre existe outro conjunto cuja cardinalidade é maior.

Teorema 3.14. *Sejam A um conjunto infinito, e T o conjunto constituído por dois elementos, $\{0, 1\}$. Seja M o conjunto de todas as aplicações de A em T. Então,*

$$\text{card}(A) \leq \text{card}(M) \quad e \quad \text{card}(A) \neq \text{card}(M).$$

Demonstração. Para cada $x \in A$, definimos

$$f_x : A \to \{0, 1\}$$

como a aplicação tal que $f_x(x) = 1$ e $f_x(y) = 0$ se $y \neq x$. Então, $x \mapsto f_x$ é obviamente, uma injeção de A em M, e assim $\text{card}(A) \leq \text{card}(M)$. Suponhamos que $\text{card}(A) = \text{card}(M)$. Seja

$$x \mapsto g_x$$

uma bijeção entre A e M. Definimos uma aplicação $h : A \to \{0, 1\}$ pela regra

$$\begin{aligned} h(x) &= 0 \quad \text{se} \quad g_x(x) = 1, \\ h(x) &= 1 \quad \text{se} \quad g_x(x) = 0. \end{aligned}$$

Então, certamente $h \neq g_x$ para qualquer x, contradizendo a hipótese de que $x \mapsto g_x$ é uma bijeção; isso demonstra o teorema 3.14.

Corolário 3.15. *Seja A um conjunto infinito, e seja S o conjunto de todos os subconjuntos de A. Então,* $\text{card}(A) \leq \text{card}(S)$ *e* $\text{card}(A) \neq \text{card}(S)$.

Demonstração. Deixamô-la como um exercício. [*Sugestão*: se B é um subconjunto não-vazio de A, utilize a função característica φ_B, tal que

$$\begin{aligned} \varphi_B(x) &= 1 \quad \text{se} \quad x \in B, \\ \varphi_B(x) &= 0 \quad \text{se} \quad x \notin B. \end{aligned}$$

O que você pode dizer sobre a associação $B \mapsto \varphi_B$?]

X, §3. Exercícios

1. Demonstre a afirmação feita na prova do corolário 3.13.

2. Se A é um conjunto infinito, e Φ_n é o conjunto dos subconjuntos de A que possuem exatamente n elementos, mostre que

$$\text{card}(A) \leq \text{card}(\Phi_n)$$

para $n \geq 1$.

3. Sejam A_i conjuntos infinitos, para $i = 1, 2, \ldots$, e suponha que
$$\operatorname{card}(A_i) \leq \operatorname{card}(A)$$
para algum conjunto A e para todos os i. Mostre que
$$\operatorname{card}\left(\bigcup_{i=1}^{\infty} A_i\right) \leq \operatorname{card}(A).$$

4. Seja K um subcorpo dos números complexos. Mostre que, para cada inteiro $n \geq 1$, a cardinalidade do conjunto das extensões de K de grau n em $\mathbb{C}$ é $\leq \operatorname{card}(K)$.

5. Seja K um corpo infinito, e E uma extensão algébrica de K. Mostre que $\operatorname{card}(E) = \operatorname{card}(K)$.

6. Termine a demonstração do corolário 3.15.

7. Se A e B são conjuntos, denote por $M(A, B)$ o conjunto de todas as aplicações de A em B. Se B e B' são conjuntos com a mesma cardinalidade, mostre que $M(A, B)$ e $M(A, B')$ têm a mesma cardinalidade. Se A e A' têm a mesma cardinalidade, mostre que $M(A, B)$ e $M(A', B)$ têm a mesma cardinalidade.

8. Seja A um conjunto infinito e abreviemos $\operatorname{card}(A)$ por α. Se B é um conjunto infinito, abreviemos $\operatorname{card}(B)$ por β. Defina $\alpha\beta$ como $\operatorname{card}(A \times B)$. Seja B' um conjunto disjunto de A tal que $\operatorname{card}(B) = \operatorname{card}(B')$. Defina $\alpha + \beta$ como $\operatorname{card}(A \cup B')$. Denote por B^A o conjunto de todas as aplicações de A em B, e denote $\operatorname{card}(B^A)$ por β^α. Seja C um conjunto infinito e abreviemos $\operatorname{card}(C)$ por γ. Demonstre as seguintes afirmações:

   (a) $\alpha(\beta + \gamma) = \alpha\beta + \alpha\gamma$ (b) $\alpha\beta = \beta\alpha$

   (c) $\alpha^{\beta+\gamma} = \alpha^\beta \alpha^\gamma$ (d) $(\alpha^\beta)^\gamma = \alpha^{(\beta\gamma)}$.

9. Seja K um corpo infinito. Demonstre que existe um corpo algebricamente fechado A que contém K como subcorpo, e que é algébrico sobre K. [*Sugestão*: seja Ω um conjunto de cardinalidade estritamente maior do que a cardinalidade de K, e que contenha K. Considere o conjunto S de todos os pares (E, φ), onde E é um subconjunto de Ω tal que $K \subset E$, e onde φ denota uma lei de adição e multiplicação sobre E que faz de E um corpo que contém K como subcorpo, e tal que E é algébrico sobre K. Defina uma ordenação parcial em S de uma forma óbvia; mostre que S é indutivamente ordenado, e que um elemento maximal é algébrico sobre K e é algebricamente fechado. Você precisará do exercício 5 na última etapa.]

10. Seja K um corpo infinito. Mostre que o corpo das funções racionais $K(t)$ tem a mesma cardinalidade de K.

11. Seja J_n o conjunto dos inteiros $\{1, \ldots, n\}$. Seja $\mathbb{Z}^+$ o conjunto dos inteiros positivos. Mostre que os seguintes conjuntos têm a mesma cardinalidade;

    (a) O conjunto de todas as aplicações $M(\mathbb{Z}^+, J_n)$, com $n \geq 2$.

    (b) O conjunto de todas as aplicações $M(\mathbb{Z}^+, J_2)$.

    (c) O conjunto de todos os números reais x tais que $0 \leq x < 1$.

    (d) O conjunto de todos os números reais.

    [*Sugestão*: use expansões decimais.]

12. Mostre que $M(\mathbb{Z}^+, \mathbb{Z}^+)$ tem a mesma cardinalidade dos números reais.

13. Demonstre que os conjuntos $\mathbb{R}$, $M(\mathbb{Z}^+, \mathbb{R})$ e $M(\mathbb{Z}^+, \mathbb{Z}^+)$ têm a mesma cardinalidade.

X, §4. Boa ordenação

Um conjunto A é dito **bem ordenado** se é totalmente ordenado e se todo subconjunto não-vazio B possuir um menor elemento, isto é, um elemento $a \in B$ tal que $a \leq x$ para todo $x \in B$.

Exemplo 1. O conjunto $\mathbb{Z}^+$ dos inteiros positivos é bem ordenado. Qualquer conjunto finito pode ser bem ordenado, e um conjunto enumerável D pode ser bem ordenado: qualquer bijeção de D sobre $\mathbb{Z}^+$ dará origem a uma boa ordenação de D.

Exemplo 2. Seja D um conjunto enumerável bem ordenado. Seja b um elemento de algum conjunto, e $b \notin D$. Seja $A = D \cup \{b\}$. Definimos $x \leq b$ para todo $x \in D$. Então A é totalmente ordenado, e, de fato, é bem ordenado.

Demonstração. Seja B um subconjunto não-vazio de A. Se B consiste apenas em b, então b é um menor elemento de B. De outra forma, B contém algum elemento $a \in D$. Logo, $B \cap D$ é não-vazio, e assim possui um menor elemento, que, obviamente, é também um menor elemento de B.

Exemplo 3. Sejam D_1 e D_2 dois conjuntos enumeráveis, cada um dos quais bem ordenado, e suponhamos que $D_1 \cap D_2$ é vazio. Seja $A = D_1 \cup D_2$. Definimos uma ordenação total em A pondo $x < y$ para todo $x \in D_1$ e todo $y \in D_2$. Utilizando o mesmo tipo de argumento do exemplo 2, vemos que A é bem ordenado.

Exemplo 4. Por indução, dada uma seqüência de conjuntos enumeráveis disjuntos $D_1, D_2, \ldots$, escreve-se $A = \bigcup D_i$, e podemos definir uma boa ordem sobre A ordenando cada D_i como $\mathbb{Z}^+$, e então definindo $x < y$ para $x \in D_i$ e $y \in D_{i+1}$. Pode-se visualizar essa situação pela figura:

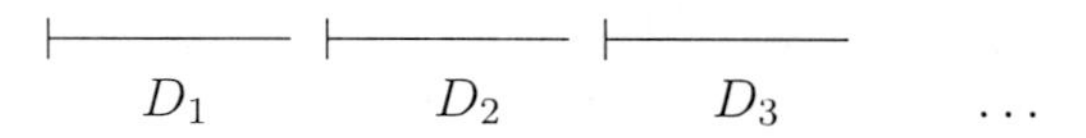

Teorema 4.1. *Todo conjunto não-vazio infinito A pode ser bem ordenado.*

Demonstração. Seja S o conjunto de todos os pares (X, R), onde X é um subconjunto de A e R é uma ordenação total de X para a qual X é bem ordenado. Esse conjunto S é não-vazio, pois, dado um subconjunto enumerável D de A, podemos sempre bem ordená-lo como os inteiros positivos. Se (X, R) e (Y, Q) são elementos de S, definimos $(X, R) \leq (Y, Q)$ se $X \subset Y$, se a restrição de Q a X é igual a R, se X é o segmento inicial de Y e se todo elemento $y \in Y$, $y \notin X$ é tal que $x < y$ para todo $x \in X$. Então, S é parcialmente ordenado. Para mostrar que S é indutivamente ordenado, seja T um subconjunto não-vazio de S totalmente ordenado, digamos $T = \{(X_i, R_i)\}_{i \in I}$. Seja

$$M = \bigcup_{i \in I} X_i.$$

Sejam x e $y \in M$. Existem i e $j \in I$ tais que $x \in X_i$ e $y \in X_j$. Como T é totalmente ordenado, suponha que $(X_i, R_i) \leq (X_j, R_j)$. Então, ambos x e $y \in X_j$. Definimos $x \leq y$ em M se $x \leq y$ em X_j. Vê-se facilmente que isso independe da escolha de (X_j, R_j) tal que x e $y \in X_j$, e então verifica-se trivialmente que definimos uma ordem total em M, que denotamos por (M, P). Afirmamos que essa ordem total sobre M é uma boa ordem. Para vê-la, seja N um subconjunto não-vazio de M. Seja $x_0 \in N$. Então, existe algum $i_0 \in I$ tal que $x_0 \in X_{i_0}$. O subconjunto $M \cap X_{i_0}$ é não-vazio. Seja a um menor elemento. Afirmamos que a é, de fato, um menor elemento de N. Seja $x \in N$. Então, x pertence a algum X_i. Como T é totalmente ordenado, temos

$$(X_i, R_i) \leq (X_{i_0}, R_{i_0}) \qquad \text{ou} \qquad (X_{i_0}, R_{i_0}) \leq (X_i, R_i).$$

No primeiro caso, $x \in X_i \subset X_{i_0}$, e desta forma $a \leq x$. No segundo caso, se $x \notin X_{i_0}$, então, por definição, $a \leq x$. Isso demonstra que (M, P) é uma boa ordenação.

Desta forma, demonstramos que S é indutivamente ordenado. Pelo Lema de Zorn, existe um elemento maximal (M, P) de S. Então M é bem ordenado, e tudo o que resta demonstrar é que $M = A$. Suponhamos que $M \neq A$, e seja z um elemento de A com $z \notin M$. Seja $M' = M \cup \{z\}$. Definimos uma ordenação total em M' ao colocar $x < z$ para todo $x \in M$. Então, M' é bem ordenado; seja então N um subconjunto não vazio de M', totalmente ordenado. Se $N \cap M$ é não-vazio, então $N \cap M$ tem um menor elemento a, que, obviamente, é um menor elemento de N. Isso contradiz o fato que M é maximal em S. Assim, $M = A$, e nosso teorema está demonstrado.

Observação. É uma questão minuciosa axiomatizar a teoria dos conjuntos além do ponto para o qual levamos as discussões deste capítulo. Como todas as argumentações do capítulo são facilmente aceitáveis pelos matemáticos que nele trabalharem, é razoável parar neste ponto e não se preocupar com os fundamentos que estão além das necessidades do texto.

Entretanto, pode haver, por questão de gosto ou para uma determinada finalidade, interesse nesses fundamentos. Nesse sentido, indicamos aos leitores interessados uma consulta a livros especializados na matéria.

CAPÍTULO APP.

Apêndice

APP., §1. Números Naturais

O objetivo deste apêndice é mostrar como se pode obter axiomaticamente os inteiros, utilizando apenas a terminologia e as propriedades elementares dos conjuntos. Agora, as regras do jogo nos permitem que empreguemos apenas conjuntos e aplicações.

Suponha-se, daqui em diante, que tenhamos um conjunto $\mathbb{N}$, chamado conjunto dos **números naturais**, e uma aplicação $\sigma : \mathbb{N} \to \mathbb{N}$, satisfazendo aos seguintes axiomas (Peano):

NN 1. *Existe um elemento* $0 \in \mathbb{N}$.

NN 2. *Temos* $\sigma(0) \neq 0$, *e, se denotarmos por* $\mathbb{N}^{+}$ *o subconjunto de*

$\mathbb{N}$ que consiste de todos os $n \in \mathbb{N}$ tais que $n \neq 0$, então a aplicação $x \mapsto \sigma(x)$ é uma bijeção entre $\mathbb{N}$ e $\mathbb{N}^+$.

NN 3. *Se S é um subconjunto de $\mathbb{N}$, se $0 \in S$, e se $\sigma(n)$ pertence a S sempre que n pertencer a S, então $S = \mathbb{N}$.*

Freqüentemente, denotamos $\sigma(n)$ por n', e pensamos em n' como o sucessor de n. O leitor reconhecerá **NN 3** como a indução.

Denotamos $\sigma(0)$ por 1.

Nossa tarefa seguinte é definir adição entre números naturais.

Lema 1.1. *Sejam $f : \mathbb{N} \to \mathbb{N}$ e $g : \mathbb{N} \to \mathbb{N}$ aplicações tais que*

$$f(0) = g(0) \qquad e \qquad \begin{cases} f(n') = f(n)', \\ g(n') = g(n)'. \end{cases}$$

Então $f = g$.

Demonstração. Seja S o subconjunto de $\mathbb{N}$ que considte de todos os n tais que

$$f(n) = g(n)\,.$$

Então, S satisfaz obviamente às hipóteses de indução, e assim $S = \mathbb{N}$, demonstrando nosso lema.

Para cada $m \in \mathbb{N}$, queremos definir $m + n$, com $n \in \mathbb{N}$, tal que

$$(1_m) \qquad m + 0 = m \quad \text{e} \quad m + n' = (m + n)' \quad \text{para todo} \quad n \in \mathbb{N}$$

Pelo lema 1, só se pode fazer isso de uma única forma.

Se $m = 0$, definimos $0 + n = n$ para todo $n \in \mathbb{N}$. Então (1_m) é, obviamente, satisfeito. Seja T o conjunto dos $m \in \mathbb{N}$ para os quais se pode definir $m + n$ para todo $n \in \mathbb{N}$ e de tal forma que (1_m) é satisfeito. Então, $0 \in T$. Suponhamos que $m \in T$. Definimos, para todo $n \in \mathbb{N}$,

$$m' + 0 = m' \qquad \text{e} \qquad m' + n = (m + n)'.$$

Então

$$m' + n' = (m + n')' = ((m + n)')' = (m' + n)'.$$

Logo, (1_m) está satisfeito, e $m' \in T$. Isso demonstra que $T = \mathbb{N}$, e assim definimos a adição para todos os pares (m, n) de números naturais.

As propriedades de adição são provadas sem dificuldades.

Comutatividade. Seja S o conjunto de todos os números naturais tais que

$$(2_m) \qquad m + n = n + m \quad \text{para todo } n \in \mathbb{N}.$$

Então, obviamente 0 pertence a S, e, $m \in S$, então

$$m' + n = (m + n)' = (n + m)' = n + m',$$

demonstrando que $S = \mathbb{N}$, como se desejava.

Associatividade. Seja S o conjunto de todos os números naturais m tais que

$$(3_m) \qquad (m + n) + k = m + (n + k) \quad \text{para todo } n, k \in \mathbb{N}.$$

Logo, 0 pertence a S, de modo óbvio. Suponhamos que $m \in S$. Assim,

$$\begin{aligned}(m' + n) + k = (m + n)' + k &= ((m + n) + k)' \\ &= (m + (n + k))' = m' + (n + k),\end{aligned}$$

demonstrando que $S = \mathbb{N}$, como se queria.

Lei do cancelamento. Seja m um número natural. Diremos que a **lei do cancelamento se verifica para** m se, para todo par de elementos $k,\ n \in \mathbb{N}$ satisfazendo $m + k = m + n$ for válido que $k = n$. Seja S o conjunto dos m para os quais vale a lei do cancelamento. Então, obviamente, $0 \in S$, e, se $m \in S$, então

$$m' + k = m' + n \qquad \text{implica} \qquad (m + k)' = (m + n)'.$$

Como a aplicação $x \mapsto x'$ é injetiva, segue-se que $m+k = m+n$, e assim $k = n$. Por indução, $S = \mathbb{N}$.

Para a multiplicação, e outras aplicações, devemos generalizar o lema 1.1.

Lema 1.2. *Seja S um conjunto e $\varphi : S \to S$ uma aplicação de S em si mesmo. Sejam $f : \mathbb{N} \to \mathbb{N}$ e $g : \mathbb{N} \to \mathbb{N}$ aplicações de $\mathbb{N}$ em S. Se*

$$f(0) = g(0) \qquad e \qquad \begin{cases} f(n') = \varphi \circ f(n), \\ g(n') = \varphi \circ g(n), \end{cases}$$

para todo $n \in \mathbb{N}$, então $f = g$.

Demonstração. Trivial, aplicando indução.

Segue-se do lema 1.2 que, para cada $m \in \mathbb{N}$, existe no máximo uma maneira de definir um produto mn satisfazendo

$$m0 = 0 \qquad \text{e} \qquad mn' = mn + m \qquad \text{para todo } n \in \mathbb{N}.$$

E, de fato, definimos o produto assim, do mesmo modo indutivo que foi empregado para a adição; podemos então demonstrar, de forma similar, que o produto é *comutativo, associativo e distributivo*, isto é,

$$m(n + k) = mn + mk$$

para todos m, n, $k \in \mathbb{N}$. Deixamos os detalhes da demonstração para o leitor.

Desta maneira, obtivemos todas as propriedades de um anel, *exceto* que $\mathbb{N}$ seja um grupo aditivo: precisamos dos inversos aditivos. Notemos que 1 é um elemento unidade para a multiplicação, ou seja, $1m = m$ para todo $m \in \mathbb{N}$.

É também fácil demonstrar a *lei multiplicativa do cancelamento*, isto é, se $mk = mn$ e $m \neq 0$, então $k = n$. Deixamos a demonstração para o leitor. Em particular, se $mn \neq 0$, então $m \neq 0$ e $n \neq 0$.

Recordamos que uma **ordenação** em um conjunto X é uma relação $x \leq y$ entre certos pares (x, y) de elementos de X que satisfazem às condições (para todos x, y, $z \in X$):

OP 1. *Temos* $x \leq x$.

OP 2. *Se* $x \leq y$ *e* $y \leq z$, *então* $x \leq z$.

OP 3. *Se* $x \leq y$ *e* $y \leq x$, *então* $x = y$.

A ordem é chamada **total** se, dados x, $y \in X$, tivermos $x \leq y$ ou $y \leq x$. Escrevemos $x < y$ se $x \leq y$ e $x \neq y$.

Podemos definir uma ordenação em $\mathbb{N}$ pondo $n \leq m$ se existir $k \in \mathbb{N}$ tal que $m = n + k$. A demonstração de que isso define realmente uma ordenação é rotineira e é deixada para o leitor. *Esta é, de fato, uma ordenação total*, e para isto damos a demonstração. Dado um número natural m, seja C_m o conjunto dos $n \in \mathbb{N}$ tais que $n \leq m$ ou $m \leq n$. Então, certamente $0 \in C_m$. Suponhamos que $n \in C_m$. Se $n = m$, então $n' = m + 1$, e assim $m \leq n'$. Se $n < m$, então $m = n + k'$ para algum $k \in \mathbb{N}$, e dessa maneira

$$m = n + k' = (n + k)' = n' + k,$$

e $n' \leq m$. Se $m \leq n$, então, para algum k temos $n = m + k$, e portanto $n + 1 = m + k + 1$ e $m \leq n + 1$. Por indução, $C_m = \mathbb{N}$, mostrando que nossa ordenação é total.

Agora é fácil demonstrar certas afirmações com respeito às desigualdades, ou seja,

$$m < n \text{ se, e somente se, } m + k < n + k \text{ para algum } k \in \mathbb{N},$$
$$m < n \text{ se, e somente se, } mk < nk \text{ para algum } k \in \mathbb{N}, \quad k \neq 0.$$

Pode-se também substituir "para algum" por "para todo", nestas duas afirmações. As demonstrações são deixadas para o leitor. É também fácil de provar que, se m e n são números naturais e $m \leq n \leq m + 1$, então $m = n$ ou $n = m + 1$. Deixamos a demonstração para o leitor.

Demonstraremos agora a primeira propriedade dos inteiros que foi mencionada no §2 do capítulo I, ou seja, a boa ordem:

Todo subconjunto S não-vazio de $\mathbb{N}$ tem um menor elemento

Isso pode ser visto, ao considerarmos um subconjunto T de $\mathbb{N}$ formado por todos os n tais que $n \leq x$ para todo $x \in S$. Então, $0 \in T$, e $T \neq \mathbb{N}$. Logo, existe $m \in T$ tal que $m + 1 \notin T$ (por indução!). Então $m \in S$ (de outra forma, $m < x$ para todo $x \in S$, e assim $m + 1 \leq x$ para todo $x \in S$, o que é impossível). É então claro que m é o menor elemento de S, como se desejava.

No capítulo IX, assumimos que eram conhecidas as propriedades das cardinalidades finitas. Vamos prová-las agora. Para cada número natural $n \neq 0$, seja J_n o conjunto dos números naturais x tais que $1 \leq x \leq n$.

Se $n = 1$, então $J_n = 1$, e existe apenas uma única aplicação de J_1 em si mesmo. Essa aplicação é, obviamente, bijetiva. Recordemos que dois conjuntos A e B são ditos com a mesma cardinalidade se existe uma bijeção de A em B. Como a composta de bijeções é uma bijeção segue que, se

$$\operatorname{card}(A) = \operatorname{card}(B) \qquad \text{e} \qquad \operatorname{card}(B) = \operatorname{card}(C),$$

então $\operatorname{card}(A) = \operatorname{card}(C)$.

Seja m um número natural ≥ 1 e seja $k \in J_{m'}$. Então existe uma bijeção entre

$$J_{m'} - \{k\} \qquad \text{e} \qquad J_m$$

definida da maneira óbvia: façamos $f : J_{m'} - \{k\} \to J_m$ tal que

$$\begin{aligned} f &: x \mapsto x && \text{se} \quad x < k, \\ f &: x \mapsto \sigma^{-1}(x) && \text{se} \quad x > k. \end{aligned}$$

Consideremos também $g : J_m \to J_{m'} - \{k\}$ tal que

$$\begin{aligned} g &: x \mapsto x && \text{se} \quad x < k, \\ g &: x \mapsto \sigma(x) && \text{se} \quad x \geq k. \end{aligned}$$

Então $f \circ g$ e $g \circ f$ são as respectivas identidades, de forma que f e g são bijeções.

Concluímos que, para todo número natural $m \geq 1$, *se*

$$h : J_m \longrightarrow J_m$$

é uma injeção então h *é uma bijeção.*

De fato, isso é verdade para $m = 1$, e, por indução, suponhamos que a afirmação seja verdadeira para algum $m \geq 1$. Escreve-se

$$\varphi : J_{m'} \longrightarrow J_{m'}$$

uma injeção. Sejam $r \in J_m$ e $s = \varphi(r)$. Podemos, então, definir uma aplicação

$$\varphi_0 : J_{m'} - \{r\} \longrightarrow J_{m'} - \{s\}$$

por $x \mapsto \varphi(x)$. A cardinalidade de cada conjunto $J_{m'} - \{r\}$ e $J_{m'} - \{s\}$ é a cardinalidade de J_m. Segue, por indução, que φ_0 é uma bijeção, e assim φ é uma bijeção, como se desejava provar.

Concluímos que, se $1 \leq m < n$, *então uma aplicação*

$$f : J_n \longrightarrow J_m$$

não pode ser injetiva.

Pois, de outro modo, pelo que acabamos de ver

$$f(J_m) = J_m,$$

e portanto

$$f(n) = f(x)$$

para algum x tal que $1 \leq x \leq m$, ou seja, f não é injetiva.

Dado um conjunto A, diremos que $\text{card}(A) = n$ (ou que a **cardinalidade de** A é n, ou ainda que A tem n elementos) para um número natural $n \geq 1$, se existir uma bijeção entre A e J_n. Pelos resultados acima, segue-se que tal número natural n é determinado de modo único por A. Diremos também que A tem cardinalidade 0 se A for vazio. Diremos que A é **finito** se A tiver cardinalidade n para algum número natural n. Assim, é um exercício provar as seguintes afirmações:

Se A e B são conjuntos finitos, e $A \cap B$ é vazio, então

$$\text{card}(A) + \text{card}(B) = \text{card}(A \cup B).$$

Além disso,

$$\text{card}(A)\,\text{card}(B) = \text{card}(A \times B).$$

Deixamos as demonstrações para o leitor.

APP., §2. Os Inteiros

A partir dos números naturais, desejamos definir os inteiros. Faremos isso da mesma forma que é feita na escola elementar.

Para cada número natural $n \neq 0$, atribuímos um novo símbolo, denotado por $-n$, e denotamos por $\mathbb{Z}$ o conjunto formado pela reunião de $\mathbb{N}$ com todos os símbolos $-n$, para $n \in \mathbb{N}$, $n \neq 0$. Devemos definir a adição em $\mathbb{Z}$. Se x e $y \in \mathbb{N}$, utilizamos a mesma adição que foi definida anteriormente. Para todo $x \in \mathbb{Z}$, definimos

$$0 + x = x + 0 = x.$$

Isto é compatível com a adição definida no §1, quando $x \in \mathbb{N}$.

Sejam m e $n \in \mathbb{N}$, onde $m \neq 0$ e $n \neq 0$. Se $m = n + k$, com $k \in \mathbb{N}$, definimos:

(a) $m + (-n) = (-n) + m = k$.

(b) $(-m) + n = n + (-m) = -k$ se $k \neq 0$, e $= 0$ se $k = 0$.

(c) $(-m) + (-n) = -(m + n)$. Dados x e $y \in \mathbb{Z}$, sem que ambos sejam números naturais, então pelo menos uma das situações (a), (b) ou (c) se aplica à adição entre eles.

Agora, é tedioso mas rotineiro verificar que $\mathbb{Z}$ é um grupo aditivo.

A seguir, definiremos uma multiplicação em $\mathbb{Z}$. Se x e $y \in \mathbb{N}$, utilizamos a multiplicação definida anteriormente. Para todo $x \in \mathbb{Z}$ definimos $0x = x0 = 0$.

Sejam m e $n \in \mathbb{N}$ com n e $m \neq 0$. Definimos:

$$(-m)n = n(-m) = -(mn) \quad \text{e} \quad (-m)(-n) = mn.$$

Então, verifica-se routineiramente que $\mathbb{Z}$ é um anel comutativo, e que na verdade é um anel de integridade; seu elemento unidade é o elemento 1 de $\mathbb{N}$. Dessa forma, obtivemos os inteiros.

Observemos que $\mathbb{Z}$ é um anel ordenado, no sentido do §1 do capítulo IX, pois o conjunto dos números naturais $n \neq 0$ satisfaz a todas as condições expressas naquele capítulo, como se pode ver diretamente a partir de nossas definições de multiplicação e de adição.

APP., §3. Conjuntos Infinitos

Um conjunto A é dito **infinito** se não é finito (e, em particular, não-vazio).

Demonstraremos que *um conjunto infinito A contém um subconjunto enumerável.* Para cada subconjunto não-vazio T de A, seja x_T um elemento escolhido de T. Demonstraremos, por indução, que, para cada inteiro positivo n, podemos encontrar elementos $x_1, \ldots, x_n \in A$, determinados de modo único, tais que $x_1 = x_A$ é o elemento escolhido correspondente ao próprio conjunto A, e para cada $k = 1, \ldots, n-1$, o elemento x_{k+1} é o escolhido no complementar de $\{x_1, \ldots, x_k\}$. Quando $n = 1$, isto é óbvio. Suponhamos que a afirmação é verdadeira para

$n > 1$. Então, consideremos x_{n+1} como o elemento escolhido no complementar de $\{x_1, \ldots, x_n\}$. Se $x_1, \ldots, x_n$ já são determinados de maneira única, o mesmo ocorre com x_{n+1}. Isto demonstra o que queríamos. Em particular, como os elementos $x_1, \ldots, x_n$ são distintos para todo n, segue que o subconjunto de A consistindo em todos os elementos x_n é um conjunto enumerável, como desejado.

Índice Remissivo

Impressão e Acabamento
Gráfica Editora Ciência Moderna Ltda.
Tel.: (21) 2201-6662